LINDER BIOLOGIE

Lösungen und Kommentare zum Arbeitsheft 2

Neurobiologie

Ökologie

Evolution

herausgegeben von
Rainer Drös

Schroedel

LINDER
BIOLOGIE

Lösungsheft und Kommentare
zum Arbeitsheft 2
23., neu bearbeitete Auflage

Herausgeber
Dr. Rainer Drös

Autoren
Karin Becker, Heidelberg
Dr. Rainer Drös, Mauer
Nicole Fischer, Eschelbronn
Dr. Helmut Gaßmann, Bad Münstereifel
Wolfgang Viermann, Neckargemünd
Dr. Kristin Vorwerck, Elmshorn

Druck A[1] / Jahr 2012
Alle Drucke der Serie A sind im Unterricht parallel verwendbar.

Redaktion Dr. Manuela Röver
Herstellung Ralf Flunkert
Illustrationen Brigitte Karnath
Umschlaggestaltung Farnschläder & Mahlstedt, Hamburg
Satz Bock Mediengestaltung, Hannover
Druck und Bindung westermann druck GmbH, Braunschweig

ISBN 978-3-507-10113-5

Bildquellen
Titelbild (Vorderseite): Fotosearch Wankesha (Stock Photography); Titelbild (Rückseite): Agentur Focus, Hamburg (Live Kocher/SPL); 3.1: Agentur Focus, Hamburg (SPL/National Cancer Institute); 3.2: Agentur Focus, Hamburg (SPL/Don Fawcett & T. Pollard); 3.3-5: Agentur Focus, Hamburg (SPL/ Kenneth Eward); 7.1: Max-Planck-Institut für Entwicklungsbiologie, Tübingen (Jürgen Berger); 27.1: Corbis, Düsseldorf (Dr. Arthur Siegelman/Visuals Unlimited); 27.2: Dr. Manfred Keil, Neckargemünd; 32.1: Universität, Heidelberg; 36.1: toonpool.com, Berlin (Markus); 43.1: aus: Hans Günter Gassen, Das Gehirn. WBG Darmstadt 2008, S. 109; 52.1: www.offthemark.com, Melrose (Mark Parisi); 55.1: vario images, Bonn; 56.1A: Brousseau Collection/© 1995 Saint Mary‘s College of California; 56.1B: Agentur Focus, Hamburg (Valerie Giles/Photo Researchers); 63.1, 65.1-3, 66.1A-C: Rainer Drös, Mauer; 69.1: Agentur Focus, Hamburg (Meckes/Ottawa/eye of science); 74.1: Catprint Media, Langenhagen (Uli Stein); 76.1: mauritius images, Mittenwald (age); 76.2: Imago, Berlin (McPHOTO); 77.1: Imago, Berlin (imagebroker); 77.2: wikipedia.org (CC-Lizenz 2.5/Fritz Geller-Grimm); 90.1: toonpool.com, Berlin (Riemann); 93.1: Rainer Drös, Mauer; 96: Johannes Lechner, Thaur - www.naturgallerie.at; 103.1A: fotolia.com, New York (dephoto); 103.1B: fotolia.com, New York (WoGi); 103.1C: fotolia.com, New York (r. classen); 105.1: Bulls Pressedienst, Frankfurt; 107.1A: Hippocampus Bildarchiv, Alsbach-Hähnlein; 107.1B: Dr. Raymond Tercafs - Maître de recherches du FNRS; 107.1C: Prof. Dr. Nicholas Foulkes - Karlsruhe Institut für Technologie, Institut für Toxikologie und Genetik (ITG), Karlsruhe; 109.1: Zentrum für Humangenetik und Laboratoriumsmedizin, Martinsried; 111.1: Reinhard-Tierfoto, Heiligkreuzsteinach (Hans Reinhard); 113.1: Prof. Dr. Florian P. Schiestl - Universität Zürich, Institute of Systematic Botany, Zürich; 115.1: Prof. Kenneth F. Haynes, Lexington; 117.1: mauritius images, Mittenwald (age); 119.1: fotolia.com, New York (kubais); 119.2: fotolia.com, New York (ecobo); 121.1-2: SG Wort und Wissen; 125.1: Prof. Dr. Markus Schwaninger - University of St. Gallen, Institute of Management (IfB) , St. Gallen; 134.1: Getty Images, München (Thomas Marent); 134.2: Corbis, Düsseldorf (Clouds Hill Imaging Ltd.); 134.3: Agentur Focus, Hamburg (Richard Bizley/ SPL); 136.1-2: Rainer Drös, Mauer; 141.1: www.offthemark.com, Melrose (Mark Parisi); 144.1: Liselotte Lüddecke, Hannover; 145.1: Picture-Alliance, Frankfurt (dpa/epa Southland Museum); 149.1: Corbis, Düsseldorf (Alison Wright/National Geographic Society); 151.1: Peter Rüdel - www.fossilien.de, Gröbenzell; 151.3: SeaTops, Karlsruhe (David Fleetham); 155.1: A1PIX - Your Photo Today, Taufkirchen (Andreas Rose); 173.1: CartoonStock Ltd, GB-Bath; 173.2A-2D: Landesmuseum Natur und Mensch, Oldenburg (Wolfgang Kehmeier).
Es war leider nicht in allen Fällen möglich, die Inhaber der Rechte ausfindig zu machen und um Abdruckgenehmigung zu bitten. Berechtigte Ansprüche werden selbstverständlich im Rahmen der üblichen Konditionen abgegolten.

Inhalt

Neurobiologie I

Neurobiologie II

Ökologie

Evolution I

Evolution II

Konzeption des Arbeitsheftes

Grundkonzept

Das Lehrwerk »Linder Biologie« ist seit vielen Jahren ein verlässlicher Begleiter für Schülerinnen und Schüler der gymnasialen Oberstufe. 2010 erschien die mittlerweile 23. und völlig neubearbeitete Auflage dieses Lehrbuchs. Neben der gründlichen Neubearbeitung und Aktualisierung der Texte und Abbildungen wurde insbesondere auch der Anteil der Aufgaben gegenüber früheren Auflagen deutlich erhöht.

Als Ergänzung zu den Aufgaben des Lehrbuchs dienen die beiden parallel erschienenen Arbeitshefte **(Linder Biologie Arbeitsheft 1 und 2).** Die in den zwei Heften zusammengestellten Aufgaben und Rätsel sollen es den Schülerinnen und Schülern ermöglichen, ihren Wissensstand zu überprüfen und zugleich vertiefte Einsichten in kursstufenrelevante Themen der Biologie zu gewinnen. Thematisch befasst sich Heft 1 mit den Kapiteln »Zellbiologie«, »Stoffwechselbiologie«, »Genetik« und »Immunbiologie«. Heft 2 enthält Aufgaben zu den Themengebieten »Neurobiologie«, »Ökologie« und »Evolution«. Wegen ihrer großen Umfänge wurden das Neurobiologie- und das Evolutionskapitel in drei Abschnitte unterteilt. Die Gliederung der Arbeitshefte korrespondiert mit der Kapitelabfolge im Lehrbuch; wie dort ist auch in den Arbeitsheften das Thema des Kapitels bzw. Unterkapitels am oberen Seitenrand vermerkt und mit einer kleinen Abbildung visualisiert.

Bei der Zusammenstellung der Aufgabenseiten wurde auf eine große **Methodenvielfalt** Wert gelegt. Diese bietet zum einen Abwechslung bei der unterrichtlichen Bearbeitung, zum anderen ermöglicht sie das Einüben spezieller Aufgabentypen. Die Aufgabenseiten sind so konzipiert, dass sie entweder im Unterricht in Still-, Partner- oder Gruppenarbeit, als Hausaufgabe oder zur gezielten Vorbereitung auf Klassenarbeiten bearbeitet werden können. Einen Schwerpunkt stellen typische Arbeitsblätter dar mit in der Regel mehreren Teilaufgaben zum selben Thema. Daneben finden sich in den Arbeitsheften Rätselseiten, Multiple-Choice-Aufgaben, Seiten mit Fehlertexten sowie einfache Selbstlernprogramme und Anleitungen zu Simulationsversuchen. An thematisch geeigneten Stellen wird darüber hinaus auf die Erstellung von »Concept Maps« sowie auf die Durchführung einer ethischen Analyse eingegangen. Zu Beginn eines neuen Kapitels werden die wichtigsten Fachbegriffe zusammengestellt, die sich die Schülerinnen und Schüler im Verlauf der Behandlung des Themas erarbeiten sollen. Auf einigen Seiten sollen englischsprachige Originalzitate ins Deutsche übertragen werden.

Inhaltlich stehen abiturrelevante Fragestellungen im Vordergrund. Dabei orientierten sich die Autoren an den grundlegenden Konzepten der Biologie, den sogenannten **Basiskonzepten.** Die Aufgaben wurden in enger Anlehnung an die Texte und Abbildungen des Lehrbuchs erstellt, sodass zur Lösung der Aufgaben in aller Regel keine über den Lernstoff des Schülerbandes hinausgehenden Informationen erforderlich sind. Soweit dies notwendig ist, sind zusätzliche lösungsrelevante Inhalte auf den Aufgabenseiten zu finden. Einige Aufgaben erfordern darüber hinaus eine Recherche mit Hilfe von Fachliteratur oder Internetquellen.

Die Aufgaben wurden so ausgewählt, dass sowohl unterschiedliche **Kompetenzbereiche** als auch verschiedene Schwierigkeitsgrade **(Anforderungsbereiche)** abgedeckt werden. Regelmäßig finden sich auch Aufgaben, die unterschiedliche Themengebiete miteinander verknüpfen. So wird eine Vernetzung der von den Schülerinnen und Schülern erworbenen Fach- und Methodenkenntnisse möglich; zudem wird eine Vorbereitung auf die ebenfalls häufig themengemischten Aufgaben der schriftlichen Abiturprüfung gegeben. Als Hilfe bei der Lösung komplexer Aufgabestellungen ist die kommentierte Liste der Operatoren (Arbeitsheft S. 4) gedacht, der die »Einheitlichen Prüfungsanforderungen in der Abiturprüfung (EPA) für Biologie (2004)« zugrunde liegen.

Ein Teil der Aufgaben ist so konzipiert, dass die Lösungen von den Schülerinnen und Schülern unmittelbar in das Arbeitsheft eingetragen werden, z. B. auf den Rätselseiten und bei den Multiple-Choice-Aufgaben, aber auch bei Seiten, auf denen Zeichnungen und Schaubilder erstellt, ergänzt oder koloriert werden sollen und Fehlertexte korrigiert werden müssen. Die Lösungen der übrigen Aufgaben sind auf gesonderte Blätter zu schreiben. S. 78 ist zum Ausschneiden vorgesehen; die Vorderseite sollte daher vor dem Zerschneiden bearbeitet werden.

Die einzelnen Blätter können an der Perforation auf einfache Weise aus dem Arbeitsheft gelöst und so an der thematisch passenden Stelle im Schülerordner einsortiert werden.

Basiskonzepte der Biologie

Bei der thematischen Auswahl der Aufgaben wurde großer Wert auf die Orientierung an den grundlegenden Konzepten der Biologie, den Basiskonzepten, gelegt. Im Schülerband werden diese Konzepte, die allen Teilgebieten der Biologie zugrundeliegen, auf den Seiten 14 – 18 behandelt und näher erläutert; eine Übersicht über die Basiskonzepte gibt die Tabelle auf S. 18 des Lehrbuchs.

Je nach Themengebiet steht das eine oder andere Basiskonzept im Vordergrund. Welche davon bei den einzelnen Kapiteln besonders bedeutsam sind, finden die Schülerinnen und Schüler auf den Kapiteleinstiegsseiten des Arbeitshefts (S. 5, 18, 27, 51, 69). So stehen im Teilkapitel »Neurobiologie« insbesondere die Konzepte Information und Kommunikation, Struktur und Funktion, evolutionäre Entwicklung und Angepasstheit im Mittelpunkt der Betrachtung. Im Themenbereich »Ökologie« sind die Basiskonzepte System, Entwicklung und Angepasstheit von zentraler Bedeutung, auf den Seiten zur Evolution die Aspekte Verandtschaft, evolutionäre und individuelle Entwicklung, Struktur-Funktions-Zusammenhänge, Variabilität und Reproduktion sowie (vor allem im Zusammenhang mit Themen der Humanevolution) Information und Kommunikation.

Auch auf den einzelnen Aufgabenseiten werden die Basiskonzepte der Biologie schwerpunktmäßig thematisiert. Beispiele für Seiten mit einem besonderen Basiskonzept-Schwerpunkt sind der folgenden Aufstellung zu entnehmen:

System: S. 29, 33, 35, 37, 39, 42, 44, 45, 47, 48, 55;
Struktur und Funktion: S. 9, 10, 12, 20, 21, 30, 75;
Stoff- und Energieumwandlung: S. 40, 41, 70;
Regulation: S. 16, 23, 24, 25, 46;
Reproduktion und Individualentwicklung: S. 46, 58, 60, 63;
Information und Kommunikation: S. 11, 15, 22, 78;
Variabilität und Angepasstheit: S. 28, 31, 32, 38, 53, 57, 73;
Evolutionäre Entwicklung und Verwandtschaft: S. 13, 14, 52, 54, 56, 59, 62, 64, 66, 67, 72, 74, 76, 77.

Kompetenzbereiche

Die in den Arbeitsheften zusammengestellten Aufgaben und Aufgabentypen schulen unterschiedliche Kompetenzen der Lernenden. Dabei werden die drei Kompetenzbereiche »Kommunikation«, »Erkenntnisgewinnung« und »Bewertung« abgedeckt.

Grundlage für die Lösung aller im Arbeitsheft aufgeführten Aufgaben sind **Fachkenntnisse,** die die Schülerinnen und Schüler durch die Arbeit mit dem Lehrbuch erworben haben. Über die einfache Reproduktion der Inhalte hinaus erfordern die Aufgaben in den meisten Fällen eine vertiefte **Reflexion** über das Gelernte sowie häufig die Fähigkeit zur Verknüpfung von Inhalten aus mehreren Themengebieten.

Im Kompetenzbereich **Kommunikation** steht der reflektierte Gebrauch der Fachsprache im Vordergrund. Hier sollen die Schülerinnen und Schüler zeigen, dass sie Fachbegriffe kennen, definieren und fachinhaltlich korrekt verwenden sowie im Zusammenhang mit bislang unbekannten Sachverhalten anwenden können. Eine Hilfestellung zur Erarbeitung neuer Fachbegriffe sollen die Einstiegsseiten zu den einzelnen Kapiteln geben; auch die verschiedenen Rätseltypen schulen die fachsprachliche Kompetenz ebenso wie das Recherchieren und anschließende Präsentieren komplexer Sachverhalte.

Darüber hinaus soll die Verwendung der Fachsprache dazu befähigen, fachbezogen korrekt zu argumentieren. In diesem Zusammenhang trainieren die Analyse von »Fehlertexten« und die Bearbeitung von Multiple-Choice-Aufgaben den korrekten Umgang mit der Fachsprache.

Eine wesentliche Kompetenz in diesem Bereich ist zudem die Fähigkeit zur Anwendung unterschiedlicher Repräsentationsformen und zum Repräsentationswechsel. Bei letzterem sind die Schülerinnen und Schülern gefordert, verschiedene Darstellungsformen ineinander umzuwandeln. Beispielsweise sollen Messwerttabellen in eine grafische Darstellung der Daten, die Beschreibung eines komplexen Sachverhalts in ein Schaubild umgesetzt oder eine Abbildung versprachlicht werden.

Auf einigen Aufgabenseiten steht der Kompetenzbereich **Erkenntnisgewinnung** im Mittelpunkt. Bei Aufgaben mit diesem Schwerpunkt steht die korrekte Planung, Ausführung und Auswertung von Experimenten im Vordergrund. Die Schülerinnen und Schüler sollen zeigen, dass sie die wesentlichen Grundlagen der Erkenntnisgewinnung in der Biologie, wie sie auf S. 19 im Lehrbuch im Überblick dargestellt werden, kennen und situationsgerecht anwenden können. Solche Aufgaben ergänzen die Durchführung und Besprechung von Versuchen und Experimenten, die im Unterricht durchgeführt werden, und können ggf. Anregungen für den eigenen Experimentalunterricht geben. Ebenfalls zum Kompetenzbereich der empirischen Erkenntnisgewinnung zählt der Umgang mit Modellen und Modellvorstellungen. Auch solche Aufgaben sind an geeigneten Stellen zu finden.

Der Kompetenzbereich **Bewertung** befasst sich mit der Analyse ethischer Probleme. Hierfür bieten sich im Rahmen der drei in Arbeitsheft 2 behandelten Teilgebiete vor allem verschiedene ökologische Themen (Neozoenproblematik, Schädlingsbekämpfungsmaßnahmen) sowie die Auseinandersetzung mit kreationistischem Gedankengut an.

In der folgenden Aufstellung sind die Seiten des Arbeitsheftes den Kompetenzen zugeordnet, die dort jeweils im Zentrum stehen. Die Liste erlaubt dem Lehrer die Auswahl von Aufgaben, die spezielle Kompetenzbereiche gezielt trainieren:

Kompetenzbereich Kommunikation:
Gebrauch der Fachsprache: 5, 6, 18, 19, 27, 34, 43, 49, 51, 59, 64, 69, 71;
Argumentieren: 9, 10, 13, 17, 20, 21, 22, 23, 25, 26, 31, 36, 41, 48, 50, 52, 53, 55, 56, 58, 60, 62, 63, 65, 66, 68, 70, 73, 74;
Repräsentationswechsel: 12, 14, 15, 16, 24, 28, 33, 35, 38, 40, 44, 47, 54, 67, 72, 77, 78;
Kompetenzbereich Erkenntnisgewinnung:
Experimentieren und Beobachten: 8, 29, 30, 32, 37, 42, 57, 75, 76;
Modellbildung: 7, 11, 23, 39, 61;
Kompetenzbereich Bewertung: 45, 46, 79.

Im Linder-Arbeitsheft sind Aufgaben unterschiedlicher **Anforderungsbereiche** zusammengestellt, die sich in ihrer Komplexität und ihrem Schwierigkeitsgrad in Bezug auf die geforderten Denk- und Arbeitsprozesse unterscheiden. Bei mehrteiligen Aufgaben stehen in der Regel Teilaufgaben mit niedrigerem Anforderungsprofil am Beginn. Dabei sollen die Schülerinnen und Schüler wichtige themenbezogene Fakten und Daten wiedergeben können und über Kenntnisse und Fertigkeiten im Zusammenhang mit erlernten Arbeitstechniken verfügen; der wiederholende Charakter der Aufgaben steht im Vordergrund. Im zweiten Anforderungsbereich steigt der Grad der Selbstständigkeit, der zur Bearbeitung der Aufgaben erforderlich ist; im Zentrum der Lösungsaktivität steht hierbei das Übertragen bekannter Zusammenhänge auf unbekannte Sachverhalte. Der letzte Anforderungsbereich bezieht sich auf komplexe Aufgabenstellungen, zu deren Bearbeitung planmäßige und kreative Lösungsansätze sowie ein hoher Grad an Selbstständigkeit nötig sind, um Erlerntes auf neue Problemstellungen anwenden zu können.

Hinweise zur Arbeit mit dem Lösungsheft

Im vorliegenden Buch findet man zum einen die Lösungen der Aufgaben aus dem Arbeitsheft, zum anderen zusätzliche Hinweise und Kommentare sowie Anregungen für den unterrichtlichen Einsatz des jeweiligen Aufgabenblattes.

Die Hinweise zu den einzelnen Arbeitsblättern sind nach folgendem Schema gegliedert:

Konzeption des Arbeitsblattes: Der einführende Text verweist auf die grundlegende konzeptionelle Ausrichtung der Aufgaben sowie auf die thematische und kompetenzorientierte Schwerpunktsetzung.

Einsatz des Arbeitsblattes im Unterricht: Hier wird gezeigt, wie das Arbeitsblatt gewinnbringend im Unterricht eingesetzt werden kann. In diesem Zusammenhang wird insbesondere darauf verwiesen, ob sich die Aufgaben vorzugsweise zur Erarbeitung, Übung oder Vertiefung eignen und welche Vorkenntnisse die Schülerinnen und Schüler mitbringen müssen.

Lösungen und Anmerkungen: Dieser Abschnitt umfasst Musterlösungen. Zusätzliche, über die von den Schülerinnen und Schülern zu erwartenden Antworten hinausgehende Informationen werden in eckige Klammern gestellt. Sie sind als ergänzende Hilfestellung für den Lehrer gedacht und können ggf. bei der Besprechung der Aufgaben Berücksichtigung finden.

Zusätzliche Materialien: Unter dieser Rubrik sind zusätzliche Texte, Abbildungen sowie Literaturhinweise und Internetquellen angegeben, die eine vertiefte Auseinandersetzung mit der Thematik erlauben, dazu ggf. Hinweise und Tipps zum unterrichtlichen Einsatz.

Weiterführende Aufgaben: Zu manchen Aufgabenseiten werden noch zusätzliche Aufgaben incl. der zugehörigen Lösungen vorgestellt, die als Ergänzung im Unterricht oder als Hausaufgaben bearbeitet werden können.

Grundsätzlich stellen die Inhalte des Schülerbandes die Grundlage zur Lösung der Aufgaben dar. In manchen Teilaufgaben wird explizit auf die entsprechenden Stellen im Lehrbuch hingewiesen, an denen Lösungshilfen, z. B. Abbildungen, zu finden sind. Auf reine Reproduktionsaufgaben wie etwa die Beschriftung von Lehrbuchabbildungen wird weitgehend verzichtet.

Im Folgenden sollen noch einige allgemeine Hinweise zu speziellen konzeptionellen Elementen des Arbeitshefts gegeben werden.

Einstiegsseiten (S. 5, 18, 27, 51, 69)
Auf diesen Seiten sind alle durch Fettdruck hervorgehobenen Fachbegriffe des entsprechenden Lehrbuchkapitels bzw. -teilkapitels zusammengestellt, hinzu kommen themenbezogene Fachbegriffe, die im Glossar des Schülerbands aufgeführt sind. Am Ende der Liste sind jeweils zusätzlich die Basiskonzepte aufgeführt, die in diesem Kapitel besondere Relevanz besitzen; am Seitenende findet man den Verweis auf die zugehörigen Seiten im Schülerband.

Die Seiten können auf unterschiedliche Weise eingesetzt werden. Möglich ist die Verwendung als »Checkliste«, anhand der die Kenntnisse der Schülerinnen und Schüler überprüft werden können. Dies kann nach dem Durcharbeiten des entsprechenden Lehrbuchkapitels im Selbsttest (einzeln oder in der Gruppe) oder im Plenum erfolgen, indem beispielsweise einzelne Begriffe definiert oder erklärt werden müssen. Dabei sollen die Lernenden auch zur Arbeit mit dem Glossar im Schülerband ermuntert werden. Andere Varianten sind das Erstellen einer Concept Map (s. Arbeitsheft 1, S. 35) oder eines zusammenhängenden Textes, in dem ein (zuvor vom Lehrer ausgewählter) Teil der Begriffe in einen sinnvollen Zusammenhang gebracht werden soll. Möglich ist auch die Zusammenstellung von Begriffen, die jeweils besonders gut zu den genannten Basiskonzepten passen. Gegebenenfalls kann die Liste auch dazu eingesetzt werden, mögliche Vorkenntnisse der Schülerinnen und Schüler zu ermitteln (indem z. B. zu Beginn der Unterrichtseinheit nach bereits bekannten Begriffen gefragt wird).

Multiple-Choice-Seiten (S. 17, 26, 36, 50, 68, 80)
Diese Seiten stehen jeweils am Ende eines Aufgabenblocks zu einem speziellen Thema und können zur Überprüfung des inhaltlichen Verständnisses genutzt werden. In jedem Fall stehen vier verschiedene Antworten zur Auswahl, wobei die Aufgabenstellungen variieren; in den meisten Fällen können mehrere Lösungen zutreffen.

Die Aufgabenstellung kann insofern erweitert werden, als die Schülerinnen und Schüler nicht nur die entsprechenden Kästchen ankreuzen, sondern zusätzlich begründen, weshalb die falschen Angaben nicht korrekt sind. Entsprechende Anmerkungen findet man in diesem Buch.

Rätselseiten (S. 6, 19, 34, 43, 49, 71)
Im Arbeitsheft findet man verschiedene Rätseltypen (Kreuzwort- und Silbenrätsel, »Buchstabensalat«, Lernprogramm); die Lösungen können unmittelbar in das Heft eingetragen werden. Die Seiten sind vorzugsweise zur Übung und Vertiefung konzipiert und dienen der Festigung von Kenntnissen zu Fachbegriffen; die Kurzdefinitionen zu den Lösungsbegriffen fördern die fachsprachliche Exaktheit. In einem Teil der Fälle ergibt sich beim richtigen Ausfüllen des Rätsels ein Lösungswort.

Rätsel nach den im Arbeitsheft vorliegenden Mustern können auch von den Schülerinnen und Schülern selbst erstellt werden, wobei z. B. die auf den Einstiegsseiten genannten Fachbegriffe als Lösungswörter eingesetzt werden und die dazu gehörigen Definitionen formuliert werden müssen.

Fehlerteufel und »Schülerforen« (S. 48, 65)
Fehlertexte können ebenso wie Multiple-Choice-Aufgaben verbreitete fachliche Fehlvorstellungen aufgreifen. Dieser Aufgabentyp ist insbesondere dann anspruchsvoll, wenn nicht nur die inhaltlichen Fehler gefunden werden müssen, sondern zudem auf der Metaebene die Form der Fehler analysiert werden soll und Verbesserungsvorschläge eingefordert werden.

Simulationsversuche (S. 39, 61)
Zwei Aufgabenseiten beschäftigen sich mit der vereinfachten Simulation komplexer Vorgänge in der Natur. Hier sollen die Schülerinnen und Schüler selbständig anhand eines Modells Gesetzmäßigkeiten herausarbeiten und anschließend das Modell kritisch bewerten und nach Möglichkeit verbessern.

Rund um das Neuron (S. 6)

Konzeption des Arbeitsblattes

Kenntnisse über den Aufbau eines Neurons stellen die Grundlage für das Verständnis neurobiologischer Vorgänge auf zellulärer Ebene dar. Das Arbeitsblatt bietet den Schülerinnen und Schülern die Möglichkeit, ihr Fachwissen über den Aufbau von Nervenzellen zu überprüfen und zu festigen. Darüber hinaus fordert die abschließende Aufgabe das Anfertigen einer Zeichnung eines Neurons.

Geforderte Kompetenzen: Gebrauch der Fachsprache, Repräsentationswechsel (Zeichnung und Beschriftung eines Neurons auf der Basis vorgegebener Fachtermini).

Einsatz des Arbeitsblattes im Unterricht

Das Arbeitsblatt dient zur Überprüfung und Festigung des erworbenen Wissens nach der Besprechung des Neurons. Die Aufgabenseite kann sowohl im Unterricht als auch als Hausaufgabe eingesetzt werden. Alternativ lässt sich das Arbeitsblatt unter Verwendung des Schülerbandes (S. 253) auch als Einstieg in das Thema einsetzen bzw. – wenn der Bau eines Neurons bereits aus dem Mittelstufenunterricht bekannt ist – auch als wiederholender Themeneinstieg, der vorhandenes Wissen reaktivieren soll. Des Weiteren bietet das Arbeitsblatt eine Wiederholung der Kenntnisse der Schülerinnen und Schüler zum Bau einer Tierzelle.

Lösungen und Anmerkungen

N	E	P	U	T	K	J	S	E	L	Y	B	J	K	E	S	S	T	R	S	X	Q	U	F	K	Z
W	C	O	V	N	X	I	K	C	N	T	B	L	W	N	O	M	W	O	Y	Q	W	B	K	I	E
O	W	O	P	B	Z	R	Y	Z	H	O	F	U	N	D	Z	T	R	F	N	A	A	H	N	G	L
R	I	B	O	S	O	M	Z	R	B	W	I	M	R	O	Q	B	F	W	A	E	M	A	N	O	L
E	N	D	T	H	K	X	F	Q	D	O	A	E	H	P	Y	F	Y	T	P	K	K	I	A	F	K
E	L	I	G	N	T	B	M	T	K	I	H	N	W	L	U	Z	W	S	S	V	R	P	L	D	O
D	N	D	U	O	W	F	V	O	O	M	J	X	N	A	X	F	Q	T	E	R	S	T	H	I	E
Z	Q	D	A	F	D	S	G	B	D	O	M	T	K	S	R	I	J	P	E	L	F	C	G	T	R
C	R	P	K	K	B	V	N	V	Q	S	V	M	J	M	C	T	L	U	E	Y	I	A	O	I	P
J	M	R	P	N	R	P	M	Y	R	O	V	H	C	A	R	H	N	V	P	R	N	O	Q	R	E
C	X	S	T	J	O	S	Z	C	Z	Y	Z	W	N	T	P	H	E	V	Q	R	G	S	J	D	R
K	N	Z	Q	K	H	E	R	B	D	T	H	I	I	I	C	X	P	Z	O	H	I	N	I	N	G
Y	P	V	F	Z	Y	L	P	M	T	C	X	C	J	S	V	T	Q	T	E	T	W	T	H	E	Z
B	U	G	X	E	H	V	J	F	S	I	G	L	R	C	E	E	A	R	F	L	I	H	Z	D	F
Q	J	A	P	G	Q	D	S	Z	C	D	L	E	X	H	Z	S	A	H	X	X	L	R	S	O	M
O	N	D	X	D	T	Y	K	J	A	H	H	J	R	E	A	T	L	T	A	P	N	E	V	I	H
X	W	Z	H	F	A	I	T	O	G	C	E	R	C	S	W	Q	U	Z	U	S	M	K	E	P	X
F	V	U	N	D	L	M	W	V	S	N	D	N	E	R	C	R	M	D	T	P	J	U	I	H	D
F	C	O	D	J	H	R	Z	R	G	Q	E	D	I	E	H	C	S	N	I	L	E	Y	M	Y	P
F	X	Z	P	U	E	R	E	Z	P	G	H	M	I	T	O	C	H	O	N	D	R	I	U	M	W
A	V	Z	Z	M	G	I	L	F	X	V	C	H	C	I	L	C									
Q	Y	V	A	F	V	D	L	Y	U	S	H	S	C	C	F	V									
L	S	O	A	N	V	G	K	F	M	J	V	A	V	U	F	A									
B	X	M	A	F	M	R	E	P	W	V	R	L	V	L	Q	P									
A	O	R	Z	F	U	A	R	M	C	A	Y	G	P	U	J	P									
C	U	K	N	T	B	Y	N	D	P	P	K	W	J	M	T	A									

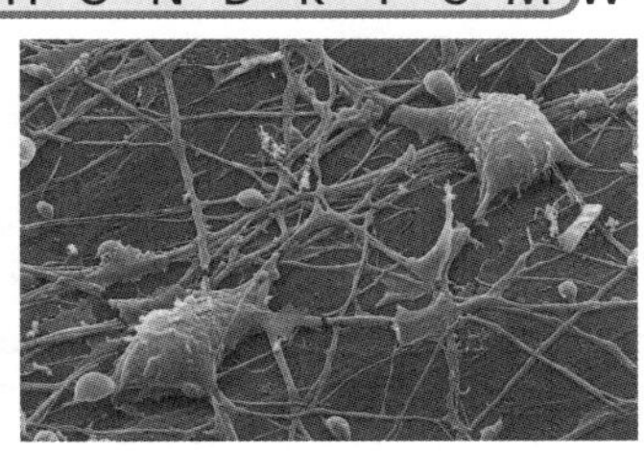

1. Meist verzweigter Fortsatz, der aus dem Zellkörper der Nervenzelle entspringt:
   Dendrit
2. Zelle, die der Isolation des Axons dient:
   SCHWANN'sche Zelle
3. Organell, welches die Erbinformation enthält:
   Zellkern
4. Fortsatz, der aus dem Zellkörper einer Nervenzelle entspringt und Signale weiterleitet:
   Axon
5. Kontaktstelle zwischen zwei Nervenzellen:
   Synapse
6. Stapel von flachen membranumgrenzten Reaktionsräumen, in denen Stoffe umgewandelt, verpackt und sortiert werden:
   Dictyosom
7. Verdicktes Ende eines Axons:
   Endknöpfchen
8. Bereich an einem Wirbeltieraxon, an dem Aktionspotenziale ausgebildet werden:
   RANVIER'scher Schnürring
9. Zellorganell, an dem die Proteinbiosynthese stattfindet:
   Ribosom
10. Von diesem Teil der Nervenzelle gehen die Dendriten und das Axon aus:
    Zellkörper
11. Zellorganell, das für die Energieversorgung der Nervenzelle zuständig ist:
    Mitochondrium
12. Gesamtheit aller Zellen, die sich während der Ontogenese der Zelle um das Axon wickeln:
    Myelinscheide
13. Netzförmiges System membranumhüllter Kanälchen, das das Cytosol durchzieht:
    Endoplasmatisches Reticulum

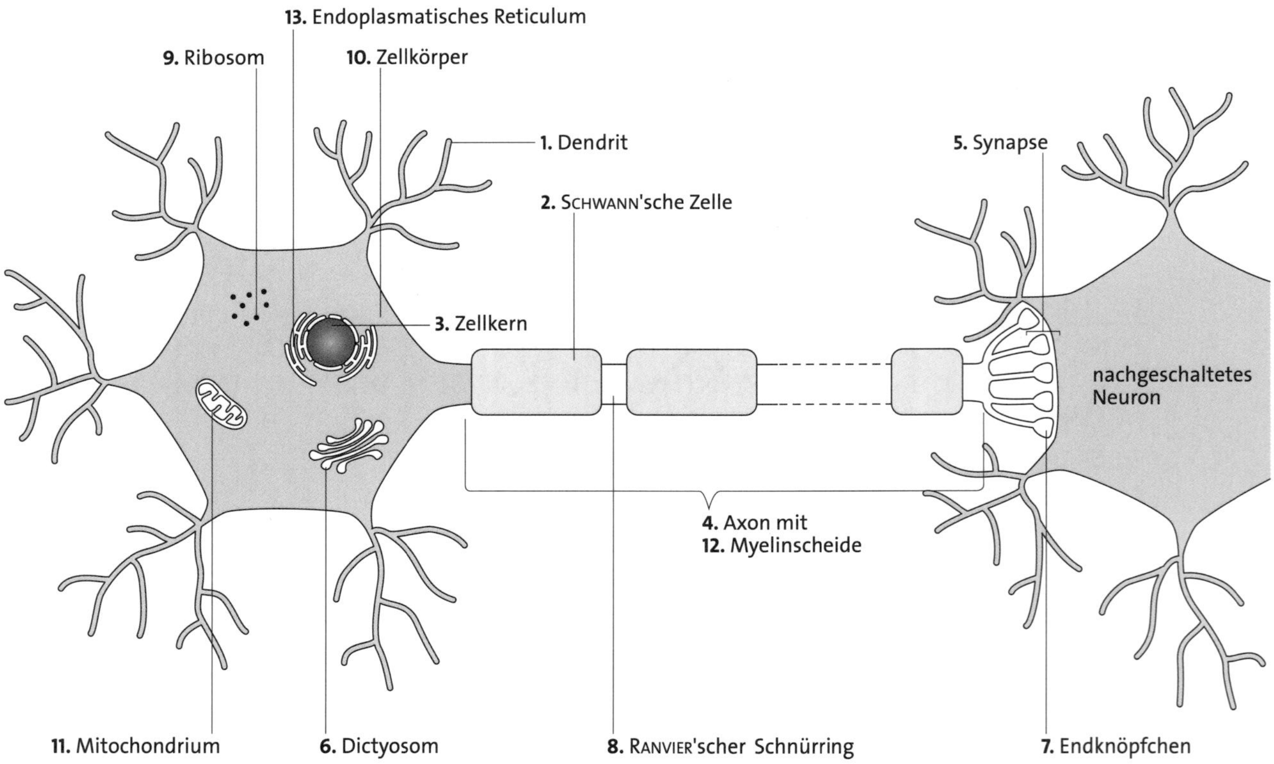

Zeichnung und Beschriftung eines Neurons

Zusätzliche Materialien

Nervenzelle und Neuron, Axon und Neurit – Begriffsklärungen

Abb. 253.1 im Schülerband zeigt ebenso wie die von den Schülerinnen und Schülern erstellte Zeichnung ein Motoneuron, deren Zellkörper man im Rückenmark von Wirbeltieren findet, als Beispiel für eine typische Nervenzelle. In der Literatur werden (wie auch im Schülerband) die Begriffe »Neuron« und »Nervenzelle« sehr häufig synonym verwendet. Streng genommen handelt es sich dabei allerdings bei einem Motoneuron nicht um eine Einzelzelle, sondern um eine funktionelle Einheit, die aus vielen einzelnen Zellen besteht: der eigentlichen Nervenzelle sowie zahlreichen Hüllzellen. Letztere, ein spezieller Typ von Gliazellen, werden gemeinhin als SCHWANN'sche Zellen bezeichnet. Im Verlauf der Ontogenese des Nervengewebes wickeln sie sich mehrfach um den langen Nervenzellfortsatz und bilden so eine isolierende Schutzhülle (SCHWANN'sche Scheide, auch Myelinscheide oder Markscheide genannt).

Neben diesem Typ einer multipolaren Nervenzelle (mit vielen Zellfortsätzen) gibt es eine Vielzahl weiterer Nervenzellarten, die sich unter anderem in der Länge und der Zahl ihrer Fortsätze unterscheiden, etwa unipolare oder bipolare Nervenzellen (z. B. im Ganglion des Hörorgans, Schaltzellen der Netzhaut), sowie Gliazellen.

Der lange Zellfortsatz einer Nervenzelle wird üblicherweise als Axon bezeichnet. Das Wort leitet sich vom griechischen *axon* = Achse ab. Etymologisch korrekt (*axon* ist ein maskuliner Begriff) müsste es eigentlich *der* Axon heißen; diese Bezeichnung ist allerdings in der deutschsprachigen Literatur kaum verbreitet. Häufig wird synonym für Axon der Fachterminus »Neurit« verwendet, manchmal wird das Axon als Neurit mit Hüllzellen definiert, bisweilen werden sämtliche Nervenzellfortsätze, also auch die Dendriten, unter der Bezeichnung »Neuriten« zusammengefasst. Der Schülerband schließt sich der inzwischen insbesondere in der neurophysiologischen Literatur üblichen Terminologie an, wonach der lange efferente Zellfortsatz als Axon bezeichnet wird, unabhängig davon, ob er eine Myelinscheide besitzt, und die kürzeren afferenten als Dendriten.

Film

Nervenzelle & Nervensystem II (Sek. II). GIDA (Gesellschaft für Information und Darstellung mbH), Odenthal 2007 (39 Minuten, mit Begleitheft und Arbeitsblättern).

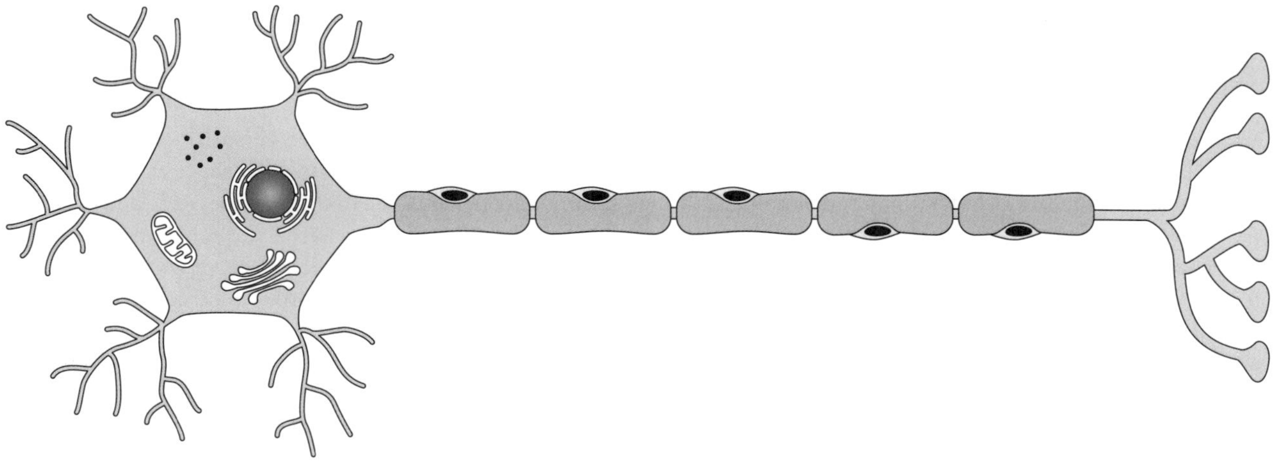

Bau eines Motoneurons (Schema als Kopiervorlage)

Weiterführende Aufgaben

AUFGABE

Bei biologischen Systemen ist ein Zusammenhang zwischen dem Bau und der Funktion der entsprechenden Struktur zu erkennen. Erläutern Sie diese Aussage am Beispiel eines Wirbeltierneurons.

Lösung

Das Neuron lässt sich in mehrere Bereiche gliedern, die in ihrem Bau auf ihre Funktion abgestimmt sind:

1. **Reizaufnahme:** Die stark verzweigten Dendriten weisen eine große Oberfläche auf, über welche Informationen von anderen Nervenzellen aufgenommen werden können.
2. **Informationsverarbeitung:** Der Zellkörper verarbeitet die über die Dendriten aufgenommen Informationen.
3. **Informationsweiterleitung und Isolierung:** Das lang gestreckte Axon ermöglicht eine schnelle Informationsleitung. Der größte Teil des Axons ist von SCHWANN'schen Zellen umhüllt und durch diese spezialisierten Gliazellen gegenüber der Umgebung und insbesondere gegenüber anderen Nervenzellen isoliert. Da nur an den Schnürringen Erregungen ausgebildet werden können, erfährt die Impulweiterleitung eine zusätzliche Beschleunigung gegenüber Nervenzellen ohne Myelinscheide.
4. **Informationsübertragung:** An den Synapsen wird die Erregung auf chemischem Wege übertragen. Nervenzellen müssen also in der Lage sein, Neurotransmitter zu synthetisieren. Deshalb haben Nervenzellen ein stark ausgeprägtes Endoplasmatisches Reticulum. In den verdickten Endknöpfchen befinden sich viele Vesikel, in denen Moleküle des Transmitters gespeichert und bei Bedarf freigesetzt werden.

Vorsicht Spannung! (S. 7)

Konzeption des Arbeitsblattes

In der Neurophysiologie werden häufig Modellversuche herangezogen, um zu erklären, wie an einer Membran ein elektrisches Potenzial entstehen kann. Mit diesem Arbeitsblatt kann den Schülerinnen und Schülern ein vertieftes Verständnis dafür gegeben werden, welche Rolle eine ungleiche Ionenverteilung an einer Membran für den Aufbau eines elektrischen Potenzials spielt. In diesem Zusammenhang soll das Gleichgewicht zwischen chemischem Potenzial (Konzentrationsunterschied) und elektrischem Potenzial (Ladungsdifferenz, Spannung) erarbeitet werden.

Die Entwicklung und Bewertung von Modellen und Modellversuchen, die dazu dienen, biologische Sachverhalte zu erläutern oder deren Gültigkeit zu prüfen, stellt darüber hinaus eine zentrale Kompetenz des Biologieunterrichts dar, die mit diesem Arbeitsblatt gefördert werden kann.

Geforderte Kompetenzen: Modellbildung, Experimentiren und Beobachten, Repräsentationswechsel (Zeichnung eines Diagramms anhand der zu erwartenden Ergebnisse), Argumentieren (begründete Vorhersage von Versuchsergebnissen), Gebrauch der Fachsprache.

Einsatz des Arbeitsblattes im Unterricht

Der Einsatz des Arbeitsblattes empfiehlt sich nach der Besprechung des Ruhepotenzials im Unterricht oder als Hausaufgabe. Es dient dazu, dass sich die Schülerinnen und Schüler damit auseinandersetzen, wie sich unterschiedliche Versuchsbedingungen auf die Entstehung eines elektrischen Potenzials an einer Membran auswirken können. Die gewonnenen Erkenntnisse sollen dann auf die Verhältnisse an einer Nervenzelle übertragen werden und schaffen damit ein vertieftes Verständnis für die Ursachen des Ruhepotenzials.

Altenativ können das Lesen der Versuchsbeschreibung und die Bearbeitung der beiden ersten Aufgaben auch an den Beginn der unterrichtlichen Erarbeitung des Ruhepotenzials gestellt werden; im Anschluss werden die Ionenverteilungen an Nervenzellmembranen besprochen, bevor (z. B. als Hausaufgabe) die übrigen Aufgaben bearbeitet werden.

Lernvoraussetzungen für die Bearbeitung der Aufgabenseite sind Kenntnisse zum Aufbau der Biomembran und zum Transport von Ionen durch Membranen, insbesondere das Phänomen der selektiven Permeabilität.

Lösungen und Anmerkungen

AUFGABE 1

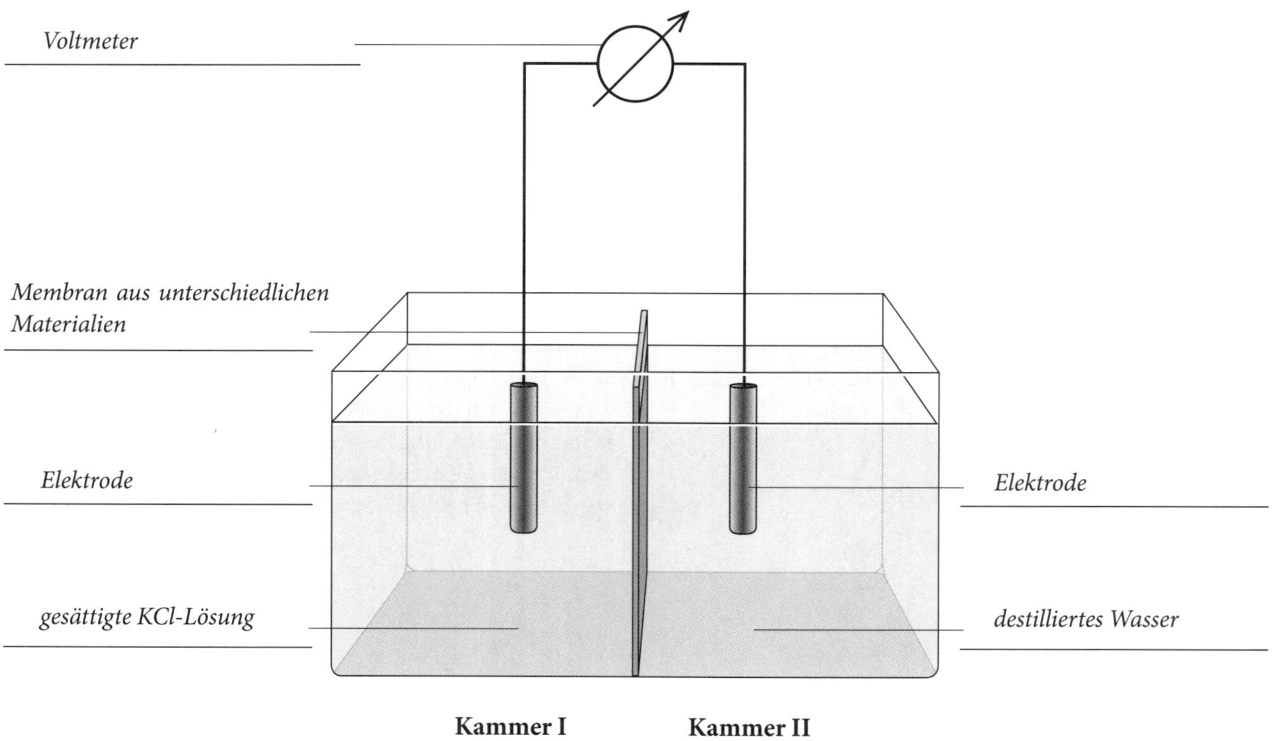

AUFGABE 2

Versuch 1: Die Glaswand verhindert, dass Ionen zwischen den beiden Kammern wandern können. Damit kann keine Spannung gemessen werden. [Man erhält so ein »leeres« Diagramm, dessen Abszisse mit »Zeit« oder »Versuchsdauer« und dessen Ordinate mit »Spannung« beschriftet ist.]

Versuch 2: Kammer I enthält eine Kaliumchlorid-Lösung, also [hydratisierte] Kalium- und Chloridionen. Kammer II hingegen enthält nur destilliertes Wasser, die K^+- und Cl^--Konzentrationen sind hier somit gleich Null. Sobald die beiden Lösungen miteinander in Kontakt treten, besteht die Tendenz zum Konzentrationsausgleich. Da die Membran für beide Ionenarten durchlässig ist, wandern nun Ionen aus der Kammer I in die Kammer II. Da es zu keiner Ladungstrennung kommt, lässt sich beim Eintauchen der Elektroden keine Spannung messen. Das Diagramm entspricht dem von Versuch 1.

[Tatsächlich lässt sich bei diesem Versuch auch wie in Versuch 3 eine Spannung messen. Diese lässt sich auf die unterschiedlichen Größen der hydratisierten Ionen und die dadurch verursachten Unterschiede in den Wanderungsgeschwindigkeiten zurückführen: K^+-Ionen besitzen eine kleinere Hydrathülle als die Cl^--Ionen und wandern damit schneller als diese. Dies führt dazu, dass die K^+-Ionen (Kationen) rascher durch die Membran wandern als die Cl^--Ionen (Anionen). Dadurch kommt es zu einer Ladungstrennung und damit zum Aufbau einer elektrischen Spannung zwischen Kammer I und Kammer II, es hat sich ein Diffusionspotenzial gebildet. Die Spannung steigt somit zunächst an. Im Laufe der Zeit kommt es jedoch zu einem Konzentrationsausgleich, die Spannung geht auf Null zurück.]

Versuch 3: Auch hier besteht wie bei Versuch 2 die Tendenz zum Konzentrationsausgleich. Da die Membran aber nur durchlässig für Kationen ist, können nur die Kaliumionen die Membran passieren, wodurch sie in Kammer II gelangen. Für die Chloridionen (Anionen) ist die Membran dagegen nicht permeabel. In Kammer II entsteht somit ein Überschuss an Kationen, in Kammer I ein Überschuss an negativen Ladungsträgern.

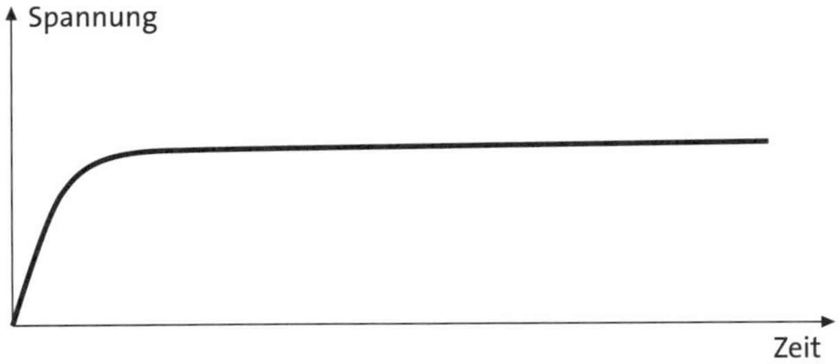

Daher lässt sich eine elektrische Spannung messen, die zunächst ansteigt. Nach einiger Zeit stellt sich ein Gleichgewicht ein zwischen dem Kaliumioneneinstrom in die Kammer II (infolge der Tendenz zum Konzentrationsausgleich) und dem K^+-Rückstrom aufgrund der elektrischen Anziehungskraft der Chloridionen in Kammer I. Die Spannung bleibt ab diesem Zeitpunkt konstant.

AUFGABE 3

Versuch 3 entspricht am ehesten den Verhältnissen an einer Nervenzelle. Es lässt sich hiermit modellhaft die Entstehung des Ruhepotenzials erklären. Das Innere der Kammer I entspricht dabei dem Inneren der Nervenzelle, Kammer II dem Außenmedium einer Nervenzelle und die kationenpermeable Membran simuliert die selektiv permeable Membran der Nervenzelle.

Außerhalb und innerhalb der Nervenzelle besteht eine ungleiche Verteilung von Ionen. An der Innenseite der Membran der Nervenzelle befinden sich viele Kaliumionen und organische Anionen (negativ geladene Proteine). Außen überwiegen Natriumionen und Chloridionen. Die selektiv permeable Membran verhindert nun, dass sich diese unterschiedlichen Konzentrationen durch Diffusion ausgleichen. Die Membran aller Nervenzellen enthält Kaliumionenkanäle, die permanent geöffnet sind. Dadurch diffundieren Kaliumionen nach außen. Für die (negativ geladenen) Anionen hingegen ist die Membran nicht permeabel. Sie ziehen die positiv geladenen Kaliumionen an. Nach einiger Zeit stellt sich damit ein Gleichgewicht zwischen dem K^+-Ausstrom aufgrund des Konzentrationsgefälles und dem K^+-Einstrom infolge der elektrischen Anziehungskraft ein. Die Spannung, die dabei auftritt, wird als Ruhepotenzial bezeichnet.

Im Ruhezustand sind auch einige Na^+-Kanäle geöffnet, durch die Natriumionen entsprechend dem Konzentrationsgefälle ins Zellinnere gelangen. Ein aktiver Transportmechanismus, die Natrium-Kalium-Pumpe, sorgt dafür, dass Natriumionen aus der Zelle wieder hinaus transportiert und Kaliumionen in die Zelle hinein transportiert werden. So wird die unterschiedliche Verteilung der Ionen an der Membran und damit auch die Aufrechterhaltung des Ruhepotenzials sichergestellt.

AUFGABE 4

Es besteht ebenso die Tendenz zum Konzentrationsausgleich. Wie im Zusammenhang mit Versuch 3 erläutert, sind nur die Kationen in der Lage, die Membran zu passieren. Da sich in Kammer II aber nun eine verdünnte Kaliumchloridlösung befindet, ist der Konzentrationsunterschied zwischen den Lösungen in den beiden Kammern geringer als im ursprünglichen Versuch. Es gelangen weniger Kaliumionen aus Kammer I durch die Membran in Kammer II. Dort entsteht somit zwar ein Überschuss an Kationen, dieser ist jedoch geringer als im Versuch 3. Es lässt sich eine elektrische Spannung messen, die zunächst ansteigt. Es stellt sich jedoch viel schneller ein Gleichgewicht zwischen dem Kaliumeinstrom in Kammer II und der elektrischen Anziehungskraft der Chloridionen in Kammer I her. Die zu messende Spannung ist damit niedriger als in Versuch 3.

AUFGABE 5

Ein Modell ist ein Abbild der Wirklichkeit und damit nur innerhalb bestimmter Grenzen gültig. Im geschilderten Modellversuch werden Einzelheiten, die in lebenden Systemen vorhanden sind, weggelassen, wodurch wesentliche Vorgänge deutlich gemacht werden können. Um zu zeigen, dass Ionen eine wichtige Rolle für den Aufbau einer elektrischen Spannung an Membranen spielen, ist der geschilderte Versuch damit geeignet.

Eine Übertragung auf lebende Systeme ist allerdings nur eingeschränkt möglich. Im Vergleich zum lebenden System berücksichtig der Modellversuch zum Beispiel nicht,

- dass eine Zelle allseitig von einer Membran umschlossen ist;
- dass sich die Durchlässigkeit von Biomembranen stark unterscheidet von der Durchlässigkeit der in den Experimenten verwendeten Trennwände, dass sie beispielsweise auch für (kleinere) Anionen durchlässig sind;
- dass am Aufbau eines Membranpotenzials mehr Ionenarten als lediglich Kalium- und Chloridionen beteiligt sind;
- dass sich außerhalb der Zelle keine ionenfreie Flüssigkeit befindet;
- dass es sich bei Biomembranen nicht um starre Systeme, sondern um flexible Gebilde handelt (»Flüssig-Mosaik-Modell«).

Zusätzliche Materialien

Modellversuche zum Ruhepotenzial

Hinweise zur Durchführung eines Modellversuchs zur Entstehung des Ruhepotenzials sind im Schülerband auf S. 271 abgedruckt.

Weitere theoretische und praktisch durchführbare Modellversuche zur Entstehung eines Ruhepotenzials und ausführliche Erläuterungen zur Durchführung und Auswertung finden sich auf der folgenden Internetseite:

http://www.u-helmich.de/bio/neu/1/11/112/p1123.html

Selektiv permeabel oder semipermeabel?

Häufig wird für das Phänomen, dass Biomembranen nur teilweise durchlässig sind, auch die weniger korrekte Bezeichnung »semipermeabel« verwendet. Dieses Wort suggeriert, dass nur ein Teil (lat. *semi* halb) eines bestimmten Stoffes die Membran durchdringen kann, was aber nicht der Fall ist. Die Permeabilität eines Stoffes hängt vielmehr mit dessen Teilchengröße, seiner Ladung und seiner Hydrophilie/Lipophilie sowie dem Vorliegen bzw. Nichtvorliegen spezifischer Ionenkanäle in der Membran zusammen, weshalb die Bezeichnung »selektive Permeabilität« vorzuziehen ist.

Weiterführende Aufgaben

AUFGABE

»Denken macht schlank!«

Nehmen Sie Stellung zu dieser Aussage.

Lösung

Das Nervensystem benötigt – vor allem aufgrund der energieaufwendigen Arbeit der Natrium-Kalium-Pumpe – ungefähr 20 Prozent des ATP-Umsatzes eines Menschen. Denken bedeutet, dass die Nervenzellen des Gehirns aktiv sind und damit die Natrium-Kalium-Pumpe verstärkt arbeiten muss. Das legt den Schluss nahe, dass verstärktes Denken vermehrt Energie benötigt. Dass dies der Fall ist, ist wissenschaftlich nicht nachgewiesen. Das Gehirn eines Menschen ist mehr oder weniger ständig aktiv, sogar im Schlaf kennt es keinen Ruhezustand. Auch bei denksportlichen Höchstleistungen verbraucht es damit kaum mehr Energie als im »normalen Zustand«. Damit kann man davon ausgehen, dass Denken nicht schlank macht.

Die Nerven liegen blank (S. 8)

Konzeption des Arbeitsblattes

Um die elektrische Aktivität von Nervenzellen festzustellen, werden in der neurobiologischen Forschung verschiedene Messmethoden eingesetzt. Das Arbeitsblatt thematisiert die Anwendung und die Aussagefähigkeit zweier solcher Messmethoden. Ausgangspunkt der Betrachtungen sind die Riesenaxone von Kalmaren, die aufgrund ihres besonders großen Durchmessers geeignete Objekte für neurophysiologische Untersuchungen darstellen und deren Leitungsgeschwindigkeit an die von Wirbeltieraxonen heranreicht.

Die Durchführung von Experimenten und die Auswertung der erhaltenen Ergebnisse stellen eine wichtige Methode der Erkenntnisgewinnung und damit eine zentrale Kompetenz in der Biologie dar. Mit diesem Arbeitsblatt kann das Verständnis der Schülerinnen und Schüler für die Durchführung und Eignung von biologischen Experimenten ebenso wie die Fähigkeit zur Auswertung und Interpretation von Versuchsdaten gefördert und vertieft werden.

Geforderte Kompetenzen: Experimentieren und Beobachten (theoretisches Nachvollziehen eines Laborexperiments), Argumentieren (Eignung und Vergleich verschiedener Messmethoden), Repräsentationswechsel (Zeichnen von Versuchsanordnungen und Spannungsverläufen), Gebrauch der Fachsprache.

Einsatz des Arbeitsblattes im Unterricht

Das Arbeitsblatt dient der Anwendung und Vertiefung des erworbenen Wissens im Anschluss an die Besprechung des Ruhepotenzials im Unterricht. Es empfiehlt sich, vor der Bearbeitung des Arbeitsblattes die Messung eines Membranpotenzials mittels intrazellulärer Ableitung zu thematisieren. Diese vorbereitende Erarbeitung kann mit Hilfe von Abb. 257.1 sowie des zugehörigen Textes im Schülerband selbständig von den Schülerinnen und Schülern geleistet werden.

Falls in der Schule vorhanden, ist auch eine Simulation des vorgestellten Experiments, insbesondere der behandelten Messverfahren, mittels eines Modellneurons denkbar.

Lösungen und Anmerkungen

AUFGABE 1

Die Riesenaxone von Tintenfischen sind aufgrund ihres großen Durchmessers und des Fehlens einer Myelinscheide besonders geeignete Untersuchungsobjekte in der Neurobiologie. Durch den großen Durchmesser sind die Axone für den Experimentator gut handhabbar und er kann die Elektroden leicht einstechen. Die fehlende Myelinscheide macht das Axon außerdem leicht zugänglich für die Elektroden.

AUFGABE 2

[Lösung s. Schülerbandtext S. 257 und Abb. 257.1:]

Das Membranpotenzial einer Zelle lässt sich mit zwei Elektroden messen. Dabei taucht eine in das Außenmedium ein. Die zweite Elektrode, eine Glaskapillar-Mikroelektrode, wird in das Innere des Axons eingeführt. Diese Kapillarelektrode ist mit einer elektrisch leitenden Flüssigkeit (meist Kaliumchloridlösung) gefüllt, in die ein Silberdraht hineinragt; der Spitzendurchmesser der Kapillarelektrode beträgt nur 0,5 – 1 µm. Beide Elektroden sind über einen Verstärker mit einem Oszilloskop verbunden, das den Spannungsverlauf aufzeichnet.

Solange beide Elektroden in das Außenmedium eintauchen, wird keine Spannung gemessen. Sobald man aber mit der feinen Spitze der Glaskapillaren in die Nervenzelle einsticht, wird eine Spannung im Bereich von –50 bis –100 mV (Millivolt) angezeigt. Dem Spannungswert gibt man vereinbarungsgemäß ein negatives Vorzeichen, um deutlich zu machen, dass die Innenseite der Zellmembran negativ geladen ist.

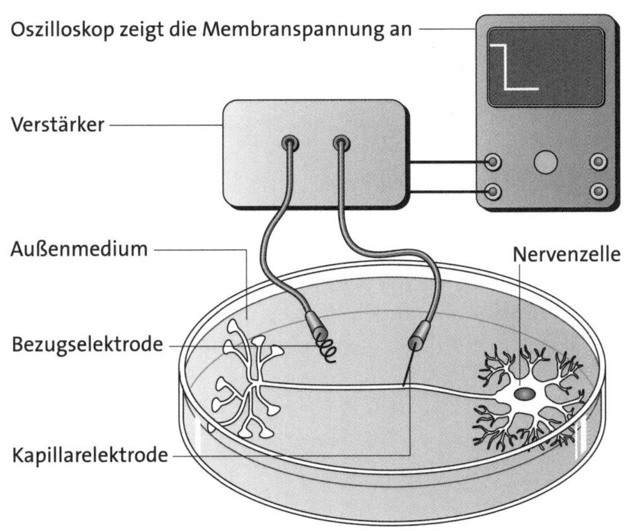

Intrazelluläre Ableitung
(das Außenmedium besteht aus Meerwasser)

AUFGABE 3

Experiment 1: Aufgrund der stark erniedrigten Temperatur verlangsamen sich Diffusionsprozesse, und die Natrium-Kalium-Pumpe arbeitet langsamer (RGT-Regel). Es dauert somit länger, bis die ins Zellinnere eingedrungenen Natriumionen wieder nach außen befördert werden. Die Potenzialdifferenz sinkt (das Zellinnere wird positiver).

Experiment 2: Ohne Sauerstoff kann kein ATP gebildet werden. Da die Natrium-Kalium-Pumpe für ihre Arbeit aber ATP benötigt, kann sie schon nach kurzer Zeit (also wenn alles vorhandene ATP verbraucht ist) nicht mehr arbeiten. Daraus folgt, dass nach innen eingedrungene Natriumionen nicht mehr aus dem Axon heraus befördert werden können. Es dringen immer mehr Natriumionen in die Zelle ein, die Potenzialdifferenz sinkt (das Zellinnere wird positiver).
Experiment 3: Wird destilliertes Wasser eingesetzt, befinden sich im Außenmedium weder Kalium- noch Natriumionen. Nun diffundieren aufgrund des größeren Konzentrationsunterschieds mehr Kaliumionen nach außen als im Kontrollversuch, während keine Natriumionen nach innen strömen. Die Potenzialdifferenz steigt, und das Zellinnere wird negativer.

AUFGABE 4

a) Die Abbildung zeigt eine extrazelluläre Ableitung. Bei der intrazellulären Ableitung wird durch das Einstechen einer der beiden Elektroden in das Axon die Spannungsdifferenz zwischen der Innen- und der Außenseite der Zellmembran gemessen. Bei der in Abb. 3 gezeigten Messmethode werden hingegen außen zwei Elektroden in einem gewissen Abstand an das Axon angelegt. Befindet sich das Axon im Ruhezustand, so zeigt das Oszilloskop im Gegensatz zur intrazellulären Ableitung keine Spannung zwischen den beiden Elektroden an. Mit dieser Form der Ableitung kann man aber Spannungsdifferenzen zwischen räumlich getrennten Orten der äußeren Membran messen.

Mit der extrazellulären Ableitung ist es nicht möglich, das Ruhepotenzial zu messen, da sich beide Elektroden im Außenmedium befinden und bei einem Neuron im Ruhezustand keine Potenzialdifferenz zwischen verschiedenen Axonabschnitten vorliegt.

[Vgl. hierzu auch Aufg. 2 auf S. 269 im Schülerband.]

b) Diese Versuchsanordnung kann man zur Messung von Aktionspotenzialen einsetzen. Im Ruhezustand ist die Potenzialdifferenz zwischen den beiden Elektroden zunächst null, da das Ruhepotenzial an beiden Stellen gleich ist. Läuft nun ein Aktionspotenzial über das Axon, so erreicht es nacheinander die beiden Elektroden. Trifft das Aktionspotenzial an der ersten Elektrode ein, so wird dort die Außenseite der Membran negativ, die Potenzialdifferenz vergrößert sich und erreicht ein negatives Maximum. Das Aktionspotenzial wandert nun entlang des Axons weiter, und das Ruhepotenzial wird an der zunächst betroffenen Stelle der Membran wieder hergestellt. Damit sinkt die Spannungsdifferenz zunächst auf Null ab (das Aktionspotenzial befindet sich zu diesem Zeitpunkt dann zwischen den beiden Elektroden). Im weiteren Verlauf erreicht die Erregung die zweite Elektrode, die dann gegenüber der ersten negativ wird. Damit zeigt das Oszilloskop nun einen Spannungsverlauf mit einem positiven Maximum an. Mit der Entfernung des Aktionspotenzials von der zweiten Elektrode sinkt die Spannungsdifferenz wieder auf Null ab.

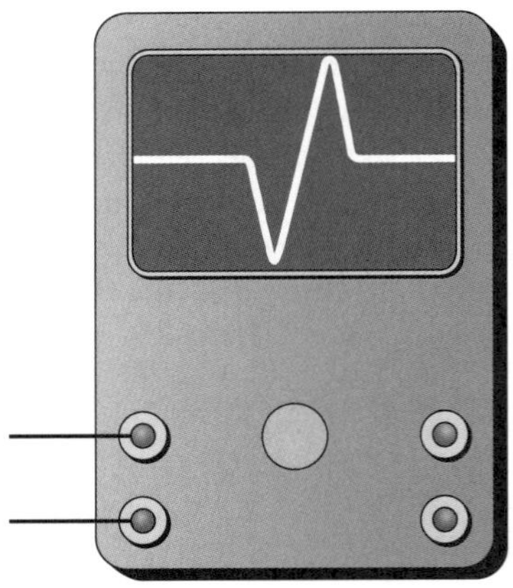

Spannungsverlauf

Zusätzliche Materialien

Film
Nervenzelle & Nervensystem II (Sek. II). GIDA (Gesellschaft für Information und Darstellung mbH), Odenthal 2007 (39 Minuten, mit Begleitheft und Arbeitsblättern).

Materialien zum Selbsttraining für Schülerinnen und Schüler
Linder Biologie S II Abitur- und Klausurtrainer Neurobiologie. Interaktive Selbstlernsoftware auf CD-ROM, Schroedel.

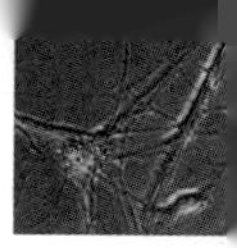

Epilepsie – Gewitter im Gehirn (S. 9)

Konzeption des Arbeitsblattes

Das Arbeitsblatt hat die Entstehung und Weiterleitung von Aktionspotenzialen an Nervenzellen zum Gegenstand. Im Mittelpunkt stehen dabei die Erläuterung der Vorgänge, die während eines Aktionspotenzials an der Membran ablaufen, sowie deren zeichnerische Darstellung. Das Thema wird in den motivierenden Kontext der Nervenerkrankung Epilepsie gestellt. Des Weiteren bietet das Arbeitsblatt die Möglichkeit, Kenntnisse der Schülerinnen und Schüler zur klassischen Genetik und zur Stammbaumanalyse zu wiederholen.

Geforderte Kompetenzen: Argumentieren (Aufstellen und Begründen von Hypothesen, Auswerten eines Stammbaums), Repräsentationswechsel (graphische Darstellung eines Aktionspotenzials und von Aktionspotenzialfrequenzen), Gebrauch der Fachsprache.

Einsatz des Arbeitsblattes im Unterricht

Das Arbeitsblatt dient der Anwendung, Überprüfung und Vertiefung des erworbenen Wissens nach der Behandlung der entsprechenden Thematik im Unterricht (s. Schülerband S. 258 – 259). Auch als Hausaufgabe können das gesamte Arbeitsblatt oder ausgewählte Aufgaben eingesetzt werden. Zur Bearbeitung von Aufgabe 3 werden Grundkenntnisse zur Informationsübertragung an der Synapse vorausgesetzt, für die vierte Aufgabe sind Kenntnisse zu dominant-rezessiven Erbgängen und zur Darstellung von Verwandtschaftsverhältnissen in Stammbäumen erforderlich.

Lösungen und Anmerkungen

AUFGABE 1

Wird eine Nervenzelle erregt, so verändert sich die Membrandurchlässigkeit für Natrium- und Kaliumionen in charakteristischer Weise. Zunächst öffnen sich einige Na^+-Kanäle, und Na^+-Ionen strömen ins Axoninnere ein. Infolgedessen kommt es zu einer Depolarisation: Der Spannungswert des Membranpotenzials steigt an (ist weniger negativ). Wird das Axon über den Schwellenwert hinaus depolarisiert, öffnen sich weitere Na^+-Kanäle. Dadurch strömen pro Zeiteinheit mehr Na^+-Ionen nach innen als K^+-Ionen nach außen, das Membranpotenzial steigt rasch weiter an. So kommt es zu einer Ladungsumkehr im Axon. Die spannungsgesteuerten Na^+-Kanäle werden nach 1 bis 2 ms geschlossen und bleiben dann für dieselbe Zeitspanne unpassierbar (Refraktärzeit). Die Depolarisation bewirkt eine Öffnung der spannungsabhängigen K^+-Kanäle. Dadurch erfolgt ein verstärkter Ausstrom von K^+-Ionen, es kommt zu einer Repolarisation, das Membranpotenzial kehrt zum Ruhepotenzial zurück. Die Innenseite der Membran wird kurzzeitig stärker negativ als beim Ruhepotenzial (Hyperpolarisation), weil mehr K^+-Kanäle offen sind als im Ruhezustand und in dieser Zeit alle Na^+-Kanäle geschlossen sind. Die spannungsabhängigen K^+-Kanäle werden erst nach mehreren Millisekunden wieder geschlossen, die Natrium-Kalium-Pumpe stellt dann die ursprüngliche Ionenverteilung wieder her.

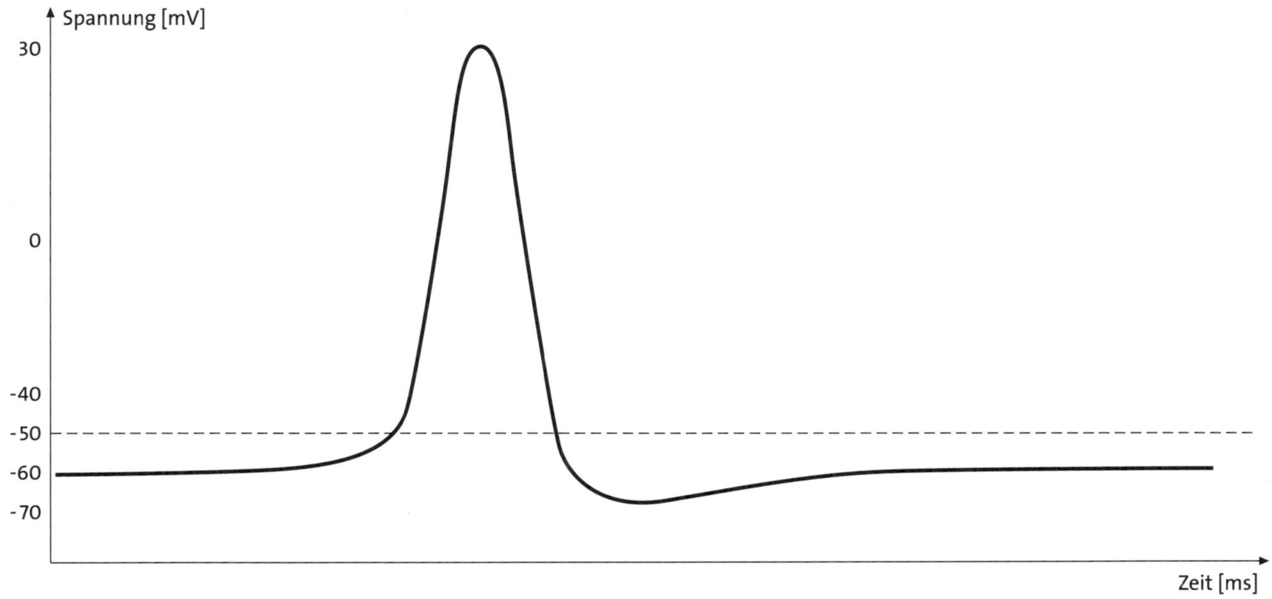

Verlauf eines Aktionspotenzials

AUFGABE 2

Tonische Phase: Die Stärke der Erregung ist über die Frequenz der Aktionspotenziale codiert, die Amplitude der Aktionspotenziale bleibt stets gleich. Während des tonischen Stadiums ist die Frequenz der Aktionspotenziale so hoch, dass es zu keiner Muskelentspannung kommt. Hieraus resultiert die Versteifung der Gliedmaßen (Starrkrampf).

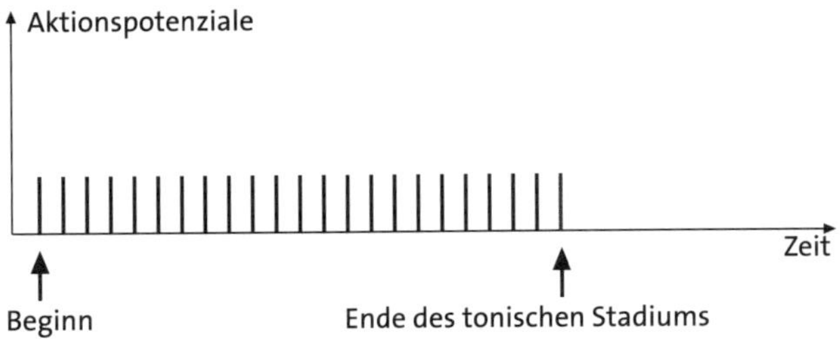

Klonische Phase: Es werden phasenweise Aktionspotenziale gebildet, was zu rhythmischen Zuckungen der Muskeln führt. Dazwischen ist die Muskulatur entspannt, da keine Aktionspotenziale an den Muskeln ankommen.

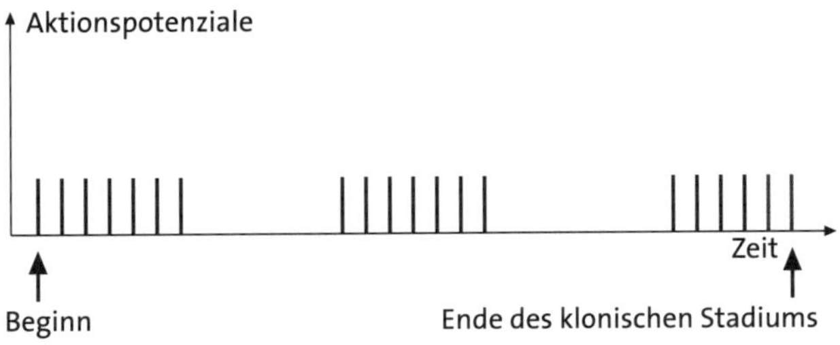

Erschöpfungsphase: Es werden keine Aktionspotenziale gebildet, es kommt zu einer Entspannung der Muskulatur. Mögliche Ursache: Es tritt ein Mangel an ATP ein, weshalb die Natrium-Kalium-Pumpe nicht mehr arbeiten kann. Es kann somit das Ruhepotenzial nicht mehr hergestellt werden, und als Folge daraus können keine weiteren Aktionspotenziale entstehen.

AUFGABE 3

Durch die Blockade der Natriumkanäle wird die Ausbildung von Aktionspotenzialen und damit die Erregungsleitung im Axon verhindert. Die Blockade der Calciumkanäle beeinträchtigt den Synapsenmechanismus: Sie verhindert die Verbindung der synaptischen Bläschen mit der präsynaptischen Membran und damit die Freisetzung von erregenden Transmittermolekülen [hier: Aspartat und Glutamat] in den synaptischen Spalt. Damit können sich Erregungen nur noch stark eingeschränkt oder gar nicht von einem Neuron auf das andere ausbreiten, Aktionspotenziale können nicht mehr entstehen.

Andere Möglichkeiten der Wirkungsweise eines Antiepileptikums: Blockade der Rezeptoren für den erregenden Transmitter in der postsynaptischen Membran.; enzymatische Spaltung der Transmittermoleküle im synptischen Spalt.

AUFGABE 4

Die Vererbung erfolgt autosomal-dominant.

Begründung: Die Personen 8 und 9 sind beide an Epilepsie erkrankt, haben aber ein gesundes Kind (10). Damit ist eine rezessive Vererbung ausgeschlossen. Eine gonosomale Vererbung kann ebenfalls ausgeschlossen werden, da die Personen 8 und 9 eine gesunde Tochter (10) haben. Bei X-Chromosomengebundener Vererbung müssten alle weiblichen Nachkommen zweier von der Krankheit betroffener Menschen ebenfalls krank sein.

Genotypen der einzelnen Personen (*A*: erkrankt, *a*: gesund). Alle gesunden Personen sind homozygot in Bezug auf das Allel *a*. Alle Erkrankten mit Ausnahme von Person 11 müssen heterozygot bezüglich des Epilepsiegens sein. Dies lässt sich daraus schließen, dass sie entweder mindestens ein gesundes Kind haben (1, 6, 8, 9) und/oder Kinder aus der Beziehung eines kranken mit einem gesunden Menschen sind (3, 4, 8).

1: *Aa*	2: *aa*	3: *Aa*	4: *Aa*	5: *aa*	6: *Aa*
7: *aa*	8: *Aa*	9: *Aa*	10:*aa*	11: *Aa* oder *AA*	

Zusätzliche Materialien

Film

Nervenzelle & Nervensystem II (Sek. II). GIDA (Gesellschaft für Information und Darstellung mbH), Odenthal 2007 (39 Minuten, mit Begleitheft und Arbeitsblättern).

Internetseiten

Im Internet gibt es eine Vielzahl von Seiten, die sich mit dem Thema Epilepsie befassen. Die im Folgenden genannten Internetseiten stellen lediglich eine kleine Auswahl dar.

www.epilepsie-informationen.de
www.izepilepsie.de
www.epilepsie-netz.de
http://www.onmeda.de/krankheiten/epilepsie.html
http://www.netdoktor.de/Diagnostik+Behandlungen/Untersuchungen/Elektroenzephalografie-EEG-1172.html (Website zum Thema EEG; s. hierzu auch Aufgabe B unter »Weiterführende Aufgaben«)

Weiterführende Aufgaben

AUFGABE A
Informieren Sie sich mit Hilfe von Fachliteratur oder mit einer Internetrecherche über mögliche Ursachen, Auslöser und weitere Symptome einer epileptischen Erkrankung.

Lösung

Ursachen für Epilepsie:
- vorgeburtliche Hirnschädigungen
- Tumore
- Hirnfehlbildungen
- Hirnhautentzündungen
- Gehirnentzündungen
- Stoffwechselerkrankungen
- traumatische Hirnschädigungen
- Vergiftungen

Auslöser für Epilepsie:
- Schlafmangel
- übermäßige Atmung (Hyperventilation)
- Sauerstoffmangel
- Konsum von Alkohol und Drogen
- psychische Belastungen

Symptome einer epileptischen Erkrankung:
Epileptische Anfälle können individuell und je nach Art der Erkrankung sehr unterschiedlich verlaufen. Mögliche Symptome eines epileptischen Anfalls, der sich über beide Gehirnhälften ausbreitet sind:
- Schreie zu Beginn des Anfalls
- starre, leere, verdrehte Augen
- Streckkrämpfe (tonische Phase)
- unkoordinierte rhythmische Muskelzuckungen
- Bewusstseinstrübungen mit Gedächtnisverlust

Anfälle, die auf ein bestimmtes Gebiet im Gehirn beschränkt bleiben, verlaufen häufig nicht so gravierend, und es kommt auch nicht zu Bewusstseinstörungen. Symptome können unter anderem sein:
- Krämpfe
- Kribbeln, Taubheitsgefühl
- sensorische Störungen
  (Lichteindrücke, akustische Wahrnehmungen)
- selten auch psychische Störungen

AUFGABE B
Recherchieren Sie Diagnosemöglichkeiten der Epilepsie. Informieren Sie sich insbesondere über die Erstellung eines Elektroenzephalogramms. Verwenden Sie dazu auch Ihren Schülerband (S. 318).

Lösung

Diagnosemöglichkeiten:
- Elektroenzephalogramm (EEG)
- Computertomographie (CT)
- Magnetresonanztomographie (MRT)
- Blutuntersuchungen
- Untersuchung von Nervenwasser (Liquordiagnostik)

Elektroenzephalogramm:
Bei der Diagnostik der Epilepsie wird am häufigsten das EEG eingesetzt. Dabei werden die elektrischen Gehirnströme gemessen. Dazu werden auf die Kopfhaut Elektroden aufgesetzt und die Spannungsunterschiede zwischen diesen gemessen. Diese werden verstärkt und als Hirnstromwellen aufgezeichnet. Der Arzt kann diese dann anhand ihrer Frequenz, Amplitude, Steilheit und ihrer Lokalisation auf der Gehirnoberfläche beurteilen.

Ein EEG dauert ca. 20 bis 30 Minuten und kann auch bei bewusstlosen Patienten durchgeführt werden. Die Untersuchung ist schmerzlos und ungefährlich. Sie kann beliebig oft wiederholt werden, ohne dem Patienten zu schaden.

Bisse mit Folgen (S. 10)

Konzeption des Arbeitsblattes

Das Arbeitsblatt thematisiert die Übertragung von Informationen an chemischen Synapsen. Im Mittelpunkt steht dabei die Anwendung von Kenntnissen zu den an einer Synapse ablaufenden Vorgängen. Am Beispiel neurotoxischer Schlangengifte und deren Wirkungsweisen soll ein motivierender Anwendungsbezug hergestellt werden. Die Schülerinnen und Schüler vertiefen dabei ihr Wissen zum Thema »Synapsengifte«. Des Weiteren bietet das Arbeitsblatt Anknüpfungspunkte und Wiederholungsmöglichkeiten zu immunbiologischen Fragestellungen.

Geforderte Kompetenzen: Argumentieren (Wirkungsweisen von Synapsengiften am Beispiel neurotoxischer Schlangengifte erläutern und vergleichen), Repräsentationswechsel (Schemazeichnung einer Synapse), Gebrauch der Fachsprache (u. a. Nutzung verschiedener Informationsquellen).

Einsatz des Arbeitsblattes im Unterricht

Das Arbeitsblatt ist gedacht zum Einsatz im Unterricht nach der Besprechung der Informationsübertragung an chemischen Synapsen. Es dient der Überprüfung, Anwendung, und Vertiefung des erworbenen Wissens. Auch als Hausaufgabe kann das gesamte Arbeitsblatt oder ausgewählte Aufgaben eingesetzt werden.

Vorkenntnisse zu Synapsengiften sind zur Bearbeitung der Aufgaben nicht zwingend erforderlich. Daher können die Aufgaben auch als Einstieg in dieses Teilthema dienen und im Anschluss die vorgestellten Gifte mit anderen an Nervenzellen wirksamen Toxinen verglichen werden, wie sie auf S. 263 im Schülerband vorgestellt werden. Zur Bearbeitung von Aufgabe 3 sind Kenntnisse zur Immunbiologie (aktive Immunisierung) sinnvoll, werden aber nicht vorausgesetzt (s. alternative Lösungsvorschläge zur Aufgabe 3).

Da sich in den Medien sehr häufig Berichte über entflohene Giftschlangen finden lassen, würde sich hier ein Einstieg in die Thematik über ein tagesaktuelles Beispiel anbieten.

Lösungen und Anmerkungen

AUFGABE 1

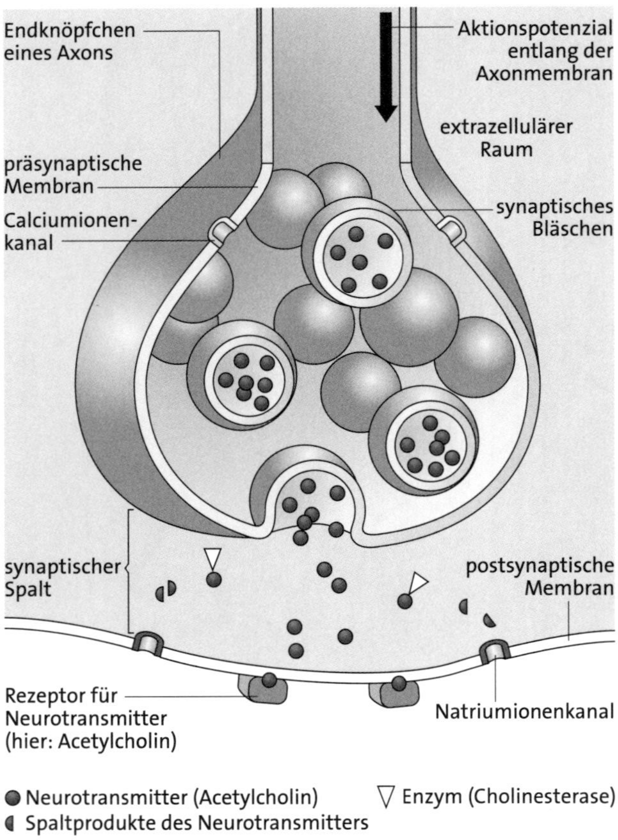

AUFGABE 2

Das Cobratoxin heftet sich an die Acetylcholin-Rezeptoren motorischer Endplatten und blockiert diese. Die Folge davon ist, dass Acetylcholin nicht mehr an die Rezeptoren binden kann und die transmitterabhängigen Natriumkanäle nicht mehr geöffnet werden können. Eine Depolarisation der postsynaptischen Membran bleibt damit aus, womit auch die Ausbildung von Aktionspotenzialen im der entsprechenden Muskelzelle unterbleibt. Es kommt zu Lähmungserscheinungen und zum Tod durch Atemstillstand.

AUFGABE 3

Antiseren gegen Schlangengifte erhält man aus dem Blut von Pferden. Dabei wird den Tieren eine geringe Menge des Schlangengifts injiziert. Dieses Vorgehen, welches dem einer aktiven Immunisierung entspricht, wird mehrfach mit steigender Giftdosis wiederholt. Das Pferd bildet daraufhin Antikörper gegen die verschiedenen Komponenten des Schlangengifts. Diese werden dann aus dem Blutserum extrahiert und dienen als spezifische Gegengifte.

Verabreicht man einem gebissenen Menschen das Antiserum, so bewirken die darin enthaltenen Antikörper eine Agglutination der im Schlangengift enthaltenen wirksamen Bestandteile, die Antigene darstellen, so dass diese unwirksam werden und die Vergiftungserscheinungen ausbleiben.

[Eine alternative Möglichkeit zur Antiserumherstellung wäre die gentechnische Herstellung von Antikörpern gegen die verschiedenen Komponenten des entsprechenden Schlangengifts. Eine denkbare Behandlungsmethode wäre auch der Einsatz von Enzymen, die die Giftstoffe spalten und dadurch unwirksam machen.]

AUFGABE 4

Die Blockade der Kaliumkanäle unterbindet bzw. verzögert den Ausstrom von Kaliumionen nach einer Depolarisation der Nervenzelle. Damit wird die Repolarisation der Zelle verzögert, die Dauer des Aktionspotenzials wird verlängert und die Nervenzelle verbleibt länger in einem Erregungszustand.

Die Dendrotoxine wirken somit an der Axonmembran [an den RANVIER'schen Schnürringen], das Cobratoxin hingegen an der postsynaptischen Membran der motorischen Endplatte. Die Dauererregung der Nervenzellen führt nicht zu Lähmeungserscheinungen, sondern zu akuten Muskelkrämpfen.

AUFGABE 5

Alle Schlangengifte enthalten eine Vielzahl von Enzymen. Da Enzyme eine wichtige Rolle für Stoffwechselprozesse und damit für die Funktion von Zellen spielen, versucht man, sie medizinisch einzusetzen. Der Anwendungsbereich von Schlangengiften reicht – je nach Gift bzw. Giftkomponente – vom Abtöten von Bakterien über Hemmung des Zellwachstums, Stimulation der Nerven, Blutverdünnung bis hin zur Blutgerinnung. Schlangengifte werden eingesetzt:

- zur Therapie von Bluthochdruck und Störungen des Gerinnungssystems
- zur Herstellung von Antiseren
- in der Homöopathie zur Schmerztherapie
- für Blutgerinnungstests

Darüber hinaus testet man die Wirksamkeit von Schlangengiften bei der Behandlung von ALZHEIMER- und PARKINSON-Erkrankung sowie verschiedenen Krebsarten.

Zusätzliche Materialien

Internetseiten
Gitschlangen:
http://www.goruma.de/Wissen/Giftschlangen/index.html
http://www.goruma.de/Wissen/Schlangen/Monokelkobra.html
Schlangengifte:
http://josef.riedl.org/oc/gifte.pdf
(Übersichtsartikel zur chemischen Zusammensetzung und Wirkung von Schlangengiften; auch zur Recherche (s. »Weiterführende Aufgaben« geeignet)
http://www.seanthomas.net/oldsite/ld50tot.html
(LD50-Werte für Schlangengifte; englischsprachige Seite)

Schlangen in Mythos und Heilkunst:
http://de.wikipedia.org/wiki/Schlangen#Symbolik_und_Mythologie
http://www.natura-naturans.de/artikel/schlange.htm

Filme
National Geographic – Afrikas tödliche Schlangen (Mediennummer 46 52152)
Der Film stellt einige der gefährlichsten und giftigsten Schlangen Afrikas vor. Darüber hinaus berichtet er von Menschen, die Opfer eines Schlangenbisses wurden.

Weiterführende Aufgaben

AUFGABE A

Informieren Sie sich über den Aufbau und die Funktion des Giftapparats einer Kobra. Nennen Sie den Nutzen, den die Schlange von ihrem Gift hat.

Lösung

Kobras gehören zur Familie der Giftnattern (Elapidae). Bei dieser Schlangenfamilie findet man vorn im Oberkiefer zwei feststehende Giftzähne mit einer seitlichen Giftrinne, aus der das in paarigen Giftdrüsen produzierte Gift austreten kann. Die hinteren Kieferzähne sind je nach Art in unterschiedlichem Ausmaß rückgebildet. Einige Kobras sind in der Lage, ihr Gift durch die spezielle Konstruktion der Giftzähne meterweit in Richtung ihrer Beute zu spucken (z. B. Speikobra, Schwarzhalskobra), die übrigen Arten injizieren ihr Gift direkt in die Blutbahn eines Beutetiers oder eines Feindes. Im Gegensatz zu den Giftzähnen der Viperidae (Vipern, Grubenottern und Klapperschlangen) können die der Giftnattern nicht gegen den Gaumen eingeklappt werden. Zudem sind die Viperidenzähne röhrenförmig geschlossen.

Giftschlangen setzen ihr Gift als Waffe beim Beutefang ein. Durch das injizierte Gift wird das Beutetier möglichst schnell gelähmt oder getötet und kann dann von der Schlange gefressen werden. Außerdem kann das Gift als Abwehrmaßnahme gegen potenzielle Feinde eingesetzt werden.

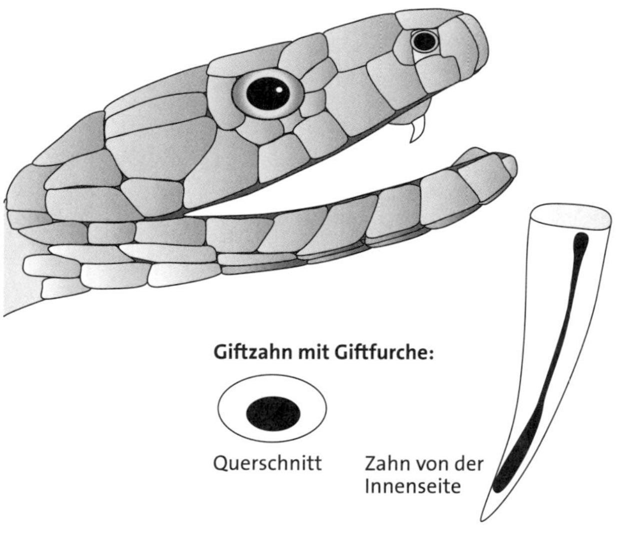

Giftzähne einer Giftnatter (Schema)

AUFGABE B

Schlangengifte bestehen nicht nur aus Neurotoxinen, sondern meist aus einer Vielzahl verschiedener Gifte mit unterschiedlichen Wirkungsweisen und Wirkungsorten. Recherchieren Sie weitere Komponenten von Schlangengiften und deren Auswirkungen auf den menschlichen Organismus.

Lösung

Schlangengift	Auswirkungen
α-Neurotoxine	Heften sich an die Acetyocholinrezeptoren der Muskelzellen und blockieren diese. Erregungen können nicht an die Muskeln weitergegeben werden. Es kommt zu Lähmungserscheinungen.
β-Neutoroxine	Verhindern die Freisetzung von Acetylcholin. Erregungen können nicht an die Muskeln weitergegeben werden. Es kommt zu Lähmungserscheinungen.
Cardiotoxine	Störung des Aufbaus der Plasmamembran einiger Zellen (z. B. Herzmuskelfaserzellen). Dadurch kommt es zur Auflösung von Zellen und dadurch Herzstillstand.
Hämorrhagine	Verändern die Gefäßwande und lösen dadurch schwere Blutungen aus.
Myotoxine	Schädigung von Blutgefäßen. Es kommt zu Schwellungen und inneren Blutungen.

AUFGABE C

Informieren Sie sich, wie sich ein von einer Giftschlange gebissener Mensch verhalten sollte.

Lösung

- Schnellstmöglich einen Arzt aufsuchen!
- Verletzte Person aus der Gefahrenzone entfernen, um weitere Bisse durch die Schlange zu vermeiden.
- Ruhigstellung der betroffenen Gliedmaßen und möglichst wenig bewegen, um eine Verteilung des Gifts im Körper nicht zu beschleunigen.
- Gift **nicht** aussaugen.
- Bissstelle **nicht** abbinden, da dies zu einem Verlust der Gliedmaße führen kann.
- Entfernung von Ringen, Armbändern und ähnlichem, da mit einer starken Schwellung zu rechnen ist.
- Versuchen, die Schlange so exakt wie möglich zu identifizieren (Kopfform, Farbe, Zeichnung, Foto), damit das richtige Gegengift ausgewählt werden kann.

AUFGABE D

Finden Sie heraus, welche Giftschlangen in Deutschland vorkommen.

Lösung

In Deutschland kommen lediglich sechs Schlangenarten vor, davon sind zwei Giftschlangen. Relativ weit verbreitet ist die Kreuzotter. Sie kommt vor allem im Norddeutschen Tiefland, in den östlichen Mittelgebirgen sowie in Teilen der süddeutschen Mittelgebirge und den Alpen vor. Die Aspisviper dagegen ist in Deutschland sehr selten und kommt nur an wenigen Stellen im Schwarzwald vor; sie erreicht hier die nördliche Grenze ihres Verbreitungsgebiets, das sich über NO-Spanien, Südfrankreich, die Schweiz, Italien und den Norden Sloweniens erstreckt.

Das Gift der Kreuzotter ist sehr stark, doch kommt es bei Bissen nur sehr selten zu tödlichen Verletzungen, da der Giftvorrat relativ klein ist. Gefährdet sind insbesondere Kinder und ältere sowie durch Krankheiten geschwächte Menschen. Nach einem Biss sollte aber grundsätzlich ein Arzt aufgesucht werden, da häufig Entzündungen an der Bissstelle auftreten. Das Gift der Aspisviper ist deutlich weniger stark als das der Kreuzotter, kann aber im Extremfall ebenfalls tödlich wirken. Beide Gifte bewirken vor allem eine starke Schwellung rund um die Bissstelle, die sich aufgrund der hämotoxischen Eigenschaften der enthaltenen Proteasen manchmal bläulich verfärbt; darüber hinaus führen neurotoxische Giftkomponenten mitunter zu Atemnot und Herzbeschwerden.

Beutefangverhalten bei Erdkröten (S. 11)

Konzeption des Arbeitsblattes

Das Arbeitsblatt thematisiert die Verrechnung von postsynaptischen Potenzialen am Beispiel des Beutefangverhaltens von Erdkröten. Die Schülerinnen und Schüler sollen dabei die Verschaltung zwischen verschiedenen Neuronen erläutern und interpretieren können. Darüber hinaus soll der Zusammenhang zwischen den in einem Experiment präsentierten Attrappen, der Neuronenverschaltung im Gehirn der Erdkröte und dem Verhalten des Amphibs hergestellt und erläutert werden. Das Skizzieren von Spannungsverläufen dient dabei der Vertiefung der im Unterricht besprochenen Thematik.

Die dem Beutefangverhalten der Erdkröte zugrunde liegenden neuronalen Verschaltungen sind in der Realität wesentlich komplizierter. Um die Aufgabe für die Schülerinnen und Schüler verständlich und damit bearbeitbar zu machen, wurde eine vereinfachte Modellvorstellung gewählt.

Geforderte Kompetenzen: Modellbildung, Experimentieren und Beobachten (Auswerten von Versuchsergebnissen), Repräsentationswechsel (Skizzieren von Spannungsverläufen), Argumentieren, Gebrauch der Fachsprache.

Einsatz des Arbeitsblattes im Unterricht

Das Arbeitsblatt ist gedacht zum Einsatz im Unterricht nach der Besprechung der Kapitel 1.6 (Informationsübertragung an den Synapsen) und 1.7 (Verrechnung postsynaptischer Potenziale) im Schülerband (S. 262 – 265). Die Aufgaben dienen der Anwendung, Überprüfung und Vertiefung des im Unterricht erworbenen Wissens. Auch als Hausaufgabe können das gesamte Arbeitsblatt oder ausgewählte Aufgaben eingesetzt werden. Empfehlenswert ist eine Veranschaulichung der im Text geschilderten Vorgänge beim Beutefang der Erdkröte durch Abbildungen (s. »Zusätzliche Materialien«) oder besser noch durch Filmaufnahmen, am besten als Einstieg in die Thematik.

Lösungen und Anmerkungen

AUFGABE 1

Durch die Bewegung der Attrappen wird das R2-4-Neuron in der Netzhaut gereizt. Dieses gibt je nach gezeigtem Muster Impulse an die entsprechenden Neuronen im Thalamus weiter: Das senkrecht präsentierte Rechteck erregt TH3-Neuronen, das waagerecht präsentierte (identische) Rechteck dagegen T5.1-Neuronen; werden quadratische Attrappen gezeigt, kommt es zur Erregung beider Neuronentypen. Die Thalamusneuronen wiederum sind verschaltet mit dem T5.2-Neuron im Sehzentrum. Hier kommt es nun zur zeitlichen und räumlichen Summation der postsynaptischen Potenziale und damit zu unterschiedlichen Impulsmustern. Die Impulsmuster des T5.2-Neurons korrelieren mit einem entsprechenden Verhalten der Erdkröte (Beutefang, »Nicht-Beute-Verhalten« bzw. Flucht).

Beutefangverhalten: Ein aus einem waagerechten Balken bestehende Attrappe reizt das R2-4-Neuron. Dieses gibt nur Impulse an ein T5.1-Neuron weiter. Dieses ist über eine erregende Synapse mit dem T5.2-Neuron verschaltet. Damit wird das T5.2-Neuron erregt, es kommt zur zeitlichen Summation der entstehenden erregenden postsynaptischen Potenziale (EPSP) und damit zur Entstehung von vielen Aktionspotenzialen (Messpunkt D). Die Erdkröte zeigt als Folge davon das im Text beschriebene typische Beutefangverhalten.
Nicht-Beute-Verhalten: Eine aus einem senkrecht präsentierten Balken bestehende Attrappe reizt ebenfalls das R2-4-Neuron. Dieses gibt nur Impulse an ein TH3-Neuron weiter. Das TH3-Neuron ist mit dem T5.2-Neuron über eine hemmende Synapse verschaltet. Im T5.2-Neuron entstehen damit inhibitorische postsynaptische Potenziale (IPSP), am Messpunkt D können somit nur sehr wenige Aktionspotenziale gemessen werden. Die Erdkröte wendet sich als Folge davon von dem beobachteten Objekt ab.
Fluchtverhalten: Eine quadratische Attrappe reizt das R2-4-Neuron. Dieses gibt Impulse sowohl an ein T5.1-Neuron als auch an ein TH3-Neuron weiter. Im T5.2-Neuron entstehen nun EPSPs und IPSPs, die verrechnet werden (räumliche Summation). Am Messpunkt D lässt sich als Folge daraus eine mittlere Anzahl von Aktionspotenzialen messen. Dies bewirkt, dass die Erdkröte flieht.

Das R2-4-Neuron in der Netzhaut gibt also je nach präsentiertem Muster Impulse an TH3-Neuronen, an T5.1-Neuronen oder an beide Neuronentypen weiter. Damit kommt dem R2-4-Neuron eine Selektionsfunktion zu. Es selektiert, welche Information an welches Neuron im Thalamus weitergeleitet wird.

AUFGABE 2

Ein Aktionspotenzial, das im Axon-Endknöpfchen ankommt, bewirkt die Ausschüttung von Neurotransmittern. Diese Neurotransmitter können die postsynaptische Zelle erregen oder hemmen. Entsprechend heißt das an der postsynaptischen Zelle entstehende Potenzial exzitatorisches (erregendes) postsynaptisches Potenzial (EPSP) oder inhibitorisches (hemmendes) postsynaptisches Potenzial.

Ein erregender Transmitter bewirkt die Öffnung von Natriumkanälen an der postsynaptischen Membran, infolgedessen kommt es zu einem Einstrom von Natriumionen in die postsynaptische Zelle und damit zu einer kurzzeitigen Depolarisation, welche man als EPSP bezeichnet.

Ein hemmender Transmitter hingegen bewirkt die Öffnung von Kanälen für Kaliumionen oder Chloridionen. Infolgedessen strömen Kaliumionen aus der Zelle heraus oder Chloridionen in die Zelle hinein. Dadurch erniedrigt sich das Ruhepotenzial der postsynaptischen Zelle, es kommt zu einer kurzzeitigen Hyperpolarisation, welche man als IPSP bezeichnet.

AUFGABE 3

Einmalige Reizung des T5.1-Neurons:
Messpunkt A: Es entsteht ein EPSP.
Messpunkt C: Das EPSP ist im Vergleich zu Messpunkt A etwas abgeschwächt. Die Weiterleitung des EPSP erfolgt über den gesamten Zellkörper bis hin zum Axonhügel, wobei es zu einer Abschwächung kommt.

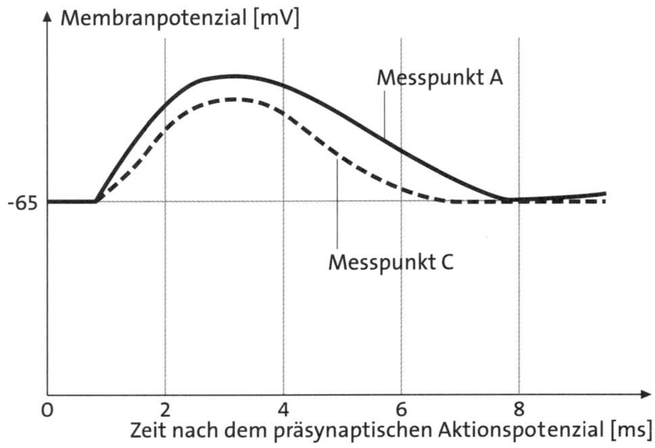

Einmalige Reizung des TH3-Neurons:
Messpunkt B: Es entsteht ein IPSP.
Messpunkt C: Das IPSP ist im Vergleich zum Messpunkt C etwas positiver, die Hyperpolarisation ist schwächer.

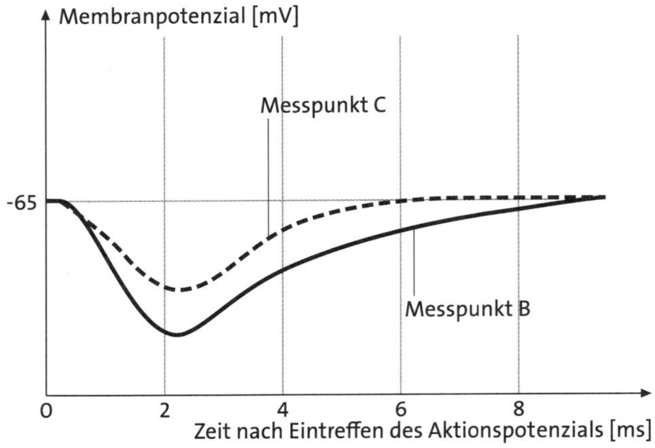

[Bei mehrmaliger Reizung des entsprechenden Neurons ergeben sich andere Spannungsverläufe (s. hierzu Schülerband Abb. 265.1.)]

AUFGABE 4:

	Aktionspotenzial	**Postsynaptisches Potenzial**
Entstehungsort	Axonhügel, Axon	Dendriten, Zellkörper
Codierung der Reizstärke	frequenzmoduliert	amplitudenmoduliert
Refraktärzeit	vorhanden	nicht vorhanden
Weiterleitung der Erregung	saltatorische Erregungsleitung	über den gesamten Zellkörper bis hin zum Axonhügel, dabei Abschwächung

Zusätzliche Materialien

Beutefangverhalten der Erdkröte

Orientierungsbewegung: Kröte wendet sich der Beute zu.

Fixieren der Beute mit beiden Augen und Zuschnappen

Verschlucken der Beute und anschließendes Abwischen des Mauls

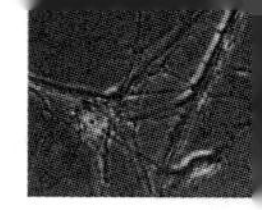

Das Beutefangverhalten der Erdkröte lässt sich in mehrere Phasen untergliedern. Bei Hunger (d. h. einem Nährstoffmangel im Blut) setzt – entsprechende Mindesttemperaturen in der Umgebung vorausgesetzt (ca. 11 °C) – zunächst ein Appetenzverhalten ein, das sich im Verlassen des Tagesverstecks, Umherlaufen und ggf. Einnehmen einer Lauerposition äußert. Wird ein potenzielles Beutetier anhand von Bewegungsreizen wahrgenommen, schleicht sich die Kröte langsam an und/oder wendet sich der Beute zu. Entspricht das wahrgenommene Objekt in Form und Größe dem angeborenen Beuteschema der Kröte (»Schlüsselreiz« und »angeborener Auslösemechanismus«), kommt es zu einem beidäugigen Fixieren und Zuschnappen. Die mechanischen Reize in der Mundhöhle veranlassen das Tier, die Beute zu verschlucken. Dabei werden die Augäpfel nach innen gedrückt, wodurch der Mundraum kleiner wird und die Beute in die Speiseröhre gedrückt wird. Anschließend kommt es zu einem reflexartigen Abwischen des Mauls.

Die Beuterkennung bei der Erdkröte war bereits Gegenstand von Untersuchungen der klassischen Ethologie. An diesem Beispiel ließ sich das Konzept von Schlüsselreiz und angeborenem Auslösemechanismus (AAM) besonders gut studieren. Die neurophysiologischen Grundlagen dieser Verhaltensweisen erforschte seit 1963 Jörg-Peter Ewert, einer der Pioniere der sogenannten Neuroethologie (Universität Kassel; s. auch »Filme«, »Internetseiten«).

Filme

Ewert, J.-P. und IWF: Gestaltwahrnehmung bei der Erdkröte. I. Angeborenes Beuteerkennen; II. Modifikation des Beuteerkennens durch Lernen; III. Neuroethologische Analyse des angeborenen Beuteerkennens. Göttingen 1982 (16-mm-Film; DVD-Video).

Nervenzelle & Nervensystem II (Sek. II). GIDA (Gesellschaft für Information und Darstellung mbH), Odenthal 2007 (39 Minuten, mit Begleitheft und Arbeitsblättern).

Internetseiten

Informationen zur Enstehung von postsynaptischen Potenzialen:
www.chemgapedia.de/vsengine/vlu/vsc/de/ch/8/bc/vlu/neurotransmission/neuro_modul.vlu/Page/vsc/de/ch/8/bc/neurotransmission/postsynpot.vscml.html

Neurophysiologische Grundlagen des Beutefangverhaltens bei Amphibien:
http://www.joerg-peter-ewert.de/13.html
(Vorlesungsskript Universität Kassel; mit Abbildungsverweisen sowie Links zu Videoaufzeichnungen von Erdkrötenversuchen)

Ecstasy – Tanz mit dem Tod (S. 12)

Konzeption des Arbeitsblattes

Das Arbeitsblatt hat die neurophysiologischen Auswirkungen von Drogen sowie die damit verbundene Entstehung einer physischen beziehungsweise psychischen Abhängigkeit zum Gegenstand. Am Beispiel der bekannten Partydroge Ecstasy soll ein motivierender Anwendungsbezug für die Schülerinnen und Schüler hergestellt werden. Dabei sollen einerseits der molekulare Wirkungsmechanismus und die Entstehung der Abhängigkeit von der Droge erläutert werden. Andererseits wird durch die Recherche zu gesundheitlichen Folgen des Ecstasykonsums eine kritische Auseindersetzung mit der Einnahme der Droge angestrebt. Die Schülerinnen und Schüler sollen hierbei zur Erkenntnis gelangen, dass es sich bei Ecstasy keinesfalls um eine harmlose Partydroge handelt, sondern dass der Konsum der Pillen ein hohes gesundheitliches Risiko mit sich bringt und im Extremfall zum Tod führen kann.

Geforderte Kompetenzen: Repräsentationswechsel (Erläuterung des Wirkungsmechanismus von Ecstasy auf der Basis von schematischen Abbildungen), Argumentieren, Gebrauch der Fachsprache (Recherche mit verschiedenen Informationsquellen).

Einsatz des Arbeitsblattes im Unterricht

Das Arbeitsblatt ist gedacht zum Einsatz im Unterricht nach der Besprechung der Kapitel 1.6 (Informationsübertragung an den Synapsen) und 1.8 (Sucht; S. 266 – 267) im Schülerband. Es dient der Anwendung, Überprüfung und Vertiefung des im Unterricht erworbenen Wissens. Auch als Hausaufgabe können das gesamte Arbeitsblatt oder ausgewählte Aufgaben (insbesondere Aufgaben 3 und 5) eingesetzt werden. Internetseiten, die für die Recherche hilfreich sind, sind unter »Zusätzliche Materialien« angegeben.

Lösungen und Anmerkungen

AUFGABE 1
Ecstasy bewirkt einerseits eine verstärkte Ausschüttung von Serotonin in den synaptischen Spalt und hemmt andererseits die Wiederaufnahme des Serotonins in die präsynaptische Zelle. Damit ist die Serotoninkonzentration nach dem Konsum von Ecstasy im synaptischen Spalt über einen längeren Zeitraum hinweg erhöht. Dadurch, dass Serotonin unter anderem für eine ausgeglichene Stimmungslage sorgt, Aggressivität, Angstgefühle, Niedergeschlagenheit und Depressionen dämpft, ist das im Text beschriebene Hochgefühl zu erklären.

AUFGABE 2
Bei einer physischen Abhängigkeit hat sich der Körper des Konsumenten durch den Dauerkonsum der Droge an deren regelmäßige Zufuhr angepasst. Dies führt zu einer körperlichen Toleranz gegenüber der Drogenwirkung. Bleibt eine Versorgung mit der Droge aus, so treten Entzugserscheinungen auf. Um die Entzugserscheinungen zu lindern, wird die Droge wieder genommen.

Unter einer psychischen Abhängigkeit hingegen versteht man das zwanghafte Verlangen nach dem Konsum der Droge, um positive Empfindungen zu erlangen oder unangenehme Empfindungen zu vermeiden. Eine körperliche Reaktion in Form von typischen Entzugserscheinungen tritt hier nicht ein.

Die suchtauslösende Eigenschaft der Droge beruht bei psychischer Abhängigkeit vor allem auf ihrer Wirkung im positiven Verstärkersystem. Dieses verknüpft positive Gefühle mit der ursächlichen Verhaltensweise bzw. mit der vorangegangenen Tätigkeit. Dabei spielt die Freisetzung des Transmitters Dopamin eine wichtige Rolle. Durch den Konsum der Droge entstehen ebenfalls positive, angenehme Gefühle. Es stellt sich ein indirekter Effekt ein, da es keinen Belohnungseffekt durch positive Verstärkung im eigentlichen Sinne gibt. Durch den dauerhaften Ecstasykonsum wird in diesem Verstärkersystem vermehrt Dopamin ausgeschüttet. Dies verursacht Veränderungen im Gehirn, wodurch ein zwanghaftes Verlangen nach der Droge entsteht.

[Das psychische Abhängigkeitspotenzial von Ecstasy ist relativ hoch. 50 % der Konsumenten geben an, dass sie ein deutliches Verlangen haben, die Droge einzunehmen.]

AUFGABE 3
MDMA wirkt auf alle Organe des Körpers, woraus sich viele verschiedene Gefahren für die Gesundheit ergeben.

Kurzfristige Gesundheitsschäden:
- Veränderung der Wahrnehmung (verschwommenes Blickfeld, Geräuschempfindlichkeit)
- Schlaflosigkeit
- Kopfschmerzen
- Erschöpfung
- Konzentrationsschwäche

Langfristige Gesundheitsschäden:
- Leberschäden
- Nierenschäden bis hin zum Nierenversagen
- hoher oder zu niedriger Blutdruck
- Herzschäden
- chronische Schlafstörungen
- Gedächtnisprobleme
- Denkstörungen
- Intelligenzeinbußen

- Panikattacken
- Depressionen
- Persönlichkeitsstörungen
- sexuelle Störungen
- schwere soziale Probleme

AUFGABE 4

MDMA wirkt individuell sehr verschieden, auch kleine Dosen können schon eine tödliche Folge haben.

Durch die unterschiedliche Zusammensetzung der verschiedenen Wirkstoffe in den Ecstasypillen, insbesondere auch aufgrund der sehr unterschiedlichen Wirkstoffdosen, ist darüber hinaus keine exakte Vorhersage über die Wirkungsweise der Pillen zu treffen. Häufig können noch nicht einmal die Dealer Aussagen zur Zusammensetzung der von ihnen verkauften Pillen machen.

AUFGABE 5

Dopamin ist ein Neurotransmitter des Zentralnervensystems, der in Verbindung mit Noradrenalin eine wichtige Rolle für das Glücksempfinden des Menschen spielt. Dopamin beeinflusst die Wahrnehmungsfähigkeit und die Gefühle eines Menschen und spielt darüber hinaus eine wichtige Rolle im positiven Verstärkersystem.

Noradrenalin ist einer der wichtigsten Transmitter im zentralen Nervensystem und im sympathischen Teil des vegetativen Nervensystems. Die Verbindung steigert Blutdruck, Motivation, Aufmerksamkeit und geistige Leistungsbereitschaft.

Die Einnahme von Ecstasy bewirkt in geringem Maße eine Freisetzung von Dopamin und Noradrenalin. Durch die Ausschüttung dieser beiden Transmitter wird die euphorische Stimmung des Konsumenten nach der Einnahme einer Ecstasypille noch verstärkt.

Zusätzliche Materialien

Informationsmaterial der Bundeszentrale für gesundheitlichen Aufklärung

Faltblatt »Die Sucht und ihre Stoffe – Amphetamine« Information zu Amphetaminen (Speed, Crystal, Glass) und Ecstasy (MDMA, XTC, Adam oder Cadillac) und ihren Wirkungsweisen. Zu beziehen über www.bzga.de

Internetseiten

www.ecstasy-info.de/pages/ecstasy-todesrisiko.html
www.ginko-stiftung.de/suchtmittel/sucht_ecstasy.aspx http://de.wikipedia.org/wiki/Ecstasy
(mit Informationen zur Geschichte von Ecstasy)
www.drugcom.de/drogen/alles-ueber-ecstasy/

Weiterführende Aufgaben

AUFGABE A

Häufig folgt einige Tage nach der Ecstasyeinnahme eine depressive Verstimmung, der sogenannte »Mid-Week-Blues«. Dieser setzt dann ein, wenn die wirksamen Bestandteile von Ecstasy im synaptischen Spalt abgebaut sind. Geben Sie eine mögliche Erklärung für das Auftreten dieser depressiven Verstimmung.

Lösung

Ein bis zwei Tage nach dem Ecstasykonsum ist das Serotonin im synaptischen Spalt abgebaut. Die synaptischen Bläschen sind zu diesem Zeitpunkt aber durch die vermehrte Serotoninausschüttung und die Verhinderung der Wiederaufnahme des Serotonins leer. Damit sinkt die Serotoninkonzentration unter das normale Niveau, eine depressive Stimmung, der »Mid-Week-Blues«, setzt ein.

[Der »Mid-Week-Blues« setzt ein bis drei Tage nach der Einnahme der Droge, also zur Wochenmitte, ein und ebbt dann langsam wieder ab.]

AUFGABE B

Erläutern Sie, warum mit zunehmender Häufigkeit des Konsums die Wirkung von Ecstasy abnimmt.

Lösung

Durch häufigen Konsum des Wirkstoffes MDMA wird der Körper zunehmend unempfindlich für die Wirkung, nicht aber für die schädlichen Nebenwirkungen der Droge. Bei MDMA ist diese Toleranzentwicklung auf die vermehrte Ausschüttung des Transmitters Serotonin und dessen Wiederaufnahmehemmung zurückzuführen. Da die Wirkungsdauer von MDMA bis zu fünf Stunden betragen kann, kann es mehrere Tage dauern, bis die synaptischen Bläschen wieder mit Serotonin aufgefüllt sind. Wird also häufig und in kurzen Abständen Ecstasy konsumiert, so muss die Dosis erheblich gesteigert werden, damit noch ausreichend Serotonin in den synaptischen Spalt entleert wird und es zur erwünschten Wirkung kommt. Damit nehmen die positiv erlebten Wirkungen ab, die negativen Wirkungen aber bleiben erhalten bzw. nehmen durch die erhöhte Dosis sogar noch zu.

DARWINS Zweifel (S. 13)

Konzeption des Arbeitsblattes

Im Rahmen der Unterrichtseinheit »Bau und Funktion von Sinnesorganen« wird auf diesem Arbeitsblatt ein einfach aufgebautes Lichtsinnesorgan, der Pigmentbecherocellus der Strudelwürmer, vorgestellt und gezeigt, wie die visuellen Reize von den beiden Augen verarbeitet werden. Auch wenn das Kapitel »Evolution« erst zu einem späteren Zeitpunkt unterrichtet wird, sollte der Name CHARLES DARWIN den Schülern bekannt sein. Das Zitat DARWINS ist ein geeigneter Einstieg in die Thematik: Es beschreibt die Komplexität des Augenaufbaus und vermittelt darüber hinaus dem Schüler, dass Befürworter naturwissenschaftlicher Theorien auch Zweifel an ihrem eigenen Gedankengebäude hegen und äußern dürfen.

In der letzten Aufgabe werden weitere Lichtsinnesorgane von wirbellosen Tieren vorgestellt, deren Leistungsfähigkeit in wenigen Aussagen zusammengefasst wird. Nach Lektüre der Seiten 274 – 275 des Schülerbandes kann diese Aufgabe gelöst werden.

Inhaltlich stehen auf dieser Aufgabenseite Struktur-Funktions-Zusammenhänge neben dem Basiskonzept »Angepasstheit« im Vordergrund.

Geforderte Kompetenzen: Argumentieren (Zusammenhang zwischen Baumerkmalen und Lebensraumansprüchen), Repräsentationswechsel (zeichnerische Umsetzung von Textinformationen), Gebrauch der Fachsprache.

Einsatz des Arbeitsblattes im Unterricht

Sofern die zellulären Grundlagen der Neurophysiologie besprochen wurden, kann dieses Arbeitsblatt als Einstieg in das Thema »Lichtsinnesorgane« benutzt werden.

Alternativ kann das Arbeitsblatt auch im Anschluss an die wiederholende Bearbeitung des Menschenauges eingesetzt werden. Der Aufbau des menschlichen Auges sollte sowohl im Biologie- als auch im Physikunterricht in früheren Klassenstufen zur Sprache gekommen sein.

Die Klärung der Begriffe »sphärische/chromatische Abweichung« kann als Hausaufgabe dienen; hier sollte ggf. der Hinweis gegeben werden, dass in diesem Zusammenhang häufig der Begriff »Aberration« statt »Abweichung« verwendet wird. Auch Aufgabe 4 eignet sich als Hausaufgabe im Zusammenhang mit einer eigenständigen Erarbeitung der Seiten 274 und 275 im Schülerband.

Zur inhaltlichen Unterstützung des Arbeitsblatts können mikroskopische Präparate verschiedener Lichtsinnesorgane von Wirbellosen im Unterricht untersucht werden.

Lösungen und Anmerkungen

AUFGABE 1

»... mit all seinen unnachahmlichen Einrichtungen, die Scharfstellung den verschiedenen Entfernungen anzupassen, ...«:
Akkommodation des menschlichen Auges mit Hilfe der elastischen Linse, die bei Entspannung des Ciliarmuskels aufgrund des Zugs der elastischen Aderhaut über längenstabile Linsenbänder abgeflacht werden kann, oder durch Kontraktion des Ciliarmuskels und damit nachlassendem Zug der Linsenbänder in ihre ursprüngliche Kugelform zurückkehrt.
»... wechselnde Lichtmengen zuzulassen ...«:
Adaptation mit Hilfe der Pupillenweite
Sphärische Abweichung: Achsenparallele Strahlen, die durch eine bikonvexe Linse verlaufen, werden an einer idealen Linse so gebrochen, dass sie sich auf der optischen Achse in einem Punkt treffen, dem Brennpunkt der Linse. Ist dies nicht der Fall, also bei nicht idealen Linsen, kommt es zu mehr oder weniger ausgeprägten Unschärfen des Bildes. Dabei ist die Abweichung desto größer, je weiter außen die Lichtstrahlen die Linse durchdringen.
Chromatische Abweichung: Trifft weißes Licht, bestehend aus elektromagnetischen Wellen der Wellenlängen 400 – 700 nm, auf eine Linse, kommt es in Abhängigkeit von der Wellenlänge λ zu unterschiedlichen Brechungen an der Linse. Dadurch kommt es zu Farbveränderungen, die die ursprüngliche Farbe verändern.

[Informationen zu Abbildungsfehlern an Linsen mit erläuternden schematischen Abbildungen findet man u. a. unter
http://de.wikipedia.org/wiki/Abbildungsfehler
http://www.foto-net.de/net/objektive/error.html]

AUFGABE 2

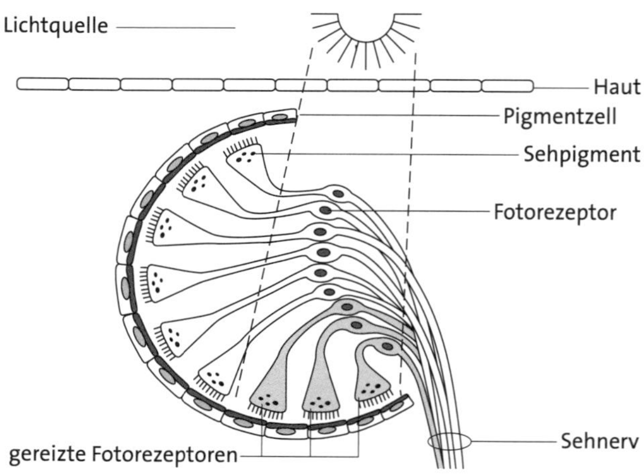

AUFGABE 3

Je weniger Licht in das Auge fällt, desto geringer ist die Aktionspotenzialfrequenz. Bei hohen AP-Frequenzen suchen die Planarien weniger helle Bereiche ihres Lebensraums auf. Dies lässt darauf schließend, dass dunkle Mikrohabitate (Kleinlebensräume) bevorzugt werden. In stehenden und langsam fließenden Gewässern sind dies insbesondere der Bodengrund und die Unterseite von Steinen und ggf. Wasserpflanzen.

AUFGABE 4

1. Einzelne, zerstreut liegende Lichtsinneszellen **SE** – Sinneszellen über die ganze Haut verteilt **ES** – nur schwache Hell-Dunkel-Wahrnehmung **TERN: SEESTERN**
2. Linse, gebildet aus der im Augeninneren befindlichen Flüssigkeit **WEI** – hohe Dichte an Fotorezeptoren **NBERGSC** – zugleich helles und scharfes Bild **HNECKE: WEINBERGSCHNECKE**
3. verkleinerte Grubenöffnung **NA** – kleines Loch über der Sehgrube **UTI** – lichtschwaches Bild mit verbesserter Schärfe **LUS: NAUTILUS**
4. eingesenkte Ebene aus Seh- und Pigmentzellen **NAP** – geschlossene Pigmentschicht unterhalb der Sehzellen **FSCHN** – Hell-Dunkel-Erkennung und verbessertes Richtungssehen **ECKE: NAPFSCHNECKE**
5. Sehzellen zu Gruppen zusammengeschlossen **QU** – Pigmentzellen in einer Ebene hinter den Sehzellen angeordnet **AL** – Hell-Dunkel-Wahrnehmung und schwaches Richtungssehen **LE: QUALLE**

Zusätzliche Materialien

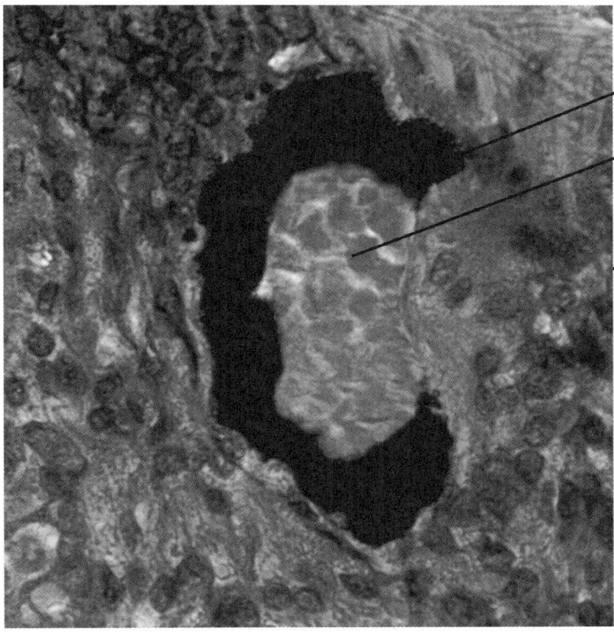

Mikroskopisches Bild eines Pigmentbecherocellus

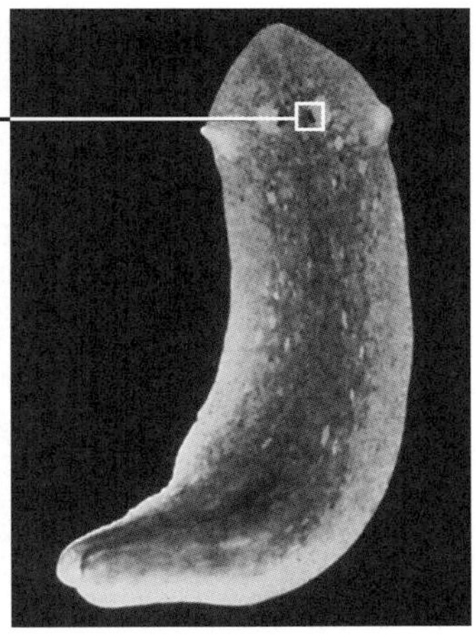

Kopf des Gefleckten Strudelwurms

Auge mit Designfehler? (S. 14)

Konzeption des Arbeitsblattes

Die konvergente Entwicklung des Linsenauges bei Tintenfischen und bei Wirbeltieren ist Thema dieses Arbeitsblattes. Die Schülerinnen und Schüler sollen erkennen, dass ein hochkomplexes Organ, wie es ein Linsenauge darstellt, auf zwei vollkommen unterschiedlichen Wegen im Laufe der Evolution entstanden ist, dass es dabei aber auch zu Unterschieden im Aufbau kam, wie in diesem Fall der Feinbau der Retina. Die Entstehung von Linsenaugen dient somit als ein Musterbeispiel für eine konvergente Entwicklung im Tierreich (vgl. Schülerband S. 453).

Weiterhin wird auf den Feinbau der Retina des Wirbeltierauges genauer eingegangen; insbesondere wird der unterschiedliche Zellbestand im Bereich der Zentralgrube und in den peripheren Bereichen betrachtet. Hierbei soll die Besonderheit der Zentralgrube als Stelle des schärfsten Sehens hervorgehoben werden.

Geforderte Kompetenzen: Repräsentationswechsel (Beschreiben von Schemazeichnungen von anatomischen Strukturen und Entwicklungsprozessen), Gebrauch der Fachsprache, Argumentieren.

Einsatz des Arbeitsblattes im Unterricht

Die Aufgabenseite verknüpft Inhalte aus der Neurobiologie und der Evolutionslehre und kann demzufolge im Zusammenhang mit einem der beiden Themengebiete bearbeitet werden. Aufgabe 1, die sich mit der unterschiedlichen Entwicklung der Linsenaugen bei Vertebraten und Mollusken beschäftigt, verlangt eine hohe Vorstellungskraft von den Lernenden, um die Schemadarstellungen richtig zu interpretieren. Aufgabe 2 kann in Verbindung mit der Lektüre der Seiten 278 – 279 im Lehrbuch als Hausaufgabe gegeben werden, ebenso die abschließende Aufgabe. Bei letzterer ist – insbesondere wenn die Mechanismen der Evolution im Unterricht noch nicht eingehend besprochen wurden – eine Nachbesprechung und ggf. Klärung im Unterricht notwendig.

Lösungen und Anmerkungen

AUFGABE 1

Abb. 1 zeigt, dass das Linsenauge der Wirbeltiere im Laufe der Embryonalentwicklung aus einer Ausstülpung des Zwischenhirns entsteht. An der Kontaktstelle der Zwischenhirnblase mit der Epidermis kommt es zu einer Einstülpung der Epidermis, dort wird die Linse gebildet. Im Weiteren bildet sich ein Augenbecher, dessen Öffnung durch die Linse, die sich mittlerweile von der Epidermis abgeschnürt hat, abgeschlossen wird.

In Abb. 2 wird sichtbar, dass bei Tintenfischen die Augenblase aus einer Einstülpung der Epidermis entsteht, die sich vollständig abschnürt. An der Kontaktstelle zur verbliebenen Epidermis bildet sich die Linse. Die unmittelbar vor dem Auge liegende Epidermis faltet sich auf und bildet die Iris und das darüber liegende Lid.

Beschriftung: A Linse, B Iris(falte), C Lichtsinneszelle (Fotorezeptor), D Sehnerv (Axone der Sinneszellen).

[Bei den Mollusken findet man zahlreiche unterschiedliche Typen von Lichtsinnesorganen, von einfachen Grubenaugen über Blasen- und Lochkameraaugen bis hin zu Linsenaugen. Letztere kommen bei Weichtieren nicht nur bei Cephalopoden (Kopffüßern) vor, sondern in (allerdings deutlich primitiverer Form) auch bei Landlungenschnecken wie der Weinbergschnecke. Dieser Augentyp kann auch als weiterentwickeltes Blasenauge aufgefasst werden.

Eine Zusammenstellung der wichtigsten bei Weichtieren vorkommenden Augentypen findet man im Schülerband auf S. 274.]

AUFGABE 2

a) In Abb. 3A sind nur Zapfen zu finden, wobei jeder Zapfen mit nur einer bipolaren Schaltzelle verschaltet ist, die ihrerseits mit nur einer Ganglienzelle neuronal verbunden ist.

Abb. 3B zeigt viele Stäbchen und nur wenige Zapfen. Jede bipolare Schaltzelle ist mit mehreren Lichtsinneszellen verschaltet, und jede Ganglienzelle erhält die Informationen von mehreren bipolaren Schaltzellen.

b) Abb. 3A zeigt einen Ausschnitt aus der Zentralgrube [Fovea centralis, »gelber Fleck«], was daran zu erkennen ist, dass hier nur Zapfen zu finden sind. Die 1:1-Verschaltung jedes Zapfens auf eine bipolare Schaltzelle, die ihrerseits mit nur einer Ganglienzelle verschaltet ist, hat zur Folge, dass jede Erregung eines Zapfens ohne weitere Verrechnung zu den Zellen des Sehzentrums im Gehirn gelangt. Dadurch wird eine hohe »Pixeldichte« erreicht, was eine hohe Bildschärfe zur Folge hat.

Abb. 3B zeigt einen Ausschnitt aus dem peripheren Bereich der Retina. Man findet dort einen hohen Anteil an Stäbchen an den Lichtsinneszellen und nur wenige Zapfen. Eine bipolare Schaltzelle sammelt die Erregungen mehrerer Lichtsinneszellen und verrechnet diese zu einer neuen Information. Dasselbe geschieht bei der Weitergabe dieser Informationen an die Ganglienzellen; hier kommt es nochmals zu einer Verrechnung. Jede Ganglienzelle nimmt somit die Information einer Gruppe von Lichtsinneszellen auf. Die »Pixeldichte« ist somit geringer, was sich in einem Verlust der Bildschärfe äußert.

c) [Das Licht muss die Ganglienzellen und bipolaren Schaltzellen durchdringen, um zu den Lichtsinneszellen zu gelangen. Das Licht fällt demnach in den beiden Abbildungen von links ein; die Pfeile müssen entsprechend eingezeichnet werden (s. folgende Abb.).]

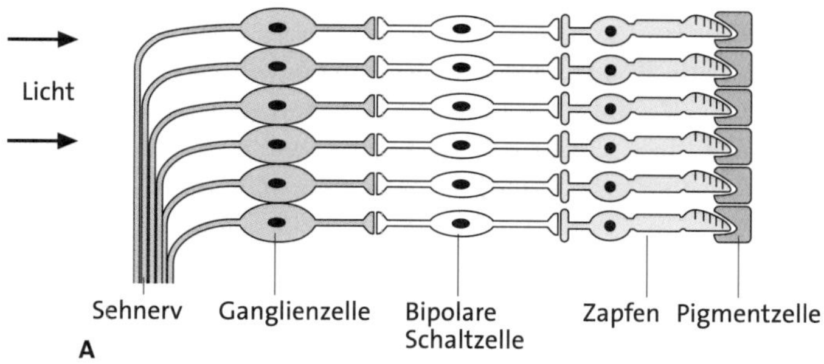

A

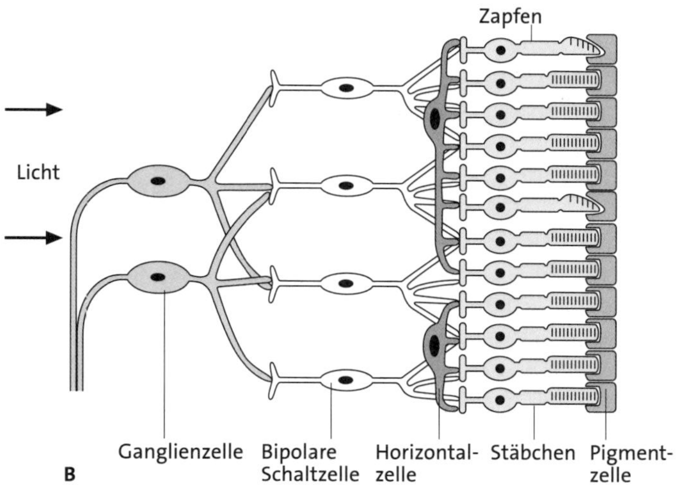

B

AUFGABE 3

Durch die Einbettung der Lichtsinneszellen in die Aderhaut erfolgt eine bessere Versorgung der Lichtsinneszellen mit Sauerstoff und Nährstoffen. Bei Lichteinstrahlung zerfallen fortwährend Rhodopsinmoleküle. Das beim Zerfall entstehende all-*trans*-Retinal wird durch Enzyme in den Zellen des Pigmentepithels in 11-*cis*-Retinal umgewandelt. Die Einbettung des lichtempfindlichen Teils der Sinneszelle in die Pigmentschicht verkürzt die Transportwege des Retinals enorm und beschleunigt somit die Regeneration der Lichtsinneszellen.

Außerdem besteht bei starkem Lichteinfall die Möglichkeit einer tieferen Einbettung der lichtempfindlichen Bereiche der Lichtsinneszellen in die Pigmenthaut, somit erhält das Auge eine zusätzliche Möglichkeit der Adaptation.

Enthemmte Bipolarzellen (S. 15)

Konzeption des Arbeitsblattes

Dieses Arbeitsblatt beschäftigt sich mit den molekularen Grundlagen der Lichtabsorption. Ausgehend vom Aufbau eines Stäbchens werden die Rhodopsinspaltung angesprochen und die isomeren Formen des Retinals gezeigt. Weiterhin wird von den Schülerinnen und Schülern verlangt, aus den Textinformationen ein Verlaufsschema zu erstellen, das den Zusammenhang zwischen dem Rhodopsinzerfall und der Entstehung des Rezeptorpotenzials in einem Stäbchen zeigt und aus dem hervorgeht, welche Folgen dies für die bipolaren Schaltzellen hat.

Geforderte Kompetenzen: Repräsentationswechsel (Umsetzung von Textinformationen in ein komplexes Schaubild, Beschriften eines Schaubilds), Argumentieren, Experimentieren und Beobachten (Vorhersagen von experimentellen Daten).

Einsatz des Arbeitsblattes im Unterricht

Im Schülerband sind die auf dieser Seite beschriebenen molekularen Vorgänge nur kurz beschrieben. Damt gehen die Aufgaben über die im Lehrbuch dargestellten Informationen hinaus und ergänzen die Darstellung der Lichtabsorptionsvorgänge in Fotorezeptoren (Schülerband S. 278). Das zur Bearbeitung der Aufgaben erforderliche Wissen erhalten die Schülerinnen und Schüler überwiegend durch die Textinformationen der Seite; vorausgesetzt werden zudem Kenntnisse zur Entstehung von Potenzialen an Nerven- und Sinneszellen sowie zum Feinbau von Zellen. Das Erstellen des komplexen Verlaufsschemas (Aufgabe 3) bietet sich für eine Gruppenarbeit an, insbesondere dann, wenn die Schülerinnen und Schüler noch wenig Erfahrung mit solchen Aufgabentypen haben.

Lösungen und Anmerkungen

AUFGABE 1

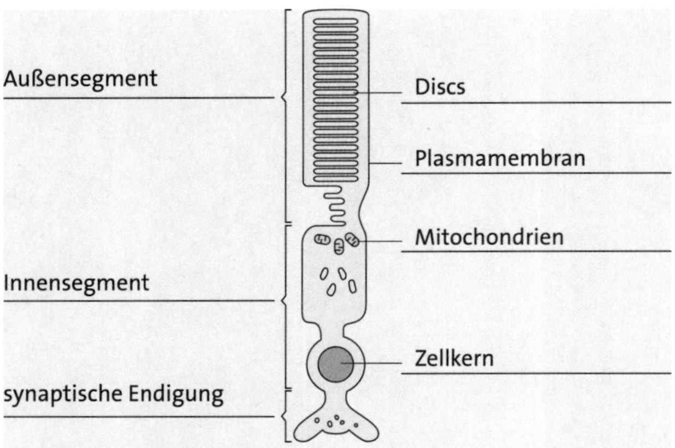

AUFGABE 2

Mit der Vielzahl der frei im Zellplasma des Stäbchens »schwimmenden« Discs wird eine enorme Oberflächenvergrößerung erzielt. In den Membranen der Discs haben somit außerordentlich viele Rhodopsin-Moleküle Platz. Die große Anzahl an Mitochondrien weist auf den hohen Energiebedarf der Lichtsinneszellen hin.

[Das Rhodopsin der Stäbchen(»Sehpurpur«) ist ein Transmembranprotein (s. Abb.). Sieben Domänen reichen durch die Discmembranen; im Molekülinneren ist das Chromophor Retinal gebunden. Die Anzahl der Rhodopsinmoleküle in einem Stäbchen ist außerordentlich hoch; man ermittelte auf den Membranen eine Dichte von etwa 30 000 Molekülen pro μm^2! Jede Stäbchenzelle enthält beim Menschen etwa 800 Discs. Auf diese Weise ist die Wahrscheinlichkeit, dass ein auf die Netzhaut auftreffendes Photon von einem Rhodopsinmolekül registriert wird, sehr hoch.]

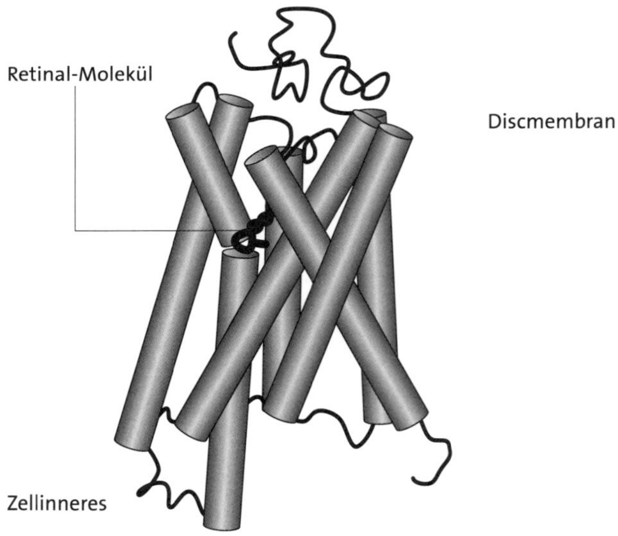

Bau eines unbelichteten Rhodopsinmoleküls. Die zylinderförmigen Strukturen sind Transmembrandomänen.

AUFGABE 3
Vorschlag eines Verlaufsschemas:

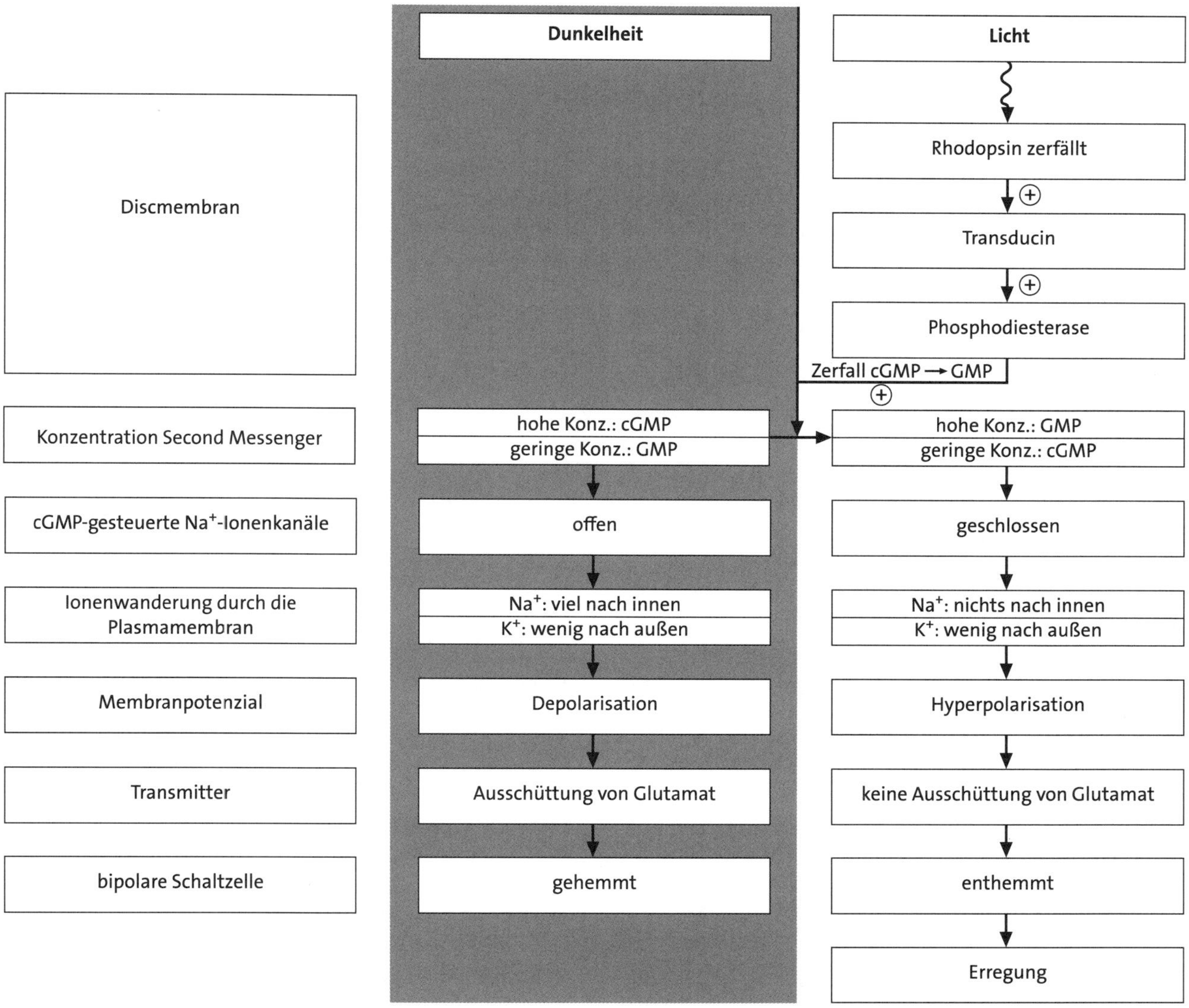

Verlaufsschema zu den molekularen Vorgängen an einer belichteten bzw. unbelichteten Lichtsinneszelle

AUFGABE 4
Kurvenverläufe s. Abbildung rechts.
Begründung der Kurvenverläufe:
Die Abbildung zeigt ein unbelichtetes Stäbchen, somit beträgt das Membranpotenzial –30 mV.

In diesem Zustand findet zum einen ein Dauereinstrom von Natriumionen in die Zelle statt, zum anderen eine andauernde Ausschüttung von Glutamat in den synaptischen Spalt zwischen Fotorezeptor und der nachgeschalteten Bipolarzelle. Die bipolare Schaltzelle wird dadurch gehemmt; ihr Membranpotenzial beträgt –70 mV.

Kommt es zu einer kurzfristigen Belichtung, wird der Na^+-Einstrom in die Lichtsinneszelle gestoppt, und es kommt zu einer Hyperpolarisation, was die Ausschüttung von Glutamat unterbindet. Die bipolare Schaltzelle wird nicht weiter gehemmt und kann durch eine nun folgende Depolarisation die Erregung weiterleiten.

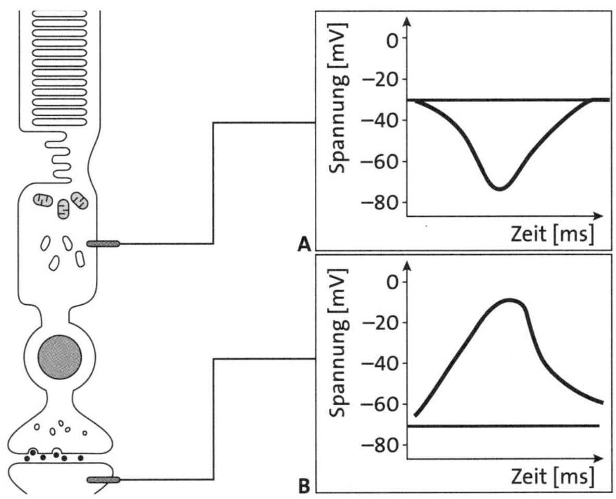

Spannungswerte beim Belichten einer Lichtsinneszelle: **A** Messung am Stäbchen, **B** Messung an der nachgeschalteten Bipolarzelle

Liebe geht durch die Nase? (S. 16)

Konzeption des Arbeitsblattes

Mit der Überschrift des Arbeitsblattes und der Textstelle aus Patrick Süskinds Roman »Das Parfüm« soll bei den Schülerinnen und Schülern die Bedeutung des Geruchssinns für unser Gefühlsleben ins Bewusstsein gerufen werden. Im Mittelpunkt der Aufgaben stehen neben dem Aufbau einer Geruchsinneszelle die molekularen Vorgänge bei der Entstehung einer Erregung in einer solchen Zelle, nachdem sie adäquat gereizt wurde. Hier gilt es, die im Text dargestellten Details in eine Skizze zu übertragen, wobei mehrere Lösungsmöglichkeiten denkbar sind. Im nächsten Schritt müssen die Schülerinnen und Schüler anhand der Ionenverteilung innerhalb und außerhalb der Zelle abwägen, welche Auswirkungen Calciumionen auf das Membranpotenzial und somit auf die Stärke der Erregung haben.

Geforderte Kompetenzen: Repräsentationswechsel (Beschriftung einer mikroskopischen Aufnahme und Ergänzung einer Schemazeichnung anhand von Textinformationen), Argumentieren, Modellbildung.

Einsatz des Arbeitsblattes im Unterricht

Die Schülerinnen und Schüler bringen Vorkenntnisse zur allgemeinen Funktionsweise einer Sinneszelle mit (s. Schülerband S. 273). Am Beispiel von Fotorezeptoren wurde darüber hinaus der molekulare Mechanismus näher besprochen (s. auch Arbeitsheft S. 15). Auf dieser Aufgabenseite soll das erworbene Wissen auf einen bislang unbekannten Rezeptortyp (Riechsinneszelle) angewendet werden; als Informationsquelle dienen Text und Abbildungen auf dem Aufgabenblatt. Die Aufgaben ermöglichen es außerdem, das Second-Messenger-Prinzip an einem weiteren Beispiel zu thematisieren oder einzuführen.

Bei der Besprechung ist es sinnvoll, auf die verschiedenen denkbaren Lösungsmöglichkeiten von Aufgabe 2 hinzuweisen (s. »Lösungen und Anmerkungen«).

Zur Illustration des Themas kann auch Abb. 288.1. (elektronenmikroskopische Aufnahme von Riechsinneszellen) im Schülerband herangezogen werden.

Lösungen und Anmerkungen

AUFGABE 1

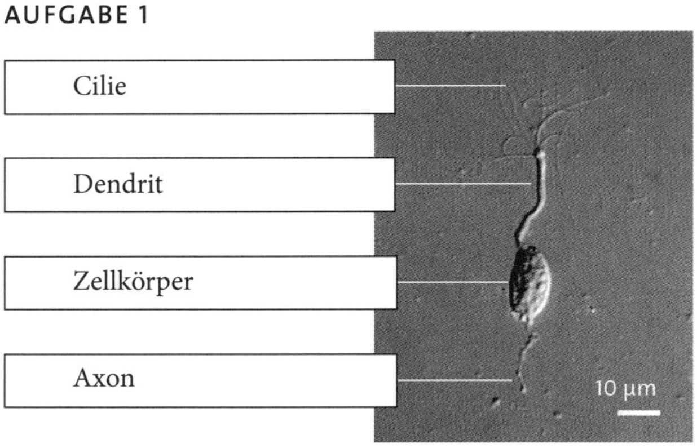

AUFGABE 2

[Das Schema sollte folgendermaßen ergänzt werden (s. folgende Abbildungen):]

- Duftmolekül bindet an den passenden Rezeptor (blauer Pfeil).
- Das besetzte Rezeptormolekül aktiviert das olfaktorische G-Protein (blauer Pfeil).
- Das aktivierte G-Protein aktiviert seinerseits die Adenylatcylase (AC; blauer Pfeil)
- ATP (muss neu eingezeichnet werden) wird an der Adenylatcyclase zu cAMP umgesetzt.
- Ein cAMP-Molekül bindet an der Membraninnenseite an eine entsprechende Bindungsstelle des Na^+/Ca^{2+}-Ionenkanals; dadurch kommt es zur Öffnung des Kanals (blauer Pfeil.
- Calciumionen binden – ebenfalls an der Membraninnenseite – an den Chloridionenkanal (blauer Pfeil). Entsprechende Ca^{2+}-Ionen-Konzentrationen vorausgesetzt, kann auch eine Bindung an die Kationenkanäle erfolgen (rotet Pfeil; diese Lösung ist in der zweiten Abbildung dargestellt).
- Natrium- und Kaliumionen passieren den Kationenkanal, Chloridionen den Anionenkanal (schwarze Pfeile).

Lösung A (niedrige Ca^{2+}-Konzentration im Zellinneren):

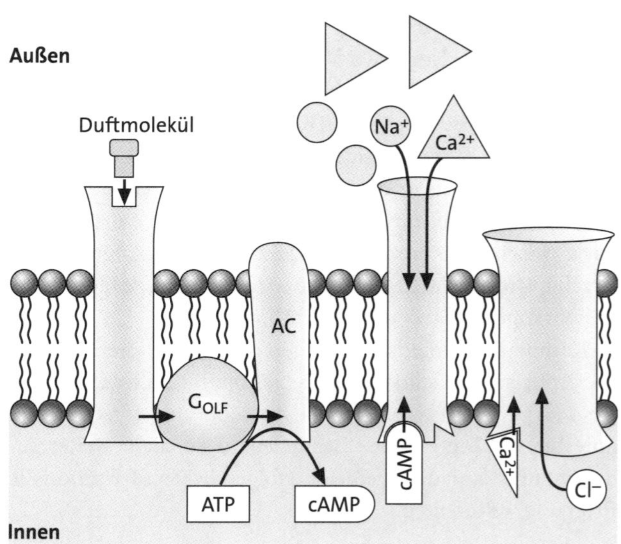

Lösung B (hohe Ca^{2+}-Konzentration im Zellinneren):

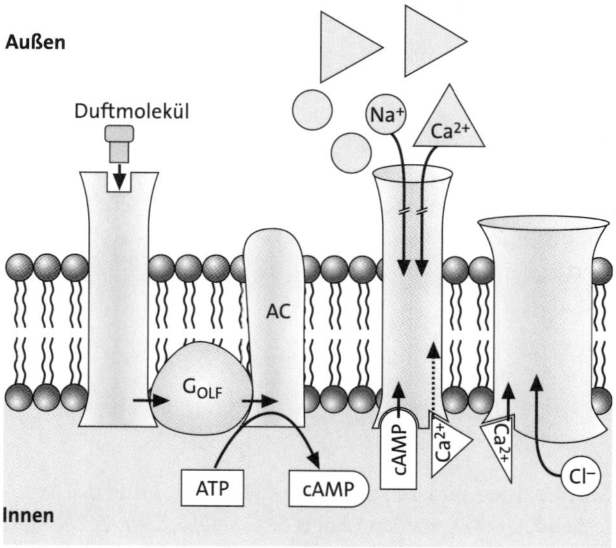

AUFGABE 3

Die aktivierende Wirkung der Ca^{2+}-Ionen auf die Cl^--Ionenkanäle und der damit verbundene verstärkte Ausstrom von Cl^--Ionen aus der Zelle hat zur Folge, dass es zu einer Verstärkung der Depolarisation an der Zellmembran kommt. Somit kommt es zu einer Verstärkung der Erregung.

Die hemmende Wirkung der Ca^{2+}-Ionen auf die Kationenkanäle bewirkt eine zeitliche Begrenzung des Kationeneinstroms und somit eine rasche Beendigung des Reizes, um die Wahrnehmung neuer Gerüche zu gewährleisten.

[Bei Riechsinneszellen handelt es sich um sogenannte phasisch-tonische Sinneszellen. Die Rezeptoren adaptieren sich innerhalb weniger Minuten selbst an hohe Duftkonzentrationen. Dies hat den Vorteil, dass der Organismus vor einer Reizüberflutung und vor energieaufwendigen ständig hohen AP-Frequenzen geschützt wird. Interessanterweise kommt es bei einer Änderung der Intensität von Geruchsreizen oftmals auch zu einer Änderung der Wahrnehmung der Geruchsqualität. So vermitteln niedrige Konzentrationen der Verbindung Ionon einen charakteristischen Veilchenduft, während höhere Iononkonzentrationen einen Holzgeruch erzeugen.]

AUFGABE 4

Die in der Cilienmembran von Sinneszellen der Riechschleimhaut sitzenden Rezeptormoleküle reagieren auf chemische Reize. Demgegenüber reagieren die Cilien der Innenohrrezeptoren auf mechanische Reize. Die Sinneszellen von Lage- und Drehsinnesorgan in den Bogengängen des Innenohrs sind von einer Gallerte bedeckt [vgl. Schülerband S. 288 – 289]. Kommt es zu einer Verschiebung oder Drehung der Gallertschicht, werden die Cilien der Sinneszellen ausgelenkt, wodurch es zu einer Reizung der Sinneszellen kommt. Ähnliche berührungsempfindliche »Haarzellen« findet man auch in der Basilarmembran des Gehörorgans [Schülerband S. 286]. Hier liegen die Sinneszellen nicht unter einer Gallerte, sondern unter einer Deckmembran. Wird diese durch Druckwellen in Schwingungen versetzt, kommt es an bestimmten Stellen der Basilarmembran zur Krümmung der Rezeptorcilien und so zu einer Reizung der Hörsinneszellen.

Weiterführende Aufgaben

AUFGABE

Erklären Sie, warum gerade Gerüche, wie im Fall der Jeanne Bussie, mit so vielen Emotionen und Gefühlen verbunden sind.

Lösung

Duftstoffe spielen bei den meisten Säugetieren eine überragende Rolle bei der innerartlichen Kommunikation. Auch beim Menschen spielen olfaktorische Reize eine wichtige, oftmals unterschätzte Rolle als Pheromone bei der individuellen Erkennung (und häufig unbewusste) Verständigung, so z. B. Inhaltsstoffe des weiblichen und männlichen Achselschweißes als Auslöser und Signalgeber bei der Fortpflanzung.

Das Riechhirn, das die von den Sinneszellen der Riechschleimhaut kommenden Informationen verarbeitet, steht mit dem Limbischen System in Verbindung. Dieser Teil des Großhirns beeinflusst unser Wohlbefinden und unsere Emotionen [s. Schülerband S. 316]. Auch bestehen Verbindungen zum Hypothalamus, der das vegetative Nervensystem und das Hormonsystem steuert und ebenfalls einen sehr wichtigen Einfluss auf das menschliche Gefühlsleben hat.

Aufbau und Leistungen von Sinnesorganen (S. 17)

Konzeption des Arbeitsblattes

Das Arbeitsblatt soll dazu dienen, die Kenntnisse der Schülerinnen und Schüler zum Aufbau und den Leistungen von Sinnesorganen zu überprüfen und zu festigen. Darüber hinaus trainiert die Bearbeitung von Multiple-Choice-Aufgaben den korrekten Umgang mit der Fachsprache.

Es besteht die Möglichkeit, die Aufgaben insofern zu erweitern, als die Schülerinnen und Schüler begründen müssen, warum die falschen Antworten jeweils nicht korrekt sind, bzw. diese richtigstellen müssen.

Geforderte Kompetenzen: Gebrauch der Fachsprache, Argumentieren (Begründen und Korrigieren falscher Antworten).

Einsatz des Arbeitsblattes im Unterricht

Die Seite ist gedacht zum Einsatz nach der unterrichtlichen Besprechung der Sinnesorgane im Unterricht. Eine Bearbeitung des Arbeitsblattes als Hausaufgabe ist sinnvoll.

Multiple-Choice-Aufgaben zu Sinnen und Sinnesorganen, die nicht im Unterricht besprochen wurden, können von den Schülerinnen und Schülern selbständig mit Hilfe des Schülerbandes gelöst werden (Auge: S. 274 – 285, Ohr: S. 286/287, Weitere Sinne: S. 288/289). Weitere Übungsaufgaben zum Thema sind auf der folgenden Seite zusammengestellt.

Lösungen und Anmerkungen

Die korrekten Lösungen zu den sieben Multiple-Choice-Aufgaben sind auf S. 36 gekennzeichnet. Im Folgenden finden Sie Anmerkungen zu den einzelnen Aufgaben, insbesondere zu den falschen Antworten.

1. Siehe hierzu Abb. 276.1 im Schülerband. Aus dieser Abbildung ergibt sich auch, warum alle anderen Antworten außer der dritten falsch sind.

2. a) Rhodopsin ist ein Proteid. Es besteht aus dem Protein Opsin und 11-cis-Retinal, einem ungesättigten Aldehyd. Damit gehört nur eine der beiden Komponenten zu den Proteinen.
c) Rhodopsin befindet sich in den Stäbchen, also in der Netzhaut, und kommt nicht in der Iris vor.

3. b) Die Spaltung von Rhodopsin bewirkt die Schließung von Natriumkanälen.
d) Im unerregten Zustand (also bei Dunkelheit) ist das Stäbchen depolarisiert, da Natriumkanäle in der Zellmembran des Außensegments geöffnet sind. Dies führt zu einer Ausschüttung des Transmitters Glutamat. Die Spaltung von Rhodopsin bewirkt, dass die Natriumkanäle geschlossen werden, die Sehzelle wird dadurch hyperpolarisiert. Dies wiederum führt dazu, dass die Sehzelle weniger Transmitter ausschüttet.

4. d) Rezeptive Felder kommen in der gesamten Netzhaut vor.

5. a) Das Innenohr ist über das Trommelfell mit dem Mittelohr verbunden.
c) Das Mittelohr steht über die EUSTACHI'sche Röhre mit dem Rachenraum in Verbindung. Das Innenohr hat keine offene Verbindung zum Nasenrachenraum.

6. Aussage A ist falsch: Die Hörsinneszellen befinden sich im Boden des Schneckengangs auf der Basilarmembran.
Aussage D ist falsch: Die Hörgrenzen verändern sich im Laufe des Lebens. Die obere Hörgrenze liegt bei Kindern und Jugendlichen bei ungefähr 20 000 Hz und kann im Alter bis auf 5000 Hz absinken.
Die Aussagen B und C sind korrekt, demnach ist Antwort b richtig.

7. b) Menschen können (mindestens) fünf Geschmacksqualitäten unterscheiden: süß, salzig, sauer, bitter und »umami«.
c) Das Schweresinnesorgan meldet Abweichungen des Kopfes von der Senkrechten und lineare Beschleunigungen. Drehbeschleunigungen des Kopfes werden von einem eigenen Sinnesorgan, dem Drehsinnesorgan, registriert.
d) Die Organe der Bogengänge messen Drehbeschleunigungen um alle Raumachsen; die Lage des Kopfes wird von den Schweresinnesorganen in den Utriculi und Sacculi des Innenohrs registriert.

Weiterführende Aufgaben

AUFGABE A

Welche der folgenden Aussagen sind richtig?

☐ Farbensehen kommt außer bei Wirbeltieren bei keiner anderen Tiergruppe vor.

☐ Die Hörgrenzen von Tieren können sehr verschieden sein.

☐ Es gibt Tiere, die Sinne haben, die beim Menschen nicht vorkommen.

☐ Insekten sind in der Lage, ultraviolettes Licht wahrzunehmen.

Lösung
b, c und d sind richtig.
Aussage a ist falsch: Neben den Wirbeltieren können z. B. auch Insekten, Krebse und Tintenfische Farben sehen.

AUFGABE B

Adaptation ...

☐ bezeichnet die korrekte Einstellung des Auges auf verschieden weit entfernte Gegenstände.

☐ kann durch die Veränderung des Pupillendurchmessers erfolgen.

☐ kann mit Hilfe der Linse erfolgen.

☐ wird durch einen Regelkreis gesteuert.

Lösung
b und d treffen zu.
Antwort a ist falsch: Die korrekte Einstellung des Auges auf verschieden weit entfernte Gegenstände wird als Akkommodation bezeichnet.
Antwort c ist falsch: Die Linse spielt keine Rolle bei der Adaptation.

AUFGABE C

Welche der folgenden Aussagen zum Farbensehen sind richtig?

☐ Im Sehzentrum des menschlichen Gehirns werden alle Farbempfindungen aus drei Grundfarben zusammengesetzt.

☐ Zapfen sind lichtempfindlicher als Stäbchen.

☐ Die Sehfarbstoffe der Zapfen sind ähnlich aufgebaut wie das Rhodopsin und unterscheiden sich von diesem nur im Bau des Retinal-Moleküls.

☐ Farbeindrücke werden durch das Verhältnis der Erregungsstärken der drei Zapfentypen codiert.

Lösung
a und d sind richtig.
Antwort b ist falsch: Stäbchen sind lichtempfindlicher als Zapfen.
Antwort c ist falsch: Der erste Teil der Aussage ist zwar richtig, der zweite Teil (»unterscheiden sich nur im Retinal-Molekül«) aber ist falsch. Vielmehr unterscheiden sich die Zapfenfarbstoffe (Iodopsin) im Bau ihrer Proteinkomponenten.

Multiple Choice

Aufbau und Leistungen von Sinnesorganen

Kreuzen Sie die korrekten Lösungen an. Beachten Sie dabei, dass bei manchen Aufgaben mehrere Aussagen richtig sein können.

1. Auf seinem Weg zur Netzhaut durchquert ein Lichtstrahl die nachstehend genannten Teile des Auges in folgender Reihenfolge:

- ☐ Hornhaut, Linse, Aderhaut
- ☐ Kammerwasser, Glaskörper, Aderhaut
- ☒ Hornhaut, Linse, Glaskörper
- ☐ Hornhaut, Linse, Kammerwasser

2. Welche der folgenden Aussagen zum Sehfarbstoff Rhodopsin ist/sind richtig?

- ☐ Rhodopsin besteht aus zwei Komponenten, die beide zu den Proteinen gehören.
- ☒ Beim Auftreffen von Licht ändert sich die 11-*cis*-Form des Retinals in die all-*trans*-Form.
- ☐ Der Sehfarbstoff ruft die Farbe der Iris hervor.
- ☒ Die Synthese von Rhodopsin ist nur unter Aufwand von Stoffwechselenergie möglich.

3. Die Spaltung von Rhodopsin

- ☒ löst eine chemische Signalkette aus.
- ☐ bewirkt die Öffnung von Kalium-Ionenkanälen.
- ☒ führt zu einer Hyperpolarisation der Sehsinneszelle.
- ☐ bewirkt eine erhöhte Transmitterausschüttung.

4. Im Zusammenhang mit dem Sehsinn spricht man von »rezeptiven Feldern«. Ein solches Feld

- ☒ ist ein Bereich von Sehzellen, die ihre Informationen an eine einzige Ganglienzelle weiterleiten.
- ☒ überschneidet sich mit anderen rezeptiven Feldern.
- ☒ verstärkt Kontraste zwischen Bereichen mit unterschiedlicher Helligkeit.
- ☐ findet man nur in der Fovea centralis.

5. Das Innenohr

- ☐ ist über das Trommelfell mit dem äußeren Ohr verbunden.
- ☒ befindet sich in einer Höhlung des Felsenbeins.
- ☐ steht über die EUSTACHI'sche Röhre mit dem Rachenraum in Verbindung.
- ☒ ist mit Flüssigkeit gefüllt.

6. Die folgenden Aussagen beziehen sich auf Bau und Leistungen des menschlichen Gehörs.

A Die Hörsinneszellen befinden sich im Paukengang.

B Die Krümmung der Sinneshaare der Hörsinneszellen wird in elektrische Impulse umgewandelt.

C Hohe Töne werden in der Nähe des ovalen Fensters, tiefe Töne an der Spitze der Schnecke registriert.

D Die Hörgrenzen sind bei jedem Menschen gleich und verändern sich im Laufe seines Lebens nicht.

- ☐ Alle Aussagen sind richtig.
- ☐ Nur die Aussagen **B** und **C** treffen zu.
- ☒ Nur die Aussagen **B** und **D** treffen zu.
- ☐ Die Aussagen **B**, **C** und **D** sind korrekt.

7. Welche der folgenden Aussagen trifft/treffen zu?

- ☒ In der Haut befinden sich Sinnesorgane, die Wärme und Kälte wahrnehmen können.
- ☐ Der Mensch kann lediglich vier verschiedene Geschmacksrichtungen unterscheiden.
- ☐ Das Schweresinnesorgan ermöglicht die Wahrnehmung von Drehbeschleunigungen des Kopfes.
- ☐ Die Organe der Bogengänge liefern Informationen bezüglich der Lage des Kopfes im Raum.

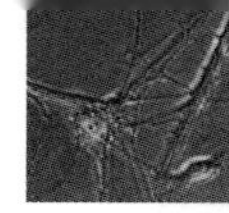

Kreuz und quer durch das Zentralnervensystem (S. 19)

Konzeption des Arbeitsblattes

Das Arbeitsblatt bietet den Schülerinnen und Schülern die Möglichkeit, ihr Fachwissen über den Aufbau des Zentralnervensystems zu überprüfen und zu festigen. Zusammenhänge zwischen den einzelnen Strukturen des Zentralnervensystems und deren Funktionen können damit nochmals verdeutlicht und vertieft werden.

Geforderte Kompetenzen: Gebrauch der Fachsprache.

Einsatz des Arbeitsblattes im Unterricht

Die Seite ist gedacht zum Einsatz nach der Besprechung von Aufbau und Funktion des Zentralnervensystems im Unterricht. Eine Bearbeitung des Arbeitsblattes als Hausaufgabe ist sinnvoll.

Fachbegriffe, die nicht Gegenstand des Unterrichts waren, können von den Schülerinnen und Schülern selbständig mit Hilfe des Schülerbandes erarbeitet werden (S. 294 – 299). Dabei ist zu beachten, dass sich die Lösungen des Rätsels nicht nur aus dem Text, sondern teilweise auch aus den Abbildungen ergeben.

Lösungen und Anmerkungen

Waagerecht:

1 Steuerzentrum des vegetativen Nervensystems und des Hormonsystems:
HYPOTHALAMUS

3 dichtes Netz von Nervenzellen im Hirnstamm, dessen Schädigung zum Koma führen kann:
FORMATIO RETICULARIS

5 hier liegt das Kreislaufzentrum:
VERLAENGERTES MARK

6 Bereich im Inneren des Rückenmarks mit schmetterlingsförmigem Querschnitt:
GRAUE SUBSTANZ

7 gibt Signale aus den Sinnesorganen an das Endhirn weiter:
THALAMUS

10 der im Kopf gelegene Teil des Zentralnervensystems:
GEHIRN

11 spielt eine wichtige Rolle bei der Entstehung von Gefühlen:
LIMBISCHES SYSTEM

12 Hormondrüse, die Hormone für die Steuerung des Flüssigkeitshaushalts produziert:
HYPOPHYSE

13 in ihr verläuft das Rückenmark:
WIRBELSAEULE

14 Bereich im Großhirn, der Informationen aus den Sehbahnen verarbeitet:
SEHRINDE

15 Fachbegriff für die beiden Hälften des Großhirns:
HEMISPHAEREN

16 übermittelt Signale vom Gehirn zu den Effektoren bzw. leitet Signale von den Sinnesorganen zum Gehirn:
RUECKENMARK

Senkrecht:

2 andere Bezeichnung für Großhirn:
ENDHIRN

4 Bereich des Frontallappens, der eine wichtige Rolle beim Denken und Problemlösen spielt:
PRAEFRONTALCORTEX

8 schließt sich scheitelwärts dem Mittelhirn an:
ZWISCHENHIRN
[hier fehlt im Rätsel am Ende ein Buchstabenkästchen]

9 hier finden Planung, Steuerung und Koordination von Bewegungsabläufen statt:
KLEINHIRN

Lösungswort: GROSSHIRNRINDE

Rätsel

Kreuz und quer durch das Zentralnervensystem

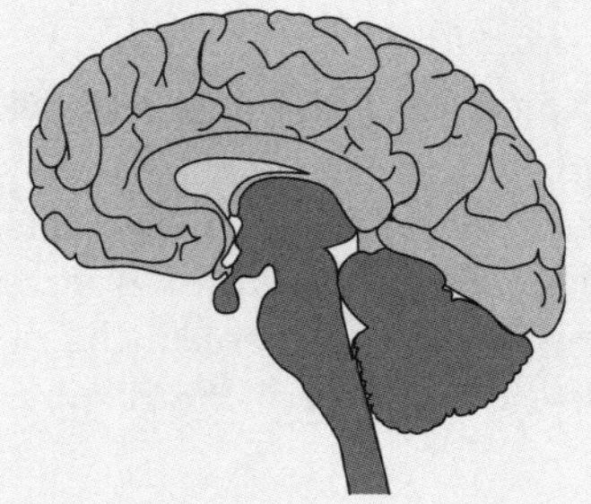

Mit Hilfe des Kreuzworträtsels können Sie ihr Wissen überprüfen, das Sie im Kapitel »Das Zentralnervensystem des Menschen« (Schülerband S. 295 – 299) erworben haben (Ä = AE usw.; Leerzeichen zwischen zwei Wörtern werden weggelassen). Die Buchstaben in den markierten Feldern ergeben – in der richtigen Reihenfolge geordnet – das Lösungswort.

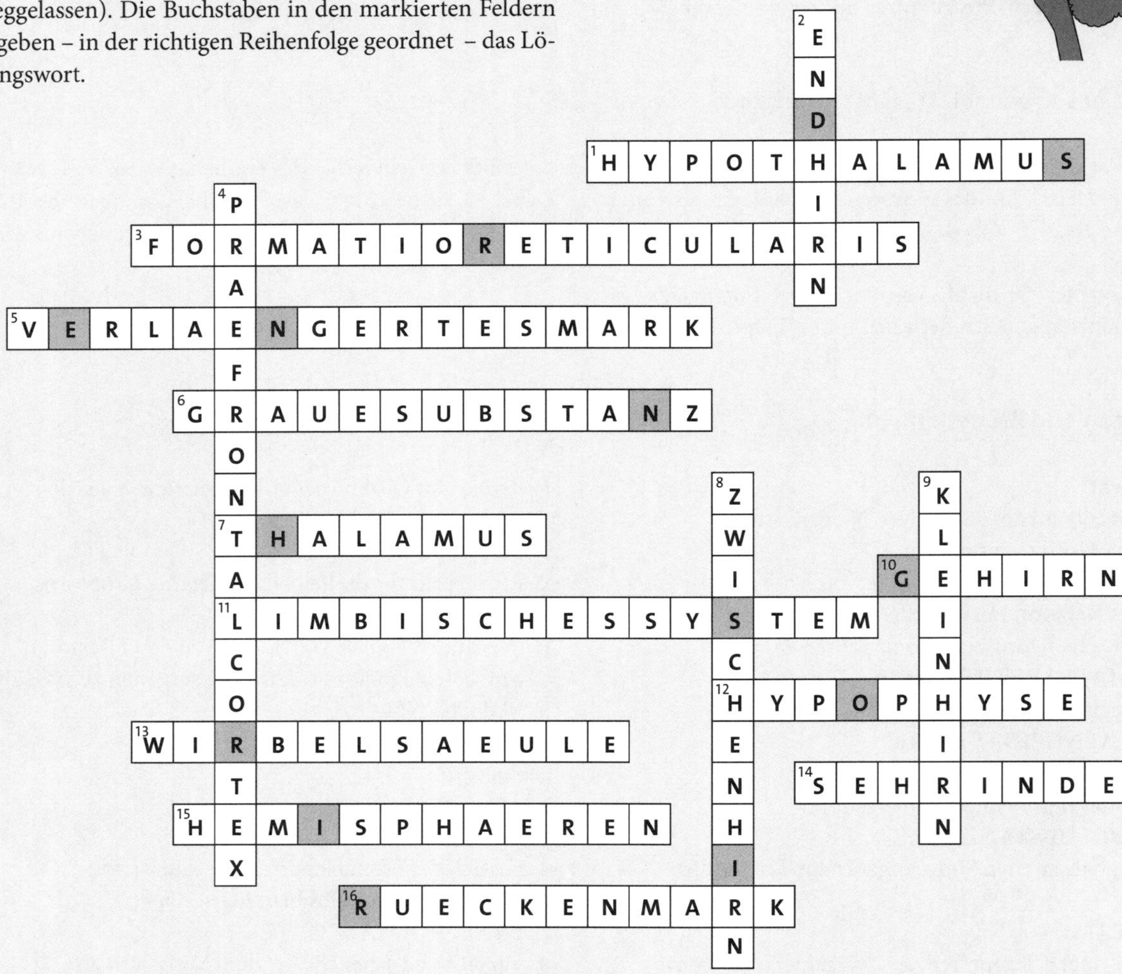

Waagerecht:

1 Steuerzentrum des vegetativen Nervensystems und des Hormonsystems
3 dichtes Netz von Nervenzellen im Hirnstamm, dessen Schädigung zum Koma führen kann
5 hier liegt das Kreislaufzentrum
6 Bereich im Inneren des Rückenmarks mit schmetterlingsförmigem Querschnitt
7 gibt Signale aus den Sinnesorganen an das Endhirn weiter
10 der im Kopf gelegene Teil des Zentralnervensystems
11 spielt eine wichtige Rolle bei der Entstehung von Gefühlen
12 Hormondrüse, die Hormone für die Steuerung des Flüssigkeitshaushalts produziert
13 in ihr verläuft das Rückenmark
14 Bereich im Großhirn, der Informationen aus den Sehbahnen verarbeitet
15 Fachbegriff für die beiden Hälften des Großhirns
16 übermittelt Signale vom Gehirn zu den Effektoren bzw. leitet Signale von den Sinnesorganen zum Gehirn

Senkrecht:

2 andere Bezeichnung für Großhirn
4 Bereich des Frontallappens, der eine wichtige Rolle beim Denken und Problemlösen spielt
8 schließt sich scheitelwärts dem Mittelhirn an
9 hier finden Planung, Steuerung und Koordination von Bewegungsabläufen statt

Lösungswort:

G	R	O	S	S	H	I	R	N	R	I	N	D	E

»Ich bin eine Insel« (S. 20)

Konzeption des Arbeitsblattes

Im Mittelpunkt dieses Arbeitsblatts steht das Zentralnervensystem. Zusammenhänge zwischen Gehirn- und Muskelfunktion sollen geklärt und die Folgen einer Fehlfunktion des ZNS für die Funktionalität der Skelettmuskulatur aufgezeigt werden. Die Erarbeitung erfolgt an einem Fallbeispiel der seltenen und in der Öffentlichkeit wenig bekannten Krankheit Amyotrophe Lateralsklerose (ALS), die in einer vor wenigen Jahren erschienenen Autobiographie literarisch verarbeitet wurde. Die Ursachen der Erkrankung sind noch weitgehend ungeklärt. Im Informationstext werden verschiedenene Hypothesen zu möglichen Ursachen der Krankheit zur Sprache gebracht.

Im Aufgabenteil müssen die Schülerinnen und Schüler Textinformationen zu ALS auswerten und mit ihren Vorkenntnissen zu Bau und Funktion des Gehirns verknüpfen. Mit Hilfe der Aufgaben werden weiterhin die Funktionsweise einer chemischen Synapse sowie die Analyse eines Familienstammbaums wiederholt; den Abschluss bildet eine Rechercheaufgabe zur Multiplen Sklerose, einer weiteren Erkrankung des Zentralnervensystems.

Geforderte Kompetenzen: Argumentieren, Repräsentationswechsel (Umsetzen von Textinformationen in die Beschriftung einer Schemazeichnung), Gebrauch der Fachsprache..

Einsatz des Arbeitsblattes im Unterricht

Das Aufgabenblatt ist zum Einsatz im Unterricht vorgesehen. Die Schülerinnen und Schüler müssen über Vorkenntnisse zu chemischen Synapsen (Schülerband S. 262), zu Bau und Funktion des Rückenmarks (S. 295) sowie zur Bewegungssteuerung (S. 302) und zu Stammbaumanalysen (S. 184 – 185) verfügen, um die Aufgaben 1 bis 4 lösen zu können. Die Recherche zur Multiplen Sklerose (Aufgabe 5) kann als vertiefende Hausaufgabe eingesetzt werden.

Lösungen und Anmerkungen

AUFGABE 1

Da bei der Krankheit ALS einzig die Motoneurone betroffen sind, während das Gehirn seine volle Leistungsfähigkeit behält, wird der langsame körperliche Verfall zu einem stets präsenten Teil des Bewusstseins. Das Menschsein wird eingeschränkt auf den zuletzt einzig noch funktionierenden Teil, das Gehirn, das somit gleichsam zu einer »Insel« im immer leistungsschwächeren Körper wird. Durch die fortschreitende Degeneration der Nervenzellen und den damit verbundenen Ausfall der Muskulatur ist das Bewusstsein im eigenen Körper »gefangen«.

[Die Krankheit äußert sich in Lähmungserscheinungen der Skelettmuskulatur, verbunden mit fortschreitendem Muskelschwund. Sie ist bislang nicht heilbar und führt im Durchschnitt innerhalb von drei bis fünf Jahren nach dem Einsetzen der ersten Krankheitssymptome zum Tod, in Einzelfällen leben die Patienten aber auch deutlich länger mit ihrer Krankheit, wie etwa der britische Physiker STEPHEN HAWKING. Lediglich die Symptome lassen sich in eingeschränktem Umfang lindern. Sind zunächst insbesondere die Bewegungen und die Koordination der Gliedmaßen beeinträchtigt, dehnt sich die Erkrankung in fortgeschrittenem Stadium auch auf Sprech- und Schluckstörungen aus; der Tod tritt meist durch Atemlähmung oder durch Lungenentzündungen als Folge von Schluck- und Atemstörungen ein.

Weltweit erkranken pro Jahr im Mittel fünf von 100 000 Menschen neu an ALS. Meistens bricht die Krankheit im Alter zwischen 50 und 70 Jahren aus, wobei Männer häufiger betroffen sind als Frauen.]

AUFGABE 2

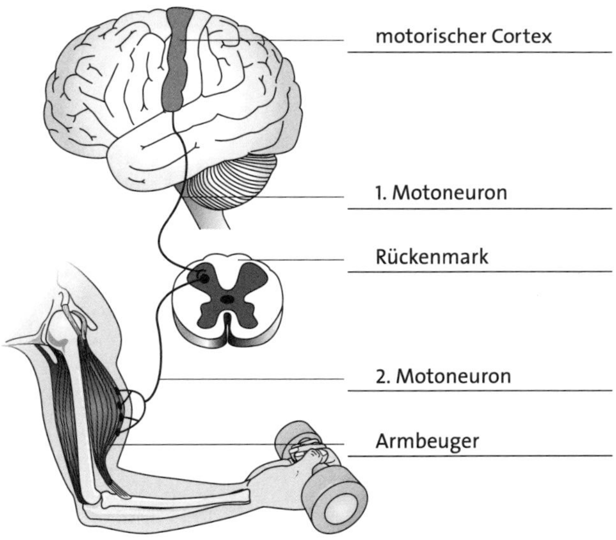

AUFGABE 3

Durch die andauernd erhöhte Ca^{2+}-Ionenkonzentration, bedingt durch die Schädigung der postsynaptischen Rezeptoren, kommt es zu einer verlangsamten Repolarisierung des Membranpotenzials. Somit können neu ankommende Erregungen nicht zu den Muskelzellen weitergeleitet werden. Folge sind Lähmungserscheinungen an den betroffenen Muskeln.

AUFGABE 4
Amyotrophe Lateralsklerose wird diesem Stammbaum zufolge höchstwahrscheinlich dominant vererbt. Darauf deutet insbesondere die Vielzahl der Erkrankten in den Generationen I – IV hin. Alle Erkrankten wären dann heterozygot, da immer eines ihrer Elternteile gesund ist. Lediglich bei dem betroffenen Mann in der I. Generation wäre auch Homozygotie in Bezug auf das Krankheitsallel möglich.

Theoretisch ist aber auch eine rezessive Vererbung von ALS denkbar – der Stammbaum liefert keine eindeutige Lösung. In diesem Fall müssten aber alle eingeheirateten Personen (I2, II3, III13 und IV4) heterozygt in Bezug auf das Krankheitsallel sein. Dies ist in Anbetracht der Seltenheit der Krankheit unwahrscheinlich.

[ALS hat offensichtlich verschiedene Ursachen. Nur in einigen Ausprägungsformen wie der hier beschriebenen scheint die Krankheit vererbt zu werden, während in anderen Fällen die Erkrankung spontan in bisher noch nicht betroffenen Familien auftritt, ohne dass die auslösenden Faktoren bekannt sind.]

AUFGABE 5
Ursache für Multiple Sklerose: Bei Multipler Sklerose (MS) handelt es sich um eine Autoimmunerkrankung, d.h. die Immunzellen des Körpers greifen eigenes Körpergewebe an, in diesem Fall insbesondere die Myelinscheide der Motoneurone.
Symptome: Bedingt durch den Ausfall der Myelinscheide können Aktionspotenziale nicht mehr saltatorisch weitergeleitet werden. Die Geschwindigkeit der Informationsübertragung sinkt somit rapide und kann im fortgeschrittenen Stadium der Krankheit ganz zum Erliegen kommen.

Zusätzliche Materialien

Internetquellen
Lesenswert ist die Website von Sandra Schadek:
http://www.sandraschadek.de
Die Autorin erhielt 2008 den »Grimme Online Award« für Inhalt und Gestaltung ihrer Website und ihr Engagement, die Krankheit ALS öffentlich bekannt zu machen.

Eine ausführliche und informative Darstellung der Amyotrophen Lateralsklerose, insbesondere zu Symptomen, Krankheitsverlauf und Behandlungsansätzen, liefert auch die »Wikipedia«-Seite zum Thema:
http://de.wikipedia.org/wiki/Amyotrophe_Lateralsklerose

Reflexe wie Manuel Neuer? (S. 21)

Konzeption des Arbeitsblattes

Am Beispiel eines bekannten Sportlers, in diesem Fall des Fußball-Torhüters Manuel Neuer, werden auf diesem Arbeitsblatt Reflexe und deren Bedeutung für den menschlichen Körper angesprochen. Die Schülerinnen und Schüler sollen auf der Basis ihrer Kenntnisse zum Thema »Relexe« die neuronalen Hintergründe eines einfachen Reflexbogens erarbeiten. Zusätzlich werden im Zusammenhang mit reflektorischen Bewegungen die Muskelkontraktion und deren molekulare Grundlagen wiederholt.

Geforderte Kompetenzen: Argumentieren, Gebrauch der Fachsprache, Repräsentationswechsel (Umsetzen eines Informationstexts in ein Schaubild).

Einsatz des Arbeitsblattes im Unterricht

Das Arbeitsblatt eignet sich gut als Hausaufgabe. Nach Erarbeitung der Seiten 304 – 307 im Lehrbuch sollten die Schülerinnen und Schüler in der Lage sein, alle Aufgaben zu lösen. Die Aufgaben 1 und 2 stellen Reproduktionsaufgaben dar. Aufgabe 3 soll dazu dienen, auf die Diskrepanz der Verwendung von Begriffen in der Fach- und Umgangssprache aufmerksam zu machen. Das Beispiel des Reflexbogens in Aufgabe 4 ähnelt dem Beispiel auf S. 306 im Schülerband und erfordert somit eine nicht allzu große Transferleistung.

Lösungen und Anmerkungen

AUFGABE 1

Reflex: Eine durch einen Reiz ausgelöste, stereotyp ablaufende automatische Bewegung [vgl. Schülerband S. 306 sowie Glossar auf S. 519].

[Die Aufgabe dient zum einen der Wiederholung und Begriffsschärfung, zum anderen als Vorbereitung auf Aufgabe 3. Dort wird eine umgangssprachliche Formulierung anhand der wissenschaftlichen Definition auf den Prüfstand gestellt.]

AUFGABE 2

Schutzreflexe dienen der Verhinderung von Verletzungen, Gleichgewichtsreflexe der Erhaltung des Gleichgewichts. Dehnungsreflexe sind für die Konstanthaltung der Muskellänge verantwortlich.

Reflexe lassen sich auch nach anderen Kriterien kategorisieren: So unterscheidet man je nach Anzahl der Synapsen, die zwischen sensorischen und motorischen Anteilen des Reflexbogens geschaltet sind, mono- und polysynaptische Reflexe. Sind gereiztes Organ und Erfolgsorgan identisch, spricht man von einem Eigenreflex, andernfalls von einem Fremdreflex. Zudem lassen sich angeborene von erlernten Reflexen unterscheiden (unbedingte bzw. bedingte Reflexe).

AUFGABE 3

Reflexe sind automatisierte, auf einen bestimmten Reiz hin immer mehr oder weniger gleich ablaufende Reaktionen [vgl. Antwort zu Aufgabe 1]. Sie können demnach nicht trainiert werden, der Torwart trainiert vielmehr seine Auffassungsgabe, eine bestimmte Situation zu erfassen, und seine Schnelligkeit, auf diese Situation zu reagieren, also sein Reaktionsvermögen. Die in der Umgangssprache oft verwendete Bezeichnung »Reflex« im Sinne einer sehr schnellen Bewegung entspricht nicht der wissenschaftlichen Definition des Reflexbegriffes.

AUFGABE 4

a) Aufgrund des Gewichts der Melone kommt es zu einem schnellen Absinken des Arms, wodurch sich der Tonus des Armbeugers stark ändert. Durch diese Änderung wird die Muskelspindel gereizt [in der Realität werden gleichzeitig sehr viele dieser Sinnesorgane gereizt], wodurch Erregungen entstehen, die über ein sensorisches Axon zum Rückenmark geleitet werden.

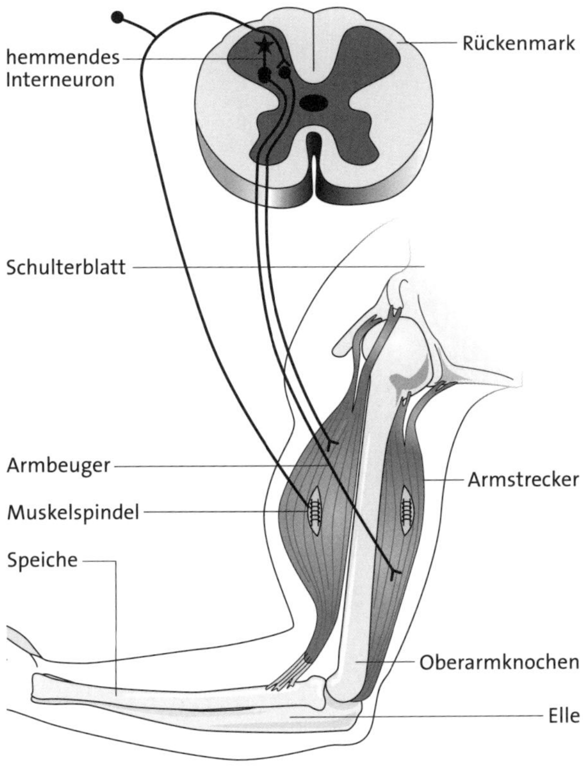

In der grauen Substanz des Rückenmarks verzweigt sich diese Nervenfaser. Eine Abzweigung wird synaptisch auf ein α-Motoneuron verschaltet, welches Erregungen direkt zum Armbeuger leitet, der sich daraufhin kontrahiert und somit der Armbewegung nach unten entgegenwirkt.

Die andere Verzweigung des sensorischen Neurons steht mit einem hemmenden Interneuron in Verbindung, welches seinerseits mit einem Motoneuron verschaltet ist, das die Kontraktion des Armstreckers verhindert.

b) In diesem Fall wäre es vermutlich nicht zu dem beschriebenen Reflex gekommen: Die Frau hätte in Erwartung des zusätzlichen Gewichts in ihrem Einkaufskorb den Armbeuger kräftiger kontrahiert, um der Zusatzbelastung entgegenzuwirken. Diese Reaktion würde willentlich gesteuert, ist also im Unterschied zum beschriebenen Reflex kein unbewusst ablaufender Vorgang.

AUFGABE 5

In der Grafik ist ein Ca^{2+}-Ion (an der freien Bindungsstelle des Troponin-Moleküls) und ein Mg^{2+}-Ion (an der freien Bindungsstelle des Myosinköpfchens) einzuzeichnen.

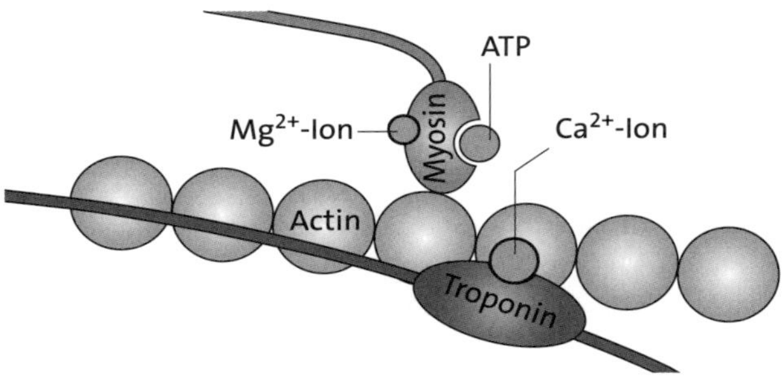

Das Myosinköpfchen ist gespannt, angedockt am Actin und bereit umzuklappen. Dazu braucht es Mg^{2+}-Ionen, die für die ATP-Spaltung erforderlich sind. Erst wenn diese erfolgt ist, kann das Köpfchen umklappen und sich vom Actin lösen. An die Bindungsstelle am Troponin ist ein Ca^{2+}-Ion angedockt, dadurch wird die Bindungsstelle für Myosin am Actin freigelegt und zugänglich.

[Das dargestellte Schema entspricht Phase 4 des Funktionsschemas im Schülerband (Abb. 305.1).]

Zusätzliche Materialien

»Reflexball«

Der auf dem Aufgabenblatt erwähnte und abgebildete Ball wurde speziell für das Torwarttraining entwickelt und kann im Sportfachhandel erworben werden. Ein Exemplar eines solchen Balles kann im Unterricht zu Demonstrationszwecken und als Einstieg zur Veranschaulichung des Infotextes eingesetzt werden.

Nawezakupigapicha? (S. 22)

Konzeption des Arbeitsblattes

Mit Hilfe dieses Arbeitsblattes soll den Schülerinnen und Schülern die Komplexität von Sprachbildung und Sprachverständnis verdeutlicht werden. Ausgangspunkt der Betrachtung sind die verschiedenen daran beteiligten Regionen der Großhirnrinde sowie ein bildgebendes Verfahren zur Visualisierung von Gehirnaktivitäten. Die Beschreibung von Störungen dieses vernetzten Systems soll ein vertieftes Verständnis der Zusammenhänge herbeizuführen.

Geforderte Kompetenzen: Argumentieren, Repräsentationswechsel, Gebrauch der Fachsprache.

Einsatz des Arbeitsblattes im Unterricht

Von leistungsstärkeren Schülerinnen und Schülern können die Aufgaben nach Lektüre der Seiten 324 – 325 im Schülerband bearbeitet werden. Hier werden alle Voraussetzungen zur Erarbeitung des Themas geschaffen; darüber hinaus ist die Kenntnis der wichtigsten Großhirnrindenareale erforderlich. Bei weniger leistungsstarken Lerngruppen erscheint es aufgrund der recht komplizierten Zusammenhänge sinnvoll, zur Lösung der Aufgaben das Lehrbuch als Hilfsmittel zuzulassen.

Lösungen und Anmerkungen

AUFGABE 1

1: somatosensorische (hinten) und somatomotorische Region (vorne) der Großhirnrinde; 2: Sehrinde; 3: Wernicke-Region; 4: Hörregion (Hörrinde); 5: Broca-Region; 6: Frontallappen.

AUFGABE 2

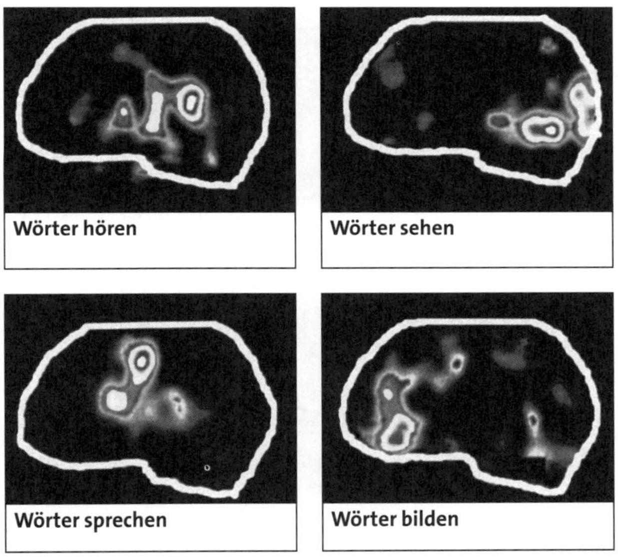

[Oben links: Aktivierung der Hörrinde; oben rechts: Aktivierung des Sehzentrums; unten links: Aktivierung des motorischen Sprachzentrums; unten rechts: Aktivierung des Frontallappens und der Broca-Region. Zur Funktionsweise der Positronenemissionstomographie s. Schülerband S. 326; auf Abb. 326.1 sind die aktivierten Bereiche der Großhirnrinde farbig hervorgehoben.]

AUFGABE 3

[Die in Klammern gesetzten Zahlen geben die entsprechenden Areale in Abb. 1 im Arbeitsheft an.]

Nachsprechen eines gehörten Wortes: Hörzentrum (4) – Wernicke-Region (3) – Broca-Region (5) – motorische Region; (1);

Nachsprechen eines gelesenen Wortes: Sehzentrum (2) – Wernicke-Region (3) – Broca-Region (5) – motorische Region (1).

AUFGABE 4

Es handelt sich hierbei um eine Schädigung der Broca-Region, da dort die Sprachbildung stattfindet. Der Patient leidet unter motorischer Aphasie.

AUFGABE 5

a) Bei diesen Patienten ist die Verbindung zwischen den beiden Großhirnhemisphären durchtrennt. Diese Trennung wird bisweilen als therapeutische Maßnahme bei Menschen mit unheilbarer Epilepsie durchgeführt.

b)

Phase 1: Der Patient kann die Orange benennen.

Das Bild befindet sich im rechten Gesichtsfeld des Patienten und wird somit beim Fixieren der Projektionsflächenmitte auf die linken Netzhauthälften projiziert. Die Information gelangt in die linke Großhirnhemisphäre, dort liegen die Sprachzentren.

Phase 2: Der Patient greift die Erdbeere, kann sie aber nicht benennen.

Die visuelle Information (Bild der Erdbeere) befindet sich im linken Gesichtsfeld des Patienten und gelangt somit in die rechten Netzhauthälften der beiden Augen und von dort in die rechte Großhirnhemisphäre. Dort befinden sich keine Sprachzentren. Da die Verbindung zur linken Hemisphäre unterbrochen ist, kann die Frucht nicht benannt werden. Greifen kann der Patient die richtige Frucht aber, da er mit seinem Sehfeld erkennt, um welche Frucht es sich handelt, und die motorischen Felder, die die Muskulatur des Arms steuern, auch in der rechten Großhirnhälfte vorhanden sind.

Durchfluss, mit Honig gesüßt (S. 23)

Konzeption des Arbeitsblattes

Anhand eines Zitats, stammend von einem Arzt aus dem antiken Indien, soll den Schülerinnen und Schülern gezeigt werden, dass Symptome der heutigen Zivilisationskrankheit Diabetes schon vor mehr als 1800 Jahren beschrieben wurden. Auf dieser Aufgabenseite geht es vor allem darum, die antagonistische Wirkung der Hormone Insulin und Glukagon zu beschreiben und das Wissen zur Regulation des Blutzuckerspiegels in Form eines Verlaufsschemas zusammenzufassen. Außerdem soll theroretisch ein Experiment entwickelt werden, das dazu beiträgt, anhand der Bestimmung der Blutzuckerkonzentration einen gesunden Menschen von einem Diabetiker zu unterscheiden. Der inhaltliche Schwerpunkt des Arbeitsblattes liegt auf dem biologischen Basiskonzept »Regulation«.

Geforderte Kompetenzen: Argumentieren, Experimentieren und Beobachten, Repräsentationswechsel (Ergänzen eines Schaubilds auf der Basis von Textinformationen).

Einsatz des Arbeitsblattes im Unterricht

Da das Thema »Hormone«und speziell die Zuckerkrankheit (Diabetes mellitus) möglicherweise schon Thema in einer früheren Klassenstufe war, bietet sich dieses Arbeitsblatt als Wiederholung an, ggf. als Einstieg in das Thema »Hormone« in der Kursstufe. Ansonsten lassen sich die Aufgaben im Anschluss an das Durcharbeiten der Seiten 334 – 336 im Schülerband lösen, entweder im Unterricht oder als vertiefende Hausaufgabe. Anhand der Aufgaben wird die Wirkungsweise von Hormonen im Kontrast zu Bau und Funktion des Nervensystems thematisiert und problematisiert.

Lösungen und Anmerkungen

AUFGABE 1

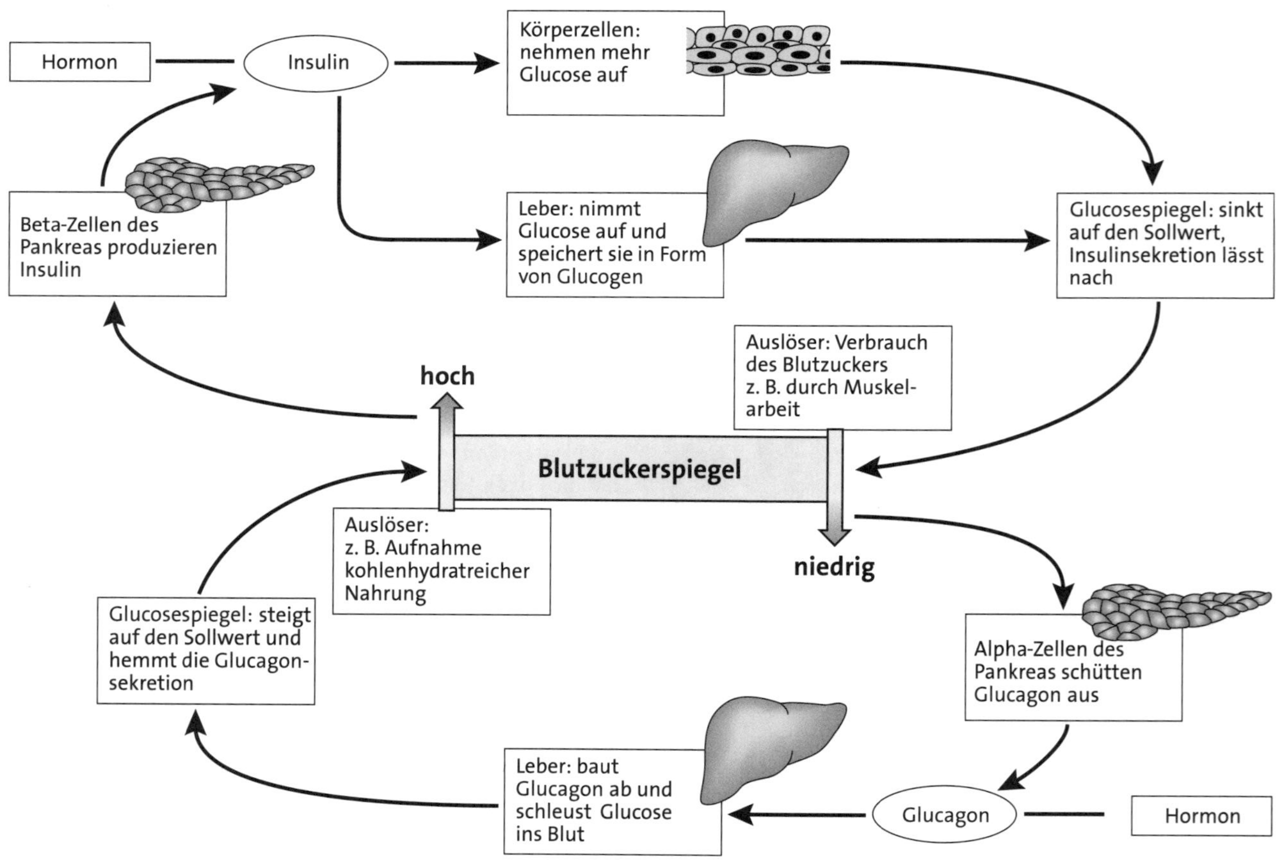

AUFGABE 2
Einem gesunden Menschen und einem Diabetiker wird eine hoch konzentrierte Glucoselösung verabreicht, anschließend wird in bestimmten Zeitabständen der Blutzuckerspiegel gemessen. Der Diabetiker hat über langen Zeitraum einen hohen Blutzuckerspiegel, während der des gesunden Menschen schnell absinkt.

AUFGABE 3
Die Hormone Adrenalin und Noradrenalin sind in der Lage, den Glykogenabbau in der Leber zu fördern und somit ebenso wie Glucagon den Blutzuckerspiegel zu erhöhen. Sie können also bei einem Ausfall der Glucagonproduktion im Pankreas die Aufgabe des Glucagons übernehmen. Demgegenüber ist Insulin das einzige Hormon, das in der Lage ist, den Blutzuckerspiegel zu senken.

Weiterführende Aufgaben

AUFGABE A
In der Medizin unterscheidet man heute zwei Typen (I und II) des Diabetes mellitus. Recherchieren Sie im Lehrbuch und im Internet, warum die betroffenen Personen der beiden Diabetes-Varianten jeweils unter einem hohen Blutzuckerspiegel leiden, welche charakteristischen Symptome die Patienten jeweils zeigen und wie die beiden Diabetestypen behandelt werden können.

Lösung

Insulinabhängiger Typ 1: Ursache ist der Funktionsverlust der Betazellen der LANGERHANS'schen-Inseln des Pankreas; führt üblicherweise zu völligem Insulinmangel im Blut. Meist genetisch bedingte Autoimmunerkrankung und somit angeboren, Zellen werden nicht mit genügend Glucose versorgt. Tritt üblicherweise bereits im Jugendalter auf, kann aber auch erst in einem späteren Lebensalter einsetzen.

Charakteristische Symptome: Häufiger Harndrang, starker Durst aufgrund von Flüssigkeitsverlust, Leistungsabfall verbunden mit Schwächegefühl, Gewichtsverlust.

Therapie: Diät, lebenslange Insulintherapie.

Insulinunabhängiger Typ 2: Unterschiedliche Ursachen, insbesondere genetisch bedingte (Prädisposition) und/oder durch starkes Übergewicht hervorgerufene Insulinresistenz der zugehörigen Rezeptoren in den Membranen der Körperzellen, verbunden mit einer erhöhten Ausschüttung von Insulin (Hyperinsulinismus). Früher typischerweise bei älteren Menschen nachweisbar (die in jüngeren Jahren zu beobachtende Kompensation der Insulinresistenz durch erhöhte Insulinproduktion kann bei älteren Menschen nicht mehr aufrechterhalten werden), heute zunehmend auch bei jüngeren Patienten.

Charakteristische Symptome: Häufiges Durstgefühl, Harndrang, Kraftlosigkeit, Abgeschlagenheit, Müdigkeit, Kopfschmerzen, Schwindelanfälle, Übelkeit, Muskelkrämpfe, später auch: plötzliche Verschlechterung der Sehfähigkeit, schlecht verheilende oder nässende Wunden vor allem im Beinbereich, Kribbeln und Gefühlsbeeinträchtigung in den Beinen, Brustschmerzen.

Therapie: Diät, medikamentöse Behandlung mit Antidiabetika und ggf. Insulin, außerdem Bewegungstherapie und Abbau von Übergewicht.

AUFGABE B
Eine gesunde Versuchsperson nimmt eine Mahlzeit ein. Bereits eine Stunde vor der Mahlzeit beginnt man, drei Parameter zu messen, nämlich die Konzentrationen von Glucose, Insulin und Glucagon im Blut der Versuchsperson. Das folgende Schaubild zeigt die Ergebnisse der Messungen. Beschreiben und erläutern Sie die Messwerte.

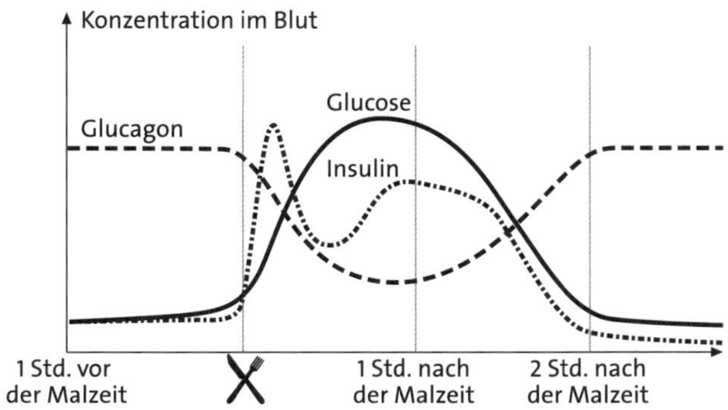

Lösung

Vor der Nahrungsaufnahme zeigt die Versuchsperson einen konstant niedrigen Glucosespiegel im Blut. Dieser wird dadurch aufrechterhalten, dass Glucagon aus den Alpha-Zellen der Bauchspeicheldrüse freigesetzt wird und so in den Leberzellen den Abbau von Glykogen aktiviert; die entstehende Glucose gelangt ins Blut und wird mit dem Blutstrom zu den Körperzellen transportiert, wo sie im Zuge der Zellatmung zur Energiefreisetzung benötigt wird.

Unmittelbar nach der Nahrungsaufnahme steigt der Blutzuckerspiegel steil an, hervorgerufen durch die Zufuhr von Glucose bzw. durch den enzymatischen Abbau von glucosehaltigen Kohlenhydraten. Dadurch werden die Beta-Zellen des Pankreas veranlasst, Insulin auszuschütten, dessen Konzentration im Blut daraufhin deutlich ansteigt. Nach kurzer Zeit sinkt der Insulinspiegel wieder, um nach einer halben Stunde erneut zu steigen [erster Peak: Ausschüttung des gespeicherten Insulins; zweiter Peak: Ausschüttung des nach der Mahlzeit neu synthetisierten Hormons]. Der Glucagonspiegel im Blut sinkt zunächst (infolge der Hemmung durch das ausgeschüttete Insulin), steigt aber etwa eine Stunde nach der Mahlzeit wieder an und erreicht eine weitere Stunde später den Ausgangswert. Nach dieser Zeit haben auch der Glucosespiegel und die Insulinkonzentration wieder ihren ursprünglichen Wert erreicht.

Eine App gegen den Stress (S. 24)

Konzeption des Arbeitsblattes

Auf diesem Arbeitsblatt steht das Thema »Stress« mit den hormonellen und neuronalen Auslösern sowie den Auswirkungen auf den Körper im Vordergrund. Anhand eines aktuellen Zeitungsartikels soll auf das Phänomen Stress und dessen gesellschaftliche Bedeutung hingewiesen werden. Im Aufgabenteil sollen die Schülerinnen und Schüler den engen Zusammenhang zwischen dem Nervensystem und dem Hormonsystem erkennen und diesen in einem vorstruktierten Schaubild visualisieren.

Geforderte Kompetenzen: Repräsentationswechsel (Ergänzen eines Schaubilds auf der Grundlage von Textinformationen), Gebrauch der Fachsprache (Begriffsdefinitionen: Stress, Stressor), Argumentieren.

Einsatz des Arbeitsblattes im Unterricht

Nach der Erarbeitung der Seiten 336 – 337 im Lehrbuch sollten die Aufgaben dieses Arbeitsblattes lösbar sein. Im Zentrum steht hierbei das auszufüllende Verlaufsschema (Aufgabe 2), in dem die wichtigen Zusammenhänge zwischen hormoneller und neuronaler Steuerung verdeutlicht werden. Es bietet sich an, diesen Teil von den Schülerinnen und Schülern mit Hilfe des Lehrbuchs erarbeiten zu lassen. Aufgabe 3 regt zum kritischen Lesen an und kann Ausgangspunkt einer unterrichtlichen Diskussion über den Sinn/Unsinn eines mobilen »Stressmessers« sein.

Lösungen und Anmerkungen

AUFGABE 1

Bei Stress handelt es sich um eine lebenswichtige, stets in gleicher oder ähnlicher Weise ablaufende physiologische Anpassungsreaktion an eine körperliche, emotionale oder soziale Belastung in Form bestimmter Außenreize.

Stressoren können äußere Faktoren sein, wie zum Beispiel eine körperliche Bedrohung, Lärm, Hitze oder Kälte, aber auch soziale Probleme wie z. B. Beziehungskrisen, Mobbing oder Überlastung in Schule oder Beruf.

[Diese wissenschaftliche Definition ist nicht identisch mit der umgangssprachlichen Verwendung des Stressbegriffs. Während in der Biologie die durch Stressoren ausgelösten körperlichen Reaktionen zunächst einmal eine sinnvolle und daher positive Angepasstheit an belastende Umweltreize darstellen, bezeichnet der Begriff landläufig in aller Regel die negativen körperlichen Folgen der dauerhaften Einwirkung von Stressoren (vgl. S. 25 im Schülerarbeitsheft).]

[Im Englischen bezeichnet »*stress*« eine beliebige Kraft, die auf eine Struktur einwirkt und eine zumindest vorübergehende Reaktion dieser Struktur auf die Belastung hervorruft. In dieser Bedeutung ist »Stress« ein wichtiger Fachbegriff der Ingenieurwissenschaften. Im übertragenen Sinn verwendet man den Begriff in der Umgangssprache, aber auch in der Psychologie und Psychiatrie auf den Menschen – als eine negative physische oder psychische Belastung des menschlichen Organismus. Als Fachterminus der Biomedizin wurde »Stress« erstmals 1950 von dem kanadischen Endokrinologen Hans Selye verwendet und seither in entsprechenden wissenschaftlichen Veröffentlichungen im oben genannten Sinn gebraucht.

Quelle zum Weiterlesen: Holst, D. von & Scherer, K. R.: Streß: 95 – 157. In: Funkkolleg Psychobiologie. Verhalten bei Mensch und Tier. Studienbegleitbrief 6. Beltz Verlag, Weinheim & Basel 1987.]

AUFGABE 2

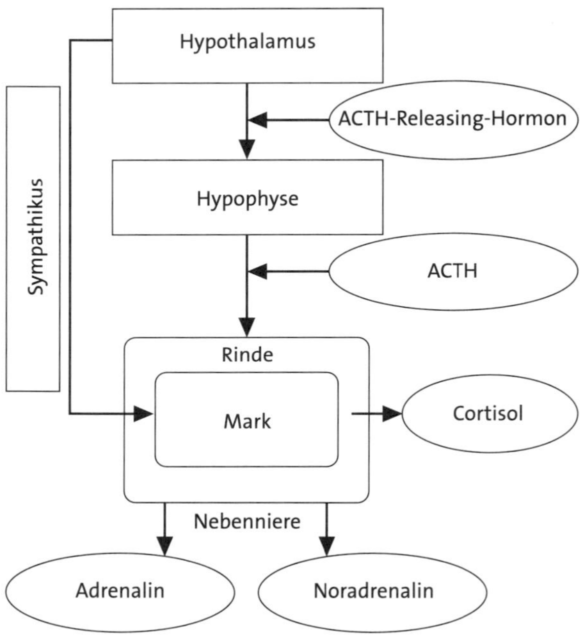

AUFGABE 3

Wirkung von Adrenalin und Noradrenalin: Der Abbau von Glykogen in Glucosebausteine wird gefördert, der Blutzuckerspiegel steigt somit, und Glucose steht den Zellen als Energieträger zur Verfügung. Weiterhin steigt die Atemfrequenz, das Herz-Kreislaufsystem wird aktiviert, und der gesamte Körper wird auf augenblickliche Leistungsbereitschaft eingestellt.

Cortisol unterstützt die Wirkung von Adrenalin und Noradrenalin auf Herz und Kreislauf, es steigert den Fettsäuregehalt im Blut und fördert den Abbau von Muskelproteinen zur raschen Energiegewinnung (Mobilisierung der »letzten Reserven«). Dabei kommt es zu einer Unterdrückung von Entzündungsprozessen und der Antikörperbildung.

AUFGABE 4
Mögliche Messgrößen sind der Blutdruck, die Herzfrequenz (Puls), die Leitfähigkeit der Haut, die Muskelspannung, aber auch die Cortisol- oder Adrenalinkonzentration im Blut.

[Im Handel sind bereits mobile »Stressmessgeräte« verfügbar, die Kurzzeit- und Langzeitmessungen, etwa in der Psychotherapie, erlauben. Diese Geräte registrieren den Hautleitwert mit Hilfe zweier Ableitelektroden. Andere Geräte sollen die durch »Elektrosmog« hervorgerufene »Körperspannung« messen, wieder andere messen lediglich den Puls der Versuchsperson.]

Zusätzliche Materialien

Zum Einstieg in das Thema »Stress« eignet sich ein Gedicht von Wilhelm Busch (aus: Kritik des Herzens, 1874):

Wirklich, er war unentbehrlich!
Überall, wo was geschah
Zu dem Wohle der Gemeinde,
Er war tätig, er war da.

Schützenfest, Kasinobälle,
Pferderennen, Preisgericht,
Liedertafel, Spritzenprobe,
Ohne ihn, da ging es nicht.

Ohne ihn war nichts zu machen,
Keine Stunde hatt' er frei.
Gestern, als sie ihn begruben,
War er richtig auch dabei.

Quellen zum Thema »Stressmessgeräte«
Bereits 1991 erschien in der Zeitschrift »Der Spiegel« ein Bericht zu einem mobilen Stressmessgerät:

Streß-Meßgerät am Gürtel
Die Auswirkung von Fluglärm auf das körperlich-seelische Wohlbefinden oder die Streßbelastung eines Polizisten auf der Demo wurden bisher unter jeweils nur annäherungsweise simulierten Bedingungen im Labor getestet. Mit einem 300 Gramm schweren, mobilen »Streßmeßgerät«, das Psychologen der Universität Köln entwickelt haben, lassen sich psychophysische Belastungen nun realistischer bewerten. Der elektronische Leib-Seele-Detektor kann 19 unterschiedliche Körperfunktionen wie etwa Atem- und Pulsfrequenz, Hautwiderstand und Muskelspannung aufzeichnen. Die Auswertung erfolgt mit einem herkömmlichen PC.
Quelle: Der Spiegel, 29.7.1991)

Ein Artikel aus dem Jahr 2010 thematisiert neuere Forschungsergebnisse der Technischen Hochschule Zürich:

ETH-Forscher entwickeln Stress-Messgerät
Forscher der ETH Zürich haben Geräte entwickelt, die den Stresspegel von Menschen im Alltag messen sollen. Sie hoffen, dass die Sensoren in der Zukunft dazu beitragen, die Prävention von Erkrankungen wie Burnout und Depressionen zu verbessern. Der von einem Team um Bert Arnrich vom Institut für Elektronik entwickelte »Stress-Assistent« analysiert laut der ETH Zürich diverse Indikatoren für Stress. Er misst etwa die Leitfähigkeit der Haut an den Fingern, die Rate von Herzschlag und Atmung sowie den Gehalt des Stresshormons Cortisol im Speichel.

In Zusammenarbeit mit Psychologen der Universität Zürich führten die Forscher eine Studie durch, um die Zuverlässigkeit des neuen Messsystems zu überprüfen. Dazu wurden 30 Probanden eingeladen, an einem angeblich einfachen Rechen-Test teilzunehmen. In Wirklichkeit mussten sie unter Zeit- und sozialem Druck am Computer schwierige Aufgaben lösen.

Das Messgerät funktionierte gut: In 83 % der Fälle erkannte das System zum Beispiel den Stresspegel aufgrund der Messung der Hautleitfähigkeit richtig. Unter Stress sondert der Körper nämlich mehr Schweiß ab, insbesondere an den Handflächen und an den Fußsohlen.

Auch im Stuhl angebrachte Drucksensoren gaben wichtige Hinweise: Weil die meisten Probanden unter Stress viel häufiger hin und her rutschten, wurde Stress mit dieser Methode in 73 % der Fälle erkannt. Einige Menschen erstarrten bei Stress aber. Um Stress zuverlässig zu erkennen, seien deshalb diverse Messmethoden nötig, sagte Arnrich.
Quelle: http://www.swissinfo.ch/ger/news_digest/ETH-Forscher_entwickeln_Stress-Messgeraet.html?cid=8436680

Weiterführende Aufgaben

AUFGABE
Nennen Sie Vor- und Nachteile der beiden wichtigen Informationsübertragungssysteme im menschlichen Körper.
Lösung
Neuronale Informationsübertragung
Vorteil: schnelle, gezielte Informationsübertragung auf festen Leitungsbahnen;
Nachteil: nur kurzfristige Information, bei längerer Informationsdauer hoher Energieaufwand.
Hormonelle Informationsübertragung
Vorteil: lang andauernde Information bei geringem Energieaufwand; Nachteil: zeitliche Verzögerung, da die Hormone in speziellen Drüsen gebildet werden und mit dem Blut im Körper verteilt werden müssen.

Kampf oder Flucht? (S. 25)

Konzeption des Arbeitsblattes

Das Arbeitsblatt hat die Funktion des vegetativen Nervensystems zum Gegenstand. Dabei soll anhand der Schilderung des körperlichen Zustandes vor einer Klausur, eine für die Schülerinnen und Schüler alltägliche Situation, ein motivierender Anwendungsbezug hergestellt werden. Im Mittelpunkt stehen abei die Erläuterung und Gegenüberstellung der antagonistischen Arbeitsweise von Sympathikus und Parasympathikus sowie die Auswirkungen von Stress auf den Organismus. Darüber hinaus soll am Beispiel der β-Blocker eine kritische Auseindersetzung der Schülerinnen und Schüler mit der Einnahme von angstlösenden und entspannungsfördernden Medikamenten erfolgen.

Geforderte Kompetenzen: Argumentieren, Gebrauch der Fachsprache.

Einsatz des Arbeitsblattes im Unterricht

Das Arbeitsblatt dient der Anwendung, Überprüfung und Vertiefung des erworbenen Wissens nach der Behandlung des vegetativen Nervensystems im Unterricht. Auch als Hausaufgabe können das gesamte Arbeitsblatt oder ausgewählte Aufgaben eingesetzt werden.

Die Aufgabenseite ergänzt das vorige Aufgabenblatt »Eine App gegen den Stress« (S. 24). Dabeis steht hier die biologische Funktion von Stressreaktionen im Vordergrund, während auf S. 24 die physiologischen Grundlagen von Stress im Zentrum der Betrachtung stehen.

Aufgabe 5 beinhaltet unter anderem die Deutung der »*Tend-and-befriend*-Reaktion« aus evolutionsbiologischer Sicht. Zur Bearbeitung der Aufgabe reichen die Kenntnisse der Schülerinnen und Schüler zur Evolutionsbiologie aus der Mittelstufe aus, spezielle Kenntnisse zum Thema Evolution werden nicht benötigt.

Lösungen und Anmerkungen

AUFGABE 1

Anatomische Grundlage der »*Fight-or-Flight*-Reaktion« ist der Sympathikus. Er ist ein Teil des vegetativen Nervensystems, welches die Funktion der inneren Organe regelt. Neben dem Nebennierenmark innerviert der Sympathikus auch viele andere inneren Organe wie Herz, Lunge und Bronchien, fördert die Energiebereitstellung und sorgt damit für die hohe geistige und körperliche Leistungsbereitschaft eines Organismus.

AUFGABE 2

Durch die »*Fight-or-Flight*-Reaktion« ist der Körper in der Lage, in Belastungs- oder Gefahrensituationen schnell zu reagieren. Sie versetzt den Organismus schnell in die Lage, auf entsprechende Situationen adäquat zu reagieren und so sein Überleben zu sichern. Diese Reaktion kann je nach Situation in Kampf und Verteidigung oder in der Flucht liegen.

Beispiel: Ein plötzlich vor einem Steinzeitmenschen auftauchender Säbelzahntiger löst die physiologischen Merkmale der »*Fight-or-Flight*-Reaktion« aus. Diese versetzen den Menschen gleichsam in Alarmbereitschaft. Erkennt er, dass er im Kampf gegen das Tier unterliegen würde, entschließt er sich zur Flucht. Räumt er sich eine Chance ein, das Tier zu töten, geht er zum Angriff über. In beiden Fällen ermöglichen ihm die körperlichen Reaktionen, die der Sympathikus auslöst, eine günstige Handlungsbereitschaft.

AUFGABE 3

Worterklärungen: *to rest* engl. ruhen, liegen; *to digest* engl. verdauen.

Mit der Bezeichnung »*Rest-and-Digest*-Phase« wird verdeutlicht, dass sich in dieser Phase der Körper erholt; sie geht einher mit der Aktivierung des Verdauungssystems. Für die notwendige Erholung des Körpers nach einer »*Fight-or-Flight*-Reaktion« ist der Parasympathikus zuständig. Er ist wie der Sympathikus ein Teil des vegetativen Nervensystems. Der Parasympathikus arbeitet als Antagonist zum Sympathikus. Dazu aktiviert er die Organe, die bei einer »*Fight-or-Flight*-Reaktion« gehemmt wurden. Hierzu zählen insbesondere die Verdauungsorgane. Damit lässt sich erklären, dass man nach einer »*Fight-or-Flight*-Reaktion« häufig Hunger hat und auf die Toilette muss (Urinabgabe, Darmentleerung).

AUFGABE 4

Der Körper wird durch die sich ständig wiederholenden Belastungen immer wieder in Alarmbereitschaft versetzt. Es kommt zu den im Text beschriebenen Reaktionen. Da Kampf oder Flucht aber nicht möglich sind, kann die innerliche Spannung auf diese Art nicht abgebaut werden. Häufige Folge davon sind körperliche Reaktionen wie Herz-Kreislauf-Probleme oder Schlafstörungen. Darüber hinaus können längerfristige Belastungen [»negativer Stress«, »Distress«] zur Ausschüttung von Cortisol aus der Nebennierenrinde führen. Folge davon können neben physischen Erkrankungen wie erhöhtem Blutdruck, erhöhtem Blutzuckerspiegel und einem geschwächten Immunsystem auch psychische Erkrankungen sein.

AUFGABE 5

Worterklärungen: *to tend* engl. hegen, hüten, pflegen; *to befriend* engl. als Freund unterstützen, sich wohlwollend zeigen.

»*Tend-and-Befriend*-Reaktion« bedeutet so viel wie »Hüten und sich gegenseitig unterstützen«. Damit wird zum Ausdruck gebracht, dass sich Frauen um ihre Kinder kümmern und Sozialstrukturen aufbauen und pflegen.

Aus evolutionsbiologischer Sicht lässt sich diese Reaktion damit erklären, dass Frauen in Phasen, in denen sie sich um kleine Kinder kümmern müssen oder schwanger sind, weder Kampf- noch Fluchttendenzen zeigen können. Sowohl Kämpfen als auch Fliehen ist für diese Frauen wenig sinnvoll oder überhaupt nicht möglich. Eine mögliche Reaktion auf solch gefährliche Situationen ist damit die Schaffung eines sozialen Netzwerks, das den Frauen und ihrem Nachwuchs Schutz bietet. Dieses »Anbieten von Freundschaft« als Schutz für sich und ihren Nachwuchs kommt deshalb bei Frauen nach dieser Hypothese häufiger vor als bei Männern.

AUFGABE 6

β-Blocker senken den Blutdruck und vermindern die Herzfrequenz und die Schlagintensität des Herzens.

β-Rezeptoren sind spezifische Rezeptoren für Adrenalin und Noradrenalin. β-Blocker blockieren diese Rezeptoren und verhindern so, dass Adrenalin und Noradrenalin an die Rezeptoren binden können. Damit wird die stimulierende Wirkung des Sympathikus verhindert. Als Folge davon ergeben sich die im Text beschriebenen Reaktionen.

Die β-Rezeptoren der glatten Muskulatur der Bronchien werden durch Noradrenalin aktiviert, die Muskelfasern erschlaffen daraufhin, die Bronchien erweitern sich. β-Blocker verhindern in diesem Fall die Erweiterung der Bronchien. Bei Asthmatikern kann es beim Einsatz von β-Blockern deshalb zu lebensbedrohlicher Atemnot kommen [s. Schülerband S. 344].

AUFGABE 7

β-Blocker werden als Beruhigungsmittel eingesetzt [s. Lösung zu Aufgabe 6]. Damit wird die »*Fight-or-Flight*-Reaktion«, die normalerweise vor und während eines Wettkampfs einsetzt, abgeschwächt, der Körper bleibt ruhiger. Dies kann bei Sportarten wie Schießen, Bogenschießen oder Golf von Vorteil sein.

Zusätzliche Materialien

Physiologische Grundlagen der »*Fight-or-flight*-Reaktion

Die Grafik verdeutlicht das Zusammenspiel von Nervensystem und Hormonsystem bei der »*Fight-or-Flight*-Reaktion«.

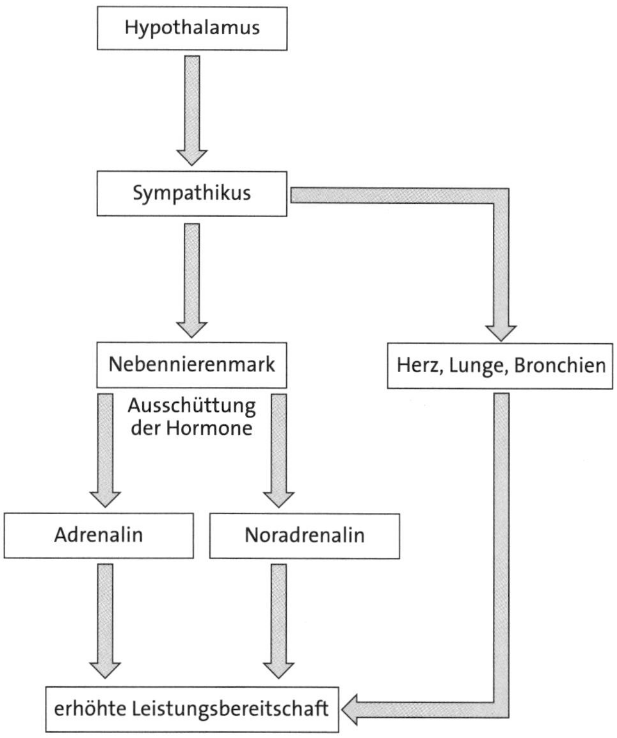

Film

Abb. 1 auf S. 25 stammt aus der Comedysendung »Mr Bean«, der ersten Folge (1989) der gleichnamigen englischen Comedyserie. Erhältlich unter »Mr Bean – Vol. 1« (DVD, 2010).

Molekulare Kuriere im Körper (S. 26)

Konzeption des Arbeitsblattes

Das Arbeitsblatt soll dazu dienen, die Kenntnisse der Schülerinnen und Schüler über das Hormonsystem und die Wirkungsweise und das Zusammenspiel von Hormonen zu überprüfen und zu festigen. Darüber hinaus trainiert die Bearbeitung von Multiple-Choice-Aufgaben den korrekten Umgang mit der Fachsprache.

Es besteht die Möglichkeit, die Aufgaben insofern zu erweitern, als die Schülerinnen und Schüler begründen sollen, warum die falschen Antworten nicht korrekt sind, oder indem sie nicht korrekte Aussagen richtigstellen.

Geforderte Kompetenzen: Gebrauch der Fachsprache, Argumentieren.

Einsatz des Arbeitsblattes im Unterricht

Die Seite ist gedacht zum Einsatz nach der Besprechung des Hormonsystems im Unterricht. Eine Bearbeitung des Arbeitsblattes als Hausaufgabe ist sinnvoll. Multiple-Choice-Aufgaben zu Hormonen oder Hormondrüsen, die nicht im Unterricht besprochen wurden, können von den Schülerinnen und Schülern selbständig mit Hilfe des Schülerbandes gelöst werden (S. 333 – 343).

Lösungen und Anmerkungen

Die korrekten Lösungen zu den neun Multiple-Choice-Aufgaben sind auf S. 52 durch Kreuze gekennzeichnet. Im Folgenden finden Sie Anmerkungen zu den einzelnen Aufgaben, insbesondere zu den falschen Antworten.

1. b) Das Hormonsystem arbeitet eng mit dem Nervensystem zusammen. Hormone steuern im Zusammenspiel mit dem Nervensystem z. B. Stoffwechselvorgänge und Wachstum.
d) Das Hormonsystem kann durch äußere Faktoren wie z. B. Stressoren, Licht, Medikamente oder bestimmte Lebensmittel beeinflusst werden.

2. a) Hormone sind chemische Botenstoffe, die der Kommunikation zwischen Zellen eines Organismus dienen. Die hier gegebene Definition bezieht sich auf Pheromone.
b) Neben den Protein- und Peptidhormonen gibt es auch Hormone aus anderen chemischen Stoffklassen (Tab. 338.3 im Schülerband). Dazu gehören die Steroidhormone der Nebennierenrinde (Mineralcorticoide, Glucocorticoide) und der Keimdrüsen (Estrogene, Gestagen, Testosteron) sowie die Aminosäurederivate Adrenalin, Noradrenalin (beide produziert im Nebennierenmark) und Thyroxin (produziert in der Schilddrüse).
c) ist korrekt: Hormone werden in spezifischen Zellen produziert, die in den meisten Fällen in speziellen Organen, den Hormondrüsen, zussammengefasst sind.
d) ist korrekt. Unter Pflanzenhormonen (Phytohormonen) versteht man eine chemisch heterogene Gruppe von endogen gebildeten Substanzen, die die Entwicklung und das Wachstum von höheren Pflanzen steuern und regulieren. Bekannteste Vertreter sind Auxin, Cytokinine und Abscisinsäure sowie Ethylen. Wie die Hormone der Tiere wirken auch Phytohormone bereits in kleinsten Mengen. Der Transport innerhalb der Pflanze erfolgt innerhalb eines Gewebes von Zelle zu Zelle, über die Leitgewebe oder (bei gasförmigen Phytohormonen wie dem Ethylen) über das Interzellularensystem.

3. b) Manche Hormone des Hypothalamus (inhibierende Hormone) hemmen die Abgabe von Hypophysenhormonen, so z. B. Somatostatin.
c) Die Glucosekonzentration im Blut wird nicht nur gesteuert, sondern vielmehr reguliert (mit Rückkoppelungsmechanismen). An der Regulation des Blutzuckerspiegels sind die Hormone Insulin und Glucagon beteiligt, die in den LANGERHANS'schen Inseln der Bauchspeicheldrüse gebildet werden, außerdem die Nebennierenhormone Adrenalin und Noradrenalin. Hypophysenhormone sind demgegenüber nicht an der Regulation beteiligt.

4. a) Insulin und Glucagon sind Peptidhormone.
b) Die beiden Hormone werden in den LANGERHANS'schen Inseln der Bauchspeicheldrüse gebildet.
c) Geregelt wird nicht die Glykogen-, sondern die Glucose-Konzentration im Blut.

5. b) Nach einem Stressreiz beginnt die Hormonabgabe aus dem Nebennierenmark sehr schnell. Die Hormonabgabe aus der Nebennierenrinde setzt aber erst nach einigen Minuten ein, weil die Nebennierenrinde durch ein Hormon der Hypophyse (ACTH = adenocorticotropes Hormon) gesteuert wird und dieses erst über die Blutbahn von der Hypophyse zur Nebennierenrinde transportiert werden muss.

6. b) Das Hormon TSH wird von der Hypophyse und nicht von der Schilddrüse abgeben.
d) Das Parathormon stimuliert zwar bei niedrigem Ca^{2+}-Spiegel den Abbau von Knochensubstanz, es wird aber von der Nebenschilddrüse und nicht von der Schilddrüse gebildet.

7. a) Iod ist ein Bestandteil des Schilddrüsenhormons Thyroxin. Iodmangel führt damit zu einer Unterfunktion der Schilddrüse. Dies bedeutet, dass zu wenig oder gar kein Thyroxin gebildet werden kann.
b) Bei einer Unterfunktion der Schilddrüse wird die TSH-Aussschüttung nur unzureichend gehemmt, da zu wenig Thyroxin im Schilddrüsengewebe produziert wird.

8. a) Die Bildung von Geschlechtshormonen beginnt bereits sehr früh in der Embryonalentwicklung.
c) Geschlechtshormone werden in geringen Mengen auch von der Nebennierenrinde produziert (hauptsächlich Androgene und Östrogene und zwar sowohl bei Frauen als auch bei Männern).

9. b) LH bewirkt das Platzen des Follikels und die Bildung des Gelbkörpers.
c) Progesteron und Estrogene bewirken eine Hemmung der Abgabe von FSH und LH aus der Hypophyse und führen damit zu einer Konzentrationserniedrigung im Blut.

Zusätzliche Materialien

Filme

Hormonsystem I: Grundlagen der Regulation (Sek. I). GIDA (Gesellschaft für Information und Darstellung mbH), Odenthal 2010 (31 Minuten, mit Begleitheft und Arbeitsblättern; incl. Regelkreisschema, Blutzuckerregulation).
Hormonsystem II: Hormone bei Mann und Frau (Sek. II). GIDA, Odenthal 2010 (27 Minuten, mit Begleitheft und Arbeitsblättern).
Hormonsystem III: Molekulare Grundlagen; Praxis bei Tier und Pflanze (Sek. II). GIDA, Odenthal 2010 (31 Minuten, mit Begleitheft und Arbeitsblättern).
Hormonsystem IV: Hormone beim Menschen (Sek. II). GIDA, Odenthal 2010 (41 Minuten, mit Begleitheft und Arbeitsblättern).

Internetseite zum Thema

http://www.planet-wissen.de/natur_technik/anatomie_mensch/hormone/
Materialien zum Unterrichtsfilm »Schilddrüse – der unterschätzte Hormonlieferant« (2009).

Molekulare Kuriere im Körper

Kreuzen Sie die korrekten Lösungen an. Beachten Sie dabei, dass bei manchen Aufgaben mehrere Antworten richtig sein können.

1. Das Hormonsystem

- ☒ benutzt chemische Botenstoffe, um Informationen weiterzuleiten.
- ☐ arbeitet unabhängig vom Nervensystem.
- ☒ steuert langfristige Effekte im Körper.
- ☐ wird nicht von äußeren Faktoren beeinflusst.

2. Welche Aussage(n) zu den Hormonen trifft/treffen zu?

- ☐ Hormone wirken zwischen verschiedenen Individuen einer Art.
- ☐ Alle Hormone gehören zu den Proteinen oder Peptiden.
- ☒ Hormone werden von spezialisierten Zellen produziert.
- ☒ Hormone kommen auch bei Pflanzen vor.

3. Geben Sie an, welche der folgenden Aussagen auf das Hypothalamus-Hypophyse-System zutrifft/zutreffen.

- ☒ Der Hypothalamus gibt Releasing-Hormone ab, die die Abgabe von Steuerungshormonen im Hypophysenvorderlappen bewirken.
- ☐ Die Hormone des Hypothalamus bewirken immer eine Abgabe von Hypophysenhormonen.
- ☐ Die Hormone des Hypophysenhinterlappens sind an der Steuerung des Blutzuckerspiegels beteiligt.
- ☒ Geschlechtshormone wirken im Sinne der negativen Rückkopplung auf die Hypophyse zurück.

4. Insulin und Glucagon

- ☐ sind Steroidhormone.
- ☐ werden im Dünndarm gebildet.
- ☐ regeln die Konzentration von Glykogen im Blut.
- ☒ binden an ihren Zielzellen an Rezeptoren und lösen so unterschiedliche Signalketten aus.

5. Welche Aussage(n) zu Stress ist/sind korrekt?

- ☒ In einer Stresssituation arbeiten Hypothalamus und Hypophyse eng mit der Nebenniere zusammen.
- ☐ Ein Stressor aktiviert gleichzeitig Nebennierenmark und Nebennierenrinde.
- ☒ Während einer Stressreaktion kommt es zu einer Erhöhung des Blutzuckerspiegels.
- ☒ Langzeitstress bewirkt eine Erhöhung des Cortisolspiegels und kann so zu Krankheiten führen.

6. Die Schilddrüse

- ☒ wird durch ein Hormon der Hypophyse zur Abgabe von Thyroxin angeregt.
- ☐ wird durch ein Hormon der Hypophyse zur Abgabe von TSH angeregt.
- ☒ steuert über ihre Hormone wichtige Stoffwechselfunktionen.
- ☐ produziert das Parathormon, das für den Abbau von Knochensubstanz zuständig ist.

7. Welche Aussage(n) zur Schilddrüse ist/sind richtig?

- ☐ Iodmangel kann zu einer Überfunktion der Schilddrüse führen.
- ☐ Bei einer Unterfunktion der Schilddrüse wird die TSH-Ausschüttung aus der Hypophyse gehemmt.
- ☒ Äußeres Zeichen einer Schilddrüsenüberfunktion ist die Bildung eines Kropfes.
- ☒ Nervosität und Schwitzen können auf eine Überfunktion der Schilddrüse hinweisen.

8. Geschlechtshormone

- ☐ werden beim Menschen erst in der Pubertät gebildet.
- ☒ bewirken die Ausbildung von Geschlechtsmerkmalen.
- ☐ werden ausschließlich von den Keimdrüsen gebildet.
- ☒ steuern den weiblichen Zyklus.

9. Geben Sie an, welche Aussage(n) zum Menstruationszyklus zutrifft/zutreffen.

- ☒ Das Follikel stimulierende Hormon (FSH) regt die Reifung eines Follikels an.
- ☐ Das Gelbköper bildende Hormon (LH) regt das Wachstum der Uterusschleimhaut an.
- ☐ Progestron und Estrogene bewirken eine Erhöhung der LH- und der FSH-Konzentration im Blut.
- ☒ Die empfängnisverhütende Wirkung der Pille beruht auf der Unterdrückung eines Eisprungs.

Überleben – eine Frage der Toleranz (S. 28)

Konzeption des Arbeitsblattes

Dieses Arbeitsblatt dient der Einführung in das Thema »Beziehungen der Organismen zur Umwelt«. Auf der Grundlage der Kenntnisse abiotischer Faktoren und ihrer Einwirkungen auf Lebewesen beschäftigen sich die Schülerinnen und Schüler mit dem Einfluss des Faktors Temperatur auf Pflanzen. Sie sollen dazu im Arbeitsheft Werte aus einer Tabelle in eine Grafik übertragen und die so erstellten Schaubilder anschließend auswerten.

Im Vordergrund steht hierbei der Umgang mit ökologischen Toleranzkurven. Die Schülerinnen und Schüler zeichnen und beschreiben die Toleranzkurven verschiedener Pflanzenarten und kommen hierbei zu der Erkenntnis, dass die Toleranzbereiche in unterschiedlichen Temperaturbereichen liegen und auch hinsichtlich ihrer Breite deutlich unterschiedlich ausgeprägt sind (stenöke bzw. euryöke Arten).

Mit Hilfe der Zuordnung der zeichnerisch dargestellten Ergebnisse zur geografischen Verbreitung der untersuchten Arten stellen die Schülerinnen und Schüler fest, dass die Verbreitung der Pflanzenarten zumindest zum Teil auf Temperaturfaktoren zurückführen sein dürfte.

Geforderte Kompetenzen: Repräsentationswechsel (Übertragung von Tabellenwerten in eine Grafik), Argumentieren, Gebrauch der Fachsprache.

Einsatz des Arbeitsblattes im Unterricht

Das Arbeitsblatt kann zu Beginn der Unterrichtsreihe eingesetzt werden, wenn es darum geht, den Begriff der Toleranzkurve grundlegend zu erarbeiten. Im Vergleich zu den Zahlenwerten in der Tabelle liefert die grafische Darstellung leichter erkennbare und damit besser vergleichbare und auswertbare Daten. Hierdurch wird es einfacher, die einzelnen Pflanzenarten und ihre Ansprüche (Toleranzen) gegenüber dem Faktor Umgebungstemperatur einzuordnen. Neben den inhaltlichen Schwerpunkten steht die Methodik der Auswertung von Versuchsdaten im Mittelpunkt der Aufgaben.

In einem weiteren Schritt (Aufgabe 4) sollen die Schülerinnen und Schüler dazu angeregt werden, zusätzliche Informationen zur Beschreibung und Einschätzung der erhaltenen Werte einzuholen und auszuwerten. Diese Aufgabe kann als ergänzende Hausaufgabe eingesetzt werden.

Lösungen und Anmerkungen

AUFGABE 1

Durch Eintragen der Tabellenwerte in das Koordinatensystem erhält man Temperatur-Toleranzkurven der untersuchten Pflanzenarten:

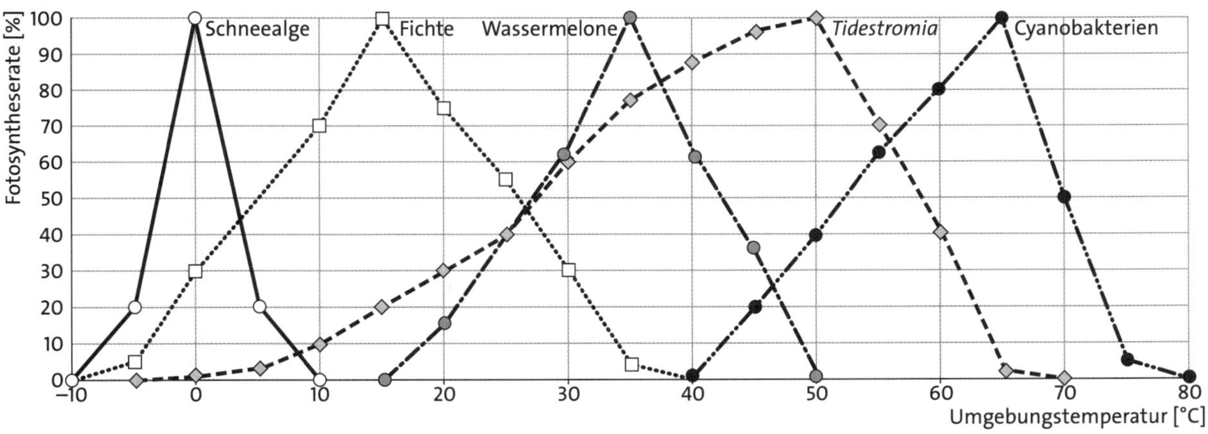

[Die sich aus den Werten ergebenden Punkte sollten verbunden werden, um die Toleranzkurven besser sichtbar zu machen. Geglättete Kurvenverläufe zeigt die Abbildung auf der folgenden Seite. Die Abszisse auf dem Arbeitsblatt sollte nach rechts verlängert werden, damit die beiden höchsten Werte für die Cyanobakterien eingetragen werden können.]

Die Fotosyntheserate ist ein Maß dafür, wie effektiv die Fotosyntheseleistung einer Pflanze im Vergleich zur Zellatmung ist. Ist der Wert positiv, so überwiegt die Fotosyntheseleistung gegenüber der Zellatmung, ist sie negativ, so überwiegt die Zellatmung.

Geglättete Temperatur-Toleranzkurven:

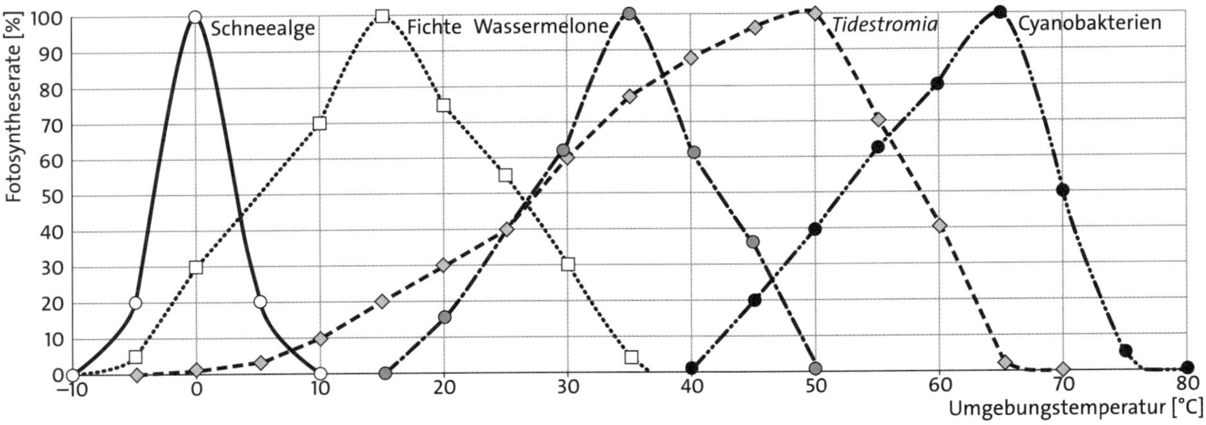

Messungen der Fotosyntheserate sind möglich, indem die Produktion von Sauerstoff (O_2) oder der Verbrauch von Kohlenstoffdioxid (CO_2) quantitativ ermittelt wird.

[Bei Landpflanzen sind solche Messungen relativ aufwendig, bei Wasserpflanzen (z. B. der Wasserpest) ist es in einem einfachen Versuch möglich, die aus einem untergetauchten Sprossabschnitt austretenden Sauerstoffbläschen zu zählen oder (exakter) deren Volumen volumetrisch zu bestimmen (vgl. Schülerband S. 82 u. 83).]

AUFGABE 2

Reaktionen der fünf Pflanzenarten auf den Faktor Temperatur (Angaben in °C):

	Schneealge	Fichte	Wassermelone	*Tidestromia*	Cyanobakterien
Optimum	0	15	35	50	65
Minimum	zwischen −10 und −5	zwischen −10 und −5	zwischen +15 und +20	zwischen −5 und 0	zwischen +40 und +45
Maximum	zwischen +5 und +10	zwischen +35 und +40	zwischen +45 und +50	zwischen +65 und +70	zwischen +75 und +80
Toleranzbereich	ca. −10 bis +10	ca. −10 bis +40	ca. +15 bis +50	ca. −5 bis +70	ca. +40 bis +80
Spannweite des Toleranzbereichs	ca. 20	ca. 50	35	75	40

AUFGABE 3

Bei allen fünf Arten erhält man bei grafischer Auftragung der angegebenen Daten charakteristische Toleranzkurven mit Minimum, Optimum und Maximum.

Die Toleranzbereiche sind sehr unterschiedlich, einerseits im Hinblick auf die Lage (im kalten bzw. warmen Bereich), andererseits zeigen die Arten sehr unterschiedliche ökologische Potenzen.

Die Schneealge ist eine gegenüber der Umgebungstemperatur stenöke (kalt-stenotherme) Art, ihr Toleranzbereich umfasst nur eine vergleichsweise geringe Spannweite.

Tidestromia hingegen zeigt einen ausgesprochen großen Toleranzbereich, sie ist als gegenüber der Umgebungstemperatur stark euryöke (eurytherme) Art zu bezeichnen.

Cyanobakterien bevorzugen hohe Umgebungstemperaturen mit einem Optimum bei 65 °C, lassen dabei jedoch auch einen recht großen Toleranzbereich erkennen.

Die Fichte zeigt ebenfalls einen großen Toleranzbereich, der von Minustemperaturen bis knapp an 40 °C heranreicht.

Die Wassermelone nimmt eine Mittelstellung ein, der Toleranzbereich ist deutlich größer als der der Schneealge, jedoch kleiner als der der anderen Arten, sie bevorzugt weder besonders kalte [empfindlich gegenüber Frost!] noch besonders warme Umgebungsbedingungen.

AUFGABE 4

Die Temperatur-Toleranzkurve der Wassermelone deutet auf tropisch-subtropisches Verbreitungsgebiet hin.

→ Die Wassermelone stammt aus dem südlichen Afrika (s. Verbreitungskarte). Sie wird heute in vielen Gebieten der Welt als Kulturpflanze angebaut. Gemeinsam ist diesen Gebieten ein typisches subtropisches Klima mit recht hohen Jahresdurchschnittstemperaturen ohne Frostgefahr.

Wassermelone: Herkunftsgebiet schraffiert, Anbaugebiete grau

Die Temperaturdaten der Cyanobakterien deuten auf einen außergewöhnlich heißen Lebensraum hin.

→ Innerhalb der großen und artenreichen Gruppe der Cyanobakterien, die früher unter dem Namen »Blaualgen« geführt wurden, gibt es viele Arten, die ausgesprochen hohe Umgebungstemperaturen ertragen und dort anderen Pflanzen gegenüber im (ökologischen) Vorteil sind. Sie kommen u. a. in heißen Quellen vor, in denen keine anderen pflanzlichen Lebewesen überdauern könnten.

[Bei den zur Untersuchung herangezogenen Cyanobakterienformen handelt es sich um thermophile Arten. Andere Arten sind deutlich weniger hitzeresistent. Zu den besonders hitzetoleranten Formen zählen Vertreter der Gattungen *Calothrix, Oscillatoria, Phormidium, Spirulina* und *Synechococcus,* wie sie etwa in bis zu 75 °C heißen Quellen und Geysiren des Yellowstone-Nationalparks (USA) vorkommen.]

Die Daten (und der Name!) der Schneealge lassen darauf schließen, dass diese Art ein spezialisierter Vertreter kalter, schneereicher Lebensräume ist und auf dauerhaft schneebedeckten Böden oder Eisflächen leben könnte (Polargebiete und/oder hochalpine Gebirgsregionen).

→ Schneealgen sind mikroskopisch kleine Süßwasseralgen, die in den polaren Regionen der Erde sowie in größeren Höhen der Gebirge vorkommen und Schnee- und Gletscherflächen besiedeln. Sie kommen dort in großen Mengen vor und können den Schnee aufgrund der in den Zellen vorhandener Farbpigmente flächenhaft gelb, grün und/oder rot verfärben (»Blutschnee«; s. Abb.).

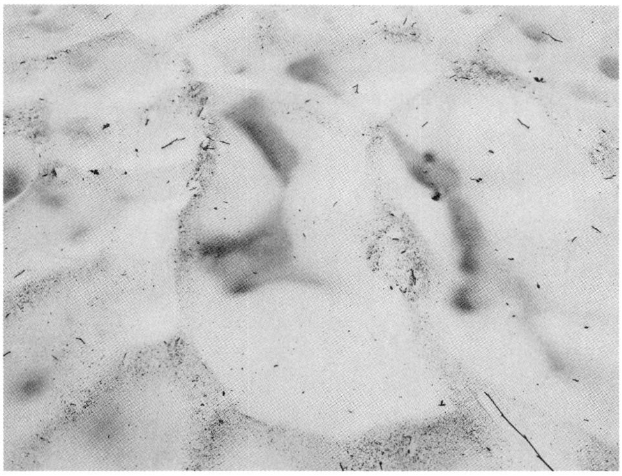

»Blutschnee«

Tidestromia erträgt sowohl niedrige als auch sehr hohe Temperaturen. Solche Bedingungen findet man in kontinentalen Klimaten (kalte Winter, heiße Sommer), aber auch in Wüstengebieten, in denen es zu sehr großen Tag-Nacht-Temperaturschwankungen kommen kann.

→ *Tidestromia oblongifolia* ist eine Vertreterin der Fuchsschwanzgewächse. Die bis 60 cm hohe Staude wächst vor allem in extrem trockenen und heißen Halbwüsten- und Wüstengebieten im südwestlichen Nordamerika. Das Hauptverbreitungsgebiet liegt in Kalifornien, Nevada, Utah, Arizona und Mexiko. Die Pflanze ist dadurch gekennzeichnet, dass sie hohe Temperaturen auszuhalten vermag, aber auch wenig empfindlich gegenüber sinkenden Temperaturen ist.

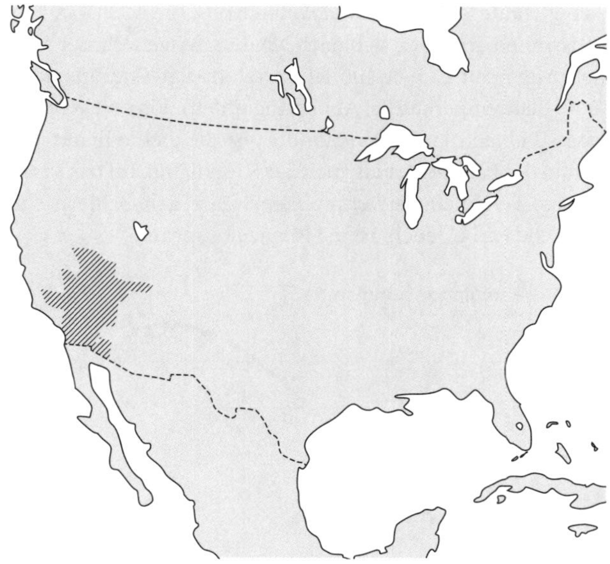

Verbreitung von *Tidestromia oblongifolia*

Die Temperaturkurve der Fichte deutet auf eine Pflanze der kühl-gemäßgten Breiten hin.

→ Die Fichte ist ein Charakterbaum der Mittelgebirge. Das natürliche Vorkommen beginnt erst bei einer Meereshöhe von etwa 800 m aufwärts. Durch den forstwirtschaftlichen Anbau kommt sie aber auch in weiten Bereichen des Flachlandes vor. Ihr großer Temperaturtoleranzbereich ermöglicht es der Fichte, in vielen Regionen mit unterschiedlichen klimatischen Bedingungen (niedrige Temperaturen, auch Frost, aber auch höhere Temperaturen) zu überleben.

Natürliche Verbreitung der Fichte in Europa

Zusätzliche Materialien

Tidestromia oblongifolia ist eine häufige Charakterpflanze der Halbwüstengebiete im südwestlichen Nordamerika. Ihr englischer Name lautet »*Arizona honeysweet*«. Sie wächst in Erosionsrinnen, in denen sich nach Niederschlägen Wasser sammelt. Maximale CO_2-Assimilationsraten zeigt *Tidestromia* bei 46 °C Blatttemperatur (s. Abbildung unten). Eine weitere Angepasstheit an den heißen Standort ist die dichte Behaarung sowohl der Laubblätter als auch der Kronblätter. Im trockenen Zustaad verleihen die verzweigten Haare den Blättern eine weißliche Farbe, feucht ist die Pflanze hellgrün.

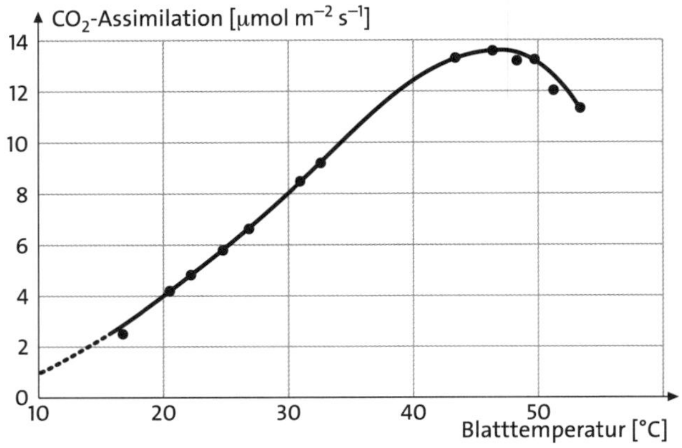

Temperaturabhängigkeit der CO_2-Assimilation von *Tidestromia oblongifolia* in Death Valley, Kalifornien (USA)

Tidestromia oblongifolia. **A** Habitus; **B** Blüte

Abiotische Faktoren – die Kombination macht's (S. 29)

Konzeption des Arbeitsblattes

Dieses Arbeitsblatt fasst die mit einem Biologiekurs im Freiland entlang eines Messprofils ermittelten Werte zu verschiedenen Umweltparametern zusammen. Untersucht werden die abiotische Faktoren Lufttemperatur, Bodentemperatur und Lichtintensität sowie deren Einfluss auf die Verbreitung verschiedener auf der Untersuchungsfläche wachsender Pflanzenarten (Zeigerarten) zusammen.

Die Schülerinnen und Schüler kombinieren die Ergebnisse einer Vegetationskartierung und eine Tabelle mit Zeigerwerten für Licht und Temperatur (Licht- und Temperaturzahl nach ELLENBERG) und werten die Erkenntnisse dieser beiden Quellen aus. Sie erkennen, dass das Gedeihen bestimmter Pflanzenarten vor allem mit den Lichtverhältnissen (Lichtzahl L) am Standort erklärt werden kann.

Geforderte Kompetenzen: Experimentieren und Beobachten (Erheben und Auswerten von Freilandmessdaten), Modellbildung (Zeigerwerte), Argumentieren (Suchen von Zusammenhängen zwischen verschiedenen Messdaten), Gebrauch der Fachsprache.

Einsatz des Arbeitsblattes im Unterricht

Das Arbeitsblatt kann eingesetzt werden, wenn der Themenbereich »Beziehungen der Organismen zur Umwelt« im Hinblick auf die Analyse der Beziehungen von Organismen zu abiotischen Umweltfaktoren eingeführt und besprochen ist, eignet sich aber auch zur Vorbereitung eines möglichen Freilandpraktikums, indem die Seite als Anregung und Vorlage für eigene Freilanduntersuchungen dienen kann. Sollte keine Zeit für eigene Messungen im Freiland und deren grafische Aufbereitung und Auswertung zur Verfügung stehen, so kann dieses Arbeitsblatt ersatzweise verwendet werden.

Die Aufgaben können darüber hinaus zur Einführung der Bedeutung von Zeigerorganismen herangezogen werden (vgl. Schülerband S. 362–363). Ein Beispiel für vergleichbare ökologische Werte bei Tierarten zeigt das Aufgabenblatt auf S. 32 (Heuschrecken als Bioindikatoren).

Lösungen und Anmerkungen

AUFGABE 1

Die drei gemessenen Größen zeigen einen charakteristischen Verlauf, ausgehend von der offenen Wiese, über den Waldrand in den Wald hinein.

Die Lufttemperaturen liegen auf der Wiese (Freifläche) um etwa 3 bis 4 °C höher als im Wald. Der Waldrand liegt im Bereich der 50-m-Marke, dies ist gut am plötzlichen Abfall der Temperaturkurve erkennbar. Im Wald liegen die Lufttemperaturen bei Werten um 20 °C, damit einige Grad unter den Werten für die Wiese. Sowohl auf der Wiese als auch im Wald weichen die Werte insgesamt wenig voneinander ab, die Schwankungen sind nicht sehr groß.

Die Temperaturen der Bodenoberfläche liegen deutlich unterhalb der Lufttemperatur. Der höchste Wert wird auch hier im offenen Gelände gemessen, in Richtung Wald nehmen die Temperaturen stärker als die der Lufttemperatur ab. Möglicherweise ist dies darauf zurückzuführen, dass weiter vom Waldrand entfernt liegende Bereiche zuvor länger von der Sonne beschienen waren und daher höhere Bodenoberflächentemperaturen aufweisen. Auch hier ist die Lage des Waldrandes an einem Rückgang der Temperatur deutlich lokalisierbar. Im Wald liegen die Bodentemperaturen um etwa knapp 10 °C niedriger als außerhalb, sind also wesentlich niedriger als die Lufttemperaturen. Die Bodentemperatur im Wald weist wesentlich geringere Schwankungen von Messpunkt zu Messpunkt auf als die Bodentemperatur im offenen Gelände. Die Lichtintensität ist auf der Wiese deutlich am höchsten, bereits vor dem Waldrand fällt sie ab. Dies spricht dafür, dass die Sonne aus Richtung des Waldes auf die Wiese scheint, das würde auch die bereits vor dem Waldrand deutlich abfallenden Bodentemperaturen erklären. Im Wald ist die Lichtintensität deutlich geringer als im Bereich der Wiese, hier werden bedingt durch die Schattenwirkung der Bäume nur etwa 10 % der Lichtwerte für das Grasland erreicht.

AUFGABE 2

Auf der Wiese wachsen mit Huflattich (Lichtzahl L8), Klatschmohn (L6), Narzisse (L7) und Kleinblütigem Weidenröschen (L8) vor allem Pflanzen, für die hohe Lichtzeigerwerte charakteristisch sind. Das Wiesen-Schaumkraut mit einem recht geringen Lichtzeigerwert (L4) wächst zwar ebenfalls auf der Wiese, überwiegend aber in Waldrandnähe. Dort dürfte es zumindest zeitweise schattiger sein als in einer größeren Entfernung vom Waldrand.

Im Inneren des Waldes findet man vor allem Pflanzen, die durch geringe Lichtzeigerwerte gekennzeichnet sind: Bärlauch (L2), Mehrjähriges Bingelkraut (L 2), Sauerklee (L1) und Waldmeister (L2). In der Nähe des Waldrandes, wo die Lichtintensität größer ist, wachsen mit Scharbockskraut (L4) und Waldveilchen (L4) Pflanzen, die etwas höhere Lichtzeigerwerte besitzen. Beiderseits des Waldrandes wachsen somit Pflanzen, die eher zu den Halbschattenpflanzen gehören.

Im Hinblick auf die Temperaturzeigerwerte lassen sich nur eingeschränkt Aussagen machen. Es kommen Werte zwischen 4 und 6 vor, etliche Pflanzenarten zeigen ein gegenüber dem Faktor Temperatur indifferentes Verhalten, d. h. eine Zuordnung der Werte zum jeweiligen Standort gelingt nicht in einem vergleichbaren Maß wie bei der Lichtintensität. Die Tatsache, dass alle Arten, die keine indifferenten Werte zeigen, Temperaturzahlen zwischen 4 und 6 aufweisen, lässt sich mit dem ähnlichen oder gleichen Standort erklären: Die Teilbiotope unterscheiden sich in ihren Temperaturwerten vergleichsweise wenig. Der Temperaturzahlbereich um 5 ist charakteristisch für Pflanzen der Tieflagen der gemäßigten Breiten; hier findet man weder typische Kältezeiger noch charakteristische Pflanzen heißer Standorte.

Die Aussagekraft der Lichtzeigerwerte ist für das untersuchte Gebiet hoch. Die kartierten Pflanzen lassen insgesamt eine weite Streuung ihrer Lichtansprüche erkennen (1 – 8), d. h. die Zuordnung der Werte zur räumlichen Verbreitung ist sehr gut nachvollziehbar. Beim Vergleich mit den Werten aus Abb. 1 lassen sich auch die im Verlauf des Profils (Wiese – Wald) gemessenen und in Prozentwerte umgerechneten Daten den Ellenberg-Lichtwerten gut zuordnen.

Bei den Temperaturwerten funktioniert dies weniger gut, weil die Werte eine nur geringe Streuung aufweisen (4 – 6 oder x). Alle Ansprüche bewegen sich hier um den Bereich »Mäßigwärmezeiger« herum oder stellen keine besonderen Ansprüche an den Faktor Temperatur.

Es zeigt sich sehr deutlich, dass die räumliche Verbreitung (Einnischung) der hier vorkommenden Pflanzen ganz massiv vom Faktor Lichtmenge gesteuert werden und wohl weniger vom Faktor Temperatur.

Zusätzliche Materialien

Ökologische Zeigerwerte
Nicht nur für Licht und Temperatur, sondern auch für weitere Lebensraumansprüche wurden sogenannte »Zeigerwerte« ermittelt. Diese Form der Charakterisierung und Klassifizierung von (mittel)europäischen Pflanzenarten nach ihren Ansprüchen an abiotische Umweltfaktoren gehen auf den deutschen Botaniker Heinz Ellenberg (1913 – 1997) zurück. Demnach lässt sich jede Art u. a. anhand folgender Standortfaktoren und Kriterien charakterisieren:

- **Lichtzahl** (L)
- **Temperaturzahl** (T)
- **Kontinentalitätszahl** (K): bezieht sich auf das Vorkommen der Art zwischen der Atlantikküste und den russischen Steppengebieten.
- **Feuchtezahl** (F): Verfügbarkeit von Wasser am Standort; von extrem trockenen Standorten bis zu Unterwasserpflanzen.
- **Reaktionszahl** (R): saure bis basische Reaktion des Bodens am Wuchsort.
- **Stickstoffzahl** (N): Verfügbarkeit von Nährsalzen am Standort (darunter Stickstoff, aber auch Kalium, Phosphor und Magnesium sowie andere für die Pflanze lebenswichtigen Mineralstoffe).
- **Salzzahl** (S): Toleranz gegenüber dem Salzgehalt des Bodens.

Darüber hinaus werden häufig noch die Lebensform (Baum, Strauch, Geophyt, einjährige Pflanze ...) sowie ggf. die Schwermetallresistent der Art angegeben.

Zwar handelt es sich bei diesen Werten lediglich um Durchschnittsangaben, sie liefern aber ein brauchbares Bild der Standortansprüche einer Art. Besondere Bedeutung kommt den Ellenberg-Zeigerwerten in der Pflanzensoziologie zu. So treten Pflanzenarten mit gleichen oder ähnlichen Zeigerwerten und somit Standortansprüchen oft zu typischen Pflanzengesellschaften zusammen. Beispielsweise findet man in Hallen-Buchenwäldern auf Kalkböden immer mehr oder weniger dieselben Pflanzenarten, ebenso sind die Röhrichtgürtel verlandender Teiche oder sonnenexponierte Trockenrasen-Standorte durch typische Artenkonstellationen gekennzeichnet.

Online-Ermittlung von ökologischen Zeigerwerten
Eine Online-Analyse (in Österreich vorkommender Pflanzenarten) kann mit Hilfe eines Programms der Universität für Bodenkultur Wien durchgeführt werden, das unter

http://statedv.boku.ac.at/zeigerwerte/

verfügbar ist. Hier können die gesuchten Zeigerwerte abgelesen werden, wenn die wissenschaftlichen Namen der im Freiland gefundenen Arten in eine Suchmaske eingegeben werden. Die Website kann auch dazu herangezogen werden, um die auf dem Arbeitsblatt nicht aufgeführten Zeigerwerte der genannten Arten zu ermitteln.
Beispiele:

Bärlauch (*Allium ursinum*): **L2 Tx K2 F6 R7 N8**
(Tiefschattenpflanze – temperaturindifferent – ozeanische Verbreitung – mittelfeuchte Böden – schwach saure bis schwach basische Böden – ausgesprochener »Stickstoffzeiger«)

Huflattich (*Tussilago farfara*): **L8 Tx K3 F6 R8 Nx**
(Lichtpflanze – temperaturindifferent – ozeanische bis subozeanische Verbreitung – mittelfeuchte Böden – schwach basische Böden (Kalkzeiger) – indifferent im Hinblick auf die Nährsalzversorgung)

Sauerklee (*Oxalis acetosella*): **L1 Tx K3 F5 R4 N6**
(Tiefschattenpflanze – temperaturindifferent – ozeanische bis subozeanische Verbreitung – mittelfeuchte Böden – Säurezeiger – an Standorten mit mäßiger Nährsalzversorgung)

Optimale Körper (S. 30)

Konzeption des Arbeitsblattes

Das auf der Aufgabenseite zusammengestellte Material dient der Darstellung von Versuchen und der dabei erzielten Ergebnissen zur BERGMANN'schen Klimaregel. Die Modellversuche sind mit einfachen Mitteln auch im Unterricht leicht durchzuführen. Die erhaltenen Ergebnisse sind hier in zwei Diagrammen dargestellt und können von den Schülerinnen und Schülern ausgewertet werden [Die Kurvensymbole für das 600-ml- und das 2000-ml-Becherglas wurden im Arbeitsheft des Drucks A[1] versehentlich vertauscht – die untere Kurve bezieht sich auf das große Becherglas. Bitte in dieser Druckversion vor der Bearbeitung korrigieren lassen!]

Zum einen wird das Abkühlungsverhalten von unterschiedlich großen Wasservolumina in Rundkolben dargestellt, um zu demonstrieren, dass unterschiedlich große Körper unterschiedlich schnell auskühlen. Zum anderen wird das Abkühlungsverhalten jeweils gleich großer Wasservolumina, aber (bedingt durch die Verwendung verschiedener Bechergläser) mit unterschiedlich großen Oberflächen ermittelt. Die Versuche zeigen modellhaft, dass Körper, die bei gleichem Volumen eine größere Oberfläche haben, rascher auskühlen als solche mit einer kleineren Oberfläche (und umgekehrt).

Über einen Vergleich mit Beispielen aus der Tierwelt (Pinguine, Schülerband S. 355) können die Schülerinnen und Schüler eine Beziehung zwischen den hier dargestellten Versuchsergebnissen und der realen Situation herstellen.

Geforderte Kompetenzen: Experimentieren und Beobachten (Durchführung und Auswertung von Versuchen, rechnerische Analyse der Versuchsdaten), Modellbildung, Argumentieren.

Einsatz des Arbeitsblattes im Unterricht

Dieses Arbeitsblatt kann im Anschluss an die Behandlung des Themas »Temperatur als abiotischer Faktor« eingesetzt werden (Schülerband S. 354). Vorausgesetzt wird insbesondere die Kenntnis der BERGMANN'schen Regel. Die dargestellten Experimente können im Unterricht praktisch durchgeführt werden, entweder als Schülerexperiment – ggf. gruppenteilig – oder als Lehrer-Demonstrationsexperiment. Zur Aufnahme der Abkühlungskurven bietet sich eine computerunterstützte Messwerterfassung an. Einen ergänzenden Versuch zur ALLEN'schen Regel findet man unter »Zusätzliche Materialien«.

Lösungen und Anmerkungen

AUFGABE 1

Beschreibung: Die Wasservolumina in den unterschiedlich großen Rundkolben zeigen ein deutlich unterschiedliches Abkühlungsverhalten: Je größer das Wasservolumen ist, desto weniger stark kühlt es innerhalb einer bestimmten Zeit ab. Die Unterschiede sind vor allem bei geringen Volumina sehr deutlich: Die Kolben mit 100 bzw. 200 ml Inhalt kühlen stark ab, von 55,0 auf 39,5 °C (100 ml) bzw. auf 42,0 °C (200 ml). Die drei großen Kolben zeigen deutliche geringere Abkühlungswerte, nämlich von jeweils 55,0 °C auf 47,5 °C (500 ml), auf 49,5 °C (1000 ml) bzw. auf 52,0 °C (1500 ml).

Damit kühlen sich die fünf Volumina in derselben Zeit um folgende Werte ab (Angaben in °C):

	Rundkolben				
	100 ml	200 ml	500 ml	1000 ml	1500 ml
Starttemperatur (°C)	55,0	55,0	55,0	55,0	55,0
Endtemperatur (°C)	39,5	42,0	47,5	49,5	52,0
Temperaturdifferenz (°C)	15,5	13,0	7,5	5,5	3,0

Berechnungen:

	Rundkolben				
	100 ml	200 ml	500 ml	1000 ml	1500 ml
Durchmesser (cm)	6,0	7,5	10,0	13,0	16,0
Radius r (cm)	3,0	3,75	5,0	6,5	8,0
r^2 (cm^2)	9,0	14,06	25,0	42,25	64,0
r^3 (cm^3)	27,0	52,7	125,0	274,6	512,0
$V = 4/3 \cdot \pi \cdot r^3$ (cm^3)	113,1	220,7	523,6	1150,2	2144,7
$A = 4 \cdot \pi \cdot r^2$ (cm^2)	113,1	176,7	314,2	530,9	804,2
Quotient V/A	**1,0**	**1,25**	**1,67**	**2,17**	**2,67**
Abkühlungsbetrag (°C)	**15,5**	**13,0**	**7,5**	**5,5**	**3,0**

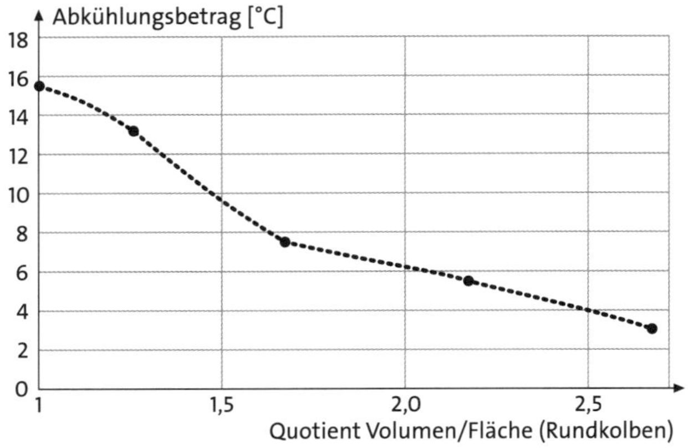

Auswertung: Die Ergebnisse zeigen, dass die Abkühlung umso geringer ist, je größer das Volumen eines Körpers bzw. das Volumen eines Körpers im Verhältnis zu seiner Oberfläche ist. Große Körper kühlen daher weniger stark ab als vergleichbare kleine, weil mit zunehmender Größe die Relation zwischen Volumen (bei Lebewesen der die Stoffwechselwärme produzierende Körper) und Oberfläche (bei Lebewesen die Körperoberfläche, über die diese Stoffwechselwärme) abgegeben werden kann) günstiger wird und weil größere Körper ein größeres (»wärmendes«) Volumen besitzen.

AUFGABE 2

[Die Kurvensymbole für den 600 ml- und den 2000-ml-Becher wurden im Arbeitsheft im Druck A[1] versehentlich vertauscht.]

Beschreibung: Das Wasser in den drei Bechergläsern kühlt unterschiedlich stark ab, obwohl es sich jeweils um gleiche Volumina handelt. Die Temperatur des Wasservolumens von 500 ml sank im 600-ml-Becherglas von 44,0 auf 39,0 °C (Differenz = 5,0 °C), im 1000-ml-Becherglas von 44,0 auf 38,3 °C (Differenz = 5,7 °C) und im 2000-ml-Becherglas von 44,0 auf 37,0 °C (Differenz = 7,0 °C).

Berechnungen:

	Becherglas		
Größen	**600 ml**	**1000 ml**	**2000 ml**
Durchmesser (cm)	9,0	10,5	12,5
Radius r (cm)	4,5	5,25	6,25
Höhe h (cm)	9,0	6,8	4,0
$O = 2 \cdot \pi \cdot r \cdot (h + r)$ (cm²)	**381,7**	**397,5**	**402,5**
Abkühlungsbetrag (°C)	**5,0**	**5,7**	**7,0**

Auswertung: Obwohl es sich in allen drei Fällen um das gleiche Wasservolumen von jeweils 500 ml handelt, kühlen die Wassermengen unterschiedlich rasch ab. Im Vergleich zum Versuch 1, bei der die unterschiedliche Abkühlung hauptsächlich auf die deutlich unterschiedlichen Volumina der jeweiligen Wasserkörper zurückzuführen war, kann dies hier nicht die Ursache sein. Die Abkühlung kann ausschließlich auf die unterschiedlich großen Oberflächen der Körper zurückgeführt werden.

Dies bedeutet, dass Körper umso rascher auskühlen, je ungünstiger (größer) ihre Oberfläche im Verhältnis zu ihrem Volumen ist. Die Oberfläche war beim kleinsten verwendeten Gefäß am kleinsten, beim größten Gefäß am größten.

Das Wasservolumen hatte zudem beim 600-ml-Gefäß am ehesten »Kugelform«. Da eine Kugel bei gegebenem Volumen die kleinste Oberfläche hat, ist bei ihr das Verhältnis zwischen Volumen und Oberfläche im Hinblick auf den Wärmeverlust am günstigsten.

Die BERGMANN'sche Regel kann somit durch die beiden Versuche bestätigt werden.

AUFGABE 3

Je weiter südlich (kälter) ihr Vorkommen liegt, desto größer sind die jeweiligen Pinguinarten. Pinguine haben zwar keine Kugelform, besitzen jedoch im Vergleich zu vielen anderen Tieren einen gedrungenen, eher »rundlichen« Körper. Auch hier findet man eine Bestätigung der BERGMANN'schen Regel: Je größer (und schwerer) der Pinguin, desto kleiner ist die Körperoberfläche im Verhältnis zum Volumen. Je größer das Volumen des wärmeproduzierenden Körpers im Verhältnis zur wärmeabgebenden Körperoberfläche, desto geringer ist die resultierende Wärmeabgabe über die Oberfläche. Körper gleichen Volumens, die aber eine größere Körperoberfläche besitzen, kühlen somit schneller ab als solche, die bei gleichem Volumen eine kleinere Körperoberfläche besitzen.

[S. hierzu auch »Zusätzliche Materialien«.]

AUFGABE 4

Isolation der Gläser durch verschiedene Materialien: Fell, Federn, Styropor; auch »Thermoskanneneffekt« (Isolierung durch einen evakuierten Zwischenraum oder eine isolierende Luftschicht). Beobachtbar ist in diesen Fällen eine deutlich langsamere Abkühlung der Wasserkörper.

Die Ausbildung einer Behaarung (Fell) und eines Federkleides entstand im Laufe der Stammesgeschichte bei Säugetieren und Vögeln, nach neueren Erkenntnissen auch bei manchen fossilen Reptiliengruppen (Dinosaurier, Flugsaurier). Zusammen mit der Fähigkeit zur Thermoregulation, insbesondere durch die Produktion von Stoffwechselwärme, wird so die Abkühlung des Körpers eingeschränkt, wodurch u.a. die Besiedlung kalter Lebensräume ermöglicht wird.

Zusätzliche Materialien

Körpergröße und Verbreitung von Pinguinen

Die folgende Tabelle führt als Zusatzinformationen Körpermasse und Körperlänge der vier im Schülerband abgebildeten Pinguinarten auf:

	Körpermasse (kg)	Körperlänge (cm)	Verhältnis Körpermasse/ Körperlänge
Galapagospinguin	2,3	50	0,046
Humboldtpinguin	4	65	0,062
Magellanpinguin	5	75	0,067
Kaiserpinguin	30	125	0,240

Trägt man das rechnerisch ermittelte Verhältnis zwischen Körpermasse und Körperlänge bei den vier Pinguinarten grafisch auf, so wird die Beziehung zwischen diesem Verhältnis und der Verbreitung der Pinguinarten deutlich.

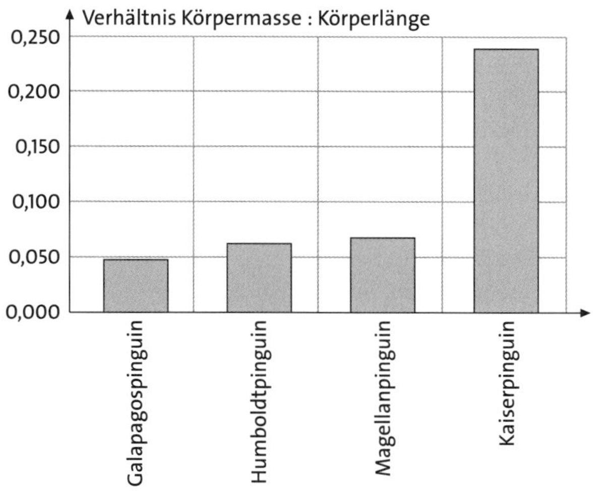

Allerdings entsprechen nicht alle Pinguinarten dieser Regel: Der in Antarktika neben dem Kaiserpinguin vorkommende Adeliepinguin ist mit 70 cm eine mittelgroße Art und damit deutlich kleiner als der auf subantarktischen Inseln beheimatete Königspinguin, der mit 90 cm Körperlänge die zweitgrößte rezente Pinguinart ist.

Versuch zur ALLEN'schen Regel

Die folgende Abbildung zeigt die Ergebnisse eines Modellversuchs zur ALLEN'schen Klimaregel, der ebenfalls mit einfachen »Hausmitteln« durchgeführt werden kann. Hierzu werden Löffel unterschiedlicher Größe verwendet, die die Länge bzw. Oberfläche von Extremitäten symbolisieren sollen. Diese Löffel werden mit ihrem Stiel in ein Becherglas mit Wasser einer bestimmten Temperatur gestellt, anschließend wird die Temperaturentwicklung des Wassers bestimmt. Die Ergebnisse des Versuchs zeigen recht deutlich, dass die Temperatur des Wasser um so schneller abnimmt, je größer die Oberfläche des verwendeten Löffels (bzw. der Kuchenschaufel) ist.

Auf Lebewesen übertragen, zeigen die Ergebnisse dieses Versuchs, dass Lebewesen über lange Extremitäten oder auch Ohren, Schwänze und andere abstehende Körperteile (vgl. Schülerband S. 355) Wärme verlieren können, es daher in kalten Gegenden günstiger ist, wenn diese Körperanhänge möglichst klein ausgebildet. Demgegenüber kann in warmen Klimaten die Ausbildung großer Ohren etc. günstig sein, um überschüssige Körperwärme an die Umgebung abzuführen.

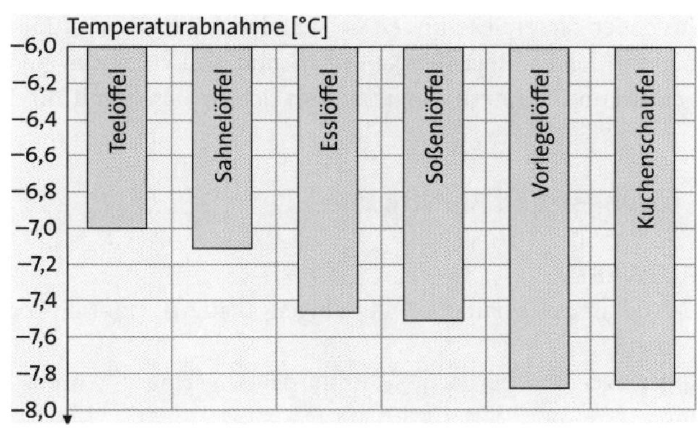

Weiterführende Aufgaben

AUFGABE

Die folgende Abbildung zeigt für eine Reihe von Säugetieren die Werte für den Grundumsatz pro kg Körpermasse, aufgetragen gegen die Körpermasse dieser Tiere (logarithmische Skalierung!). Setzen Sie diese Resultate in Beziehung zu den Ergebnissen der Abkühlungsversuche und erläutern Sie hieran die BERGMANN'sche Regel.

Lösung

Je größer die Masse eines Tieres ist, desto geringer ist der Grundumsatz bezogen auf die Körpermasse. Dies beruht darauf, dass die Oberfläche eines Tieres in Relation zum Volumen kleiner wird, je größer das Tier ist, d. h. je größer seine Körpermasse ist. Kleine Tiere haben deshalb einen so hohen Grundumsatz, weil sie über ihre im Verhältnis zum Volumen sehr große Körperoberfläche viel Wärmeenergie verlieren.

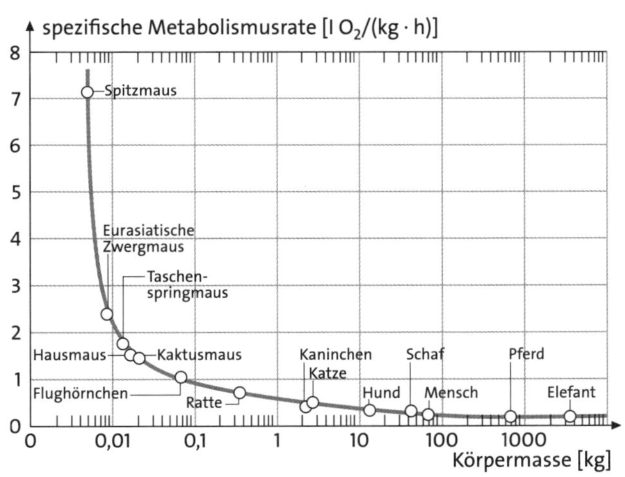

Wassersparen in Perfektion (S. 31)

Konzeption des Arbeitsblattes

Das Arbeitsblatt thematisiert Spezialisten unter den Pflanzen, die in besonders auffälliger Weise an das Leben an wasserarmen, heißen Standorten angepasst sind. Der Scharfe Mauerpfeffer (*Sedum acre*), ein einheimischer Vertreter der Dickblattgewächse, wird an mehreren Stellen im Schülerband genannt und beschrieben. Mit Hilfe der Informationen aus dem Lehrbuch listen die Schülerinnen und Schüler Angepasstheiten dieser Art an ihren Lebensraum auf. Aufbauend auf diesen Kenntnissen, sollen Rückschlüsse auf die natürlichen Standorte dieser Pflanze geschlossen werden. Über die Funktion von sekundären Pflanzenstoffen als Fraßschutz wird der Bogen zu den biotischen Umweltfaktoren gespannt. Zuletzt sollen die Schülerinnen und Schüler den Mauerpfeffer mit einem Kugelkaktus vergleichen und dabei den Lebensformtyp der Stammsukkulente näher kennen lernen. Inhaltlich stehen auf dieser Seite Struktur-Funktions-Zusammenhänge und insbesondere das Basiskonzept der Angepasstheit im Vordergrund.

Geforderte Kompetenzen: Argumentieren, Gebrauch der Fachsprache.

Einsatz des Arbeitsblattes im Unterricht

Angepasstheiten von Pflanzen an die Verfügbarkeit von Wasser werden im Schülerband an verschiedenen Stellen behandelt. Auf S. 18 wird der Scharfe Mauerpfeffer als Beispiel für das Basiskonzept »Angepasstheit« aufgeführt. Im Zusammenhang mit besonderen Fotosyntheseformen lernen die Schülerinnen und Schüler auf S. 91 CAM-Pflanzen kennen, auf S. 92 – 93 werden Probleme des Wasserhaushalts bei Pflanzen angesprochen. Die wichtigsten Informationen zur Lösung der Aufgaben dieser Seite finden sich auf den Seiten 357 und 358; hier werden die Begriffe »Xerophyt« und »Sukkulenten« eingeführt und erläutert. Aufgabe 1 lässt sich am besten mit Hilfe des Lehrbuchs bearbeiten (ggf. die angegebenen Seiten vorbereitend als Hausaufgabe lesen lassen), die übrigen Aufgaben können ohne weitere Hilfsmittel gelöst werden.

Ergänzend bietet sich eine Untersuchung von Originalobjekten (Mauerpfefferpflanzen, Kugelkakteen) im Unterricht an, um die wesentlichen morhologischen Angepasstheiten zu veranschaulichen. Auch kann auch ein Lerngang zu einer Trockenmauer durchgeführt werden, wie sie in manchen Fällen auf dem Schulgelände angelegt wurde, um dort die charakteristische Mauerkronenflora zu erkunden.

Lösungen und Anmerkungen

AUFGABE 1

- Wasserspeicherung in fleischigen Blättern [mit dicker Cuticula]
- geringe Blattoberfläche führt zu relativ geringer Verdunstung
- nächtliche Öffnung der Spaltöffnungen, dadurch geringe Wasserabgabe in Folge der kühlen Nachttemperaturen) [S. 18]
- CAM-Pflanze: Wassereinsparung, zeitliche Trennung von (nächtlicher) CO_2-Fixierung (in Form von Malat) und Kohlenhydrat-Assimilation; hoher Energiebedarf bei geringer Stoffproduktion und langsamem Wachstum [S. 91]
- Xerophyt: Wasserspeicherung in den Blättern (Sukkulent), dicke Cuticula, eingesenkte Spaltöffnungen [S. 357 – 358].

AUFGABE 2

Natürliche Standorte: Felsen, Sandrasen auf Dünen und in lichten, trockenen Wäldern (z. B. Kiefernwälder auf Sandböden); anthropogene Standorte: Mauerkronen, Bahndämme und Gleiskörper, Sand- und Kiesgruben, sonnenexponierte Wegränder, Dachbegrünungen. Allen Standorten ist gemeinsam, dass die Pflanzen hier großen Temperaturschwankungen mit zeitweise sehr hohen, aber auch niedrigen Temperaturen, mehr oder weniger ungeschützt ausgesetzt sind und dass die Wasserversorgung aufgrund der geringen Bodenmächtigkeit und/oder wegen des durchlässigen Substrats problematisch ist, die Pflanzen demzufolge zumindest mit schwankenden, oft sehr geringen Wassermengen auskommen müssen. Außerdem sind die Böden mineralsalzarm und die Sonneneinstrahlung kann sehr intensiv sein.

[Die extremen Temperaturschwankungen auf einem begrünten Flachdach rühren nicht zuletzt daher, dass nur eine sehr dünne Bodenauflage vorhanden ist. Damit entfällt beispielsweise die Abgabe der tagsüber im Boden gespeicherten Wärme in den Nachtstunden, wie sie an weniger exponierten Standorten mit größerer Bodenmächtigkeit vorkommt.]

AUFGABE 3

Die Giftstoffe dienen als Fraßschutz gegen herbivore Tiere. Der hohe Wassergehalt der Blätter macht sukkulente Pflanzen besonders attraktiv für Fraßfeinde, sodass sich im Laufe der Stammesgeschichte wirksame Abwehrmechanismen (in diesem Fall chemische) entwickeln mussten, um den Pflanzen das Überleben zu ermöglichen.

[Die Inhaltsstoffe des Mauerpfeffers wirken giftig auf das Zentralnervensystem. Wichtige Komponenten sind insbesondere verschiedene Alkaloide, darunter das nach dem wissenschaftlichen Namen der Gattung benannte Sedamin sowie Nicotin, außerdem verschiedene Flavonoidglykoside.

AUFGABE 4
Angepasstheiten des Kugelkaktus: Blätter zu Dornen umgewandelt (dienen als Fraßschutz und verringern zugleich die transpirierende Oberfläche), Sprossachse übernimmt Fotosyntheseleistungen, Stammsukkulenz (Wasserspeicherung in der stark verdickten Sprossachse), ausgeprägte, dicke Wachsschicht auf der Sprossoberfläche, gegenseitige Beschattung der Spross»rippen«, [tief ins Erdreich reichende Hauptwurzel, meist als Speicherwurzel ausgebildet].

Zusätzliche Materialien

Trockenmauern als Lebensräume
An Trockenmauern findet man typische Pflanzengesellschaften aus in der Regel hochgradigen Spezialisten, die in typischer weise an ihren Lebensraum angepasst sind. Generell müssen Mauerpflanzen mit einem Komplex extremer Umweltfaktoren zurechtkommen. Die meisten Mauerbewohner sind ursprünglich Bewohner von natürlichen Felswänden und/oder Schutt- und Geröllhalden in Mittel- und Hochgebirgen.

Die geringe Bodenmächtigkeit und die damit verbundene mangelhafte Nährsalzversorgung ermöglicht den Pflanzen nur ein langsames Wachstum. Solche langsamwüchsigen Arten sind anderen Pflanzen an günstigeren Standorten unterlegen und daher nicht konkurrenzfähig. Lediglich in Mauerspalten und -ritzen sowie auf der Mauerkrone sammeln sich nennesnwerte Substratmengen an, auf denen Pflanzen gedeihen können. Solche Spaltenbewohner bezeichnet man als Chasmophyten. Den großen Temperaturschwankungen im Jahres- und teilweise auch Tagesverlauf begegnen viele Mauerpflanzen mit einem dichten polsterförmigen Wuchs. Die zeitweilige extreme Trockenheit stellt die Hauptschwierigkeit an diesem Standort dar. Manche Mauerbewohner, insbesondere die Moose und manche Farne, sind poikilohydrisch (wechselfeucht) und verbringen Perioden ohne ausreichende Wasserversorgung in einem Zustand latenten Lebens. Höhere Pflanzen lösen das Problem durch rosettigen oder polsterförmigen Wuchs oder Sukkulenz. Wegen der kleinräumigen Wuchsflächen, die oft recht weit auseinander liegen, stellt die Verbreitung der Mauerpflanzen ein Problem dar. Diese Schwierigkeiten werden gelöst durch einen reichlichen Samen- oder Sporenansatz, Windverbreitung der oft winzigen Verbreitungseinheiten oder Ameisenverbreitung der Samen (Myrmecochorie).

Mauerpflanzen sind durch charakteristische Zeigerwerte gekennzeichnet (s. Anmerkungen zu S. 29). Beispiele findet man in der folgenden Aufstellung:

Braunstieliger Streifenfarn *(Asplenium trichomanes):*
L5 Tx K3 F5 Rx N3
(Halbschattenpflanze – temperaturindifferent – ozeanische bis subozeanische Verbreitung – mittelfeuchte Standorte – indifferent gegenüber Bodenreaktion – nährsalzarme Standorte)
Typischer Spaltenbesiedler, auch an beschatteten Mauerpartien, der an extrem trockenen Stellen nicht vorkommt.

Mauerraute (*Asplenium ruta-muraria*): **L8 Tx K3 F3 R8 N2**
(Lichtpflanze – temperaturindifferent – ozeanische bis subozeanische Verbreitung – Trockniszeiger – Kalkzeiger – nährsalzarme Standorte)
Spaltenbesiedelnder kleiner Farn an sonnenexponierten, hellen Mauerstellen (s. Abb.).

Mauerraute am natürlichen Standort (Kalkfelsen)

Zimbelkraut *(Cymbalaria muralis):* **L7 T7 K4 F6 R8 N5**
(Halblichtpflanze – Wärmezeiger – subozeanische Verbreitung – mittelfeuchte Böden – Basen- und Kalkzeiger – an mäßig nährsalzreichen Standorten)
Spaltenbesiedler an sonnenexponierten Mauern aus Kalkstein (oder in anderen Mauern mit Kalkmörtel!)

Scharfer Mauerpfeffer *(Sedum acre):* **L8 T6 K3 F2 Rx N1**
(Lichtpflanze – Mäßigwärme- bis Wärmezeiger – ozeanische bis subozeanische Verbreitung – Starktrockniszeiger – indifferent gegenüber Bodenreaktion – an nährsalzärmsten Standorten)
Charakteristische Pflanze der Mauerkronen.

Weiße Fetthenne *(Sedum album):* **L9 Tx K2 F2 Rx N1**
(Volllichtpflanze – temperaturindifferent – ozeanische Verbreitung – Starktrockniszeiger – indifferent gegenüber Bodenreaktion – an nährsalzärmsten Standorten)
Ähnliche Ansprüche wie der Scharfe Mauerpfeffer, aber an noch intensivere Sonnenbestrahlung angepasst.

Dachwurz *(Sempervivum tectorum):* **L8 Tx K2 F2 R4 Nx**
(Lichtpflanze – temperaturindifferent – ozeanische Verbreitung – Starktrockniszeiger – Säurezeiger – indifferent in bezug auf die Nährsalzversorgung)
Pflanze der Mauerkronen auf saurem Gestein (Silkatgestein).

Die Zeigerwerte dieser typischen Mauerarten können die Schülerinnen und Schüler mit Hilfe der auf S. 58 angegebenen Website (http://statedv.boku.ac.at/zeigerwerte/) selbst recherchieren. Wird der Bewuchs einer Trockenmauer auf dem Schulgelände oder in Schulnähe untersucht, können auch die Werte für die dort gefundenen Arten zusammengestellt und analysiert werden.

Heuschrecken als Bioindikatoren (S. 32)

Konzeption des Arbeitsblattes

Nicht nur Pflanzen können als Indikatororganismen für bestimmte Umweltfaktoren herangezogen werden, auch manche Tierarten haben eine so eng begrenzte ökologische Potenz, dass ihr Vorkommen in einem Gebiet auf ganz bestimmte dort herrschende Umweltbedingungen hindeutet. Insbesondere bei Insekten findet man viele spezialisierte Arten, die auf einen bestimmtes abiotisches Faktorengefüge in ihrem Lebensraum hindeuten.

Am Beispiel einheimischer Heuschrecken soll dies exemplarisch verdeutlicht werden. Zunächst soll dazu eine Zeigerwerttabelle ausgewertet werden, die die ökologischen Bedürfnisse ausgewählter Arten auflistet. Vergleichbare Zeigerwerttabellen wurden bereits auf S. 29 im Zusammenhang mit Pflanzen verwendet. Anhand dieser Tabelle sollen anschließend Fundstellen in einem reich strukturierten Gelände mit einem Mosaik aus Kleinlebensräumen bestimmten Heuschreckenarten zugeordnet werden. Die Daten entstammen einer Heuschreckenkartierung in einem Dorf in Süddeutschland.

Geforderte Kompetenzen: Experimentieren und Beobachten (Auswerten von Versuchsdaten), Argumentieren (Auswertung von Zeigerwerttabellenwerten), Gebrauch der Fachsprache.

Einsatz des Arbeitsblattes im Unterricht

Lernvoraussetzungen für die Bearbeitung der Aufgaben dieser Seite sind Kenntnisse zur ökologischen Potenz eines Lebewesens (s. S. 351 – 352 im Schülerband). Insbesondere sollten die Schülerinnen und Schüler wissen, was man unter stenöken/stenothermen bzw. euryöken/eurythermen Arten versteht. Kenntnisse zum Umgang mit Zeigerwerttabellen sind für die Bearbeitung von Vorteil, aber keine notwendige Voraussetzung. Die Aufgabenseite kann auch dazu dienen, eine im Rahmen des Unterrichts durchzuführende Kartierung vorzubereiten und die Methodik der Durchführung und Auswertung einer Geländekartierung vorzustellen.

Heuschrecken bieten sich für solche Untersuchungen aus verschiedenen Gründen an: Zum einen sind die Tiere vergleichsweise groß, ohne besonderen Aufwand zu fangen und wegen der relativ geringen Anzahl an heimischen Arten nicht allzu schwer bis auf Artniveau zu bestimmen. Selbst die Arten der »schwierigen Gruppen« innerhalb der Feldheuschrecken lassen sich anhand ihrer ökologischen Bedürfnisse recht gut gegeneinander abgrenzen. Einen vereinfachten Bestimmungsschlüssel, der unter anderem die in der Tabelle aufgeführten Arten enthält, findet man unter »Zusätzliche Materialien«.

Lösungen und Anmerkungen

AUFGABE 1

a) Blauflügelige Ödlandschrecke, Punktierte Zartschrecke. Beide Arten weisen hohe T-Zeigerwerte auf (bis 5), kommen aber nicht auch (wie etwa der temperaturindifferente Nachtigall-Grashüpfer) in kühleren Lebensräumen vor, sondern besitzen eine schmale ökologische Potenz (4 – 5).

b) Temperaturtolerante Arten: Nachtigall-Grashüpfer, Gemeiner Grashüpfer, Rösels Beißschrecke, Wiesengrashüpfer; feuchtetolerante Arten: Rösels Beißschrecke, Wiesengrashüpfer (kommen sowohl in trockenen als auch in feuchten Lebensräumen vor), Nachtigall-Grashüpfer (extrem trockene bis mäßig feuchte Lebensräume).

c) Arten mit den V-Werten 8 und 9: Grünes Heupferd, Punktierte Zartschrecke, Waldgrille.

[Außer den in der Tabelle aufgeführten Umweltfaktoren spielen noch weitere äußere Bedingungen eine Rolle bei der Verbreitung der Heuschreckenarten. Dazu zählen beispielsweise das Vorkommen bestimmter Pflanzen (als Nahrung bzw. als Eiablagestelle), die Beschaffenheit des Bodens (wichtig bei Arten, die ihre Eier im Boden ablegen, außerdem – indirekt – aufgrund der Beeinflussung der Vegetation) und die Länge der Vegetationsperiode im betreffenden Gebiet. In anthropogen überformten Lebensräumen ist darüber hinaus die land- oder forstwirtschaftliche Nutzung von Bedeutung (extensiv, intensiv, z. B. Häufigkeit und Zeitpunkt der Wiesenmahd, Nutzung von Grasflächen zur Heugewinnung oder als Viehweide].

AUFGABE 2

1 = Gemeiner Grashüpfer: unspezialisiert, kommt in trockeneren und in feuchten Lebensräumen vor [s. Aufg. 2], einzige der gefundenen Arten, die auch auf vegetationsarmen (Weg) und kurzrasigen Flächen (gemähte Wiese) vorkommt; sehr häufige Art;

2 = Sumpfgrashüpfer: feuchteliebende Art des offenen Graslands und des Röhrichts, fehlt auf kurzrasigen Flächen (im Unterschied zur Sumpfschrecke);

3 = Sumpfschrecke: Biotopansprüche wie Sumpfgrashüpfer, findet sich aber auch auf gemähten Flächen;

4 = Weißrandiger Grashüpfer: feuchteliebende Art, meidet aber Stellen der Wiese mit Staunässe;

5 = Grünes Heupferd: auf Bäumen der Flussaue; einzige der gefundenen Arten, die auch auf Bäumen und Sträuchern zu finden ist;

6 = Blauflügelige Ödlandschrecke: Kennart für fast vegetationsfreie, trockene Flächen (hier bewuchsfreier Schlackeplatz).

Zusätzliche Materialien

Bestimmungsschlüssel für einheimische Heuschrecken
Der folgende dichotome Bestimmungsschlüssel umfasst die wichtigsten der etwa 70 in Deutschland vorkommenden Heuschreckenarten.

1 Fühler (Antennen) mindestens körperlang → **2 (Langfühlerschrecken)**
1– Antennen deutlich kürzer als der Körper → **8 (Kurzfühlerschrecken)**
2 Antennen etwa körperlang, Körper braun oder schwarz → **3 (Grillen)**
2– Antennen immer deutlich länger als der Körper, Körper meist grün gefärbt → **4 (Laubheuschrecken)**
3 Körper schwarz, mindestens 2 cm lang → **Feldgrille**
3– Körper braun, höchstens 1 cm lang → **Waldgrille**
4 Flügel verkürzt → **5**
4– Flügel bedecken bei erwachsenen Tieren den gesamten Hinterleib, Körperlänge bis 4 cm → **Grünes Heupferd**
5 Körper braun → **Strauchschrecke**
5– Körper überwiegend grün → **6**
6 Flügel bedecken etwa die Hälfte des Hinterleibs → **7**
6– Flügel schuppenförmig, gedrungener Körper → **Punktierte Zartschrecke**
7 Halsschild mit hellem Seitenrand → **Rösels Beißschrecke**
7– Halsschild ohne hellen Seitenrand → **Kurzflügelige Schwertschrecke**
8 Körper mit grauer Grundfarbe, meist dunkel gemustert, Hinterflügel blau (nur im Flug sichtbar) → **Blauflügelige Ödlandschrecke**
8– Körpergrundfarbe braun oder grün → **9**
9 Antennenenden keulenförmig verdickt → **10**
9– Antennen fadenförmig → **11**
10 Körper einfarbig rotbraun oder braun → **Rote Keulenschrecke**
10– Körper braun und grün gescheckt → **Gefleckte Keulenschrecke**
11 Hinterschenkel-Unterseite leuchtend rot, Vorderrand der Vorderflügel gelb → **Sumpfschrecke**
11– Hinterschenkel-Unterseite nicht rot → **12**
12 Halsschild-Seitenrand deutlich geknickt, Körpergrundfarbe meist mehr oder weniger braun → **Nachtigall-Grashüpfer, Brauner Grashüpfer** (lassen sich im Gelände eindeutig nur am Gesang der Männchen unterscheiden)
12– Halsschild-Seitenrand gerade oder nur wenig geknickt → **13**
13 Halsschild-Seitenrand völlig gerade → **14**
13– Halsschild-Seitenrand hinten etwas divergierend → **Wiesengrashüpfer**
14 Körpergrundfarbe meist bräunlich, Vorderrand des Vorderflügels weiß → **Weißrandiger Grashüpfer**
14– Körpergrundfarbe grün → **Gemeiner Grashüpfer, Sumpfgrashüpfer** (im Gelände zuverlässig nur durch den – allerdings ebenfalls recht ähnlichen – Gesang der Männchen zu unterscheiden)

Die Bestimmung wird insofern erschwert, als sich die Merkmale (insbesondere Längenangaben und Hinweise auf die Ausbildung der Flügel) auf erwachsene Tiere beziehen – Kartierungen sollten daher am besten im Spätsommer durchgeführt werden, wenn sich die meisten Arten im Imaginalstadium befinden. Außerdem sind manche Arten im Hinblick auf ihre Färbung ausgesprochen variabel.

Einheimische Kurzfühlerschrecken. Von oben nach unten: Gemeiner Grashüpfer, Nachtigall-Grashüpfer, Rote Keulenschrecke

Einheimische Langfühlerschrecken. **A** Rösels Beißschrecke; **B** Grünes Heupferd; **C** Punktierte Zartschrecke

Literatur zum Thema

Bellmann, H.: Heuschrecken beobachten, bestimmen. Naturbuch Verlag, Augsburg 1993.

Detzel, P.: Die Heuschrecken Baden-Württembergs. Verlag E. Ulmer, Stuttgart 1998.

Dülge, R., Meyer, S. & Rahmel, U.: Saltatoria und Vegetation – Heuschrecken als Bioindikatoren zur Grünlandbewertung: 103 – 118. In: Eickhorst, R. (Hrsg.): Beiträge zur Biotop- und Landschaftsbewertung, V. Ökologie und Faunistik, Duisburg 1992.

Grein, G. & Ihssen, G.: Bestimmungsschlüssel für die Heuschrecken der Bundesrepublik Deutschland und angrenzender Gebiete. Deutscher Jugendbund für Naturbeobachtung, Hamburg 1984.

Ingrisch, S. & Köhler, G.: Die Heuschrecken Mitteleuropas. – 460 S. – Neue Brehm-Bücherei 629, Westarp, Magdeburg 1998.

Kriesten, B.: Heuschrecken im Grünland – Freilandarbeit mit Schülern der Sekundarstufe I. Praxis der Naturwissenschaften Biologie **49** (5) 2000: 30 – 34.

Internetadresse

http://www.nabu.de/tiereundpflanzen/insektenundspinnen/heuschrecken/01474.html (mit weiteren Literaturangaben und Hinweisen zu Aufnahmen von Heuschreckengesängen).

Audio-CD

Bellmann, H.: Heuschrecken. Die Stimmen von 61 heimischen Arten. Edition Ample, 2004 (mit Beiheft und Sonagrammen)

Weiterführende Aufgaben

AUFGABE A

Stellen Sie die Daten von Tab. 1 auf S. 32 in geeigneter Weise grafisch dar.

Lösung

Darstellung der Tabellenwerte in drei Balkendiagrammen. Als Anhaltspunkt kann Abb. 378.1 B im Schülerband dienen.

AUFGABE B

Die Blauflügelige Ödlandschrecke und die Sumpfschrecke sind in Mitteleuropa mittlerweile selten geworden und werden in der »Roten Liste« als »gefährdet« eingestuft.

Informieren Sie sich in der einschlägigen Literatur oder im Internet über Maßnahmen, die zum Schutz dieser beiden Heuschreckenarten beitragen könnten.

Lösung

S. hierzu folgende Quellen:

Detzel, Die Heuschrecken Baden-Württembergs (Literaturangabe s. o.)

Isherwood, C. et al.: Gefährdungsanalyse der Heuschrecken Deutschlands. Verbreitungsatlas, Gefährdungseinstufung und Schutzkonzepte. Landwirtschaftsverlag 2002.

http://www.naturschutz.landbw.de/servlet/is/68133/

http://www.tieroekologie.de/downloads/Trautner-Hermann_2008.pdf

http://www.dgfo-articulata.de/articulata/1997_2/articulata_1997_12_2_03_marzelli_.pdf

http://www.rp-karlsruhe.de/servlet/PB/show/1320061/index.htm

http://www.naturschutz.landbw.de/servlet/is/68127/

http://www.aln.zh.ch/internet/baudirektion/aln/de/naturschutz/artenfoerderung/ap_fa/oedland.html

Faultiere – ein Leben in Zeitlupe (S. 33)

Konzeption des Arbeitsblattes

Das Arbeitsblatt hat die Beziehungen zwischen verschiedenen Organismenarten unterschiedlichers systematischer Gruppen zum Gegenstand. Im Mittelpunkt stehen dabei die Symbiosen zwischen Faultieren und ihren Fellbewohnern. Im Unterricht werden symbiotische Beziehungen häufig anhand von klassischen Beispielen wie den Flechten oder der Mykorrhiza behandelt. Faultiere sind Säugetiere, die den Schülerinnen und Schülern wahrscheinlich kaum bekannt sind – die Beschäftigung mit diesen eigentümlichen Lebewesen soll dazu motivieren, sich eingehender mit dem Phänomen der zwischenartlichen Beziehungen zu beschäftigen. Die Schülerinnen und Schüler erhalten mit dem Arbeitsblatt die Möglichkeit, ihr im Unterricht erworbenes Wissen anzuwenden und zu vertiefen oder sich selbständig Wissen zur Thematik zu erarbeiten. Mit den morphologischen und anatomischen Besonderheiten der Faultiere, die im Zusammenhang mit Lebensraum und Lebensweise stehen, wird auf dieser Seite neben dem Basikonzept »System« insbesondere das Prinzip der Angepasstheit thematisiert.

Geforderte Kompetenzen: Repräsentationswechsel (Veranschaulichung der symbiotischen Beziehungen mit Hilfe eines Schaubildes), Argumentieren (Bildung und Begründung von Hypothesen), Gebrauch der Fachsprache (incl. Nutzung verschiedener Informationsquellen).

Einsatz des Arbeitsblattes im Unterricht

Das Arbeitsblatt kann im Anschluss an die Erarbeitung der entsprechenden Thematik im Unterricht eingesetzt werden. Es dient in diesem Fall der Anwendung, Überprüfung und Vertiefung des erworbenen Wissens (vgl. Schülerband S. 366 – 367).

Darüber hinaus lässt sich die Aufgabenseite auch als Einstieg und zur selbstständigen Erbeitung des Themas »Symbiose« durch die Schülerinnen und Schüler verwenden. Die Aufgaben können mit Hilfe der Kapitel 1.7 (Einfluss von biotischen Faktoren, hier speziell die Abb. 366.3) und 1.8 (Symbiontische Beziehungen) bearbeitet werden.

Ein Einsatz des gesamten Arbeitsblattes oder lediglich von ausgewählten Aufgaben (insbesondere Aufgabe 3 b) ist in beiden Fällen möglich und sinnvoll.

Lösungen und Anmerkungen

AUFGABE 1

Als Symbiose bezeichnet man eine Lebensgemeinschaft mit gegenseitigem Nutzen. Faultiere und Algen profitieren jeweils voneinander: Die Algen färben das Fell der Faultiere in einem grünlichen Ton, sodass sich eine perfekte Tarnung für die Faultiere in den Baumkronen ergibt. Darüber hinaus nehmen die Faultiere die von den Algen produzierten Spurenelemente auf. Die Alge hingegen hat im Fell der Faultiere einen idealen feucht-warmen und geschützten Lebensraum.

[Die Haare der Faultiere besitzen Einkerbungen, in denen die Algen sitzen. Durch den wechselnden Lichteinfall wird die Fotosynthese der Alge gefördert.]

AUFGABE 2

Schaubild s. Abb. unten.

Faultiere und Algen: s. Lösung zu Aufgabe 1.

Faultiere und Schmetterlinge: Faultiere bieten den Schmetterlingen einen Lebensraum. Da die Falter nur selten fliegen, ist ein Wechsel des Lebensraums nur bedingt möglich. Eine Gelegenheit hierzu ergibt sich, wenn zwei Faultiere bei der Paarung aufeinander treffen. Darüber hinaus finden die Schmetterlinge im Kot der Faultiere einen Platz für die Eiablage.

Raupen der Schmetterlinge und Faultier: Der Kot der Faultiere stellt die Nahrungsgrundlage für die Raupen dar.

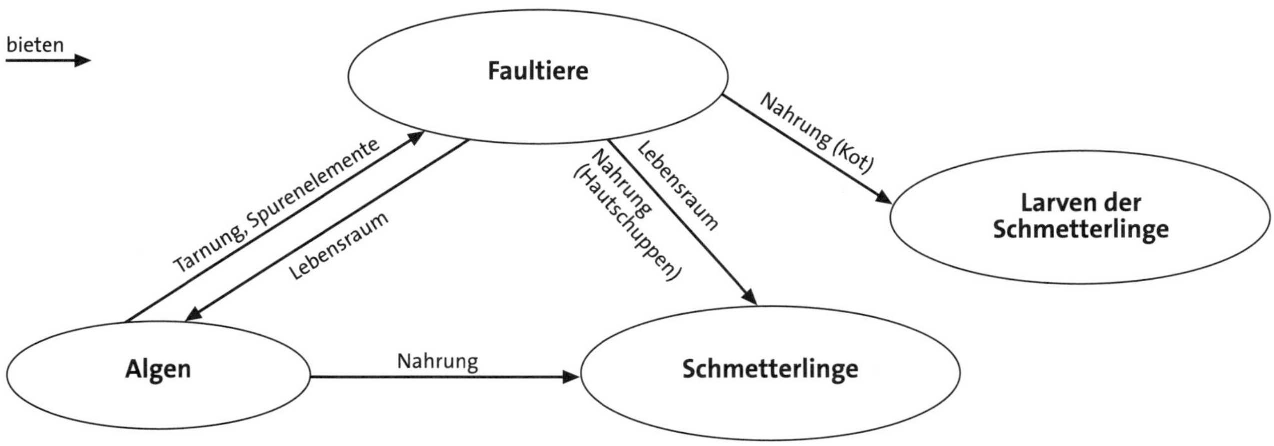

Algen und Schmetterlinge: Die Schmetterlinge ernähren sich unter anderem von den Algen.

AUFGABE 3

	Angepasstheit	biologische Bedeutung
a)	lange Gliedmaßen	hangelnde Fortbewegung in den Baumkronen
	lange Krallen	Festhalten im Geäst, Heranziehen von Nahrung
	grünes Fell	Tarnung
	Scheitel am Bauch	Regenwasser kann zu beiden Körperseiten hin ablaufen
	langsame Fortbewegung	Energieeinsparung, Tarnung
	lange Ruhephasen	Energieeinsparung
	langsamer Stoffwechsel	Energieeinsparung
b)	guter Geruchs- und Tastsinn	Auffinden von pflanzlicher Nahrung
	kräftige Backenzähne	Zerkleinern der pflanzlichen Nahrung
	Magen in mehrere Kammern gegliedert	Verdauung der cellulosereichen Nahrung
	Körpertemperatur fällt in Ruhe auf 24 °C	Energieeinsparung

AUFGABE 4

Die Raupen der Falter entwickeln sich im Kot der Faultiere, der auf dem Waldboden abgesetzt wird. Die frisch geschlüpften Faultierzünsler wandern von dort in die Laubschicht des Waldes. Hier warten sie, bis sie beim nächsten Besuch eines Faultiers in dessen Fell wandern können.

Eine weitere Besiedlungsmöglichkeit wäre, dass die Faultierzünsler ihren Wirt wechseln, wenn sich zwei Faultiere zur Paarung treffen.

AUFGABE 5

Mögliche Hypothese: Bei der Eiablage müssen die Weibchen der Faultierzünsler das Faultier verlassen. Am Boden sind sie nun ohne das Fell ihres Wirtes ungeschützt und fallen häufiger ihren Fressfeinden zum Opfer. Da die Männchen die Faultiere nicht verlassen, werden sie auch seltener gefressen. So ergibt sich eine höhere Zahl von männlichen Faultierzünslern im Fell der Faultiere.

Zusätzliche Materialien

Internetseiten

Die folgenden Seiten informieren über die Biologie der Faultiere und können auch für die Recherche in Aufgabe 3 b herangezogen werden.

www.world-of-animals.de/Tierlexikon/Tierart_Faultiere.html

www.faszination-regenwald.de/info-center/tierwelt/faultiere.htm

www.suite101.de/content/faultiere-folivora-die-meister-des-chillens-a102001

Der erste der nachstehend zitierten Artikel enthält die englischsprachige Originalarbeit zur Biologie der Faultierzünsler, auf die sich die Informationen auf dem Arbeitsblatt beziehen: Eine kurze und prägnante Zusammenfassung mit zusätzlichen Quellenangaben findet man auf der zweiten (ebenfalls englischsprachigen) Website

http://www.scielo.br/pdf/bjmbr/v34n1/3877m.pdf

http://en.wikipedia.org/wiki/Arthropods_associated_with_sloths

Filme

Leben in Abhängigkeit – Symbiose, Parasitismus

Der Film zeigt verschiedene Formen von Parasitismus und Symbiose (u. a. Stechmücke/Mensch, Mistel/Baum, Wiederkäuer/Mikroorganismen). Mediennummer: 4266801.

Symbiose und Parasitismus

Der Film stellt Beispiele zu Symbiose und Parasitismus vor, darunter auch solche Gemeinschaften, bei denen die Arten ohne den jeweiligen Partner nicht lebensfähig wären. Mediennummer: 42 02222.

Weiterführende Aufgaben

AUFGABE

Es gibt Wissenschaftler, die behaupten, dass der Mensch in einer Symbiose mit dem Hund lebt. Erläutern Sie diese Aussage und nehmen Sie Stellung dazu.

Lösung

Ursprünglich wurden Hunde vom Menschen gezüchtet, um ihm in verschiedenen Lebensbereichen zu Diensten zu sein. Der Mensch nutzte und nutzt auch heute noch die besonderen Eigenschaften des Hundes für seine Zwecke (Blindenführhunde, Jagdhunde, Hütehunde, Rettungs- und Spürhunde etc.). Die Hunde erhalten im Gegenzug vom Menschen Nahrung und einen geschützten Lebensraum. Man kann die Beziehung zwischen Mensch und Hund damit (im übertragenen Sinn) als Symbiose bezeichnen. Auch wenn die meisten Hunde heute nicht mehr als Helfer des Menschen, sondern als Familienhunde gehalten werden, haben sie doch einen gewissen Nutzen für ihre Besitzer. Dieser ist allerdings nicht von wirtschaftlichen, sondern von sozialen Aspekten geprägt. Im Unterschied zu typischen Symbiosen ist die »Symbiose« zwischen Hund und Mensch allerdings nicht im Laufe der Stammesgeschichte im Sinne einer Coevolution verlaufen, vielmehr handelt es sich um eine vom Menschen gesteuerte Beziehung.

Rätsel

Formen des Zusammenlebens (S. 34)

Lösen Sie das Silbenrätsel, indem Sie aus den angegebenen Silben die zwölf gesuchten Wörter bilden. Die Silben, die übrig bleiben, ergeben – in der richtigen Reihenfolge geordnet – den Namen zweier Tiere, die in engem Kontakt miteinander leben.

A – BAND – BI – CLOWN – DI – END – FISCH – FLECH – FUCHS – HALB – KOM – KON – KOR – KUR – LIS – MEN – MER – MO – MO – MUS – MUS – MY – NE – NE – O – PA – PLAS – RA – RENZ – RHI – ROT – SA – SCHEN – SCHMA – SE – SEE – SI – SOM – SYM – TE – TIS – UM – WIRT – WIRT – WURM – WURZ – ZA – ZER – ZWI

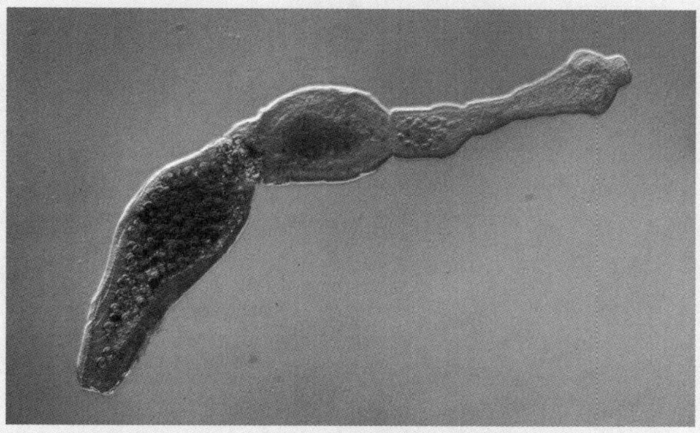

Abb. 1 Mikroskopische Aufnahme des in Frage 12 gesuchten Innenparasiten

1. Wettbewerb zweier Arten um gemeinsam genutzte Ressourcen — KONKURRENZ
2. Fachbegriff für das Zusammenleben eines Pilzes mit einer Pflanze, wobei der Pilz mit seinen Fäden die Wurzelspitzen der Pflanze umhüllt — MYKORRHIZA
3. Beziehung zwischen zwei Arten, bei der die eine Art auf Kosten der anderen Art lebt — PARASITISMUS
4. Erreger der Malaria (wissenschaftlicher Gattungsname) — PLASMODIUM
5. Lebewesen, in welchem ein Schmarotzer geschlechtsreif wird — ENDWIRT
6. Ein Beispiel für einen pflanzlichen Vollparasiten — SOMMERWURZ
7. Zusammenleben zweier Arten, bei der eine Art von der Nahrung der anderen Art profitiert, ohne diese zu schädigen oder zu fördern — KOMMENSALISMUS
8. Lebewesen, das die Jugendstadien eines Parasiten mit Wirtswechsel beherbergt — ZWISCHENWIRT
9. Zusammenleben zweier Arten zu gegenseitigem Nutzen — SYMBIOSE
10. Parasit, der seinem Wirt nur einen Teil der zum Leben benötigten Stoffe entzieht — HALBSCHMAROTZER
11. Organismus, in dem ein Pilz und eine Alge eine Symbiose eingehen — FLECHTE
12. Innenparasit, dessen Fehlzwischenwirt der Mensch ist — FUCHSBANDWURM

Lösung: SEEANEMONE, CLOWNFISCH

Lebendige Souvenirs (S. 35)

Konzeption des Arbeitsblattes

Gegenstand des Arbeitsblattes ist das Thema Parasitismus am Beispiel des Fadenwurms *Loa loa,* der auch als Wanderfilarie bezeichnet wird Dieser humanpathogene Parasit kommt zwar in Mitteleuropa nicht vor, stellt aber aufgrund des vom ihm hervorgerufenen Krankheitsbildes ein für die Schülerinnen und Schüler sehr eindrückliches Beispiel dar, wie sich ein Parasitenbefall beim Menschen auswirken kann.

Neben dem Entwicklungszyklus des Fadenwurms, zu dem ein schematisches Schaubild angefertigt werden soll, stehen die Beziehungen des Parasiten zu seinem Wirt sowie die Rolle des Wirtswechsels im Mittelpunkt des Informationstexts und der Aufgaben. Am konkreten Beispiel sollen dann wichtige Fachbegriffe erläutert werden; schließlich sollen die Schülerinnen Maßnahmen zur Vorbeugung eines Wurmbefalls vorschlagen und über eine der Abbildungen die ungefähre Größe des Parasiten ermitteln.

Geforderte Kompetenzen: Repräsentationswechsel (schematische Zeichnung des Entwicklungszyklus), Gebrauch der Fachsprache (Gebrauch und Anwendung von Definitionen zum Themenfeld Parasitismus), Argumentieren.

Einsatz des Arbeitsblattes im Unterricht

Das Arbeitsblatt lässt sich im Anschluss an die Erarbeitung des Themas »Parasitismus« im Unterricht einsetzen. Es dient in diesem Fall der Anwendung, Überprüfung und Vertiefung des erworbenen Wissens. Darüber hinaus kann das Arbeitsblatt auch als Einstieg oder zur selbständigen Erbeitung der Thematik durch die Schülerinnen und Schüler dienen. Die Aufgaben können mit Hilfe des Kapitels 1.6 im Schülerband (Parasitismus, S. 368 – 369) bearbeitet werden. Ein Einsatz des gesamten Arbeitsblattes oder von ausgewählten Aufgaben ist in beiden Fällen möglich und sinnvoll.

In den Medien finden sich häufig Berichte über Touristen, die sich in ihrem tropischen Urlaubsland mit einem Parasiten infiziert haben. Ein Einstieg in die Thematik über ein solches, möglichst aktuelles Beispiel würde sich hier anbieten.

Lösungen und Anmerkungen

AUFGABE 1

1. Ein blutsaugendes Insekt (Bremse) sticht einen Menschen und überträgt dabei Larven der Wanderfilarie in die in der Haut verlaufenden Blutgefäße.
[Nur die weiblichen Bremsen stechen.]
2. Die Larven entwickeln sich im menschlichen Körper zu ausgewachsenen, geschlechtsreifen Wanderfilarien.
[In dieser Zeit leben sie im Unterhautfettgewebe des Patienten.]

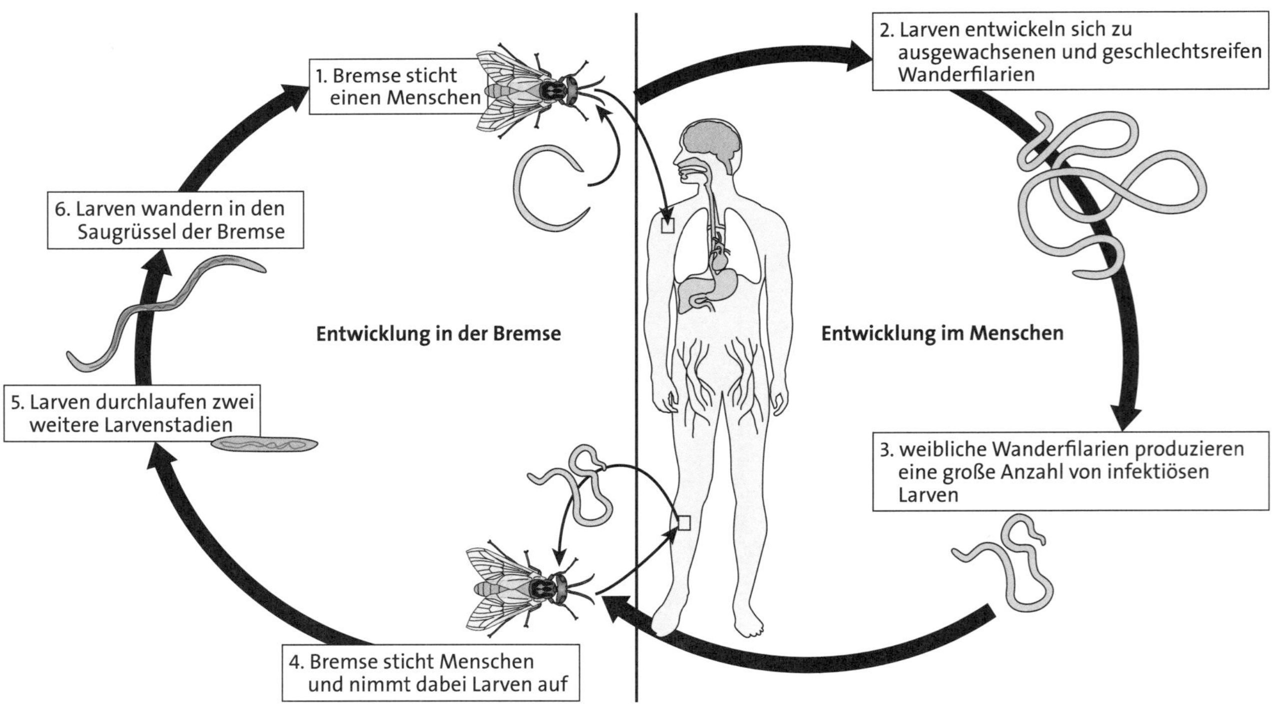

3. Die Wurmweibchen produzieren eine große Anzahl an infektiösen Larven, die in den Blutkreislauf des infizierten Menschen gelangen.
4. Eine Bremse sticht den infizierten Menschen und nimmt dabei die winzigen Larven auf.
5. Die Larven durchlaufen im Insekt zwei weitere Larvenstadien.
6. Schließlich wandern die Larven in den Saugrüssel der Bremse, von wo aus sie bei einem Stich einen neuen Wirt infizieren können.

AUFGABE 2

Unter einem Wirtswechsel bei Parasiten versteht man den Übergang von einem Wirtsorganismus auf einen anderen. Dieser Wechsel kommt bei vielen parasitisch lebenden Organismen vor und ist für die vollständige Entwicklung der Parasiten notwendig (obligatorisch). Den Wirtsorganismus, bei dem der Parasit seine Geschlechtsreife erlangt, nennt man Endwirt. Alle anderen Wirtstiere werden als Zwischenwirte bezeichnet.

Bei *Loa loa* ist die Bremse der Zwischenwirt, in welchem zwei larvale Entwicklungsstadien durchlaufen werden. Endwirt ist der Mensch, da sich hier die Larven zu geschlechtsreifen Tieren entwickeln.

AUFGABE 3

Tötet ein Parasit seinen Wirt, so stirbt er selbst zwangsläufig auch, da er ohne seinen Wirt nicht überleben kann. Die »Kunst« des Parasiten besteht also darin, seinem Wirt nur so viel Nahrung zu entziehen, dass dieser überleben kann und damit auch das Überleben des Parasiten gesichert ist. So bereitet *Loa loa* seinem Wirt zwar Beschwerden (juckende und schmerzende Schwellungen), diese sind jedoch nicht lebensgefährlich.

Die Übertragung der Larven von Mensch zu Mensch erfolgt über blutsaugende Bremsen. Die Bremsen sind Ektoparasiten, weil sie außerhalb des Körpers ihres Wirtes parasitieren. Die Larven von *Loa loa* und die ausgewachsenen Würmer selbst sind hingegen Endoparasiten, die im Inneren ihrer Wirte (Bremse und Mensch) leben.

AUFGABE 4

Da es bislang keine medikamentöse Prophylaxe gegen die Wanderfilarie gibt, ist der Schutz vor Stichen die einzig mögliche vorbeugende Maßnahme:. Dieser kann erreicht werden durch lange Kleidung, Insektenschutzsprays und Moskitonetze über den Betten und an Türen und Fenstern.

AUFGABE 5

Die Länge einer Wanderfilarienlarve beträgt 0,22 – 0,3 Millimeter.

Zusätzliche Materialien

Interseiten zum Thema
www.netdoktor.de/Krankheiten/Loa-loa/
www.onmeda.de/lexika/krankheitserreger/a-z/loa_loa.html

Film
Das Tierreich im Menschen. Film zur Besiedlung des Menschen durch Kommensalen und Parasiten. Mediennummer: 4201714.

Kopiervorlage zu Aufgabe 1

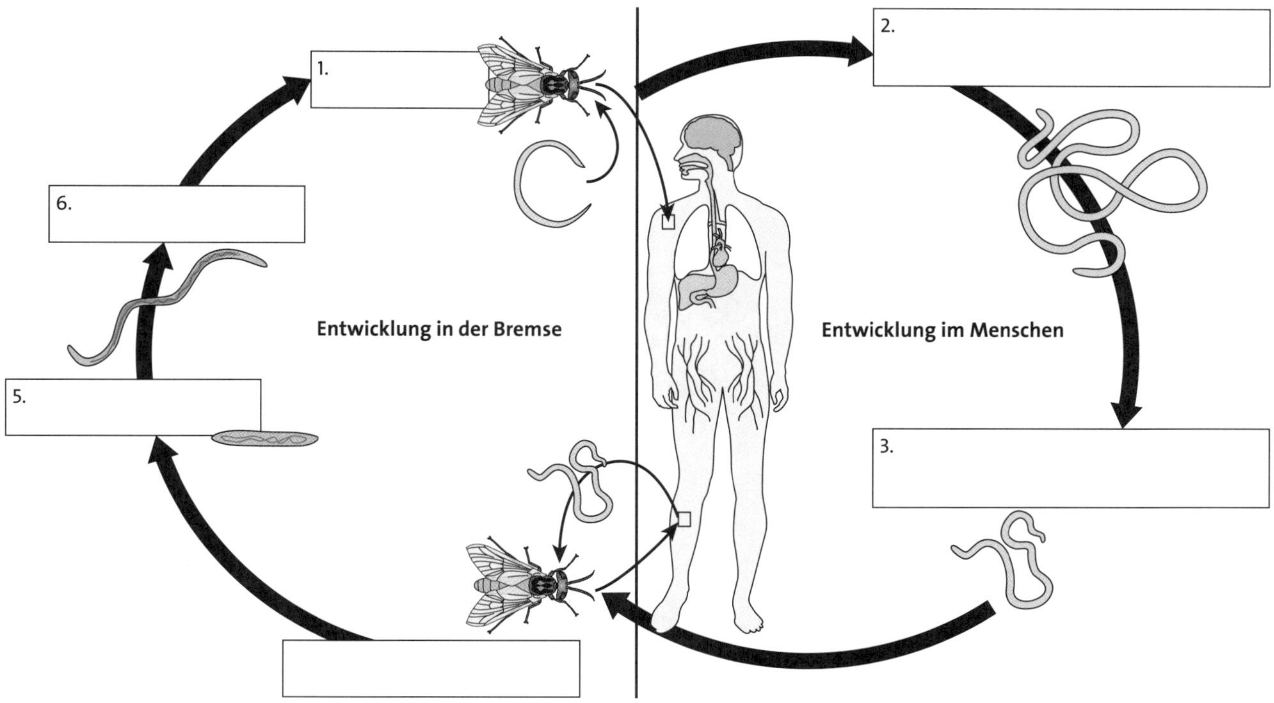

Weiterführende Aufgaben

AUFGABE A

Das Wandern der Würmer im Unterhautfettgewebe kann allergische Reaktionen hervorrufen. Erläutern Sie, was man unter einer allergischen Reaktion versteht und wie sie abläuft.

Lösung

Unter einer Allergie versteht man eine übermäßige Reaktion des Immunsystems auf ein normalerweise harmloses Antigen.

Bei einer Allergie bindet das Allergen zunächst an die Antigen-Rezeptoren einiger B-Zellen, die dadurch zur Teilung und Differenzierung in Plasmazellen angeregt werden. Die Plasmazellen produzieren IgE-Antikörper, die anschließend an Rezeptoren auf der Oberfläche von Mastzellen binden. Mastzellen enthalten Vesikel mit dem Gewebshormon Histamin. Bei erneutem Kontakt mit demselben Allergen bindet dieses an die IgE-Antikörper auf den Mastzellen. Die Mastzellen geben daraufhin Histamin ab. Das Hormon wirkt auf Drüsenzellen, die glatte Muskulatur der Atemwege und auf die Wände der Blutgefäße. Es ergeben sich somit die typischen allergischen Reaktionen wie die vermehrte Produktion von Nasensekret und das Anschwellen der Nasenschleimhäute.

AUFGABE B

Loa loa gehört zum Tierstamm der Fadenwürmer (Nematoda). Innerhalb dieses Tierstammes gibt es viele parasitisch lebende Arten, darunter auch viele, die beim Menschen parasitieren und Krankheiten hervorrufen. Recherchieren Sie weitere humanpathogene Parasiten aus diesem Tierstamm. Erläutern Sie das von diesen Parasiten jeweils hervorgerufene Krankheitsbild.

Lösung

Auswahl an humanpathogenen Parasiten:

Spulwurm (*Ascaris lumbricoides*)

Krankheitsbild:

- Larven können allergische Reaktionen hervorrufen;
- im Darm ruft der Parasit Koliken hervor;
- durchwandert der Parasit die Lunge, kommt es zur Ascaris-Pneumonie (Husten, Fieber, starke Verschleimung, asthmaähnliche Anfälle).

Trichine (*Trichinella* spp.)

Krankheitsbild:

- adulte Würmer nisten sich im Muskelgewebe ein und verkapseln sich dort;
- Symptome können sein: Schwindel, Bauchschmerzen, Übelkeit, Erbrechen, Durchfall, Fieber, Muskelschmerzen, Ödeme im Gesichtsbereich.

Die folgende Interseite stellt eine Reihe wichtiger humanpathogener Nematoden sowie ihren Entwicklungszyklus, das jeweils von ihnen hervorgerufene Krankheitsbild sowie Diagnose und Therapiemöglichkeiten vor.
http://de.wikibooks.org/wiki/Medizinische_Mikrobiologie:_Helminthen#Nematoden_.28Fadenwuermer.29

Weitere hier aufgeführte Nematodenarten sin der Madenwurm (*Enterobius vermicularis*), der Peitschenwurm (*Trichuris trichiura*) und weitere Filarienarten, darunter *Onchocerca volvulus*, der Verursacher der so genannten »Flussblindheit«, und *Wuchereria bancrofti*, die »Elephantiasis« hervorruft.

Vielfältige Beziehungen: Organismen und Umwelt (S. 36)

Konzeption des Arbeitsblattes

Aufgaben aus verschiedenen Teilbereichen des Kapitels »Beziehungen der Organismen zur Umwelt« (Schülerband S. 350 – 369) blicken noch einmal zurück auf die Arbeit mit Toleranzkurven, auf die Bedeutung von Zeigerorganismen, auf die BERGMANN'sche und ALLEN'sche Klimaregel, auf Fachbezeichnungen für die Pflanzen mit unterschiedlichen Angepasstheiten an die Wasserversorgung sowie auf die Themen Symbiose und Parasitismus. Insgesamt sind hier Kenntnisse aus allen Themenbereichen dieses Kapitels erforderlich.

Zusätzlich zum bloßen Ankreuzen sollen die Schülerinnen und Schüler bei einigen Aufgaben begründen, warum sie bestimmte Antworten nicht angekreuzt haben.

Geforderte Kompetenzen: Gebrauch der Fachsprache, Argumentieren.

Einsatz des Arbeitsblattes im Unterricht

Dieses Arbeitsblatt kann eingesetzt werden, wenn die im Ökologie-Kapitel 1 des Schülerbands zusammengestellten Inhalte im Unterricht vermittelt wurden. Die Multiple-Choice-Aufgaben dienen der Überprüfung der erworbenen Kenntnisse, bedingt durch die in einigen Aufgaben geforderten Begründungen auch der zusätzlichen Vertiefung.

Lösungen und Anmerkungen

Die korrekten Lösungen zu den sechs Multiple-Choice-Aufgaben sind auf S. 74 durch Ankreuzen gekennzeichnet. Im Folgenden sind Anmerkungen zu den einzelnen Aufgaben, insbesondere zu den falschen Antworten, zusammengestellt.

1. a) Im Bereich des ökologischen Pessimums (besser: der ökologischen Pessima) ist ein Organismus überlebensfähig, weil dieser Abschnitt einer Toleranzkurve noch innerhalb des Toleranzbereichs liegt, allerdings außerhalb der ökologischen Potenz. Dies bedeutet, dass der Organismus bei den dort gegebenen Bedingungen zwar nicht stirbt, die Lebensbedingungen aber so ungünstig sind, dass er keine Nachkommen produzieren kann (Schülerband S. 351).
d) Toleranzbereiche sind keine »starren Rahmen«, da die Umweltfaktoren, denen Arten ausgesetzt sind, in Raum, Zeit und Ausprägung schwanken können. Die Reaktionsnorm ist im Allgemeinen flexibel, d. h. Organismen zeigen ein gewissens Anpassungsvermögen an sich verändernde Umgebungsbedingungen. Zudem beeinflussen sich verschiedene Umgebungsfaktoren möglicherweise auch gegenseitig, sodass es zu Veränderungen der Toleranzen gegenüber unterschiedlichen Bedingungen kommen kann (Schülerband S. 352).

2. Die Antworten b, c und d sind korrekt, also nicht anzukreuzen.
a) Auch (und insbesondere) wirbellose Tiere zeigen deutliche Bindungen an abiotische Umweltfaktoren, nicht zuletzt deshalb, weil sie wechselwarme Organismen sind. Beispiele: Kiefernspinner – Schlupfrate in Abhängigkeit von Temperatur und Luftfeuchte (Schülerband S. 352); Heuschrecken als Bioindikatoren (Arbeitsblatt S. 32).

3. a) Diese beiden Klimaregeln werden nur auf gleichwarme Lebewesen angewendet, weil nur bei ihnen die Körpertemperatur aktiv reguliert wird und so die Relation zwischen wärmeproduzierendem Körpervolumen und wärmeabstrahlender Körperoberfläche von besonderer Bedeutung ist. Bei wechselwarmen Lebewesen wird die zum Leben benötigte thermische Energie zu einem großen Teil passiv aus der Umgebung aufgenommen.

4. S. hierzu Schülerband S. 357 – 358.

5. a) Sehr häufig gibt es auch Symbiosen zwischen Tieren und Tieren (z. B. Putzsymbiosen), außerdem zwischen Pflanzen und Pilzen (z. B. Mykorrhiza) (vgl. Schülerband S. 366).
c) Symbiose ist definiert als eine Beziehung zwischen Organismen verschiedener Arten zum beiderseitigen Vorteil. Die hier angeführte Beschreibung ist die Beschreibung einer »Probiose« (zuweilen auch als »Karpose«, »Parabiose« oder als »Kommensalismus« bezeichnet).

6. a) Würde der Wirt sterben, hätte dies in vielen Fällen auch massive nachteilige Auswirkungen auf den Parasiten. Ein System zwischen einem Parasiten und seinem Wirt funktioniert nur dann auf Dauer, wenn der Wirt normalerweise nicht an dem Parasitenbefall stirbt und damit dem Schmarotzer auch zukünftig zur Verfügung steht. Zumindest darf der Tod des Wirtes in der Regel erst dann eintreten, wenn die Vermehrung und Weiterverbreitung des Parasiten stattgefunden hat und wenn die Fortpflanzung des Wirtes selbst gesichert ist.
b) Wirtswechsel sind zwar (vor allem bei vielen Endoparasiten) im Tierreich weit verbreitet und auch vielfach für die Entwicklungszyklen des Parasiten notwendig (s. d; z. B. Fuchsbandwurm, Malaria; s. Schülerband S. 368), es gibt jedoch auch zahlreiche Beispiele, bei denen kein Wirtswechsel stattfindet, sondern der Parasit sich stets in oder auf derselben Wirtsart aufhält (s. Schülerband S. 367).

Vielfältige Beziehungen: Organismen und Umwelt

Bei den folgenden Multiple-Choice-Fragen können Sie Ihre fachlichen Kenntnisse zum Thema Organismen und Umwelt (Schülerband S. 350 – 373) unter Beweis stellen.

Kreuzen Sie die korrekten Aussagen an. Bei einigen Aufgaben können auch mehrere Aussagen zutreffen. Begründen Sie zudem bei den Aufgaben 1, 2, 5 und 6, warum Sie die übrigen Antworten für falsch halten.

1. Welche der folgenden Aussagen ist/sind zutreffend?

☐ Im Bereich des ökologischen Pessimums ist ein Organismus nicht überlebensfähig.

☒ Unter der ökologischen Potenz versteht man den Schwankungsbereich eines Umweltfaktors, innerhalb dessen sich ein Organismus noch fortpflanzen kann.

☒ Der Toleranzbereich einer Toleranzkurve umfasst die Spanne zwischen dem ökologischen Minimum und dem ökologischen Maximum.

☐ Toleranzbereiche sind als starre Rahmen zu verstehen, die die Reaktionen der Lebewesen zuverlässig darstellen.

2. Welche der folgenden Aussagen über Zeigerorganismen trifft/treffen nicht zu?

☒ Im Gegensatz zu Pflanzen sind wirbellose Tiere weniger gut als Zeigerorganismen geeignet, weil sie keine so enge Bindung an abiotische Faktoren aufweisen.

☐ Zeigerpflanzen haben immer gegenüber mindestens einem Umweltfaktor eine enge ökologische Potenz.

☐ Mit Hilfe von Zeigerorganismen lassen sich Veränderungen in Lebensräumen gut verfolgen.

☐ Artengruppen von Pflanzen, die ähnliche Ansprüche an ihren Standort aufweisen, bezeichnet man als Pflanzengesellschaften.

3. BERGMANN'sche und ALLEN'sche Regel …

☐ gelten für gleichwarme und wechselwarme Organismen gleichermaßen.

☒ gelten nur für gleichwarme Tiere einer gemeinsamen systematischen Verwandtschaftsgruppe.

☒ lassen Rückschlüsse auf die geographische Verbreitung gleichwarmer Tierarten zu.

☒ können erklären, warum gewisse Körperproportionen in bestimmten Klimaregionen für Lebewesen überlebenswichtig sein können.

4. In welcher Reihenfolge müssen die Fachbegriffe angeordent werden, wenn man die Anpassungstypen folgender Pflanzen benennen will? – 1. Wasserpflanzen, 2. Pflanzen wechselfeuchter Standorte, 3. Pflanzen trockener Standorte, 4. Pflanzen feuchter Standorte.

☐ 1. Xerophyten, 2. Tropophyten, 3. Hygrophyten, 4. Hydrophyten

☐ 1. Hygrophyten, 2. Tropophyten, 3. Xerophyten, 4. Hydrophyten

☐ 1. Hydrophyten, 2. Xerophyten, 3. Tropophyten, 4. Hygrophyten

☒ 1. Hydrophyten, 2. Tropophyten, 3. Xerophyten, 4. Hygrophyten

5. Symbiontische Beziehungen …

☐ bilden sich immer zwischen Pflanze und Tier aus.

☒ können den beteiligten Lebewesen Lebensräume erschließen, die für diese Organismen alleine nicht zu erschließen wären.

☐ sind dadurch gekennzeichnet, dass Organismen der einen Art von der Beziehung profitieren, wobei sie die Angehörigen der anderen Art weder schädigen noch ihnen nützen.

☒ erweisen sich in der Regel als vorteilhaft für beide beteiligten Organismen.

6. Welche der folgenden Aussagen zum Parasitismus stimmt/stimmen?

☐ Der Wirt stirbt in aller Regel.

☐ Es findet immer ein Wirtswechsel statt.

☒ Der Mensch kann ein Fehlzwischenwirt für den Fuchsbandwurm sein.

☒ Wirtswechsel sind nötig, um bei bestimmten Parasiten den Entwicklungszyklus zu vollenden.

Eine Population wächst ... wohin? (S. 37)

Konzeption des Arbeitsblattes

Im Vordergrund steht auf dieser Aufgabenseite die Sichtung und Auswertung wissenschaftlicher Daten zum Thema »Populationswachstum«. Die Schülerinnen und Schüler analysieren die Entwicklung der Brutpopulation der Dreizehenmöwe auf Helgoland und arbeiten hierbei die verschiedenen Phasen des Populationswachstums heraus.

In Kombination mit brutbiologischen Daten aus verschiedenen Abschnitten des Untersuchungszeitraums soll das Populationswachstum der Kolonie näher erläutert und begründet werden. Ausgehend von dem Verständnis für die biologischen Zusammenhänge sollen die Schülerinnen und Schüler Hypothesen zum möglichen weiteren Verlauf des Wachstums aufstellen.

Geforderte Kompetenzen: Experimentieren und Beobachten (Analyse populationsökologischer Daten), Modellbildung, Argumentieren (Entwicklung von Hypothesen), Gebrauch der Fachsprache.

Einsatz des Arbeitsblattes im Unterricht

Das Arbeitsblatt kann recht früh innerhalb des Themas »Populationen und Ökosysteme« (Schülerband S. 374 ff.) eingesetzt werden, am besten unmittelbar im Anschluss an die Vermittlung der Kenntnisse zum Populationswachstum. Alternativ kann es auch zur Erarbeitung und Vertiefung, ggf. als Hausaufgabe, eingesetzt werden. Notwendige Lernvoraussetzungen der Schülerinnen und Schüler sind Kenntnisse zum exponentiellen und logistischen Wachstum sowie zu der entsprechenden grafischen Darstellung in Form von Wachstumskurven.

Lösungen und Anmerkungen

AUFGABE 1

Bei Inseln handelt sich um klar umrissene geographische Räume mit deutlich erkennbaren Grenzen. Eine solche räumliche Abgrenzung eines Untersuchungsgebiets ist bei auf dem Land befindlichen Lebensräumen nicht immer möglich.

Eine Ausbreitung der untersuchten Vögel über den Randbereich der Insel in das »Umland« hinein ist hier nicht möglich, weil dieser Wasserlebensraum für die Möwen nicht zu besiedeln bzw. als Brutplatz nutzbar ist. Der untersuchte Raum bleibt somit über eine lange Zeit gleich groß und die Zu- bzw. Abwanderung von Individuen/Paaren ist zahlenmäßig gut zu erfassen.

Arten, die nicht sehr mobil sind (weder flugfähig noch schwimmfähig), können Inseln in der Regel schlecht verlassen bzw. dorthin gelangen. Dies trifft aber für das vorliegende Beispiel nicht zu, denn die Dreizehenmöwe ist eine hochmobile Art, die große Strecken innerhalb kurzer Zeit überwinden kann.

AUFGABE 2

Es handelt sich hier um eine typische logistische Wachstumskurve, die der Idealkurve recht nahe kommt (Schülerband S. 375). Man erkennt deutlich die (nach einer Anlaufphase von 1952 bis zu Beginn der 1960er Jahre einsetzende) Vermehrungsphase (bis etwa Mitte der 1990er Jahre), die folgende Verzögerungsphase (ab Mitte der 1990er Jahre bis ca. 2005) und schließlich die stationäre Phase mit ungefähr konstanter Individuenzahl.

Ob sich eine gewisse Absterbephase (bzw. nur ein leichter Rückgang des Bestandes, evtl. mit einer sich etwas niedriger einstellenden stationären Phase) einstellt oder nicht, kann im Augenblick anhand der Zahlenwerte noch nicht beurteilt werden.

Im Unterschied zu einer rechnerisch ermittelten Idealkurve sind bei dieser Kurve zwischen verschiedenen Jahren bisweilen deutliche Schwankungen erkennbar. Die Gründe hierfür dürften in unterschiedlichen Klimabedingungen, Schwankungen der jeweiligen Nahrungssituation und damit verbunden einem unterschiedlichem Bruterfolg der Paare liegen.

AUFGABE 3

Nach dem Verlauf der Kurve dürfte die Kapazitätsgrenze K im Bereich zwischen 6000 und 8000 Brutpaaren liegen; wesentlich genauer kann man diesen Wert anhand der Daten nicht ermitteln. Zudem sollte berücksichtigt werden, dass die Kapazitätsgrenze in der Natur wohl ohnehin keine Konstante sein dürfte, sondern – abhängig von zahlreichen Umweltbedingungen – von Jahr zu Jahr mehr oder weniger ausgeprägt schwanken dürfte.

AUFGABE 4

Die Daten aus 2008 kennzeichnen insgesamt eine deutliche Verschlechterung der Situation gegenüber 1986 bzw. den früheren Jahren des Untersuchungszeitraums.

Die Anzahl der Fütterungen pro Nest und Tag bzw. Küken nahm deutlich ab. Unter Annahme der gleichen Futtermenge pro Fütterung bedeutet dies eine geringere Nahrungsmenge für jeden einzelnen Jungvogel.

Parallel dazu nahm die Dauer der Nahrungssuchflüge deutlich zu. Entweder brauchten die Vögel 2008 länger, um Nahrung zu finden, oder sie mussten weitere Strecken fliegen (oder beides). Dadurch nahm zwangsläufig die Anzahl der

Flüge ab und damit auch die Anzahl der Fütterungen (s. o.). Die Jungvögel wurden also 2008 seltener gefüttert als 1986.

Die Anwesenheit der Elterntiere am Nest nahm deutlich ab. Dies kann damit erklärt werden, dass die Tiere länger brauchten, um Nahrung herbeizuschaffen. Die Jungvögel waren also 2008 deutlich länger allein im Nest als 1992. Dies erhöhte vermutlich die Gefahr, von Nesträubern getötet zu werden oder bei kritischen Wetterbedingungen (starker Wind, Regen) umzukommen.

Diese Unterschiede in den Gegebenheiten führen zu dramatisch reduzierten Bruterfolgen im Jahre 2008 (0,71 bzw. 0,55 Küken pro Nest) im Vergleich zu früheren Jahren (1976: 1,39; 1991: 1,45; 1992: 1,40 Küken pro Nest).

Die Ursachen für diese Unterschiede sind nicht einfach zu ergründen. Es ist möglich, dass sich die Lebensbedingungen allgemein verändert haben, z. B. in Form einer Verschlechterung der Nahrungssituation für die Dreizehenmöwen.

Es könnte allerdings auch sein, dass die Gründe in der Möwenpopulation selbst zu suchen sind. Die Daten aus den früheren Jahren (1976 – 1992) stammten aus der Phase der noch recht geringen Populationsgröße bzw. der Vermehrungsphase der Dreizehenmöwenpopulation. Dies bedeutet auch, dass die Siedlungsdichte und damit vielleicht auch die intraspezifische Konkurrenz der Möwen zu dieser Zeit deutlich geringer waren als 2008. Die Bedingungen waren also für die Möwen noch gut, und die Population konnte weiter anwachsen.

Der sehr geringe Bruterfolg im Jahr 2008 lässt befürchten, dass die Populationsgröße noch weiter zurückgehen wird.

AUFGABE 5

Hypothesen:

a) Die Population wird vermutlich stark zurückgehen, und zwar so lange, bis die Nahrungsgrundlage für eine bestimmte Zahl von Brutpaaren ausreicht, um eine einigermaßen stabile Population zu erhalten.
b) Der Bestand wird vermutlich um die Kapazitätsgrenze (6000 bis 8000 Brutpaare) herum schwanken, obwohl berücksichtigt werden muss, dass im Jahre 2008 die Bruterfolgszahlen deutlich unter denen früherer Jahre lag. Verbessert sich der Bruterfolg nicht, wird der Bestand also in den nächsten Jahren zunächst einmal vermutlich (u. U. deutlich) zurückgehen.
c) Der Bestand wird vermutlich in etwa auf dem Niveau von 2008 bleiben, evtl. auch noch anwachsen. Dies wird in erster Linie vom Bruterfolg in den Jahren nach 2008 abhängen. Bei optimalen Bedingungen wird der Kapazitätswert steigen.

Fraglich ist bei allen drei Voraussagen, ob die Nahrungssituation tatsächlich die einzige bzw. Hauptursache für die Populationsentwicklung ist. Als weitere Faktoren könnten sich die Qualität der Nistplätze, die Räubersituation, klimatische Gründe und andere Ursachen auswirken.

Zusätzliche Materialien

Dreizehenmöwe

In Deutschland sind an den steilen Sandsteinklippen der Nordseeinsel Helgoland die einzigen Brutplätze dieser mittelgroßen Möwenart zu finden (Abb. rechts). In Europa findet man sie außerdem in Norwegen, Schottland, Russland sowie den Shetland- und den Orkney-Inseln und in einer Kolonie an

Dreizehenmöwen; Altvogel und Nestling

Helgoländer Vogelfelsen mit Brutkolonie der Dreizehenmöwe

der Nordspitze Dänemarks. Mit insgesamt über einer Million Brutpaaren ist die Dreizehenmöwe ein häufiger Brutvogel in Europa. Große Brutkolonien sind darüber hinaus in Kanada, Alaska, Grönland und Kamtschatka zu finden.

Im Unterschied zu den übrigen Möwenarten fehlt der Dreizehenmöwe die hintere Zehe. Die relativ kurzen Beine sind dunkel gefärbt. Auffällig sind die schwarzen Flügelspitzen, während die Oberseite ansonsten hellgrau gefärbt ist, Unterseite, Hals und Kopf sind weiß befiedert.

Nur während der Brutzeit sind Dreizehenmöwen an den Küsten anzutreffen. Ansonsten sind sie reine Meeresvögel. Selbst brütende Vögel fliegen bis zu 100 km weit von ihren Brutplätzen weg aufs offene Meer, um dort Nahrung zu suchen.

Literatur zum Thema

Markones, N. & Hüppop, O.: Kein Sommermärchen! – Die Brutsaison 2008 der Dreizehenmöwen auf Helgoland. Poster Universität Kiel, 2008. (auch im Internet unter http://www.uni-kiel.de/ftzwest/ag4/publ/Markones_Hueppop_2008.pdf)

Markones, N., Guse, N., Hüppop, O. & Garthe, S.: Unchanging diet in a stable colony: contemporary and past diet composition of black-legged kittiwakes *Rissa tridactyla* at Helgoland, south-eastern North Sea. Helgol. Mar. Res. **63** 2009: 199 – 206

Eine schöne Übersicht über Kennzeichen, Biologie, Verbreitung und Bestandsentwicklung findet man auf der Wikipedia-Website http://de.wikipedia.org/wiki/Dreizehenmoewe.

Weiterführende Aufgaben

Der Bienenfresser (*Merops apiaster;* s. Abb. rechts) ist eine farbenprächtige Vogelart aus der Ordnung der Rackenvögel, die warme Klimaregionen bevorzugt und vor allem in Südeuropa, Nordafrika und Asien von Vorderasien bis China beheimatet ist. Immer wieder gab es in vergangenen Jahrhunderten einzelne Vorstöße der Art nach Mitteleuropa. Seit einigen Jahrzehnten jedoch besiedelt der Bienenfresser in zunehmendem Maße Mitteleuropa, es bildeten sich in verschiedenen Regionen mehr oder weniger »stabile« Populationen aus. Als eine wichtige Ursache für die möglicherweise dauerhaftere Ausweitung der Vorkommen nach Norden werden klimatische Gründe betrachtet (globale Klimaerwärmung).

Die folgende Abbildung zeigt die Entwicklung der Brutpaarzahlen des Bienenfressers für Deutschland von 1985 bis 2011. Es handelt sich beim hier erfassten Bestand (Brutpaarzahlen) nicht um eine einzelne Population, sondern um mehrere, die in verschiedenen Regionen Deutschlands beheimatet sind.

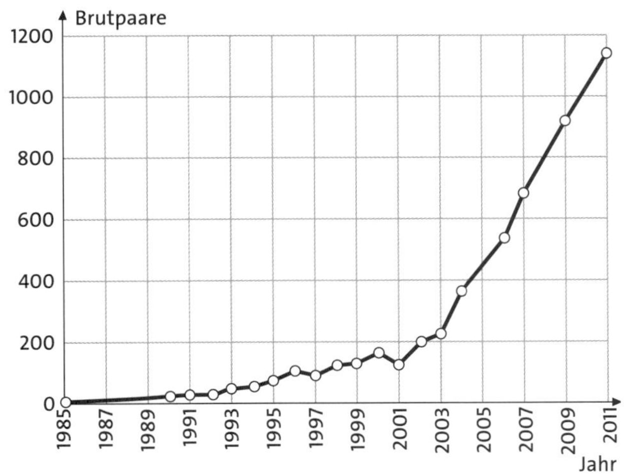

Entwicklung der Brutpaarzahlen des Bienenfressers in Deutschland zwischen 1985 und 2011

Bienenfresser. Altvogel (oben) und Nestanlagen einer Brutkolonie bei Halle/Saale

AUFGABE A

Beschreiben Sie die in dem Schaubild dargestellte Entwicklung der Brutpaarzahlen in Deutschland.

Lösung

1985 war deutschlandweit der Bestand an Bienenfressern sehr gering, er lag bei etwa 10 Paaren. Der Anstieg der Brutpaarzahlen erfolgte danach exponentiell, zweimal gab es kleinere Bestandseinbrüche (1997, 2001). Im Jahr 2011 lag der Brutpaarbestand bei über 1100 Brutpaaren, wobei ein Ende des Bestandwachstums aus der abgebildeten Kurve nicht abzulesen ist.

AUFGABE B
Informieren Sie sich über die Lebensweise des Bienenfressers und über seine Ansprüche an den Lebensraum.

Lösung

Der Bienenfresser benötigt sandige oder lehmige Steilwände, in die er seine Brutröhre graben kann. Hier brüten die Tiere in kleineren und größeren Kolonien. Außerdem ist er als wärmeliebende Art abhängig von Insekten, die ihm als Nahrung dienen. Er ernährt sich vorwiegend von Hautflüglern wie Bienen und Hummeln, aber auch Käfer, Libellen und Zikaden.

AUFGABE C
Begründen Sie, warum es für die Wissenschaftler im Augenblick schwierig bis unmöglich ist, zu berechnen, wie viele Bienenfresser Deutschland maximal beheimaten kann (Kapazitätsgrenze K).

Lösung

Die Kurve lässt nicht erkennen, ob sich der Bienenfresserbestand bereits in der Nähe der Kapazitätsgrenze befindet oder noch weit davon entfernt ist, weil der Anstieg der Individuenzahlen sich noch nicht verlangsamt. Daher ist eine Prognose im Hinblick auf einen maximal möglichen Bestand im Augenblick derzeit nicht möglich.

AUFGABE D
Stellen Sie Hypothesen auf, welche Faktoren für die weitere Entwicklung des Bienenfresserbestandes in Deutschland verantwortlich sein dürften.

Lösung

Mehrere Faktoren dürften hier relevant sein. Zum einen ist dies wohl die Verfügbarkeit von Steilwänden, in die die Vögel ihre Niströhren graben. Die Zahl der zur Verfügung stehen Steilwandbereiche dürfte ein bestandsbegrenzender Faktor sein. [Hier spielen vor allem aufgelassene Sand-, Lehm- und Kiesgruben eine große Rolle.] Zum anderen spielt wohl die Nahrungsgrundlage eine wichtige Rolle. Da mit zunehmender Erwärmung Mitteleuropas infolge des Klimawandels auch die Lebensbedingungen für wärmeliebende Insekten besser werden könnten, ist es durchaus möglich, dass sich die Nahrungsgrundlage für den Bienenfresser verbessert und sich positiv auf den Bestand auswirkt.

Komplexe Verhältnisse – ökologische Nischen (S. 38)

Konzeption des Arbeitsblattes

Dieses Arbeitsblatt verdeutlicht die Komplexität und Vielgestaltigkeit der »ökologischen Nische«. Auf der Grundlage des Vorkommens einer Gruppe nahe miteinander verwandter, auch im Aussehen recht ähnlicher Vögel mit augenscheinlich ähnlichen Ansprüchen an ihren gemeinsamen Lebensraum (Vegetationsgürtel an einem Seeufer) arbeiten die Schülerinnen und Schüler Unterschiede zwischen den Ansprüchen der verschiedenen Arten heraus.

Es wird deutlich, dass eine ökologische Nische als solche umso deutlicher erkennbar wird, je mehr Umweltparameter zu ihrer Identifizierung berücksichtigt werden. Neben der räumlichen Verteilung der Reviere von sechs Rohrsängerarten im Röhrichtgürtel werden weitere Aspekte wie die Wassertiefe unterhalb des Nestes und die Vegetationshöhe am Neststandort hinzugezogen; dies führt zu einer weiteren Trennung der Nischen. Drei Arten (Drosselrohrsänger, Teichrohrsänger, Mariskensänger) zeigen nach diesen Auswertungen noch eine gewisse Übereinstimmung im Hinblick auf ihre ökologischen Nischen. Nimmt man jedoch die jeweiligen Herkunftsorte ihrer Beute hinzu, so lassen sich schließlich für alle sechs Arten recht gut artspezifisch unterschiedliche ökologische Nischen zuordnen.

Geforderte Kompetenzen: Repräsentationswechsel (Beschreiben von Diagrammen und Schemabildern), Argumentieren, Experimentieren und Beobachten (Auswerten von Beobachtungs- und Messdaten), Gebrauch der Fachsprache.

Einsatz des Arbeitsblattes im Unterricht

Der Einsatz dieses Arbeitsblattes ist sinnvoll, wenn sich die Schülerinnen und Schüler bereits in grundsätzlicher Form mit dem Thema »Ökologische Nische« beschäftigt haben (Schülerband S. 378 – 379). Sie sollten im Verlauf der Bearbeitung der Aufgaben erkennen, dass die Komplexität einer solchen Nische mit jedem hinzukommenden Faktor, der in die Betrachtung einbezogen wird, steigt. Die Inhalte und Aufgaben der Seite dienen der Erarbeitung eines neuen Beispiels und damit der Vertiefung der Thematik.

Lösungen und Anmerkungen

AUFGABE 1

Abb. 1: Die Verlandungszone eines Sees zeigt hinsichtlich der Vegetation eine Abfolge vom offenen Wasserbereich mit Schwimmpflanzen über den Schilfgürtel bis hin zum Verlandungsbereich mit krautigen Pflanzen und (schließlich) Gehölzbewuchs. Kennzeichnend für den Lebensraum ist ein schwankender Wasserstand zwischen Niedrigwasser- und Hochwasserlinie. Daraus folgen unterschiedliche und variierende Wasserstände in den Revieren der Rohrsängerarten auf.

Erkennbar ist eine deutliche Einnischung der sechs Arten entlang der Abfolge vom offenen Wasserbereich bis zum Erlen-Birken-Bruch: Drosselrohrsänger (Wasserseite des Schilfröhrichts), Teichrohrsänger (zentraler Bereich des Schilfröhrichts), Mariskensänger (landseitiger Bereich des Schilfröhrichts und Steifseggenried), Seggenrohrsänger (Steif- und Kleinseggenried), Sumpfrohrsänger (Kleinseggenried und Pfeifengraswiese), Schilfrohrsänger (Pfeifengraswiese und Hochstauden/Sträucher).

Einige Arten zeigen mehr oder weniger größere Überlappung mit anderen, z. B. teilen sich Drosselrohrsänger, Teichrohrsänger und Mariskensänger das Schilfröhricht, jede Art besiedelt hier jedoch einen anderen Schwerpunktbereich. Bei den anderen Arten gibt es Überlagerungen in den jeweiligen Übergangsbereichen zur Nachbarart.

In **Abb. 2** werden die unterschiedliche Nischenanordnung sowie die Nischenbreiten der hier verzeichneten (zweidimensionalen) Nischen (aus Vegetationshöhe am Neststandort und Wassertiefe unterhalb des Nestes) deutlich. Die Arten zeigen sich unterschiedlich tolerant gegenüber den beiden Parametern; die Überlappungen zwischen einigen Arten sind ausgesprochen gering (Sumpf-, Schilf- Seggenrohrsänger untereinander und im Vergleich zu den drei weiteren Arten; Drosselrohrsänger im Vergleich mit Mariskensänger), die anderer Arten mittelhoch (Drosselrohrsänger im Vergleich mit Teichrohrsänger) bis hoch (Marisken- und Teichrohrsänger).

Die Abbildung lässt die »Aufteilung« des Lebensraumes zwischen den verschiedenen Rohrsängerarten insgesamt deutlich erkennen.

AUFGABE 2

Abb. 2 lässt die Trennung der Nischen über den Standort der Nester deutlich erkennen. Die zweidimensionalen Nischen aus Vegetationshöhe am Nest und Wassertiefe unterhalb des Neststandortes führt zu einer Nischentrennung zwischen fünf der sechs Arten:

- Drosselrohrsänger: Vegetationshöhe (Schilfröhricht) zwischen 3 und 5 m; Wassertiefe zwischen 40 und 110 cm;
- Teichrohrsänger: Vegetationshöhe (Schilfröhricht) zwischen 2,5 und 3,5 m; Wassertiefe zwischen 10 und 70 cm;
- Mariskensänger: Vegetationshöhe (Schilfröhricht und Steifseggenried) zwischen 2,5 und 3 m; Wassertiefe zwischen 20 und 60 cm;
- Seggenrohrsänger: Vegetationshöhe (Steif- und Kleinseggenried) etwas über 1 m; Wassertiefe zwischen 0 und 10 cm;

- Sumpfrohrsänger: Vegetationshöhe (Kleinseggenried und Pfeifengraswiese) zwischen 1,5 und knapp 4 m; Wassertiefe zwischen 0 und 5 cm;
- Schilfrohrsänger: Vegetationshöhe (Pfeifengraswiese und Hochstauden/Sträucher) zwischen 1,7 und 2,7 m; Wassertiefe zwischen 5 und 25 cm.

[In Abb. 1 werden in vereinfachter Form die typischen Kennzeichen der Lebensräume der sechs Arten zeichnerisch dargestellt. Abb. 2 zeigt die an zahlreichen Neststandorten tatsächlich gemessenen Werte. Diese wurden dann mit Hilfe der zeichnerischen Darstellung einer zweidimensionalen ökologischen Nische zugeordnet. So kommt es aus diesem Grund auch zu scheinbaren Ungereimtheiten. Beispielsweise kann man in Abb. 1 nicht erkennen, dass in den Revieren von Sumpf- und Schilfrohrsängern höher aufragende Vegetationsstrukturen vorkommen, während bei beiden Arten an einigen Neststandorten solche gemessen wurden. Die in Abb. 2 dargestellten Nischen beschreiben mit ihren äußeren Linien sozusagen sämtliche gemessenen Standortwerte, unabhängig davon, wie viele der Nester sich an verschiedenen Orten innerhalb der gezeichneten Nische befanden.]

Überschneidungen der Nischen und damit eine möglicherweise größere interspezifische Konkurrenz um Ressourcen gibt es nach Abb. 1 und 2 vor allem zwischen Teichrohrsänger und Mariskensänger sowie zwischen Teichrohrsänger und Drosselrohrsänger.

Abb. 3 verdeutlicht jedoch eine weitere Möglichkeit der Verminderung einer solchen Konkurrenz: Der Mariskensänger sucht überwiegend an anderen Orten seine Nahrung als Drossel- und Teichrohrsänger. Während Drossel- und Teichrohrsänger ihre Nahrung vor allem in der Vegetation suchen (ca. 60 %), spielt diese für die Nahrungssuche des Mariskensängers nur eine untergeordnete Rolle (20 %): Der Mariskensänger findet über 70 % seiner Nahrung in Wassernähe. Dieser Bereich ist für den Teichrohrsänger von sehr geringer Bedeutung, der Drosselrohrsänger findet dort nur etwa 25 % seiner Nahrung. Während der Teichrohrsänger etwa 30 % seiner Beute im Luftraum fängt, spielt dieser Bereich für den Drosselrohrsänger nur eine recht geringe Rolle (10 %), für den Mariskensänger fast gar keine (< 5 %).

Insgesamt zeigt sich hier deutlich, welche Mechanismen im Hinblick auf die Nischentrennung bzw. eine möglichst geringe Nischenüberlappung und damit einer Verminderung interspezifischer Konkurrenz zusammenwirken (hier: Wassertiefe unter dem Neststandort, Höhe der Vegetation, Ort der Nahrungssuche). Je mehr Aspekte in die Auswertung einbezogen werden, desto deutlicher wird die Trennung zwischen den verschiedenen Arten. Eine multidimensionale Analyse ist zwar aufwendig, erlaubt aber selbst die ökologische Trennung von Arten, die auf den ersten Blick im Hinblick auf die Nutzung des Lebensraumes sehr ähnliche Ansprüche zu haben scheinen.

Zusätzliche Materialien

Sympatrische Rohrsänger

In Mitteleuropa kommen die sechs auf der Aufgabenseite vorgestellten Rohrsängerarten lediglich am Neusiedler See (Burgenland/Österreich, Ungarn) alle nebeneinander im selben Gebiet vor. Hier findet sich der einzige mitteleuropäische Brutplatz des Mariskensängers. Außerdem wird hier mit dem Feldrohrsänger (*Acrocephalus agricola*), einem seltenen Gast aus Ost- und Südosteuropa, bisweilen noch eine weitere Rohrsängerart beobachtet.

Körpermaße der mitteleuropäischen Rohrsängerarten

	Körperlänge [cm]	Flügellänge [mm]	Körpermasse [g]
Mariskensänger *(Acrocephalus melanopogon)*	12,5	58,4	11,9
Seggenrohrsänger *(Acrocephalus paludicola)*	12,5	61,8	11,8
Schilfrohrsänger *(Acrocephalus schoenobaenus)*	13	65,2	12,1
Sumpfrohrsänger *(Acrocephalus palustris)*	12,5	69,1	12,7
Teichrohrsänger *(Acrocephalus scirpaceus)*	12,5	66,2	12,4
Drosselrohrsänger *(Acrocephalus arundinaceus)*	19	97,6	32,6

Mittlere Werte der Körperlängen, Flügellängen und Körpermassen der sechs sympatrisch vorkommenden Rohrsängerarten

Nahrungsspektrum mitteleuropäischer Rohrsängerarten

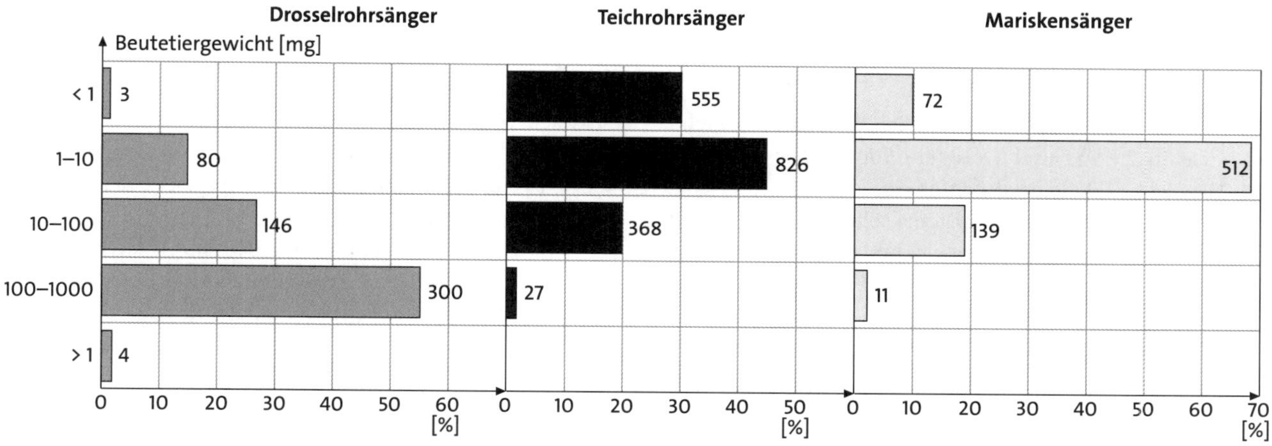

Häufigkeitsverteilungen der Beutetiergewichte (in Milligramm) bei Drosselrohrsänger, Teichrohrsänger und Mariskensänger (angegeben ist das Gewicht des einzelnen Beutetieres: z. B. hat der Drosselrohrsänger vier Beutetiere mit einem Gewicht von jeweils mehr als einem Gramm an seine Jungen verfüttert)

Kletterfähigkeit von Rohrsängern

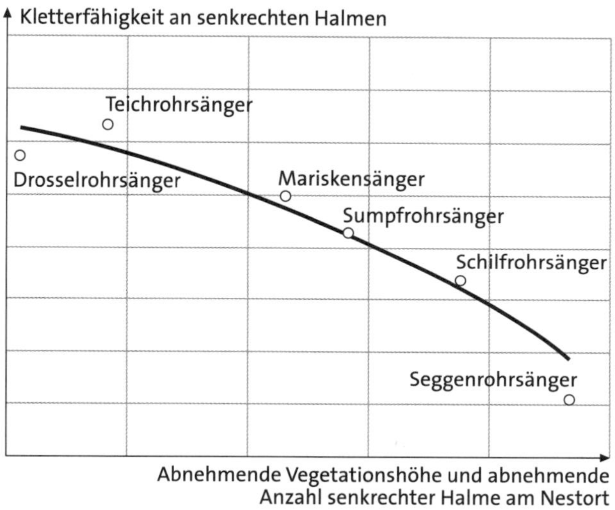

Beziehungen zwischen der Vegetation am Neststandort und der Kletterfähigkeit (durch Kletterexperimente und fußmorphologische Untersuchungen ermittelt) der sechs Rohrsängerarten

Man erkennt im Schaubild oben deutlich, dass die im Schilfröhricht des Seeufers lebenden Arten besser klettern können als die anderen Arten und dass die Kletterfähigkeit mit der Lage der Reviere und damit der Anzahl senkrechter Strukturen (siehe Abb. 1 auf dem Arbeitsblatt S. 38) korreliert.

Literatur zum Thema

Bairlein, F.: Ökologie der Vögel: Physiologische Ökologie – Populationsbiologie – Vogelgemeinschaften – Naturschutz. Gustav Fischer Verlag, Stuttgart 1996 (S. 37).

Bezzel, E.: Kompendium der Vögel Mitteleuropas. Passeres – Singvögel. Aula-Verlag, Wiesbaden 1993.

Bussmann, C.: Ökologische Sonderung der Rohrsänger Südfrankreichs aufgrund von Nahrungsstudien. Die Vogelwarte **30** (2) 1979: 84 – 101. Glutz v. Blotzheim, U. & Bauer, K. M. (Hrsg.): Handbuch der Vögel Mitteleuropas. Bd. 12. Aula-Verlag, Wiesbaden 1991 (S. 210 f.).

Jonsson, L.: Die Vögel Europas. Franckh-Kosmos, Stuttgart 1992.

Leisler, B.: Die ökologische Einnischung der mitteleuropäischen Rohrsänger (*Acrocephalus*, Sylviinae). 1. Habitattrennung. Die Vogelwarte **31** (1) 1981: 34 – 74.

Fressen und Gefressenwerden (S. 39)

Konzeption des Arbeitsblattes

Mit diesem Arbeitsblatt sollen die Schülerinnen und Schüler auf einfache Art und Weise ein Simulationsexperiment zur Populationsökologie durchführen. Anhand eines stark vereinfachten Räuber-Beute-Systems sollen zum einen statistische Daten zu Populationsentwicklungen in einem solchen System erhoben und ausgewertet werden. Zum anderen dienen die Versuche dazu, die Schülerinnen und Schüler im Bereich der Modellkritik zu schulen. Der Modellversuch soll auf Schwächen hin untersucht werden, und zusätzlich sollen sinnvolle Vorschläge gemacht werden, wie der Versuch verbessert werden könnte. Inhaltlich steht das biologische Basiskonzept »System« im Vordergrund.

Geforderte Kompetenzen: Modellbildung (Durchführung, Auswertung und kritische Analyse eines Modellexperiments), Experimentieren und Beobachten, Repräsentationswechsel (grafische Darstellung von Versuchsdaten), Argumentieren.

Einsatz des Arbeitsblattes im Unterricht

Der Modellversuch kann nach der unterrichtlichen Behandlung der Lotka-Volterra-Regeln durchgeführt werden; die Aufgaben können in diesem Fall mit den Resultaten des mathematischen Modells verglichen und analysiert werden. Möglich ist aber auch ein Einsatz des Arbeitsblattes als Einstieg in die Thematik – die von Lotka und Volterra festgestellten Gesetzmäßigkeiten runden dann die Betrachtung zur Populationsdynamik in Räuber-Beute-Systemen ab (s. Schülerband S. 382).

Sinnvollerweise – um genügend statistisch relevantes Datenmaterial zu erhalten – sollte der Versuch von möglichst vielen Schülern bzw. Schülergruppen durchgeführt werden. Als günstig hat sich die Durchführung in Zweiergruppen erwiesen; eine Person führt die Ziehung durch, die andere protokolliert die Ergebnisse. Nach der Versuchsdurchführung können die Daten der einzelnen Gruppen verglichen werden. Je nach Zeit können auch mehr als die in der Versuchsanleitung genannten Züge durchgeführt werden oder der Versuch wird nochmals in der von den Schülern vorgeschlagenen Weise modifiziert.

Lösungen und Anmerkungen

AUFGABE 1
Individuelle Ergebnisse.

[Die Resultate können von den Schülerinnen und Schülern in eine Tabelle nach folgendem Schema eingetragen werden. Die eingetragenen Werte entstammen einer Schülerdurchführung.]

nach ... Generationen	Anzahl R	Anzahl B
Ausgangswerte (t = 0)	15	45
10	14	54
20	14	69
30	17	75
40	17	90
50	18	101

AUFGABE 2
Individuelle Ergebnisse.

[Die Resultate des Modellexperiments zeigen ein für die Schülerinnen und Schüler vermutlich überraschendes Ergebnis, da die Kurven deutlich von den nach dem Lotka-Volterra-Modell zu erwartenden Verläufen abweichen. Ein typisches Resultat einer Versuchsdurchführung (Zahlenwerte s. o.) zeigt das Diagramm in der rechten Spalte. Allen Kurven gemeinsam ist der stetige Anstieg der Beutetierzahlen.]

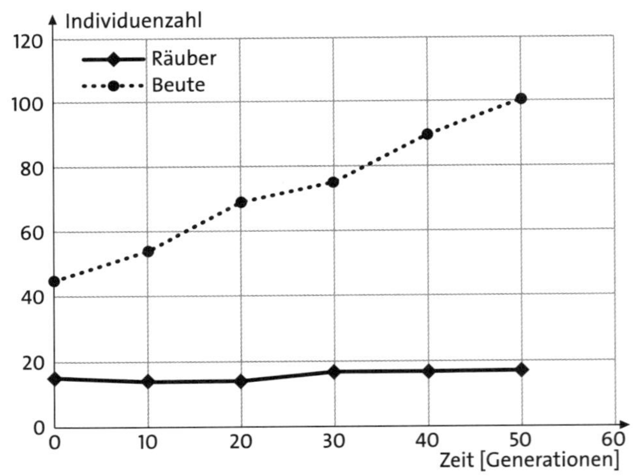

AUFGABE 3
Die Populationskurven aus der Versuchsdurchführung zeigen bei den Räubern kaum ausgeprägte Schwankungen oder bleiben sogar über alle Generationen annähernd konstant, während die Beutetierzahlen kontinuierlich ansteigen. Die in den Lotka-Volterra-Kurven feststellbaren charakteristischen phasenversetzten Populationsschwankungen sind hier also nicht festzustellen. Offensichtlich entsprechen die vorgegebenen »Spielregeln« den natürlichen ökologischen Rahmenbedingungen in bestimmten Bereichen nicht.

AUFGABE 4

Vereinfachungen gegenüber den Verhältnissen in der Natur:
- vereinfachende Spielregeln: Das Aufeinandertreffen in bestimmten Konstellationen führt zu grundsätzlich identischen Ergebnissen (dabei wird z. B. nicht berücksichtigt, dass der »Räuber« beim Beutefang auch Fehlversuche hat und dass die Wurfgröße sowohl bei den Räubern als auch bei den Beutetieren unterschiedlich groß sein kann);
- sehr kleine Individuenzahlen;
- nur zwei Arten bilden das »Nahrungsnetz« des Ökosystems (tatsächlich kommen Systeme, die nur aus zwei Arten bestehen, in der Natur nicht vor; i. d. R. ähneln die Nahrungsbeziehungen vielmehr einem komplex vernetzten System);
- die verfügbare Pflanzennahrung für die herbivore Art wird nicht in die Simulation einbezogen (diese ist aber von grundlegender Bedeutung für die Populationszahlen der herbivoren Beuteart);
- Migrationen in und aus dem Ökosystem werden vernachlässigt;
- das Zahlenverhältnis zwischen Räuber- und Beuteindividuen ist zu groß (in der Relation kommen in einem Ökosystem deutlich weniger Räuber vor als Beutetiere);
- die Simulation berücksichtigt ausschließlich Nahrungsressourcen als verknappenden Parameter für die Räuberpopulation; andere Faktoren wie klimatische Bedingungen, Reviergröße oder Wohnraumangebot werden nicht berücksichtigt, ebenso wenig dichteabhängige Faktoren (innerartliche »Geburtenkontrolle«, Mindestpopulationsgröße als Voraussetzung für die Fortpflanzung ...).

AUFGABE 5

Die Abweichungen lassen sich erklären mit
- einer sehr kleinen Stichprobe und einem kurzen »Untersuchungszeitraum« (geringe statistische Relevanz),
- prinzipiellen Schwächen des Modells (s. hierzu Antworten zu Aufg. 4), insbesondere die Vernachlässigung der Produzentenebene in der »Nahrungspyramide«.

Verbesserungsmöglichkeiten wären z. B. die Einbeziehung der pflanzlichen Nahrungsgrundlage, eine realistischere Ausgangssituation (deutlich weniger Räuberindividuen im Vergleich zu den Individuenzahlen der Beutetiere) und eine längere Durchführung mit höheren Generationenzahlen. Das Aufsummieren der Ergebnisse verschiedener Arbeitsgruppen bzw. das Erheben von Mittelwerten aus verschiedenen Gruppen ist dagegen statistisch nicht zulässig (die Populationen »entwickeln« sich unabhängig voneinander!).

Wesentlich für die Verbesserung des Modells ist eine neue oder veränderte Spielregel, die das kontinuierliche und somit unrealistische Anwachsen der Beutetierpopulation unterbindet. So könnte man die Regeln dahingehend ändern, dass beim Aufeinandertreffen dreier Beutetiere (drei blaue Kugeln) alle drei verhungern (weil nicht mehr genügend Nahrung vorhanden ist; alle Kugeln werden aus dem Spiel genommen). Auf diese Weise würde auch die Produzentenebene (indirekt) in die Simulation übernommen. Dies führt aber bereits nach kurzer Zeit zu einem starken Absinken der Beutetierpopulation und in der Folge (Erhöhung der betrachteten Generationenzahl) auch zum Zusammenbrechen der Räuberpopulation (s. Variante 1).

Um diese Modellschwäche zu beheben, könnte man die Wurfgröße der Beutetiere vergrößern, indem man Regel 3 ändert, beispielsweise durch Erhöhen der Nachkommenzahl (zwei oder drei zusätzliche Kugeln). Auch im ersten Fall sinkt die Individuenzahl der Beutetiere, wenn auch langsamer als zuvor, im anderen Fall (s. Variante 2) kommt es zu Schwankungen in der Beutepopulation, ähnlich denen des mathematischen Modells; allerdings steigen die Individuenzahlen der Räuber langsam, aber kontinuierlich an. Hier müsste zur Verbesserung des Modells noch eine Kapazitätsgrenze bei der Räuberpopulation eingebaut werden.

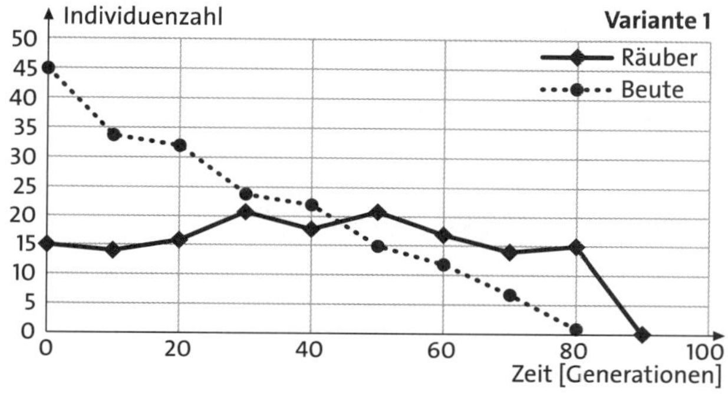

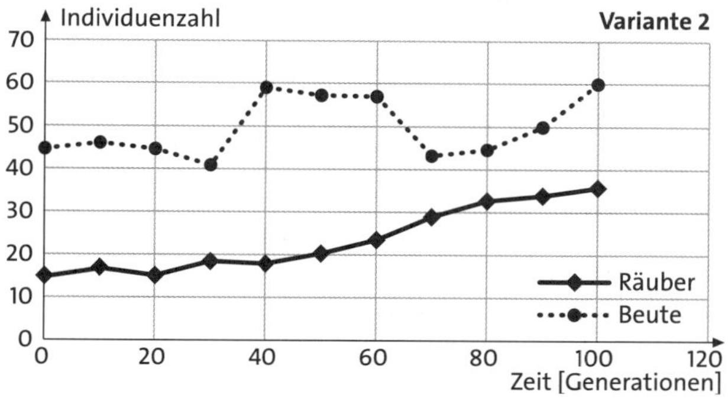

Weiterführende Aufgaben

AUFGABE

Berechnen Sie, wie groß die Wahrscheinlichkeit ist, dass (unter Zugrundelegen der Zahlen der Ausgangspopulationen) in der Simulation
a) drei Räuber
b) drei Beutetiere aufeinandertreffen.

Lösung

a) Häufigkeit der Räuber in der Population = 25 %;
Wahrscheinlichkeit P = 0,25 · 0,25 · 0,25 = 1 : 64 = 1,6 %.
b) Häufigkeit der Beutetiere in der Population = 75 %;
Wahrscheinlichkeit P = 0,75 · 0,75 · 0,75 = 0,421 = 42,1 %.
[Die Häufigkeit der Konstellation 2 (R–R–B) beträgt P = 3 · 0,25 · 0,25 · 0,75 = 0,14 = 14 %, die der Konstellation 3 (R–B–B) P = 3 · 0,25 · 0,75 · 0,75 = 0,422 = 42,2 %.]

»Alles fließt« – Energietransfer im Ökosystem (S. 40)

Konzeption des Arbeitsblattes

Der Weg der Energie durch die Trophiestufen eines Ökosystems wird auf dieser Seite anhand eines klassischen Beispiels, des Quellökosystems von Silver Springs (Florida, USA) bearbeitet. Die besondere Eignung dieses Ökosystems für derartige Untersuchungen liegt darin, dass es sich um einen vergleichsweise abgeschlossenen Raum handelt, d. h. die Beeinflussung (z. B. der Nährstoffeintrag) von umgebenden Ökosystemen ist gering. Schon seit den 1950er Jahren werden hier intensive ökologische Untersuchungen durchgeführt.

Ausgehend von einem stark vereinfachten allgemeinen Schema, welches die Beziehungen zwischen den Trophiestufen eines Ökosystems verdeutlicht, befassen sich die Schülerinnen und Schüler mit konkreten Zahlenwerten zum Energietransport von den Produzenten bis hin zu den Konsumenten 3. Ordnung. Sie sollen die absoluten Zahlenwerte in prozentuale Werte umrechnen und dabei herausarbeiten, welcher Anteil der von den Pflanzen aufgenommenen Energie in den nächsten Trophiestufen noch ankommt. Schließlich sollen die Zahlenwerte in eine Grafik umgesetzt werden. Hierbei sollte ein besonderes Augenmerk darauf gelegt werden, dass die Zahlenverhältnisse auch in der grafischen Umsetzung quantitativ korrekt, etwa durch die Dicke der gezeichneten Pfeile, dargestellt werden. Dieser Aspekt wird in vielen Abbildungen leider nicht ausreichend berücksichtigt, sodass die tatsächlichen energetischen Verhältnisse meist nur sehr grob, aber selten wirklich richtig dargestellt werden.

Die Schülerinnen und Schüler sollen hierbei auch erkennen, dass – bedingt durch die Weitergabe nur relativ geringer Energiemengen in die jeweils nächste Trophiestufe – Nahrungsketten nicht beliebig lang werden können, sondern meist nur vier bis höchstens fünf Trophiestufen umfassen.

Die beträchtlichen Energiebeträge, die für die Aufrechterhaltung von Lebensvorgängen aufgewendet werden müssen, können die Schülerinnen und Schüler durch einen Selbstversuch bestätigen. Über einen gewissen Zeitraum (z. B. eine Woche) ermitteln sie den Energiegehalt der von ihnen aufgenommen Nahrung, gleichzeitig bestimmen sie täglich ihr Körpergewicht. Sie werden feststellen, dass im Grunde genommen die komplette aufgenommene Energie für Stoffwechselprozesse benötigt wird, sie also trotz Aufnahme hoher Energiemengen nicht zunehmen.

Geforderte Kompetenzen: Repräsentationswechsel (Umrechnung von Tabellenwerten und deren Übertragung in eine Grafik, Erläutern einer Schemadarstellung), Experimentieren und Beobachten (Erheben und Auswerten von Messdaten), Argumentieren.

Einsatz des Arbeitsblattes im Unterricht

Die Aufgabenseite bietet sich im Anschluss an die Bearbeitung des Themas »Nahrungsbeziehungen, Nahrungsketten und Nahrungsnetze« an. Die Schülerinnen und Schüler sollten mit der grafischen Darstellung von Trophiestufen in Form von »Nahrungspyramiden« vertraut sein (Schülerband S. 388 – 389) und wissen, wie man solche Schemabilder konstruiert und interpretiert. Die Aufgaben dienen vor allem zur Erarbeitung und Vertiefung ihrer Kenntnisse.

Lösungen und Anmerkungen

AUFGABE 1

Es handelt sich hier um ein allgemeines und die tatsächlichen Verhältnisse vereinfachendes Schema des Weges der organischen Substanzen, der Mineralstoffe und der nicht genutzten Anteile durch die Trophiestufen eines Ökosystems.

Dieser Weg beginnt bei den Produzenten, also pflanzlichen Organismen, die aus anorganischen Substanzen mit Hilfe von Lichtenergie aus der Sonnenstrahlung organische Moleküle herstellen. Diese organischen Stoffe werden einerseits von den Konsumenten 1. Ordnung, den Pflanzenfressern, andererseits von den Destruenten aufgenommen und verwertet. Nicht genutzte Anteile werden in das »System« abgegeben.

Dieser Prozess setzt sich auf dem Weg durch die Trophiestufen weiter fort. Jede nachfolgende Stufe nimmt von der vorhergehenden Stufe organische Stoffe auf und verwertet diese, ungenutzte Stoffe werden abgegeben, organische Stoffe entweder an die nächsthöhere Stufe oder an die Destruenten weitergegeben.

Die Destruenten nehmen organische Stoffe auf, reichen diese jedoch nicht an die Pflanzen weiter, sondern bauen diese wieder zu anorganischen Stoofen ab und liefern den Pflanzen auf diese Weise Mineralstoffe. Somit wird klar, dass die Energie enthaltenden organischen Stoffe nicht an die Primärproduzenten (zurück-)geliefert werden, sondern diese immer wieder über den Prozess der Fotosynthese aus der Energie des Sonnenlichts und anorganischen Vorstufen gebildet werden müssen.

[Wie die meisten anderen Schemazeichnungen kann auch Abb. 2 aufgrund von Vereinfachungen nicht alle Zusammenhänge völlig zufriedenstellend darstellen. So hätte man beispielsweise die Pfeile für den »Weg der Mineralstoffe« ebenfalls mit dem »Weg der organischen Stoffe« einzeichnen können, weil mit dem Transport von organischen Stoffen von Stufe zu Stufe natürlich auch ein Mineralstofftransport verbunden ist. Dies wurde jedoch aus Vereinfachungsgründen in der Zeichnung weggelassen.

Mit der Angabe »Weg der nicht genutzten Anteile« ist gemeint, dass diese Anteile auf der entsprechenden Stufe nicht (mehr) genutzt werden können. Diese Anteile gehen dem System nicht verloren, sondern sie werden auf anderen Stufen genutzt, z. B. durch Destruenten.]

AUFGABE 2

Umrechnung der Tabellenwerte in Prozentwerte (evtl. auftretende geringe Abweichungen beruhen auf Rundung; alle Werte wurden bezogen auf die aufgenommene Energiemenge der Produzenten, die gleich 100 % gesetzt wurde):

	Aufgenommene Energiemengen	Veratmete Energiemengen	Von den Destruenten aufgenommene Energiemengen	Durch Wasserabfluss aus dem Quellsee abtransportierte Energiemengen
Produzenten	100 %	57,8 %	18,6 %	7,5 %
Konsumenten 1. Ordnung	16,2 %	9,1 %	4,6 %	0,63 %
Konsumenten 2. Ordnung	1,8 %	1,52 %	0,14 %	0,085 %
Konsumenten 3. Ordnung	0,1 %	0,063 %	0,022 %	0,016 %

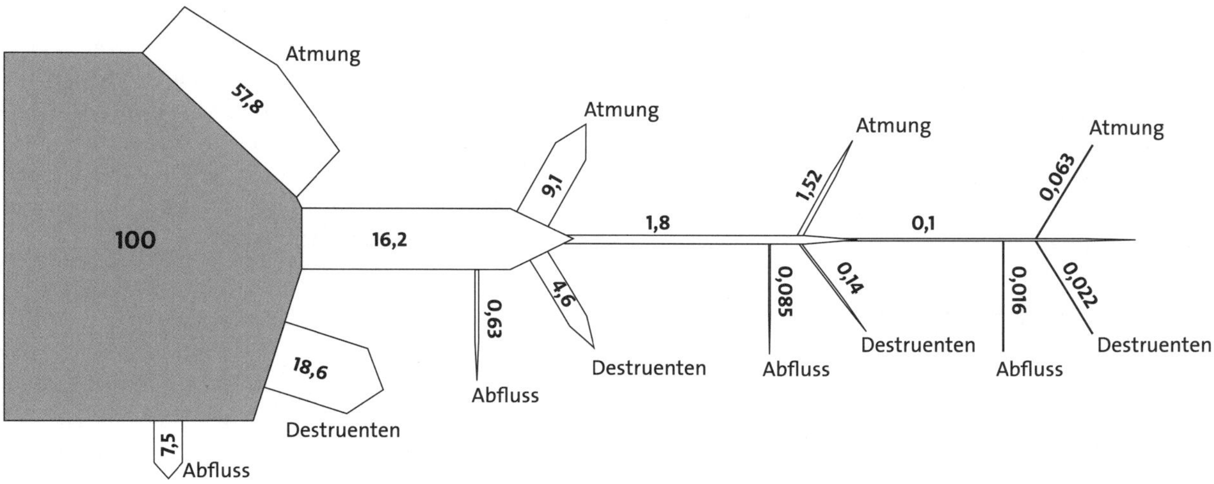

Die Abbildung zeigt, welche Anteile der von den Produzenten aufgenommenen Energiemenge im System jeweils weitertransportiert wird. Große Energiemengen werden veratmet; diese werden in Abb. 1 als »nicht genutzte Anteile« bezeichnet. Die veratmeten Anteile sind immer wesentlich größer als die Anteile, die in die nächste Trophiestufe weitergegeben werden. Hoch ist auch der Anteil, der jeweils von den Destruenten aufgenommen wird – auch er ist immer größer als der Prozentsatz, der in die nächste Trophiestufe gelangt. Hiermit wird deutlich, wie vergleichsweise gering derjenige Energiebetrag ist, der innerhalb des Ökosystems von Trophiestufe zu Trophiestufe transportiert wird (vgl. auch Schülerband Abb. 389.1 – 3).

AUFGABE 3

Nahrungsketten können nicht beliebig lang werden, weil die zur Verfügung stehenden Energiemengen aufgrund der großen »Verluste« auf ihrem Transport durch die Trophiestufen [s. Aufgabe 2] irgendwann zu gering werden, um noch Konsumenten höherer Ordnung mit Energie zu versorgen.

AUFGABE 4

Obwohl sie ihrem Körper in der Summe große Mengen an Energie zuführen, werden die Schülerinnen und Schüler etwa gleich viel wiegen wie zu Beginn des Versuchs. Dies bedeutet, dass die zugeführte Energiemenge nicht oder nur in geringem Umfang dazu genutzt wird, Biomasse zu vermehren, sondern dazu dient, den Körper »in Betrieb« zu halten. Wenn also keine Gewichtszunahme erfolgt, so wurde die aufgenommene Energiemenge ausschließlich veratmet (Bewegung, Stoffwechselaktivitäten) oder an die Umgebung abgegeben, aber nicht zum Stoffaufbau genutzt. Findet eine Gewichtszunahme statt, so war der zum Stoffaufbau verwendete Teil größer als der veratmete bzw. ausgeschiedene. Wird eine Gewichtsabnahme ermittelt, so war der veratmete bzw. ausgeschiedene Teil größer als der zum Stoffaufbau verwendete.

Die Beziehungen zum Energiefluss in einem Ökosystem sind offensichtlich. Hier wie dort wird deutlich, dass ein Großteil der aufgenommenen Energie nicht angereichert (Körper) bzw. weitergegeben wird (Ökosystem), sondern der entsprechenden Stufe »verloren« geht.

Der Nitritpeak – ein Problem im Aquarium (S. 41)

Konzeption des Arbeitsblattes

Ein Problem, das immer wieder unerfahrenen Aquarianern Kopfzerbrechen bereitet, steht thematisch im Mittelpunkt dieses Arbeitsblattes: Ein zu hoher Nitritionen-Gehalt des Aquarienwassers führt zu Vergiftungserscheinungen bei den Aquarienbewohnern und häufig in der Folge zum Tod der gehaltenen Fischen und wirbellosen Tiere.

Mit diesem Beispiel vertiefen die Schülerinnen und Schüler ihr Kenntnisse zum Stickstoffkreislauf in natürlichen Ökosystemen. Die Aufgaben erfordern Textverständnis (Aufgabe 1), Vorkenntnisse zu organischen Stickstoffverbindungen in Organismen (Aufgabe 2) und die selbstständige Erstellung eines Schaubilds zum Stickstoffabbau in einem aquatischen Ökosystem (Aufgabe 3). Darüber hinaus sollen die Textinformationen die Schülerinnen und Schüler in die Lage versetzen, eine Hypothese zur Entstehung der in den Aquarien auftretenden Probleme aufzustellen und Maßnahmen zu ihrer Beseitigung vorzuschlagen (Aufgaben 4 und 5).

Geforderte Kompetenzen: Argumentieren (Schulung von Problemlösekompetenzen), Repräsentationswechsel (Entwerfen eines Schaubilds), Gebrauch der Fachsprache, Experimentieren und Beobachten (Auswerten von Messdaten).

Einsatz des Arbeitsblattes im Unterricht

Voraussetzung für die Bearbeitung der Aufgaben dieser Seite sind Kenntnisse zum Stickstoffkreislauf in der Natur. Wesentliche inhaltliche Grundlagen hierzu liefern die Seiten 97 und 391 im Schülerband. Alternativ kann das Arbeitsblatt auch als Einstieg in das Thema »Stickstoffkreislauf« dienen – in diesem Fall sollten die Schülerinnen und Schüler das Lehrbuch als Informationsquelle benutzen dürfen. Die Aufgaben 4 und 5 bieten sich für eine Gruppenarbeit an.

Ist in den Biologieräumen der Schule ein Aquarium vorhanden, können zusätzlich zur Veranschaulichung des Themas die Konzentrationen an Ammonium-, Nitrit- und Nitrationen mit im Aquaristikhandel erhältlichen Testlösungen bestimmt werden. Steht ausreichend Zeit zur Verfügung, kann der »Nitritpeak« auch unmittelbar an einem neu eingerichteten Aquarium, etwa in einem noch nicht mit Tieren besetzten Nanoaquarium, experimentell verfolgt werden, indem in Ein- bis Zweitagesabständen Daten zu den drei Parametern erhoben werden; ggf. kann zusätzlich noch der pH-Wert gemessen werden. Die Messdaten können dann von den Schülern wie in Abb. 2 in ein Schaubild umgesetzt werden.

Lösungen und Anmerkungen

AUFGABE 1

Reagieren die Nitritionen mit den Eisenionen, die in organischen Verbindungen vorkommen, so wird zum einen die ATP-Synthese in der Zellatmung gestört (durch Hemmung der eisenhaltigen Enzyme der Atmungskette), zum anderen kommt es bei Tieren mit hämoglobinhaltigem Blut zu einer Unterversorgung der Gewebe mit Sauerstoff (durch Hemmung der Sauerstoffbindung an Hämoglobin).

AUFGABE 2

Proteine und Aminosäuren, Purinbasen (z. B. als Bestandteile von Nucleinsäuren und ATP), Porphyrine (z. B. in Häm und Chlorophyll).

[Weitere organische Stickstoffverbindungen in Organismen sind NAD^+, $NADP^+$, Harnstoff, Harnsäure, biogene Amine (darunter Neurotransmitter wie Acetylcholin, Adrenalin, Noradrenalin, Serotonin, GABA, Dopamin sowie das Gewebshormon Histamin) sowie viele sekundäre Pflanzenstoffe (z. B. Alkaloide wie Nicotin, Coffein, Morphin und Colchicin).]

AUFGABE 3

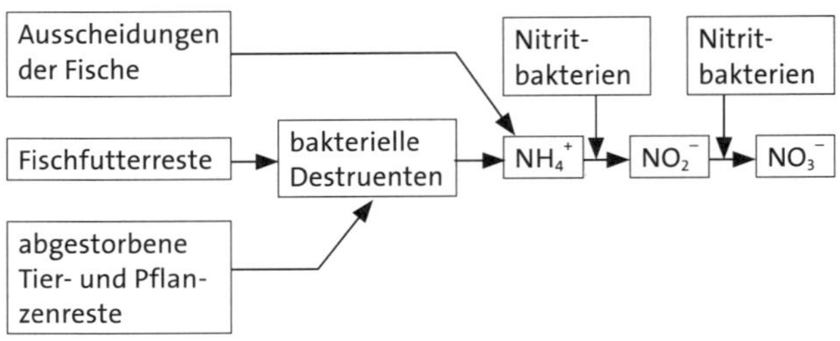

AUFGABE 4

In einem neu eingerichteten Aquarium fehlen offensichtlich noch die Bakterien, die Nitrit- zu Nitrationen oxidieren. Die Nitratbakterien befinden sich normalerweise im Bodengrund, der aber in neuen Becken noch weitgehend frei von Mikroorganismen ist. Es dauert einige Tage, bis die Bakterienfauna sich so weit entwickelt hat, dass Nitrit in ausreichendem Maß umgesetzt werden kann.

[Zudem sind in frisch besetzten Becken meistens nur wenige Pflanzen vorhanden, die in der Lage wären, Ammoniumionen als »Nährsalz« aufzunehmen und so der Abbaukette zu entziehen.

Auch in bereits »eingefahrenen« Becken sind plötzliche Anstiege der Nitritkonzentration im Wasser möglich. Hierzu kann es kommen, wenn zu viele Fische eingesetzt wurden oder wenn zu häufig und zu reichlich gefüttert wurde und die Futterreste anschließend am Boden zersetzt werden. Auch übersehene tote Tiere und absterbende Pflanzen können den Nitritpegel erhöhen. Eine weitere mögliche Ursache ist der Ausfall oder eine nicht ausreichende Filterleistung des Aquareinfilters, eta durch stark verschmutzte Filtermaterialien.]

AUFGABE 5

Maßnahmen zur Verhinderung des »Nitritpeaks«:

- Regelmäßiger und häufiger Wasserwechsel (mit Leitungswasser) zur Senkung der Ammonium- und Nitritkonzentration im Wasser;
- Einbringen von Bodengrund aus einem »eingefahrenen« Aquarium, der ausreichende Mengen an nitrifizierenden Bakterien enthält;
- Einbringen von Filtermaterial (Watte, Kunststofffilter) aus einem »eingefahrenen« Aquarium (enthält ebenfalls funktionierende Kultur von Bakterien);
- mindestens 25 Tage abwarten, bevor nach dem Einrichten des Beckens Fische in eingesetzt werden;
- sparsame Fütterung der Fische;
- zu Beginn nur geringe Anzahl von Fischen einsetzen und abgestorbene Pflanzenteile aus dem Becken entfernen;
- Filter mit ausreichend hoher Filterkapazität.

[Ein Wasserwechsel beseitigt zwar die aktuell zu hohen Nitritwerte, sorgt aber nur für kurzfristige Abhilfe in Form einer »Erste-Hilfe-Maßnahme« für geschädigte Fische. Die vierte Maßnahme ist am besten geeignet (warten, bis sich im Aquarium »von selbst« die Nitritkonzentration abbaut); allerdings sollte im Anschluss nur ein sparsamer Fischbesatz vorgenommen werden, um einen zweiten »Nitritpeak« zu vermeiden. Recht gute Resultate erzielt man bisweilen auch durch »Animpfen« von Filtermaterial mit Bakterienkulturen.

Eine Aufstellung von Ursachen des »Nitritpeaks« und von möglichen Gegenmaßnahmen sind in den folgenden Artikeln zusammengestellt:

Fitz, P.: Wie fahre ich ein Aquarium am besten ein? Deutsche Aquarien- und Terrarienzeitschrift **64** (10) 2011: 30 – 37.
http://www.deters-ing.de/Gastbeitraege/nitritpeak.htm
http://www.scalare-online.de/aquaristik/wasserchemie/nitritpeak.html]

Weiterführende Aufgaben

AUFGABE A

Das folgende Diagramm zeigt die zeitliche Entwicklung des Sauerstoffgehalts und der Ammoniumionenkonzentration im Wasser eines neu eingerichteten Aquariums. Versuchen Sie die Kurvenverläufe zu begründen.

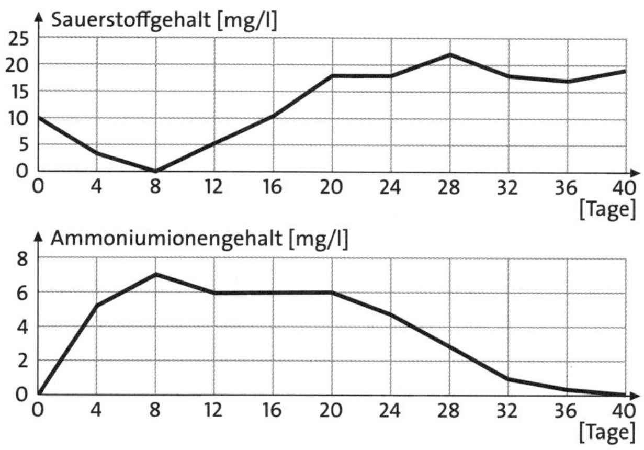

Lösung

In den ersten Tagen steigt die Ammoniumionenkonzentration stark an. Dies könnte unter anderem auf zu starke Fütterung oder zu hohen Fischbesatz zurückgeführt werden, ggf. auch auf einen nicht funktionstüchtigen Filter. Gleichzeitig sinkt der Sauerstoffgehalt des Aquarienwassers, da der Sauerstoff zur Oxidation des Ammoniums zu Nitrit benötigt wird. Mit abnehmender Ammoniummenge infolge des Abbaus (und Beseitigen der Ursache!) steigt auch der Sauerstoffgehalt langsam wieder an. Der zu Ende der Untersuchung gemessene hohe Sauerstoffwert könnte beispielsweise auf verstärktes Pflanzenwachstum zurückgeführt werden.

AUFGABE B

Erläutern Sie, welche Rolle der pH-Wert des Aquarienwassers im Hinblick auf den Stickstoffkreislauf in einem Aquarium spielt.

Lösung

Eine Erhöhung des pH-Werts im Aquarienwasser ist mit einer Umwandlung von Ammoniumionen in für Fische giftiges Ammoniak (NH_3) verbunden [Verschiebung des chemischen Gleichgewichts]:

$$NH_4^+ + H_2O \rightarrow NH_3 + H_3O^+$$

Bei der Ammoniakoxidation zu Nitrit kommt es zu einer Senkung des pH-Werts:

$$2\,NH_3 + 3\,O_2 + 2\,H_2O \rightarrow 2\,NO_2^- + 2\,H_3O^+$$

Sukzession im Klassenzimmer (S. 42)

Konzeption des Arbeitsblattes

Mit Hilfe eines Heuaufgusses lässt sich in vergleichsweise kurzer Zeit ein »Mini-Ökosystem« anlegen. Der Ansatz eigent sich nicht nur zur Untersuchung des darin vorkommenden Artenspektrums, sondern darüber hinaus zur Analyse der typischen Sukzession der auftretenden Organismen.

Die Aufgaben auf dieser Seite trainieren experimentelle Kompetenzen der Schülerinnen und Schüler, indem die Versuchsdurchführung analysiert, Hypothesen zu modifizierten Versuchsansätzen aufgestellt und Versuchsdaten ausgewertet werden. Zudem vertieft und erweitert die Beschäftigung mit den abgebildeten Organismen die Formen- und Artenkenntnis der Lernenden.

Geforderte Kompetenzen: Experimentieren und Beobachten, Argumentieren (Aufstellen und Begründen von Hypothesen), Modellbildung (Heuaufguss als Modell eines natürlichen Kleinökosystems).

Einsatz des Arbeitsblattes im Unterricht

Thematisch stehen Inhalte und Fachbegriffe zu zeitlichen Veränderungen in Ökosystemen im Mittelpunkt dieser Aufgabenseite. Die entsprechenden Grundlagen erhalten die Schülerinnen und Schüler beim Durcharbeiten der Seiten 392 und 393 im Schülerband, insbesondere des Abschnitts »Sukzession und Klimax«. Der letzte Absatz des Textes wird zusammen mit Abb. 395.2 benötigt, um die Aufgaben 5 und 6 zu bearbeiten. Werden die Begriffe »Sukzession« und »Klimax« im Vorfeld der Aufgaben im Unterricht geklärt, ggf. auch mit Hilfe des Glossars im Schülerband, kann das Arbeitsblatt auch zum Einstieg in die Thematik verwendet werden.

Der auf der Seite beschriebene Versuch kann ohne größeren Aufwand im Unterricht durchgeführt werden (Lehreransatz; Untersuchung der Sukzession als Schülerpraktikum).

Lösungen und Anmerkungen

AUFGABE 1

In regelmäßigen Zeitabständen (idealerweise täglich) werden dem Versuchsansatz mit einer Pipette Wasserproben entnommen, am besten jeweils an unterschiedlichen Stellen: aus der Kahmhaut auf der Wasseroberfläche, aus dem Bereich der Halme und am Gefäßboden). Tropfen der Proben werden auf jeweils einen Objektträger gegeben und mikroskopiert. Die gefundenen Organismen werden anschließend bestimmt und deren Häufigkeit wird tabellarisch erfasst. Aus den Daten ergibt sich die Sukzession in dem künstlichen Ökosystem »Heuaufguss«.

[Wird die Untersuchung des Heuaufgusses im Unterricht durchgeführt, können zur Identifizierung der gefundenen Organismen die Abbildungen auf der Aufgabenseite verwendet werden; weiterführende Literatur mit Abbildungen weiterer Einzeller und geeigneten Bestimmungshilfen ist unter »Zusätzliche Materialien« aufgeführt.]

AUFGABE 2

Hypothese 1: Die Organismen stammen aus dem Heu.
Hypothese 2: Die Organismen stammen aus dem zugesetzten Wasser.
Hypothese 3: Die Organismen gelangen im Laufe des Versuchs aus der Luft in den Heuaufguss.

Die experimentelle Überprüfung dieser Hypothesen kann in einer Versuchsreihe erfolgen: Dabei muss darauf geachtet werden, dass – um eindeutige Rückschlüsse zu erhalten – jeweils nur einer der untersuchten Parameter pro Teilversuch verändert wird.

Versuch	Wasser	Luft
1	Teichwasser	Luftzutritt möglich
2	Teichwasser	Luftabschluss
3	abgekochtes Teichwasser	Luftzutritt möglich
4	abgekochtes Teichwasser	Luftabschluss

Durch Abkochen des Teichwassers vor dem Übergießen des Heus (Wasser vorher abkühlen lassen) werden evtl. im Wasser vorhandene Mikroorganismen abgetötet. Dadurch wird ausgeschlossen, dass die Organismen des Heuaufgusses aus dem Wasser stammen. Luftzutritt kann durch Abdecken des Gefäßes verhindert werden. Ist Hypothese 1 richtig, müssten alle Versuchsansätze ein positives Resultat ergeben. Hypothese 2 erweist sich als korrekt, wenn die Ansätze 1 und 2 einen funktionierenden Heuaufguss ergeben, Hypothese 3 ist korrekt, wenn die Ansätze 1 und 3 ein positives Ergebnis liefern. Ansatz 1 dient als Kontrollansatz.

Um zusätzlich noch (die bekanntermaßen falsche) Vorstellung zu überprüfen, ob die Organismen nicht »von selbst« entstehen, müsste auch noch ein Versuchsansatz hergestellt werden, bei dem neben dem Teichwasser auch das Heu vor dem Ansetzen stark wurde und bei dem Luftzutritt ausgeschlossen ist.

AUFGABE 3

Das Ergebnis deutet darauf hin, dass die Ausgangsstadien der im Heuaufguss nachweisbaren Organismen im Wesentlichen aus dem Wasser stammen. Allerdings zeigt die Tatsache, dass auch mit Leitungswasser Einzeller nachweisbar sind, dass zumindest ein Teil der Lebewesen aus dem eingesetzten Heu stammt oder über die Luft eingetragen wird.

[Tatsächlich stammen die Mikroorganismen des Heuaufgusses sowohl aus der Wasserprobe als auch aus dem Heu. Im Heu liegen Dauerstadien (Cysten, Sporen) der Bakterien, Einzeller und Rädertierchen vor, die unter günstigen Bedingungen »zum Leben erweckt werden« und sich vermehren können.]

AUFGABE 4

Nach der RGT-Regel dürften höhere Wassertemperaturen eine Beschleunigung der Wachstums- und Vermehrungsprozesse bewirken [ideal sind Werte zwischen 20 und 25 °C]. Zu hohe Temperaturen, etwa wenn der Ansatz unmittelbarer Sonneneinstrahlung ausgesetzt wird, hemmen die Lebensvorgänge, ebenso zu niedrige Werte. Temperaturerhöhung bewirkt allerdings auch eine Beschleunigung der Zersetzungsprozesse, wodurch es zu unerwünschten Nebenprozessen (Faulen, Gärungsprozesse) im Ansatz kommen kann.

AUFGABE 5

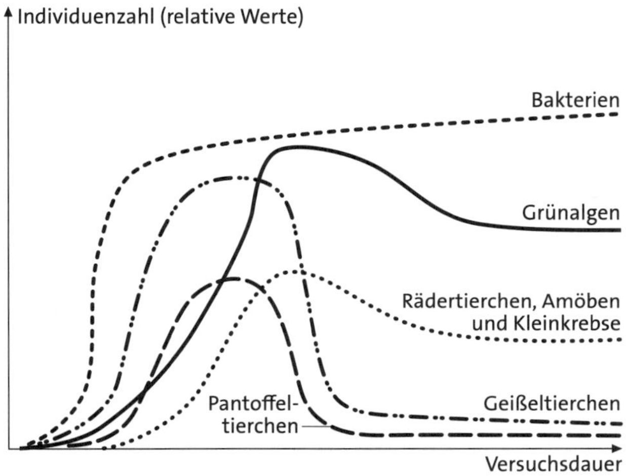

AUFGABE 6

a) Die Grafik zeigt den Verlauf der Entwicklung von Brutto- und Nettoprimärproduktion, Biomasse und Atmungsintensität in einem Heuaufguss über einen Verlauf von 100 Tagen, gerechnet ab dem Tag des Ansatzes.

Die Bruttoprimärproduktion steigt im Verlauf der ersten 25 Tage an, sinkt dann ab und stagniert schließlich auf einem konstanten mittleren Niveau. Dieser Kurvenverlauf lässt sich damit erklären, dass sich im ersten Zeitraum pflanzliche Einzeller, die in Gestalt von Dauerstadien und im Wasser enthaltenen Einzelzellen in den Ansatz gelangen, vermehren und so Biomasse aufbauen. Im selben Zeitraum steigt auch die Biomasseproduktion an, ebenso die Atmungsintensität, die sowohl auf die pflanzlichen Einzeller als auch auf zunehmend stärker im Heuaufguss vertretene Konsumenten (heterotrophe Einzeller) zurückzuführen ist. Die Differenz zwischen Bruttoprimärproduktion und gebildeter pflanzlicher Biomasse stellt die Nettoprimärproduktion dar. Zunächst steigt dieser Wert, sinkt aber im weiteren Versuchsverlauf, während die Biomasse zunimmt. Dies hängt damit zusammen, dass nun ein Teil der Primärproduktion von heterotrophen Organismen verwertet wird, die ihrerseits zur Biomassenzunahme beitragen. Nach etwa 68 Tagen hat sich ein Stadium eingestellt, in dem Bruttoprimärproduktion, Gesamtbiomasse und Atmungsintensität annähernd konstant bleiben und die Nettoprimärproduktion fast gleich Null ist. Während zunächst die Produktion die Atmungsvorgänge quantitativ übertrifft und so ein beträchtlicher Produktionszugewinn verzeichnet werden kann, halten sich in der Plateauphase die beiden Stoffwechselprozesse die Waage, und es lässt sich ein scheinbares Gleichgewicht zwischen aufbauenden und abbauenden Prozessen messen; es herrscht ein Fließgleichgewicht (Homöostase). Ein solches Stadium bezeichnet man als Klimaxstadium.

b) Im Falle des Heuaufgusses kann man eigentlich nicht von einem Klimaxzustand sprechen – ohne Einwirkung von außen (z. B. durch Nachfüllen des verdunsteten Wassers) würden die Lebensvorgänge in diesem künstlichen »Ökosystem« nach einiger Zeit zum Erliegen kommen. In natürlichen Ökosystemen ist der Klimaxbegriff problematisch, weil sich in jedem Biotop immer wieder Änderungen der Umweltbedingungen ergeben, es also eigentlich nie zu einem »Endzustand« kommen kann. Vielmehr ist mit Klimax ein über längere Zeiträume stabiler Zustand eines Lebensraums gemeint, der ohne Einwirkung von außen (sei es durch den Menschen, sei es durch Änderungen der Umweltbedingungen) bestehen bleibt.

Zusätzliche Materialien

Literatur zur Bestimmung einzelliger Organismen

Streble, H. & Krauter, D.: Das Leben im Wassertropfen. Mikroflora und Mikrofauna des Süßwassers. Ein Bestimmungsbuch. Franckh-Konsmos, Stuttgart, 9. Aufl. 2002.

Bellmann, H. et al.: Einzeller und Wirbellose. Mosaik Verlag, München 1991.

Sauer, F.: Tiere und Pflanzen im Wassertropfen nach Farbfotos erkannt. Fauna-Verlag, Karlsfeld 1982.

Weiterführende Aufgaben

AUFGABE

Begründen Sie, weshalb man nach dem Untersuchen eines Heuaufgusses gründlich die Hände waschen sollte.

Lösung

Sowohl im Heu als auch im Wasser können pathogene Keime enthalten sein, die sich unter den günstigen Bedingungen des Heuaufgusses vermehren können.

Rätsel

Ökosystem See (S. 43)

Lösen Sie das Silbenrätsel, indem Sie die fehlenden Begriffe rund um das Ökosystem See in Druckbuchstaben ergänzen. Die am Ende der Zeile stehende Zahl gibt die Position eines Buchstaben im jeweiligen Lösungswort an. Die Buchstaben aller Lösungsbegriffe ergeben – von oben nach unten gelesen – die Bezeichnung für den Tiefenbereich eines Sees, in dem sich auf- und abbauende Prozesse die Waage halten.

" Wir hätten gern ein großes, stilles Wasser. "

AL • BEN • BI • BI • CHER • E • EN • EU • EU • FEL • FEX • FLIE • GEN • GI • GO • HY • IN • IO • KÖ • KU • LA • LA • LAR • LI • LI • LICHT • LIM • LIM • NA • NÄHR • NE • NEN • NI • NI • NI • O • ON • ON • ON • ON • PE • PI • PHIE • PHY • PLANK • PLANK • PO • PRO • RAL • RUNG • SA • SCHICHT • SCHICHT • SCHICHT • SCHILF • SCHWE • SER • SI • SPRUNG • STAG • STOFF • TÄT • TEN • THAL • TI • TI • TO • TO • TON • TON • TRAT • TRO • TROPH • TROPH • TU • VE • VIER • VOLL • WAS • ZEHR • ZIR • ZO

Freiwasserzone	PELAGIAL	(3)
Uferzone	LITORAL	(2)
Bereich in einem See, in dem die fotosynthetische Produktion größer als der respiratorische Abbau ist	NÄHRSCHICHT	(6)
Bodenzone	BENTHAL	(5)
stickstoffhaltige Abbauprodukte aerober Bakterien	NITRATIONEN	(3)
Phänomen, das im Frühjahr und im Herbst in einem See auftritt	VOLLZIRKULATION	(8)
Winterphänomen in einem See	STAGNATION	(9)
oberflächennahe Wasserschicht, die sich durch eine geringere Dichte auszeichnet	EPILIMNION	(6)
Zustand eines Sees, bei dem es zu vermehrter Faulschlammbildung am Grund des Sees kommt (Adjektiv)	EUTROPH	(6)
lichtarmer bis lichtloser Tiefenbereich, in dem abbauende Prozesse überwiegen	ZEHRSCHICHT	(2)
Pflanzengesellschaft im Litoral	SCHILFZONE	(9)
giftiger Stoff, der beim Abbau organischer Substanzen durch anaerobe Bakterien entsteht	SCHWEFELWASSERSTOFF	(1)
Organismus, der auf eine geringe Schadstoffbelastung des Wassers hinweist	KÖCHERFLIEGENLARVE	(15)
deutsche Bezeichnung für Metalimnion	SPRUNGSCHICHT	(13)
Wert in Grad Celsius, bei dem Wasser seine höchste Dichte hat	VIER	(2)
kältere Tiefenwasserschicht	HYPOLIMNION	(4)
mikroskopisch kleine Produzenten in einem Gewässer	PHYTOPLANKTON	(9)
Organismen, die den Grad der Wasserverschmutzung anzeigen	SAPROBIEN	(1)
im Wasser schwebende Kleinlebewesen	PLANKTON	(6)
Zustand eines nährstoff- und mineralstoffarmen Gewässers (Adjektiv)	OLIGOTROPH	(3)
starke Zunahme des Mineralstoffgehalts eines Gewässers infolge des Abbaus organischer Stoffe	EUTROPHIERUNG	(1)
Organismus, der am Boden stark verschmutzter Seen lebt (wissenschaftlicher Gattungsname)	TUBIFEX	(5)
nimmt mit zunehmender Wassertiefe ab	LICHTINTENSITÄT	(9)

Lösungswort: LICHTKOMPENSATIONSTIEFE

Plankton – Leben in der Schwebe (S. 44)

Konzeption des Arbeitsblattes

Das Arbeitsblatt dient der Anwendung des Wissens über Nahrungsbeziehungen und charakteristische Wechselbeziehungen Ökofaktoren in marinen Ökosystemen. Die Schülerinnen und Schüler sollen den Jahresgang abiotischer und biotischer Faktoren im Oberflächenwasser eines Meeres der gemäßigten Breiten analysieren. Dabei sollen sie insbesondere die Frühjahrssukzession im Phytoplankton an einem Beispiel aus dem nördlichen Atlantik interpretieren. Der inhaltliche Schwerpunkt liegt auf den Basiskonzepten »System« und »Stoff- und Energieumwandlung«.

Geforderte Kompetenzen: Repräsentationswechsel (Identifizieren von Messkurven und Erstellen eines Schaubilds aus Textinformationen), Argumentieren.

Einsatz des Arbeitsblattes im Unterricht

Die Seite kann an unterschiedlichen Stellen im Unterricht eingesetzt werden. Hier werden mehrere Themenkomplexe verknüpft: Stoffkreisläufe (Schülerband S. 390 f.), Nahrungsbeziehungen in einem Ökosystem (S. 388 f.), zeitliche Veränderungen in einem Ökosystem (hier: Aspektfolge; S. 392) und Ökosysteme des Meeres (S. 398 f.). Weitere Informationen finden die Schülerinnen und Schüler außerdem auf den Seiten 396 – 397 sowie auf den Seiten 408 – 409 des Schülerbandes. Die Zusammenhänge zwischen den im Ökosystem herrschenden Faktoren werden dort am Beispiel limnischer Ökosysteme beschrieben und sollen nun auf marine Systeme übertragen werden.

Das Arbeitsblatt kann beispielsweise als Einstieg in das Thema »marine Ökosysteme« dienen; die auf den entsprechenden Seiten im Schülerband zusammengestellten Informationen werden für die Lösungen der Aufgaben nicht benötigt.

Lösungen und Anmerkungen

AUFGABE 1

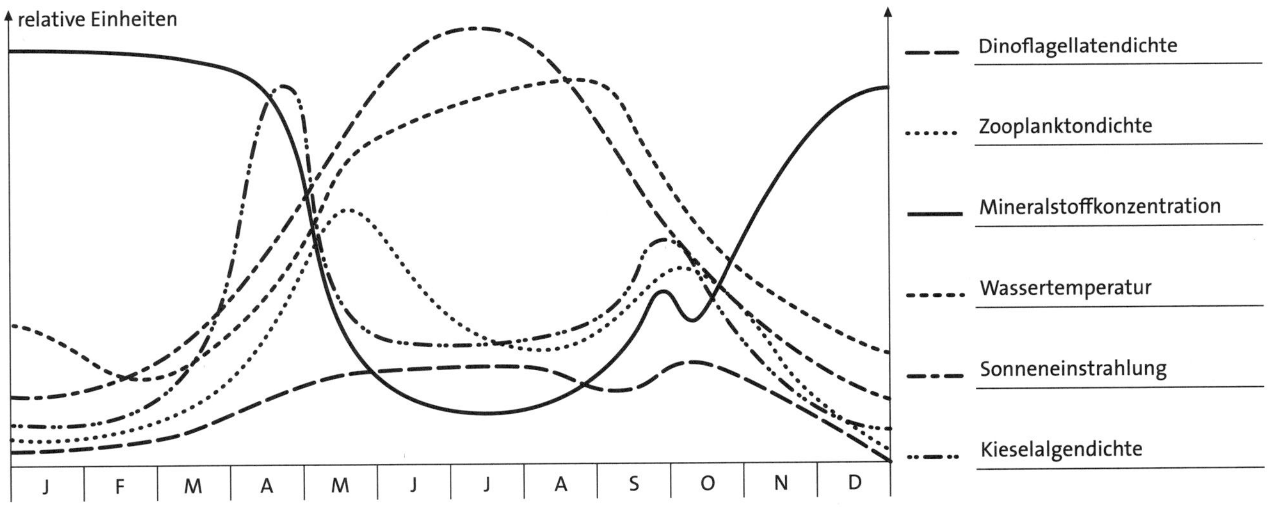

Am einfachsten lassen sich die Kurven zu den beiden abiotischen Faktoren Sonneneinstrahlung und Wassertemperatur zuordnen:

Sonneneinstrahlung (Kurve 5): regelmäßiger Kurvenverlauf, mit niedrigsten Werten in den Wintermonaten und einem ausgeprägten Maximum in den Sommermonaten.

Wassertemperatur (Kurve 4): Die Kurve folgt der der Sonneneinstrahlung, wegen der Speicherung von Sommerwärme im Meerwasser erfolgt der Abfall der Temperatur aber zeitversetzt zur minimalen Sonneneinstrahlung.

Kieselalgen [Diatomeen] (Kurve 6): Nach dem Winter vermehren sich zunächst die Kieselalgen explosionsartig. Sobald jedoch die Silikationen im Wasser aufgebraucht sind, die die Kieselalgen zum Aufbau ihrer Schalen benötigen, hört dieses Populationswachstum auf. Die Algen sterben ab, verklumpen und sinken in die Tiefe [»*marine snow*«].

Mineralstoffkonzentration (Kurve 3): Im Winter ist eine sehr hohe Mineralstoffkonzentraion festzustellen. Sobald sich die autotrophen Planktonorganismen vermehren, sinkt parallel der Mineralstoffgehalt des Meerwassers, insbesondere die Konzentration an Silikationen, die zum Aufbau der Algenhüllen benötigt werden. Wegen der Sommerstagnation kommt es zu einer Verarmung des Oberflächenwassers an Mineralstoffen. Die Herbstzirkulation führt zu einer erneuten Erhöhung der Mineralstoffkonzentration; eine Herbstplanktonblüte (s. Kurven 1 und 6), die aber nicht so stark ausfällt wie die Frühjahrsvermehrung, ist die Folge.

Zooplanktondichte (Kurve 2): Der Kurvenverlauf folgt dem der Kieselalgen. Die planktischen Tiere ernähren sich von den Algen; die Maxima der Populationskurven im Frühjahr und Herbst sind gemäß den LOTKA-VOLTERRA-Regeln phasenverschoben.

Panzergeißelalgen (Dinoflagellaten; Kurve 1) vermehren sich im Anschluss an das Diatomeenpopulationswachstum. [Ihre Zellwand ist aus Cellulose aufgebaut. Sie benötigen also keine Silikationen. Die Panzergeißelalgen können sich so lange vermehren, bis der Rest der im Wasser gelösten Nitrationen verbraucht ist.]

AUFGABE 2

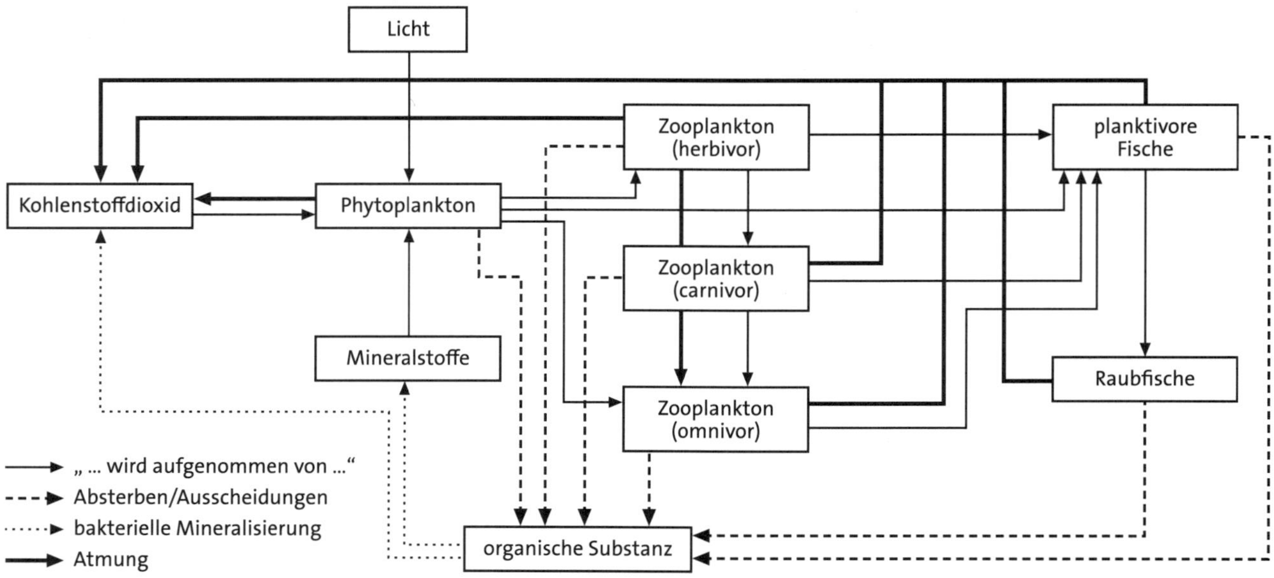

Weiterführende Aufgaben

AUFGABE

Die Abbildungen rechts zeigen den Jahresgang der Planktonorganismen in Meeren tropischer bzw. polarer Breiten im Vergleich zu einem Meer der gemäßigten Breiten. Ordnen Sie die mittlere und unter Kurve jeweils einem der beiden Gebiete zu und begründen Sie Ihre Entscheidung.

Lösung

Die mittlere Abbildung stellt die Verhältnisse in tropischen Breiten dar, das untere Schaubild zeigt den Jahresgang in polaren Regionen.

In den tropischen Meeren treten die für unsere Breiten typischen Temperaturunterschiede zwischen den Jahreszeiten nicht auf. Die starken Zirkulationen im Frühjahr und im Herbst bleiben daher aus. Es kommt daher nicht zu einem Transport von Mineralstoffen aus größeren Tiefen in das Oberflächenwasser. Aufgrund der geringen Mineralstoffkonzentration im Oberflächenwasser tropischer Meere ist die Biomasseproduktion relativ gering.

In den polaren Breiten spielen die Lichtverhältnisse eine entscheidende Rolle. Es treten typische jahreszeitliche Unterschiede in der Biomasseproduktion auf. Der lange und lichtarme Winter verkürzt die jährliche Produktionsphase. Die Biomasseproduktion ist in den Sommermonaten sehr hoch.

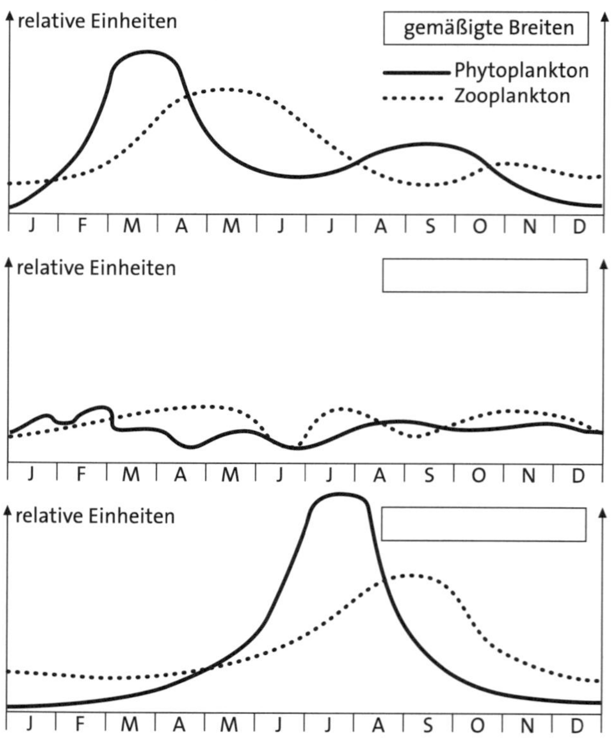

Ein exotischer Neubürger (S. 45)

Konzeption des Arbeitsblattes

Der Halsbandsittich ist ein gut untersuchtes und attraktives Beispiel für einen »Neubürger« in der mitteleuropäischen Fauna. An diesem Beispiel sollen Wege der Einbürgerung, Ausbreitungsmechanismen und die Problematik von Neozoen thematisiert werden. Die Aufgaben zum Infotext und den Abbildungen beziehen sich auf die Veranschaulichung der aktuellen Verbreitung dieser in Deutschland mittlerweile etablierten Papageienart, ihre ökologischen Ansprüche und die mögliche Konkurrenz zu anderen heimischen Tierarten. Abschließend sollen die Schülerinnen und Schüler Stellung nehmen zu möglichen Bekämpfungsmaßnahmen.

Geforderte Kompetenzen: Bewertung (Argumente pro und contra Bekämpfung invasiver Neobiota), Argumentation, Repräsentationswechsel (Einzeichnen von Orten in eine Verbreitungskarte).

Einsatz des Arbeitsblattes im Unterricht

Der Einfluss des Menschen auf die Zusammensetzung des Artenspektrums in bestimmten Regionen der Erde wird an zwei Stellen des Schülerbandes angesprochen (S. 406, S. 412). Das vorliegende Arbeitsblatt kann als Einstieg in die Thematik eingesetzt werden. Am Beispiel des Halsbandsittichs kann der im Arten- und Umweltschutz umstrittene Umgang mit invasiven »Neubürgern« im Unterricht angesprochen und kontrovers diskutiert werden. Vertiefend können Rechercheaufgaben zur Biologie der Art durchgeführt werden, die weitere, über die Informationen des Arbeitsblatts hinausgehende Fakten für die Diskussion liefern.

Lösungen und Anmerkungen

AUFGABE 1

Die Vorkommen des Halsbandsittichs in Deutschland beschränken sich auf klimatisch bevorzugte Regionen (so genannte »Wärmeinseln«, vor allem Wein- und Obstanbaugebiete entlang des Rheins). Harte Winter überstehen die Tiere nicht. [Außerdem spiegelt die Verbreitung die Häufigkeit von Papageienhaltern wieder: Im Rheinland und im Rhein-Neckar-Gebiet findet man überdurchschnittlich viele Papageienliebhaber!]

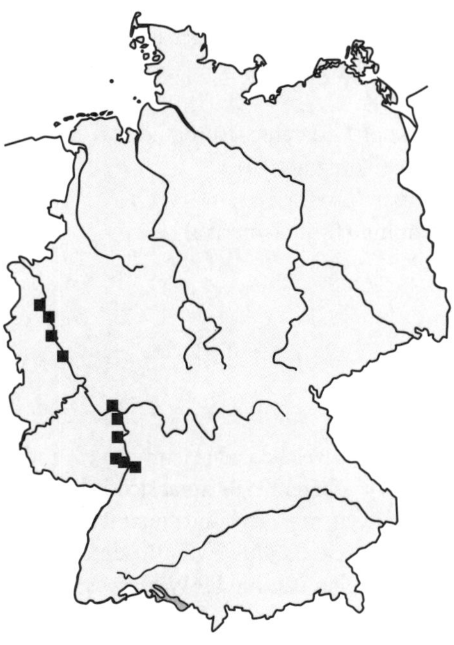

AUFGABE 2

Platanen werden oft als Allee- und Parkbäume angepflanzt. Diese Bestände ähneln den lockeren Waldgebieten in den Ursprungsländern der Papageien. Zudem weisen Platanen häufig eine Vielzahl von natürlich entstandenen Höhlen auf [s. Foto], die von den höhlenbrütenden Tieren als Nistplätze genutzt werden können.

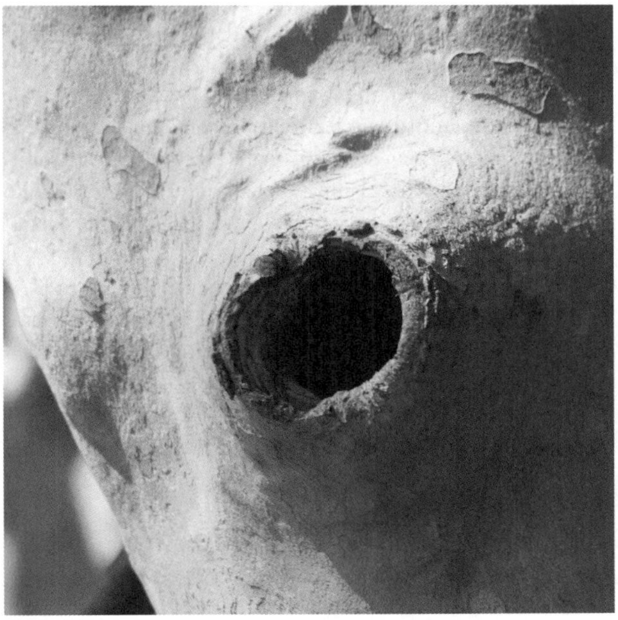

Halsbandsittich-Bruthöhle in einer Platane (Heidelberg)

AUFGABE 3

Nahrung, Schlafbäume und insbesondere Nisthöhlen.

AUFGABE 4

Pro Bekämpfung:
- Konkurrenz und mögliche Verdrängung einheimischer Arten mit ähnlichen Umweltansprüchen
- Schadwirkung [bei Halsbandsittichen z. B. durch »Übergriffe« auf Obstplantagen]

Contra Bekämpfung:
- schwierig durchzuführen, ohne andere Arten nachhaltig zu stören oder gar zu schädigen
- Bereicherung der heimischen Fauna und Erhöhung der Biodiversität insbesondere in urbanen Lebensräumen
- viele heute »einheimische« Arten waren früher auch Einwanderer [z. B. Feldhamster, Wildkaninchen und Hausratte, die im Zuge der menschlichen Agrarwirtschaft nach Mitteleuropa eingewandert sind]
- Sittiche nutzen als Nahrungsquellen zu einem hohen Teil Pflanzen, die ebenfalls nicht ursprünglich einheimisch sind (Parkanpflanzungen)
- Tierschutzgedanke: Tiere dürfen nicht ohne vernünftigen Grund getötet werden.

Zusätzliche Materialien

Internetseiten und Literatur zum Thema

http://halsbandsittiche.papageien.org/

Website des Arbeitskreises Papageien-Netzwerk; informative Zusammenstellung von Informationen über in Deutschland nachgewiesene Papageienarten.

http://www.birdinggermany.de/halsbandsittich.htm

Kurzer Artikel über die Bestandssituation des Halsbandsittichs in Deutschland.

Bauer, H.-G. & Woog, F.: Nichtheimische Vogelarten (Neozoen) in Deutschland. Teil I: Auftreten, Bestände und Status. Vogelwarte - Zeitschrift für Vogelkunde **46** (3) 2008: 157 - 194. Im Internet unter http://do-g.de/fileadmin/do-g_dokumente/Vowa_Heft_3_2008.pdf

Braun, M.: Neozoen in urbanen Habitaten: Ökologie und Nischenexpansion des Halsbandsittichs (*Psittacula krameri* Scopoli, 1769) in Heidelberg. Diplomarbeit, Universität Marburg 2004. Im Internet unter http://www.uni-heidelberg.de/institute/fak14/ipmb/phazb/thesis.html

Vögel als Neozoen in Deutschland

Eine Reihe von Vogelarten aus anderen Regionen der Erde gilt in Deutschland als eingebürgert (1), andere Arten brüten regelmäßig, werden aber (noch) nicht als etablierte Bestandteile der einheimischen Fauna angesehen (2). Andere Arten brüten verienzelt und unregelmäßig und zeigen keine Anzeichen einer dauerhaften Ansiedlung (3).

(1) In Deutschland etablierte Vogelarten (in Klammern Herkunftsgebiet, Anzahl der Brutpaare in Deutschland (Stand 2007/2008) und Erstnachweis in Deutschland):

Kanadagans (Nordamerika; 1400 - 1600; 1884)
Nilgans (Afrika; 2200 - 2600; 1866)
Rostgans (Vorderasien und Nordafrika; 52 - 72; 17. Jh.)
Mandarinente (Ostasien; 350 - 450; 1896)
Jagdfasan (Asien; 150 000 - 220 000; 12. Jh.)
Straßentaube (Mittelmeergebiet; 180 000 - 250 000; 2. Jh.)
Halsbandsittich (Südasien und Afrika; 650 - 880; 1967)

(2) Regelmäßige Brutvögel, die bislang noch nicht als etabliert gelten und z. T. nur lokal verbreitet sind:

Nandu (Südamerika; 7 - 10; 2000; nur Mecklenburg-Vorpommern)
Trauerschwan (Australien; 11 - 18; 1950er Jahre)
Singschwan (nördliche Paläarktis; 18 - 21; um 1970; Neozoenpopulation in Hamburg)
Weißwangengans (nördliche Paläarktis; ca. 190; 1988)
Schwanengans (Ostasien; 15 - 20; ab 1854)
Streifengans (Ost- und Zentralasien; 15 - 18; ab 1956)
Wildtruthuhn (Nordamerika; 20; 1889)
Chileflamingo (Südamerika; 3 - 12; 1966; nur Nordrhein-Westfalen)
Rosaflamingo (Südeuropa und Afrika; 2 - 5; vor 1983; nur Nordrhein-Westfalen)
Großer Alexandersittich (Südasien; 50 - 61; 1980er Jahre)
Gelbkopfamazone (Südamerika; 8; 1984; nur Stuttgart)

(3) Unregelmäßige Brutvögel ohne Anzeichen von Etablierung:

Schwarzkopf-Ruderente (Nordamerika)
Brautente (Nordamerika)
Königsfasan (Ostasien)
Kubaflamingo (Mittelamerika)

Weiterführende Aufgaben

AUFGABE

Nennen Sie Möglichkeiten, wie es zur Etablierung von Tierarten in neuen Verbreitungsgebieten kommen kann.

Lösung

Aussetzen oder Entweichen von Heim-, Nutz- und Zootieren, Aussetzen von jagdbarem Wild, unabsichtliches Einschleppen mit Handelsgütern, mit Zier- und Nutzpflanzen (viele Insekten, die als Pflanzenschädlinge von Bedeutung sind), aktives Einwandern auf dem Land- oder Wasserweg.

Sex, Spinnen und Satelliten im Einsatz (S. 46)

Konzeption des Arbeitsblattes

Das Arbeitsblatt dient der Anwendung des Wissens über die verschiedenen Typen der Schädlingsbekämpfung: biologische, chemische, klassische, genetische und integrierte Schädlingsbekämpfung. Die Schülerinnen und Schüler sollen einzelne Fallbeispiele aus der Praxis der Schädlingsbekämpfung bestimmten Typen zuordnen und ihre jeweilige Entscheidung begründen. Die Definitionen der einzelnen Schädlingsbekämpfungstypen finden sich auf S. 407 sowie im Glossar des Schülerbandes. Die jeweils charakteristischen Kennzeichen der unterschiedlichen Formen werden dort an Beispielen beschrieben und sollen nun auf neue Beispiele übertragen werden. Der inhaltliche Schwerpunkt der Seite liegt auf den Basiskonzepten »Reproduktion und Individualentwicklung« und »System«.

Geforderte Kompetenzen: Bewertung (Diskussion des Schädlingsbekämpfungseinsatzes), Argumentieren (begründete Zuordnung der Fallbeispiele zu den Schädlingsbekämpfungstypen), Gebrauch der Fachsprache (Definitionen).

Einsatz des Arbeitsblattes im Unterricht

Die Seite kann im Anschluss an die Behandlung des Themas Schädlingsbekämpfung im Schülerband (S. 407) eingesetzt werden. Fachliche Voraussetzungen für die Bearbeitung der Aufgaben sind grundlegende Kenntnisse über biotische und abiotische Faktoren und deren Einfluss auf Organismen sowie zur Entwicklung von Populationen. Das Arbeitsblatt sollte daher erst zu einem späteren Zeitpunkt innerhalb der Ökologieeinheit eingesetzt werden. Es ist auch als Lernerfolgstest bzw. als Vorbereitung auf eine Klausur denkbar.

Ergänzend können die Schülerinnen und Schüler Recherchen zu den auf der Seite vorgestellten Schadinsekten durchführen.

Lösungen und Anmerkungen

AUFGABE 1

Fallbeispiel 1 »Sex bis zum Aussterben«

Das Fallbeispiel kann der gentechnischen und biologischen Schädlingsbekämpfung zugeordnet werden:

Die Sterile-Insekten-Technik (SIT), bei der durch ionisierende Strahlung oder bestimmte Chemikalien sowie durch Übertragung von Transgenen sterile Männchen der Schadinsekten erzeugt werden, zählt zur gentechnischen Schädlingsbekämpfung.

Das Verhältnis von sterilen zu fertilen Männchen hat Einfluss auf den Begattungserfolg. Die daraus resultierende dynamische Entwicklung innerhalb der Population kann daher auch der biologischen Schädlingsbekämpfung zugeordnet werden.

Fallbeispiel 2 »Spinnen im Kampf gegen Blattläuse«

Das Fallbeispiel zeigt eine Kombination aus verschiedenen Schädlingsbekämpfungsmethoden:

Das Anlegen von Wildkrautstreifen zählt ebenso wie Baumschnittmaßnahmen zur klassischen Schädlingsbekämpfung. Die daraus resultierende Zunahme der Spinnenanzahl im System dient der biologischen Schädlingsbekämpfung. Der Einsatz von Insektiziden zählt zur chemischen Schädlingsbekämpfung.

Fallbeispiel 3 »Satelliten spüren Nonnen auf«

Beim Fallbeispiel des Insektizideinsatzes handelt es sich um eine chemische Schädlingsbekämpfung: Der Einsatz von Satellitenbildern dient [ebenso wie das Ausbringen von Pheromonfallen, Leimringen, Schlupfpyramiden oder Kotfallkontrollen] lediglich dem rechtzeitigen Auffinden von befallenen Stellen und nicht der Bekämpfung, ist also kein Einsatz von Fallen im Sinne einer biologischen Schädlingsbekämpfung.

[Bei der Bekämpfung von Fraßschädlingen in Nadelforsten wie z. B. der Nonne kommen vor allem artspezifische Häutungshemmer zum Einsatz. Diese Substanzen haben gegenüber den sogenannten »Kontaktgiften« den Vorteil, dass sie nicht auch andere Insekten, z. B. »Nützlinge« wie Bienen, gefährden und dass sie länger als die Kontaktgifte an den Blattoberflächen haften. Daher ist, nachdem Insektizide mit dem Hubschrauber ausgebracht worden sind, das Sammeln von Pilzen und Beeren im Wald verboten. Die Chemikalien können in die Nahrungskette gelangen und sind vermutlich auch gesundheitsschädlich für den Menschen. Beim Ausbringen werden u. a. Bereiche mit Wasserläufen und stehenden Gewässern ausgenommen.

Lediglich dann, wenn die Baumbestände bereits stark befallen und somit »entnadelt« sind, greift man auf Kontaktinsektizide zurück. Dann fehlt nämlich die notwendige Auflagefläche für die Häutungshemmer, die – damit sie wirksam werden können – von den Raupen gefressen werden müssen.

Der Raupenschlupf beginnt in der Regel vor der Triebbildung im Frühjahr. Ein früher Insektizideinsatz hat den Vorteil die Häutungen zu behindern, jedoch den Nachteil, den später folgenden Jungaustrieb nicht mehr vor Fraßschaden zu schützen. Ein später Insektizideinsatz hat entsprechende frühe Fraßschäden zu Folge. Nachteilig ist weiterhin, dass ältere Raupen weniger anfällig für Insektizide sind als jüngere.]

AUFGABE 2

Anlegen von Wildkrautstreifen:

Pro: umweltschonende (keine Ausbringung von Giftstoffen) und nachhaltige Maßnahme, verbessert den ökologischen Wert der Obstplantage

Contra: aufwendige Maßnahme, erfordert Pflege, Erfolg stellt sich nicht sofort ein.

Entfernen befallener Zweige:

Pro: umweltschonend, Verzicht auf Umweltgifte

Contra: arbeitsintensiv, schmälert ggf. die Ernte

Einsatz von Insektiziden:

Pro: rascher und durchgreifender Bekämpfungserfolg

Contra: Ausbringen von Giftstoffen in Böden, Grund- und Oberflächenwasser, Anreicherung der Gifte in der Nahrungskette, teure Maßnahme, oft auch unspezifische Schädigung von Nichtschädlingsarten; ggf. mehrfaches Ausbringen notwendig

Zusätzliche Materialien

Literatur und Internetbeiträge zum Thema

Waldschutz-Merkblatt 52 (2004): Die Nonne. Ministerium für Landwirtschaft, Umweltschutz und Raumordnung Brandenburg, Landesforstanstalt Eberswalde. Internet: http://forst.brandenburg.de/cms/media.php/lbml.a.4595.de/nonne.pdf

http://www.dradio.de/dlf/sendungen/forschak/1612280/
Internetbeitrag des Deutschlandradios (2011) zur Stechmückenbekämpfung mit Hilfe der Sterile-Insekten-Technik (SIT).

http://www.spiegel.de/spiegel/print/d-66284723.html
Spiegel-Artikel (2009) zur Bekämpfung der Tsetsefliege mit Hilfe der SIT.

http://www.uni-goettingen.de/de/103734.html
Gentechnologische Bekämpfung der Mittelmeer-Fruchtfliege (Universität Göttingen).

http://www.kob-bavendorf.de/Service/schaedlinge-und-krankheiten/schaedlinge/mehlige-apfelblattlaus
Website des Kompetenzzentrums Obstbau-Bodensee mit Informationen zu Körperbau, Biologie und Schadwirkung der Mehligen Apfelblattlaus. Unter der Rubrik »Schädlinge« Steckbriefe zahlreicher weiterer Obstbauschädlinge.

Majunke, C., Möller, K. & Funke, M.: Die Nonne (*Lymantria monacha* L., Lepidoptera, Lymantriidae). Waldschutz-Merkblatt **52,** 3. Aufl. 2004.

Nonne (Lymantria monacha). Nachtaktive Schmetterlingsart aus der Familie der Eulenfalter (Noctuidae; Unterfamilie Trägspinner – Lymantriinae).

Die Abwasserdetektive (S. 47)

Konzeption des Arbeitsblattes

Anhand des vorliegenden Arbeitsblattes soll an konkreten chemischen Wasseruntersuchungsergebnissen die Selbstregulation eines Fließgewässers analysiert werden. Dabei werden als Parameter die Konzentrationen von Sauerstoff, Ammonium-, Nitrat- und Phosphationen berücksichtigt, außerdem wirbellose Tiere, die in bestimmten Gewässerabschnitten angetroffen wurden. Die Schülerinnen und Schüler ordnen zunächst die Wasserproben den Probestellen zu und begründen ihre Entscheidung. Im Anschluss ordnen die Lernenden die Tierfunde den Wasserproben bzw. den Probestellen zu. Der inhaltliche Schwerpunkt der Aufgabenseite liegt auf den Basiskonzepten »Stoff- und Energieumwandlung«, »Regulation« und »System«.

Zugleich dient das Arbeitsblatt der Förderung von Methodenkompetenzen. Die Schülerinnen und Schüler stellen ihr Ergebnis im Anschluss an die Zuordnung graphisch dar. Dabei soll ein Tabellenkalkulationsprogramm eingesetzt werden. Die Analyseergebnisse sollen dann erläutert werden.

Geforderte Kompetenzen: Repräsentationswechsel (Übertragung von Messwerten in eine Tabelle und anschließende Überführung der tabellarischen Daten in eine graphische Darstellung), Experimentieren und Beobachten (Durchführung einer Wasseranalyse), Argumentieren (begründete Zuordnung der Wasserproben zu den Entnahmestellen und den Organismengruppen), Gebrauch der Fachsprache (Definition »Selbstregulation«).

Einsatz des Arbeitsblattes im Unterricht

Das Arbeitsblatt kann im Anschluss an die unterrichtliche Behandlung des Themas »Belastung des Wassers« eingesetzt werden. Fachliche Voraussetzungen für die Bearbeitung der Aufgaben sind Kenntnisse zu Parametern von Gewässeruntersuchungen und zum Saprobiensystem. Im Schülerband finden sich diesbezügliche Informationen auf den Seiten 408 – 409. Abbildungen zur Beurteilung der Gewässerqualität anhand der in einem bestimmten Gewässerabschnitt vorkommenden Organismen sind in Abb. 408.1 zusammengestellt, die zur Beantwortung von Aufgabe 4 herangezogen werden kann. Auf S. 421 findet man zur Vertiefung der Thematik eine Aufgabe zur Selbstreinigung von Gewässern.

Die Aufgaben können auch zur Vertiefung einer praktisch im Rahmen einer Geländeuntersuchung durchgeführten Analyse eines Fließgewässers eingesetzt werden.

Lösungen und Anmerkungen

AUFGABE 1

	Entnahmestellen der Wasserproben	E_1	E_2	E_3	E_4	E_5
		P_3	P_1	P_5	P_4	P_2
Stoffkonzentrationen	Sauerstoff [mg O_2/l]	8,6	2,5	5,6	7,1	8,0
	Ammoniumionen [mg NH_4^+/l]	0,0	2,5	1,7	1,0	0,2
	Nitrationen [mg NO_3^-/l]	0,5	0,1	0,6	1,3	1,0
	Phosphationen [mg PO_4^{3-}/l]	0,0	1,5	0,6	0,3	0,1

AUFGABE 2

S. Diagramme auf der nächsten Seite. Die Daten sind in Form eines Punktdiagramms (Abb. oben) und als Säulendiagramm (Abb. unten) dargestellt.

AUFGABE 3

An den Messdaten kann die Selbstreinigung von Fließgewässern nachvollzogen werden:

E_1/P_3: An der Stelle E_1 ist die Probe P3 entnommen worden. Es handelt sich um Quellwasser, das sich durch eine hohe Sauerstoffkonzentration auszeichnet. Die Parameter, die eine Verschmutzung des Gewässers anzeigen (Ammonium, Nitrat, Phosphat), sind nicht oder nur in geringen Konzentrationen nachweisbar; der Mineralstoffgehalt ist sehr niedrig. Im Gewässer herrschen aerobe Bedingungen.

E_2/P_1: Vor der Stelle E_2 scheinen Abwässer, also organische und anorganische Verunreinigungen, eingeleitet worden zu sein. Es ist eine deutliche Abnahme der Sauerstoffkonzentration auf 2,5 mg/l sowie ein hoher Ammonium- und Phosphationengehalt zu beobachten. Es herrschen offensichtlich anaerobe Bedingungen.

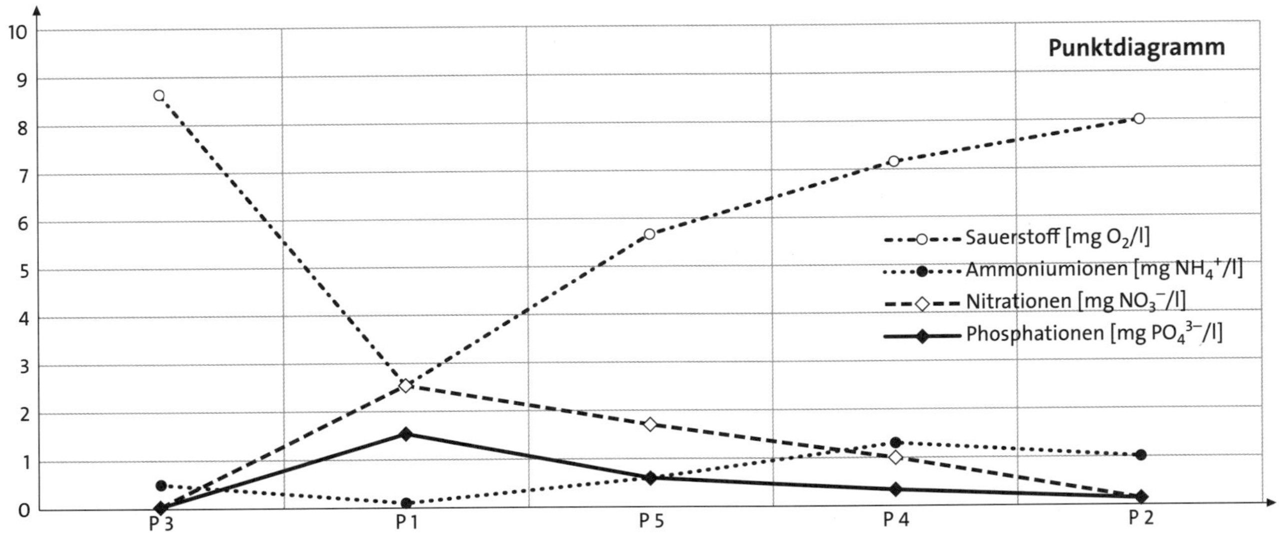

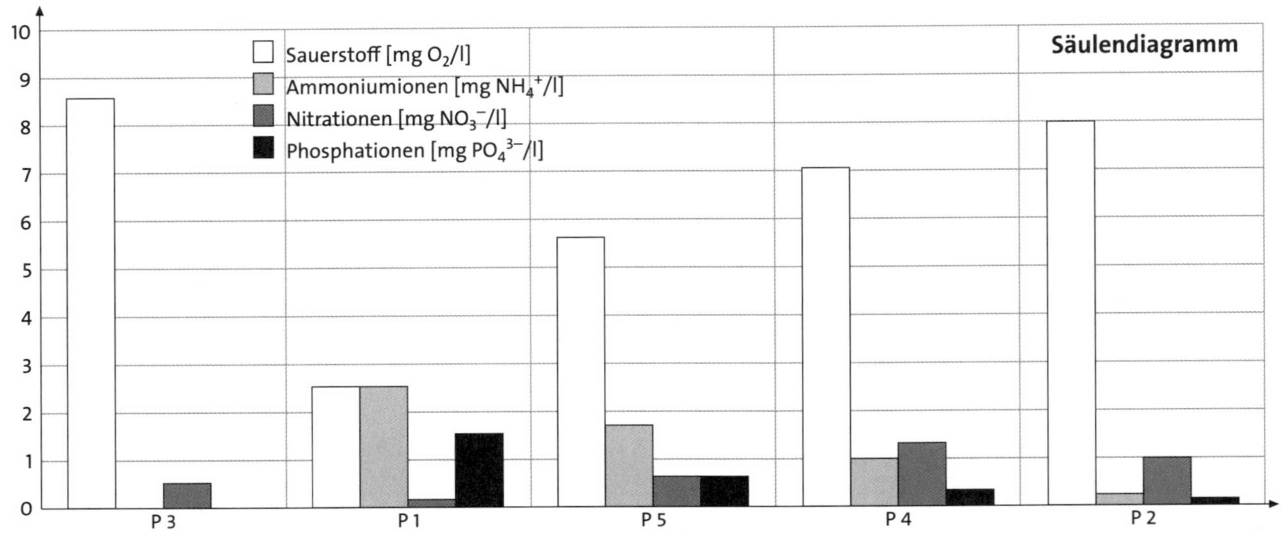

E_3/P_5: An der Entnahmestelle E_3 ist der Ammoniumionengehalt gegenüber der Einleitungsstelle wieder gesunken und zugleich die Nitrationenkonzentration gestiegen. Dies ist auf Nitrifikationsprozesse im Gewässer zurückzuführen. Der Sauerstoffgehalt normalisiert sich, und der Phosphationengehalt sinkt.
E_4/P_4: An der Entnahmestelle E_4 zeigt sich, dass der Ammoniumionengehalt aufgrund der Nitrifikationsprozesse weiter sinkt und gleichzeitig der Nitrationengehalt weiter steigt. Der Sauerstoffgehalt normalisiert sich weiter, und der Phosphationengehalt sinkt weiterhin.
E_5/P_2: An der Stelle E_5 ist der Ammoniumionengehalt weiter gesunken. Der Nitrationengehalt sinkt ebenfalls, was auf den steigenden Nitratverbrauch des Phytoplanktons zurückzuführen ist. Der Sauerstoffgehalt erreicht annähernd den Ausgangswert, insbesondere durch die Fotosyntheseaktivität der pflanzlichen Einzeller, ebenso die Phosphationenkonzentration.

Natürliche Fließgewässer weisen nur einen geringen Mineralstoffgehalt auf. Dies begrenzt das Wachstum des Phytoplanktons und demzufolge auch die Individuenzahl der Tiere, die letztlich auf die Biomasseproduktion der Pflanzen angewiesen sind. Gelangen nun organische Stoffe in das Gewässer, können diese von Mikroorganismen zur Energieversorgung genutzt und zum Aufbau von Biomasse eingesetzt und auf diese Weise abgebaut werden. Bei ausreichend hohem Sauerstoffgehalt des Wassers entstehen durch die Tätigkeit nitrifizierender Bakterien Nitrationen, die wiederum das Pflanzenwachstum fördern. Der von den Pflanzen fotosynthetisch gebildete Sauerstoff im Zusammenspiel mit der produzierten pflanzlichen Biomasse fördert die Fauna des Gewässers (Atmung, Nahrung). Infolge der genannten Prozesse stellt sich allmählich wieder der Zustand vor dem Einleiten der organischen Substanzen ein – man spricht von der »Selbstregulation« des Gewässers.

AUFGABE 4

Bestimmte Tierarten, die in einem Fließgewässer vorkommen können, haben eine nur begrenzte ökologische Potenz, sind also stenök. Sie kommen nur unter ganz bestimmten Lebensbedingungen vor und deuten so auf ein ganz bestimmtes Faktorengefüge in ihrem aquatischen Lebensraum hin. Auf diese Weise lassen sich über das Vorkommen solcher Arten, die allgemein als Saprobien bezeichnet werden, Rückschlüsse auf die

Qualität des Wassers am Fundort ziehen. Die Wasserqualität lässt sich zahlenmäßig erfassen, indem jeder Saprobienart ein bestimmter Zahlenwert zugewiesen wird, der angibt, ob die Art an sauberes oder mehr oder weniger belastetes Wasser gebunden ist; die qualitative und quantitative Erfassung der Artenzusammensetzung ergibt rechnerisch einen Anhaltspunkt für die Qualität des Gewässers an der Untersuchungsstelle. Dieses Wertesystem nennt man »Saprobiensystem«.

E_1/P_3 → Schale IV: Steinfliegenlarven und Strudelwürmer sind typische Zeigerarten für reines bzw. kaum verschmutztes Wasser der oligosaproben Zone. Sie sind nur in Gewässern der Wassergüteklasse I in größerer Anzahl anzutreffen.

E_2/P_1 → Schale III: Der Schlammröhrenwurm ist ein Zeigerorganismus für sehr stark verschmutztes Wasser der polysaproben Zone. Er ist eine typische Art in Gewässern der Wassergüteklasse IV.

E_3/P_5 → Schale V: Wasserasseln sind Zeigerorganismen für stark verschmutztes Wasser der α-mesosaproben Zone. Sie sind in Gewässern der Wassergüteklasse III in größerer Anzahl anzutreffen. Bachflohkrebse sowie Eintagsfliegen- und Steinfliegenlarven kommen in solchen Fließgewässerabschnitten nur in relativ geringer Anzahl vor.

E_4/P_4 → Schale II: Es handelt sich um Wasser der Güteklasse II, welches mäßig verschmutzt ist und zur β-mesosaproben Zone zählt. Die Anzahl der Bachflohkrebse in der Wasserprobe ist recht hoch, und es sind auch Eintagsfliegen- und Steinfliegenlarven in größerer Zahl vertreten.

E_5/P_2 → Schale I: Es handelt sich um Wasser der Güteklasse I bis II. Es sind wieder (wie im quellnahen Bereich) Strudelwürmer, Eintagsfliegen- und Steinfliegenlarven in größerer Anzahl vorhanden, es gibt darüber hinaus auch noch Bachflohkrebse.

Die Zukunft hat schon begonnen (S. 48)

Konzeption des Arbeitsblattes

Das Arbeitsblatt verfolgt in erster Linie das Ziel, das erlernte Wissen über die Phänomene »Ozonloch« und »Treibhauseffekt« anzuwenden. In diesem Kontext geht es um die Abschätzung etwaiger Folgen der Klimaveränderungen für die ökologische Verbreitung einer Baumart.

Die Schülerinnen und Schüler sollen im Aufgabenteil zunächst die inhaltlichen Fehler in einem Forumstext herausfinden und verbessern. Darüber hinaus sollen die Lernenden eine Antwort auf die im Forumstext gestellten Fragen schreiben. Mit Hilfe des Schülerbandes wird eine Analyse der Prognose zu möglichen Änderungen im Vorkommen es Feldahorns vorgenommen. Dazu soll die Abbildung mit den entsprechenden Schaubildern zu Buche und Fichte auf S. 415 im Schülerband verglichen werden.

Geforderte Kompetenzen: Argumentieren (Fehlererkennung und entsprechende Verbesserungsvorschläge), Modellbildung (Verstehen und Analysieren eines prognostischen Modells), Gebrauch der Fachsprache.

Einsatz des Arbeitsblattes im Unterricht

Das Arbeitsblatt kann im Anschluss an die Behandlung des Themas »Globale Klimaveränderungen« eingesetzt werden. Fachliche Voraussetzungen für die Bearbeitung der Aufgaben sind Kenntnisse zur Ozonabnahme in der Stratosphäre (»Ozonloch«), zur Bildung von Ozon in bodennahen Luftschichten und zum natürlichen und anthropogenen Treibhauseffekt. Im Schülerband finden sich diesbezügliche Informationen auf den Seiten 410 und 413–415. Zudem müssen die Schülerinnen und Schüler den Einfluss verschiedener abiotischer Umweltfaktoren (Temperatur, Licht, Feuchtigkeit und Windverhältnisse) auf Organismen einschätzen können. Insbesondere das Thema »ökologische Nische« sollte behandelt worden sein. Um etwaige Folgen klimatischer Veränderungen auf die Flora und Fauna besser abschätzen zu können, sind auch Grundkenntnisse zu dynamischen Prozessen in Ökosystemen hilfreich.

Lösungen und Anmerkungen

AUFGABE 1

Im Folgenden ist der Forumstext noch einmal abgedruckt. Die Fehler bzw. Ungenauigkeiten sind unterstrichen und die Verbesserungsvorschläge durch Kursivdruck hervorgehoben:

Hallo Leute,
mir ist da bei den Themen »Treibhauseffekt« und »Ozonloch« einiges noch nicht klar. Treibhausgase bilden doch eine Schutzgasschicht über der Erde.

»Schutzgasschicht« [Anführungszeichen; kein Fachterminus]

Bei der Absorption der kurzwelligen Sonnenstrahlung spielen vor allem Wasserdampf und Schwefeldioxid eine Rolle, bei der Absorption der langwelligen Strahlen hauptsächlich CO_2, H_2O, NO_3^-, CH_4 und Ozon.

Bei der Absorption der kurzwelligen Strahlung spielt neben Wasserdampf (H_2O) nicht Schwefeldioxid (SO_2), sondern Ozon (O_3) eine entscheidende Rolle. Bei der Absorption der langwelligen Strahlung spielen Nitrationen gar keine Rolle, und Ozon ist von untergeordneter Bedeutung. Demgegenüber ist Lachgas (N_2O) wichtig.

Zu einem kleinen Teil wird die einfallende Sonnenstrahlung doch aber auch vom Lachgas reflektiert, wodurch Wärme entsteht, was dazu führt, dass die mittlere Jahrestemperatur auf der Erde steigt.

Lachgas reflektiert die Sonnenstrahlung nicht, sondern absorbiert langwellige Strahlung. Die Reflexion der Sonnenstrahlen führt nicht zur Erwärmung von Atmosphäre und Erdoberfläche.

Was ich nicht verstehe: Wieso spricht man vom anthropogenen Treibhauseffekt, wenn diese Gase doch ganz natürlich in der Atmosphäre vorkommen?

Wenn Ozon (O_2) in der Thermosphäre eine wichtige Rolle bei der Absorption von ultraviolettem Licht spielt, ...

O_2 ist der normale, in der Luft in großen Mengen vorkommende molekulare Sauerstoff aus zweiatomigen Molekülen. Ozon hingegen besteht aus dreiatomigen Molekülen (O_3), die in der Stratosphäre eine Ozonschicht bilden.

... wieso hört man dann im Radio so oft die Warnung vor zu hohen Ozonwerten? Wo doch das Ozon vor Zellschäden durch mutagene Strahlung schützt! Es hat doch überhaupt keinen Sinn, von einem Ozonloch zu sprechen, wenn die Ozonwerte bedrohlich ansteigen. Die Ozonlöcher lassen ja dank FCKW die UV-Strahlen durch, aber die führen doch nicht zur Erderwärmung, sondern eher zu Hautkrebs und zur Störung der Fotosynthese.

Und was sorgt jetzt nun für eine Erwärmung? Unser Lehrer hat nämlich gesagt, dass die Temperaturen bei uns ansteigen und sich die Niederschlagsmengen verändern. Eine Folge der Klimaveränderungen sei die Veränderung der Artenzusammensetzung. Als Hausaufgabe sollen wir die Abbildung auswerten. Ich habe mir gedacht, dass die graue Fläche die Region markiert, in der der Feldahorn wächst.

Hier wurde die »ökologische Nische« fälschlicherweise als Lebensraum der Art verstanden; nicht erkannt wurde, dass es sich um artspezifische Umweltansprüche und die Form der Umweltnutzung handelt. In diesem Fall bezeichnet das Bild das Wirkungsgefüge aus mittlerer Jahrestemperatur und Jahresniederschlagssumme. Die grau markierte Flächen gibt an, unter welchen Temperatur- und Niederschlagsbedingungen die Art (Feldahorn) gedeiht.

Wo das nun genau in Deutschland sein soll, weiß ich aber nicht. Sehe ich das richtig, dass sich das Verbreitungsgebiet des Feldahorns als Folge der Klimaerwärmung nach Norden verschiebt? Wer kann mir bei der Auswertung helfen?

[s. Lösung zu Aufgabe 2]

Bitte antwortet schnell! Danke im Voraus, Jens

AUFGABE 2

Wieso spricht man vom anthropogenen Treibhauseffekt, wenn diese Gase doch ganz natürlich in der Atmosphäre vorkommen?

Antwort: *Durch menschliche Aktivitäten wird die Konzentration einiger natürlicher Treibhausgase in der Atmosphäre erhöht: Soi steigt die CO_2-Konzentration überwiegend durch die Verbrennung fossiler Brennstoffe und die Zementproduktion an, außerdem durch veränderte Landnutzung. Die Methankonzentration steigt infolge vermehrter Tierhaltung, vor allem von Wiederkäuern (Rinder, Schafe). Der natürliche Treibhauseffekt wird auf diese Weise verstärkt. Eine Folge ist die globale Erwärmung; das Phänomen wird »anthropogener Treibhauseffekt« genannt.*

Wieso hört man ... im Radio so oft die Warnung vor zu hohen Ozonwerten? Wo doch das Ozon vor Zellschäden durch mutagene Strahlung schützt!

Antwort: *Die Ozonschicht der Stratosphäre absorbiert tatsächlich einen großen Teil des ultravioletten Lichts und schützt so die Lebewesen vor mutagener Strahlung schützt. Demgegenüber führt aber das bodennahe Ozon der Troposphäre zu Zellschäden. In der Stratosphäre entsteht Ozon bei der Reaktion von molekularem Sauerstoff (O_2) mit atomarem Sauerstoff. Der Ozonbildung wirken verschiedene Prozesse des Ozonabbaus entgegen. Zwischen Bildungs- und Abbauprozessen herrscht ein Gleichgewicht. Dieses wird durch anthropogene Emissionen (z. B. halogenierte Kohlenwasserstoffe) in zunehmendem Maß verändert. Der Ozonabbau in der Stratosphäre wird dabei relativ zum Ozonaufbau verstärkt. Die Mächtigkeit der schützenden Ozonschicht in der Stratosphäre nimmt daher ab.*

Hingegen kommt es unter speziellen Wetterbedingungen zum Anstieg der Ozonwerte in bodennahen Luftschichten. Stickstoffoxide (NO_x) führen unter Einwirkung kurzwelliger Strahlung zur Bildung von Ozon. Dieses zeichnet sich durch eine stark oxidierende Wirkung aus. Unter anderem reizt es die Atemwege und schädigt Pflanzenoberflächen. Ozon führt unter Lichteinfluss außerdem zur Bildung von Peroxyacetylnitrat (PAN), welches ebenfalls Zellschäden hervorruft.

Und was sorgt jetzt nun für eine Erwärmung?

Antwort: *Die Zunahme der Menge an Treibhausgasen in der Atmosphäre sorgt dafür, dass die auf die Erde einfallende Sonnenstrahlung schlechter in den Weltraum angestrahlt werden kann. Dies führt zu einer stärkeren Erwärmung der Atmosphäre sowohl der Luftmassen als auch der Erdoberfläche, sodass – ähnlich wie in einem Treibhaus – ein Wärmestau entsteht.*

Sehe ich das richtig, dass sich das Verbreitungsgebiet des Feldahorns als Folge der Klimaerwärmung nach Norden verschiebt?

Antwort: *Die Konturen zeigen die momentanen und prognostizierten Klimaverhältnisse in Deutschland. Die Lage der durch die Konturen eingeschlossenen Flächen ist demnach nicht geographisch zu verstehen, sondern sie gibt die ökologische Potenz der Art an. Der Feldahorn wird nach den Klimamodellrechnungen somit zu den Arten gehören, die von den Klimaänderungen in Zukunft profitieren dürften.*

AUFGABE 3

Fichte: Aufgrund prognostizierter Klimaveränderungen verringert sich der Überschneidungsbereich der dargestellten Flächen (Gedeihfähigkeit und zukünftige klimatische Bedingungen in Deutschland) relativ stark. Die Anfälligkeit wird hoch eingestuft; die Art dürfte in Deutschland seltener werden.

Buche: Die Prognose ergibt, dass sich der Überschneidungsbereich der Flächen relativ wenig ändert. Die Anfälligkeit wird mit gering (bzw. mittel) bewertet; die Verbreitung und die Häufigkeit der Rotbuche dürfte sich nur wenig ändern.

Feldahorn: Die Prognose zeigt eine Vergrößerung des Überschneidungsbereichs der dargestellten Flächen (Gedeihfähigkeit und zukünftige Bedingungen). Die Anfälligkeit verringert sich; die Art dürfte aus den Klimaveränderungen profitieren.

Zusätzliche Materialien

Literatur zum Thema

Immler, T.: Fortschädlinge profitieren vom Klimawandel – Klimaerwärmung stellt die Waldschützer vor neue Herausforderungen. Praxis der Naturwissenschaften/Biologie in der Schule **58** (1) 2009: 7 – 10.

Kölling, C.: Klimahüllen für 27 Waldbaumarten. AFZ-Der Wald (23) 2007: 1242 – 1245. Im Internet unter: http://www.lwf.bayern.de/waldoekologie/standort-bodenschutz/klimahuellen/klimahuellen-fuer-baumarten.pdf

Kölling, C. & Zimmermann, L.: Die Anfälligkeit der Wälder Deutschlands gegenüber dem Klimawandel. Klimaschutz **67** (6) 2007: 259 – 268. Im Internet unter: http://www.lwf.bayern.de/mitarbeiterverzeichnis/j-m/koelling/31732/linkurl_6.pdf

Maier, H.: Klimawandel – Folgen für den Wald. Praxis der Naturwissenschaften/Biologie in der Schule **58** (1) 2009: 4 – 6.

Irrgarten durch die Paragraphen (S. 49)

Konzeption des Arbeitsblattes

Das vorliegende Arbeitsblatt dient der Überprüfung des Wissens über verschiedene Aspekte des Umweltmanagements; es geht um die Themen Arten- und Biotopschutz, um Biotopvernetzung und insbesondere um die rechtlichen Grundlagen von Schutzgebieten mit unterschiedlichem Schutzstatus. Die enstprechenden Kenntnisse sollen die Schülerinnen und Schüler anhand eines einfachen schriftlichen Selbstlernprogramms mit dichotomem Aufbau unter Beweis stellen.

Geforderte Kompetenzen: Gebrauch der Fachsprache (Definitionen und Begriffsklärungen).

Einsatz des Arbeitsblattes im Unterricht

Das Arbeitsblatt kann im Anschluss an die Behandlung des Themas »Umweltmanagement« eingesetzt werden. Das Arbeitsblatt bezieht sich auf das diesbezügliche Kapitel 3.8 auf den Seiten 418 – 419 im Schülerband. Es werden dabei die meisten der im Informationstext durch Fettdruck hervorgehobenen Fachbegriffe berücksichtigt. Das Arbeitsblatt kann auch als Lernerfolgstest oder zur Vorbereitung auf eine Klausur eingesetzt werden.

Lösungen und Anmerkungen

Der korrekte Lösungsweg durch den »Irrgarten« ist auf der nächsten Seite dargestellt; die eingekreisten Alternativen führen zum korrekten Ergebnis. Im Folgenden finden Sie Anmerkungen zu einzelnen Stationen des Lernprogramms.

Zu 4./14.: In der Bundesrepublik Deutschland wurde bis zur Wiedervereinigung ausschließlich Schild C mit dem Seeadler verwendet, in der DDR Schild A mit der Waldohreule. Nach der Wiedervereinigung wurde 1991 von der 36. Umweltministerkonferenz die Empfehlung ausgesprochen, künftig in ganz Deutschland das Eulensymbol (B) zur Kennzeichnung von Natur- und Landschaftschutzgebieten zu verwenden. Da diese Empfehlung bislang nicht von allen Bundesländern umgesetzt wurde, existieren alle drei Schilder.

Zu 13: Die vollständige Bezeichnung der FFH-Richtlinie lautet »Richtlinie 92/43/EWG des Rates vom 21. Mai 1992 zur Erhaltung der natürlichen Lebensräume sowie der wildlebenden Tiere und Pflanzen«.
Zum Nachlesen findet man den kompletten Text der Richtlinie unter anderem unter

http://eur-lex.europa.eu/LexUriServ/site/de/consleg/1992/L/01992L0043-20070101-de.pdf

oder unter

http://eur-lex.europa.eu/LexUriServ/LexUriServ.do?uri=OJ:L:1992:206:0007:0050:DE:pdf

Informationen zu Bedeutung und Entstehungsgeschichte der FFH-Richtlinie finden sich unter:

http://de.wikipedia.org/wiki/Richtlinie_92/43/EWG_(Fauna-Flora-Habitat-Richtlinie)

http://www.ffh-gebiete.de/ (mit Liste der FFH-Gebiete sowie Steckbriefe von Lebensraumtypen und besonders geschützten, sogenannten »FFH-Arten«)

Auf der Basis der Richtlinie entstand ein europaweites Schutzgebietsnetz unter der Bezeichnung »Natura 2000«. Diesbezügliche Informationen findet man unter folgenden Internetadressen:

http://www.bmu.de/files/pdfs/allgemein/application/pdf/broschuere_natura_2000_bf.pdf (Faltblatt des Bundesministeriums für Umwelt, Naturschutz und Reaktorsicherheit, 2011)

http://de.wikipedia.org/wiki/Natura_2000

http://de.wikipedia.org/wiki/Kategorie:Natura-2000-Gebiet (Liste von Natura-2000-Gebieten)

http://www.bmu.de/naturschutz_biologische_vielfalt/natura_2000/doc/20286.php

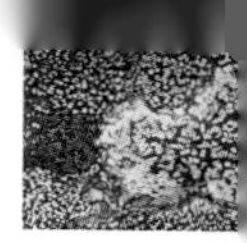

Rätsel

Irrgarten durch die Paragraphen

Verfolgen Sie den Weg durch die Vorschriften der Naturschutz-Gesetzgebung. Beginnen Sie mit Punkt 1 und folgen Sie dem Lernprogramm, bis Sie am Ziel angekommen sind.

1. Umweltmanagement umfasst Umweltpolitik und Umweltschutz. Ziel der politischen Maßnahmen zum Schutz der Umwelt ist eine nachhaltige Entwicklung zur Erhaltung der natürlichen Lebensgrundlagen des Menschen. – Nachhaltige Entwicklung bedeutet, …
- wirtschaftliche Leistungsfähigkeit mit sozialer Sicherheit und der langfristigen Erhaltung natürlicher Lebensgrundlagen in Einklang zu bringen. → 7.
- die Bedürfnisse der heutigen Generation zu befriedigen, ohne die Möglichkeiten künftiger Generationen zu gefährden. → 12.

2. Beide Aussagen sind korrekt. – Weiter mit 16.

3. Die erste Aussage ist korrekt; die zweite dagegen falsch. Zurück zu 11.

4. Richtig. – Aus historischen Gründen werden heute in Deutschland alle drei Schilder nebeneinander verwendet. – Die Abkürzung FFH ist der Name einer Richtlinie der Europäischen Union. Sie steht für
- Fauna-Flora-Habitat. → 13.
- Fauna-Flora-Humans. → **6.**

5. Diese Aussage trifft nicht zu. Der Text beschreibt die Kennzeichen von Nationalparks, daher zurück zu **7.**

6. Das ist leider nicht richtig. – Zurück zu **4.**

7. Die Aussage ist ebenso richtig wie die zweite. – Bei Naturschutzgebieten handelt es sich um …
- großräumige Gebiete von besonderer Art, die dem Erhalt seltener Pflanzen- und Tierarten dienen. In diesen teilweise besiedelten Gebieten erfolgen regulierende Eingriffe durch den Menschen. → **5.**
- naturnahe Gebiete, die nur eingeschränkt genutzt und betreten werden dürfen. → 14.

8. Beide Aussagen sind richtig. – Weiter mit 16.

9. Falsch. – Zurück zu **14.**

10. Richtig, ebenso wie der erste Teil der ersten Aussage. Relativ kleine unter Schutz gestellte Areale mindern den Erfolg beim Artenschutz. Die Sicherung des Biotopverbunds und die Förderung der Biotopvernetzung sind Ziele, die im Bundesnaturschutzgesetzt verankert sind. – Landschaftsschutzgebiete …
- sind landschaftlich reizvolle und wegen ihres wenig gestörten Charakters erhaltenswerte Gebiete. → 2.
- können mit geringen Auflagen landwirtschaftlich genutzt werden. Die Bestimmungen sind weniger streng als in Naturschutzgebieten. → 8.

11. Richtig. Alle FFH-Gebiete sollen mit den Schutzgebieten der Vogelschutzrichtlinie ein zusammenhängendes europaweites ökologisches Netz bilden, das als »Natura 2000« bezeichnet wird. – Biotopvernetzung dient dazu, das Überleben bestimmter Arten zu sichern. Ein Biotopverbund ist gegeben, wenn die zwischen gleichartigen Lebensräumen liegende Fläche für Organismen überwindbar ist, sodass ein Austausch von Individuen möglich ist. Es ist vorteilhaft, wenn …
- Ökosysteme von gleichartigen Ökosystemen umgeben sind oder wenn das Verhältnis von Umfang und Fläche eines Ökosystems relativ groß ist. → **3.**
- das Verhältnis von Umfang und Fläche eines Biotops klein ist. Es ist von Nachteil, wenn Ökosysteme von anders beschaffenen Ökosystemen umgeben sind. → 10.

12. Beide Aussagen sind richtig. – Weiter bei **7.**

13. Richtig. – Die FFH-Richtlinie hat zum Ziel, …
- typische Landschaften zu erhalten. Vor allem in Kulturlandschaften, die durch hergebrachte vielfältige Nutzung geprägt sind, wird historisch gewachsene Arten- und Biotopvielfalt geschützt. Solche Gebiete dienen dazu, sowohl die ökologische als auch die ökonomische Entwicklung nachhaltig zu fördern. → **15.**
- die Biodiversität zu fördern. Wildlebende Arten, ihre Lebensräume und die europaweite Vernetzung dieser Lebensräume sollen geschützt werden. Die Vernetzung der FFH-Gebiete dient der Bewahrung, Wiederherstellung und Entwicklung ökologischer Wechselbeziehungen sowie der Förderung natürlicher Ausbreitungs- und Wiederbesiedlungsprozesse. → 11.

14. Richtig. – Naturschutzgebiete werden in Deutschland
- nur mit den Schildern A und C ausgewiesen. → **9.**
- mit allen drei abgebildeten Schildern gekennzeichnet. → 4.

15. Leider ist das nicht korrekt. Die Beschreibung trifft auf Biosphärenreservate zu. Solche Gebiete werden seit 1976 weltweit von der UNESCO ausgewiesen. Zurück zu **13.**

16. Geschafft!

Populationen und Ökosysteme (S. 50)

Konzeption des Arbeitsblattes

Mit den Multiple-Choice-Aufgaben auf dieser Seite können die Schülerinnen und Schüler grundlegende Kenntnisse zu ausgewählten Themen der Ökologie wiederholen und vertiefen. Insbesondere geht es hier um die korrekte Verwendung von Fachbegriffen und das Verständnis zentraler Prozesse der Populationsökologie und der Dynamik von Ökosystemen.

Im Vordergrund stehen die Basiskonzepte »System« und »Stoff- und Energieumwandlung«.

Geforderte Kompetenzen: Gebrauch der Fachsprache (Definitionen), Argumentieren (Kommentieren und Korrigieren falscher Lösungsalternativen).

Einsatz des Arbeitsblattes im Unterricht

Das Arbeitsblatt kann zur Überprüfung erworbener Kenntnisse im Anschluss an die Behandlung des Unterrichtsthemas »Populationsökologie und Ökosysteme« eingesetzt werden. Das Arbeitsblatt bezieht sich auf das diesbezügliche Kapitel 2 auf den Seiten 374 – 401 im Schülerband. Die Aufgabenstellung kann erweitert werden, indem die Schülerinnen und Schüler die jeweils nicht korrekten Aussagen korrigieren bzw. die zugrunde liegenden inhaltlichen Fehler analysieren. Die Seite bietet sich auch als Lernerfolgskontrolle und zur Vorbereitung auf eine Klausur an.

Lösungen und Anmerkungen

Die korrekten Lösungen zu den sieben Multiple-Choice-Aufgaben der Aufgabenseite sind auf S. 105 durch Kreuze gekennzeichnet. Im Folgenden sind Anmerkungen zu den einzelnen Aufgaben, insbesondere zu den falschen Antworten, zusammengestellt.

1. c) Die Gleichsetzung der ökologischen Nische einer Art mit deren Lebensraum ist ein häufig auftretender Fehler.
d) Der Begriff bezieht sich auf die ökologischen Ansprüche einer Art und nicht auf die Verbreitung einer Population.

2. b) Die Maxima und Minima der Räuberpopulation folgen denen der Beutepopulation.
c) Die Mittelwerte der Populationsgrößen sind gemäß den LOTKA-VOLTERRA-Regeln langfristig konstant, obwohl sie zum Teil erhebliche periodische Schwankungen aufweisen.
d) Werden Räuber- und Beutepopulation gleichermaßen reduziert (z. B. durch Bejagung), so erholt sich die Beutepopulation rascher als die Räuberpopulation. Dies hängt insbesondere damit zusammen, dass die Reproduktionsrate dieser Arten normalerweise größer ist und/oder, weil die Räuberpopulation in ihrem Bestand von der Größe der Beutetierpopulation abhängt und erst dann wieder anwachsen kann, wenn sich die Bestände der Beutetiere zuvor erholt haben.

3. a) Unter Konvergenz versteht man die gleichsinnige Anpassung verschiedener Organismen im Laufe der Stammesgeschichte infolge einer gleichen oder ähnlichen ökologischen Nische.
c) Eine Metapopulation ist die Gesamtheit aller Teilpopulationen einer Art in einem bestimmten Gebiet, die untereinander im genetischen Austausch stehen.
d) Unter K-Strategie versteht man eine Fortpflanzungsstrategie bei Organismenarten mit langer Generations- und Lebensdauer, langsamem Wachstum und einer geringen Nachkommenzahl.

4. b) Nitratbakterien setzen Nitritionen unter aeroben Bedingungen zu Nitrationen (NO_3^--Ionen) um.
c) Denitrifizierende Bakterien können unter anaeroben Bedingungen Nitrationen und Nitritionen zu molekularem Stickstoff (N_2) oxidieren.
d) In der Regel nehmen Pflanzen Stickstoff in Form von Nitrationen (und Ammoniumionen) auf.

5. b) Die Arten der höchsten Trophiestufe sind normalerweise großwüchsige Raubtiere, die in einer geringen Individuenzahl vorkommen.
c) Destruenten werden nicht den Trophiestufen eines Ökosystems zugerechnet. Die unterste Trophiestufe wird von den Produzenten (also autotrophen Lebewesen) gebildet.
d) Man spricht hier von Energiefluss, nicht von Energiekreislauf.

6. A: Konsumenten sind zwar heterotroph, die folgende Definition bezieht sich aber auf Destruenten.
C: Destruenten zersetzen abgestorbene Organismen (Substanzen können nicht absterben) zu anorganischen Substanzen.
D: Es gibt auch fleischfressende Konsumenten, die sich demnach von anderen Konsumenten ernähren.
Die Aussagen A, C und D sind demnach falsch. Damit ist Antwort b), aber auch Antwort d) (»A und C sind falsch«) korrekt.

7. b) Aspektfolgen wiederholen sich in einem regelmäßigen jahreszeitlichen Rhythmus, bilden also keine Klimax.

Multiple-Choice

Populationen und Ökosysteme

Kreuzen Sie die korrekten Lösungen an. Beachten Sie, dass teilweise mehrere Antworten zutreffen können.

1. Der Ausdruck »ökologische Nische« …

- ☒ kennzeichnet Umweltansprüche und Form der Umweltnutzung einer Art.
- ☒ bezeichnet die Gesamtheit aller biotischen und abiotischen Umweltfaktoren, die für die Existenz einer Art wichtig sind.
- ☐ kennzeichnet den Lebensraum einer Art.
- ☐ kennzeichnet den größten zusammenhängenden Bestand einer Art.

2. Welche Aussage(n) ist/sind Bestandteil der LOTKA-VOLTERRA-Regeln?

- ☒ Populationsdichten von Räuber und Beute schwanken periodisch und zeitlich gegeneinander versetzt.
- ☐ Die Maxima und Minima der Beutepopulation folgen denen der Räuberpopulation.
- ☐ Wegen der periodischen Schwankungen der Populationsdichten sind die Mittelwerte der Populationen langfristig nicht konstant.
- ☐ Werden Räuber- und Beutepopulation gleichermaßen reduziert (z. B. durch Bejagung), so erholt sich die Räuberpopulation rascher als die Beutepopulation.

3. Das Phänomen, dass in einem bestimmten Biotop zwei Arten mit identischen »ökologischen Nischen« nicht nebeneinander vorkommen, bezeichnet man als

- ☐ Konvergenz.
- ☒ Konkurrenzausschlussprinzip.
- ☐ Metapopulationskonzept.
- ☐ K-Strategie.

4. Im Stickstoffkreislauf …

- ☒ oxidieren Nitritbakterien Ammoniumionen (NH_4^+-Ionen) zu Nitritionen (NO_2^--Ionen).
- ☐ setzen Nitratbakterien Nitritionen unter anaeroben Bedingungen zu Nitrationen (NO_3^--Ionen) um.
- ☐ können denitrifizierende Bakterien unter aeroben Bedingungen Nitrationen und Nitritionen zu molekularem Stickstoff (N_2) oxidieren.
- ☐ nehmen Pflanzen Stickstoff in der Regel in Form von Nitritionen auf.

5. Welche Aussage(n) trifft/treffen nicht zu?

- ☐ Bei der Weitergabe von Energie in einer Nahrungskette verringert sich die Energiemenge von Stufe zu Stufe um etwa 10 %.
- ☒ In der höchsten Trophiestufe eines Ökosystems kommen relativ kleinwüchsige Arten in verhältnismäßig großer Anzahl vor.
- ☒ Die unterste Trophiestufe einer Nahrungspyramide bilden die Destruenten.
- ☒ Der Energietransfer von einer Trophiestufe zur nächsten wird als Energiekreislauf bezeichnet.

6. Beurteilen Sie die folgenden Aussagen zu den Trophiestufen in einem Ökosystem:

A Konsumenten sind heterotroph, d. h. sie bauen tote organische Substanz zu anorganischen Stoffen ab.
B Produzenten sind Organismen, die aus anorganischen Stoffen organische Verbindungen aufbauen.
C Organismen, die an der Zersetzung und Mineralisierung abgestorbener Substanzen zu organischen Verbindungen beteiligt sind, heißen Destruenten.
D Konsumenten werden als Organismen definiert, die sich von Produzenten ernähren.

- ☐ Alle Aussagen sind falsch.
- ☐ Nur die Aussage B ist richtig.
- ☒ Nur die Aussage A ist falsch.
- ☒ Die Aussagen A und C sind falsch.

7. Welche Aussage(n) zu zeitlichen Veränderungen in Ökosystemen ist/sind korrekt?

- ☒ Die zeitliche Abfolge verschiedener Biozönosen in einem Biotop wird als Klimax bezeichnet.
- ☐ Der Endzustand einer Aspektfolge heißt Klimax.
- ☒ Sich jährlich wiederholende Veränderungen in einem Ökosystem bezeichnet man als Aspektfolge.
- ☒ Verschiedene Zustandsformen eines Ökosystems, die sich dem Endzustand der Sukzession annähern, bilden einen Klimaxring.

LAMARCK und/oder DARWIN? (S. 52)

Konzeption des Arbeitsblattes

Der Vergleich der Evolutionstheorien von CHARLES DARWIN und JEAN BAPTISTE DE LAMARCK steht im Zentrum dieses Arbeitsblattes. Hierbei sollen (übersetzte) Originaltext-Auszüge den beiden Theorien zugeordnet werden. Am konkreten Beispiel eines augenlosen, unpigemntierten Höhlenfischs sollen die Schülerinnen und Schüler erläutern, wie die beiden Wissenschaftler die evolutive Entstehung dieser Art jeweils erklärt haben könnten. Ein Ziel der Aufgabenseite ist es zudem, die Aufmerksamkeit auf die gesellschaftlichen Anfeindungen der DARWIN'schen Theorie zu lenken, so zum Beispiel im Staat Tennessee, wo im Jahr 1925 der spektakuläre, Aufsehen erregende »Affenprozess« in der kleinen Ortschaft Dayton stattfand. Die Schülerinnen und Schüler sollen aber auch erkennen, dass das relativ junge Fachgebiet der Epigenetik Teile der Theorien LAMARCKS wieder aufnimmt und diesem Evolutionsforscher somit zu einer späten Anerkennung eines Teils seiner Theorien verhilft.

Einsatz des Arbeitsblattes im Unterricht

Dieses Arbeitsblatt ist im Unterricht im Rahmen des Themas »Evolution« einsetzbar, sobald die Theorien von LAMARCK und DARWIN den Schülerinnen und Schülern bekannt sind (Schülerband S. 426 – 427); es greift die wesentlichen Aussagen dieser Gedankengebäude wiederholend auf. Die Recherche über den »Affenprozess« bietet sich als Hausaufgabe an, kann aber darüber hinaus auch als Einstieg in eine Recherchearbeit während der Unterrichtszeit dienen, um weitere moderne Beispiele für die in einigen Ländern immer noch verbreitete Skepsis gegenüber der DARWIN'schen Theorie zu suchen (zum Thema »Kreationismus« s. auch das Arbeitsblatt auf S. 79 des Arbeitshefts). Aufgabe 4 greift das Thema »Epigenetik« wiederholend auf, das den Schülerinnen und Schülern aus dem Genetikunterricht bekannt sein sollte (Schülerband S. 202 – 203).

Lösungen und Anmerkungen

AUFGABE 1

KOPERNIKUS als Begründer des heliozentrischen Weltbildes postulierte, dass sich die Sonne im Mittelpunkt unseres Sonnensystems befindet – die Erde wurde somit zu einem von mehreren Planeten »degradiert«, die um die Sonne kreisen. In ähnlicher Weise revolutionierte DARWIN das zeitgenössische Menschenbild, indem er Abstand nahm von der Vorstellung einer »Konstanz der Arten« und der wörtlichen Auslegung des biblischen Schöpfungsberichts, demzufolge der Mensch das Höchste von Gott geschaffene Wesen, die »Krone der Schöpfung«, darstellt. Nach seinem Verständnis gehen alle Lebewesen, und somit auch der Mensch, auf einen gemeinsamen Ursprung zurück, aus dem sich im Laufe der Erdgeschichte alle Organismen entwickelt haben. Der Mensch stellt demnach nur eine von zahlreichen verschiedenen Organismenarten dar, die die Natur nach denselben Gesetzmäßigkeiten hervorbrachte.

AUFGABE 2

Gut und lesenswert beschrieben in: http://www.zeit.de/2005/33/A-Affenprozess (Zeit-Online vom 11.8.2005).

AUFGABE 3

Zitat **A:** LAMARCK, **B:** DARWIN, **C:** LAMARCK, **D:** DARWIN.

Begründung A: LAMARCK postulierte, dass ein Organ durch ständigen Gebrauch zur Vollkommenheit gebracht wird, während der Nichtgebrauch es verkümmern und schließlich ganz verschwinden lässt.

Begründung B: DARWIN sagte,Veränderungen in der belebten Natur seien das Produkt der Selektion, die in zwei Phasen abläuft: 1. Jede Generation erzeugt Nachkommen, die sich in ihren Merkmalen unterscheiden, und zwar in größerer Zahl, als zur Erhaltung der Art notwendig sind. 2. Aus dieser Vielzahl werden die am besten angepassten Individuen ausgelesen und können weitere Nachkommen zeugen. Die Evolution verläuft opportunistisch.

Begründung C: Begründung wie bei A, darüber hinaus auch: Die zu Lebzeiten erworbenen Eigenschaften werden an die Nachkommen vererbt.

Begründung D: Begründung wie bei B; darüber hinaus: Ähnlich gebaute Organismen sind miteinander verwandt und stammen von gemeinsamen Vorfahren ab. Organismenarten sind im Zuge eines Evolutionsprozesses nach und nach entstanden und nicht in einem einmaligen Schöpfungsakt.

AUFGABE 4

Nach LAMARCK: Da der Fisch in der Dunkelheit seines unterirdischen Lebensraums seine Augen nicht benutzt und eine Pigmentierung der Haut nicht als Tarnfärbung benötigt, verliert er mit der Zeit die Funktionsfähigkeit des Sinnesorgans und der pigmentbildenden Zellen. Die Veränderungen an diesen Organen während seiner Lebensdauer vererbt er auf seine Nachkommen.

Nach DARWIN: Unter der Fülle von Nachkommen normal gebauter Fische traten in den Höhlenlebensräumen in Einzelfällen zufällig augen- bzw. pigmentlose Individuen auf. Diese

Fische hatten in ihrem neuen Lebensraum keinen Selektionsnachteil (in oberirdischen Lebensräumen sind die unpigmentierten Tiere sehr auffällig und daher leichte Beute für Fressfeinde; augenlose Tiere sind wegen der fehlenden optischen Orientierung im Lebensraum gegenüber sehtüchtigen Idividuen im Nachteil). Zudem hatten die Tiere mit den neuen Merkmalen unter anderem den Selektionsvorteil, keine Stoffwechselenergie für die Bildung von Pigmenten zu benötigen – ein Vorteil insbesondere in nahrungsarmen Lebensräumen, wie sie Höhlengewässer darstellen. Solche selektiv begünstigten Fische konnten mehr Nachkommen zeugen, sodass sich mit der Zeit die abweichenden Merkmale in der Population etablierten.

AUFGABE 5

Der Bereich der Epigenetik beschäftigt sich mit dem Einfluss der Umwelt auf Gene. In neueren Forschungsansätzen wurde nachgewiesen, dass durch Umwelteinflüsse, wie zum Beispiel die Zusammensetzung der Nahrung, die Aktivität verschiedener Gene beeinflusst werden kann. Dabei findet keine Veränderung im Bereich der Basensequenz der DNA statt, sondern es wird lediglich ein spezieller DNA-Abschnitt durch eine chemische Modifizierung (z. B. Methylierungsprozesse) aktiviert oder deaktiviert. Diese Aktivitätsveränderung an der DNA kann an die Nachkommen vererbt werden. Die Vererbung erworbener Eigenschaften, die lange Jahre als unmöglich angesehen wurde, ist ein zentraler Bestandteil der LAMARCK'schen Theorie.

Zusätzliche Materialien

Höhlenfische

Erst 2010 wurde die in Aufgabe 4 angesprochene Höhlenfischart im Osten Indonesiens entdeckt.

Schon länger bekannt sind drei ebenfalls blinde und unpigmentierte Fischarten aus verschiedenen Familien: Der **Höhlensalmler** stammt aus Höhlensystemen Zentralmexikos (Abb. **A**). Seine nächsten Verwandten bewohnen Oberflächengewässer derselben Region und sind voll sehtüchtig. Die Jungfische dieser Art besitzen winzige Augen, die bis zum 20. Lebenstag noch lichtempfindlich sind, doch degeneriert die Linse bereits ab dem 9. Lebenstag. Beim erwachsenen Tier sind die Augen von Bindegewebe überwachsen und erlauben ihm noch bis zur Laichreife eine einfache Hell-Dunkel-Wahrnehmung, dann bildet sich auch die Retina zurück. Die Orientierung der blinden Tiere bei der Nahrungssuche erfolgt anhand feinster Wasserturbulenzen und mit Hilfe des ausgeprägten Geruchssinnes. Äußerlich ähnlich, aber nicht den Salmlern, sondern den Karpfenfischen zugehörig, sind die **Blindbarbe**, ein höhlenbewohnender Endemit aus dem Kongobecken (Abb. **B**), und eine weitere Barbenart aus Ostasien. Bei dem in Höhlen unter der somalischen Wüste lebenden *Phreatichthys andruzzii* (Abb. **C**) aus derselben Fischfamilie stellte man fest, dass er nicht wie die meisten oberirdisch lebenden Tiere einen Tag-Nacht-Rhythmus von etwa 24 Stunden hat, sondern eine »innere Uhr«, deren 47-Stunden-Rhythmus von den Tageszeiten unabhängig ist.

Literatur zum Thema:
http://www.dw.de/dw/article/0,,15387970,00.html

Augenlose Fische. A Höhlensalmler; **B** Blindbarbe; **C** *Phreatichthys andruzzii*

Motoren der Evolution (S. 53)

Konzeption des Arbeitsblattes

Ziel dieses Arbeitsblattes ist, dass die Schülerinnen und Schüler, dass die beiden Vorgänge Rekombination und Mutation wesentliche Voraussetzungen zum Fortschreiten evolutiver Prozesse in der Natur darstellen. In diesem Zusammenhang sollen die einzelnen Schritte der Meiose wiederholt werden, um den Begriff der Rekombination zu festigen. Über die Zuordnung der Namen verschiedener außergewöhnlicher Tierarten soll vor Augen geführt werden, welche unterschiedlichen Erscheinungsformen im Tierreich im Verlauf der Evolution durch Mutations- und Rekombinationsvorgänge entstanden sind. An einem Beispiel aus der Hundezüchtung sollen die Schülerinnen und Schüler schließlich die Auswirkungen einer Punktmutation analysieren und dabei elementare Begriffe aus der Molekulargenetik wie Transkription und Translation wiederholen.

Geforderte Kompetenzen: Argumentieren (Zuordnung von Abbildungen und Tiernamen, Begründen der systematischen Einordnung verschiedener Wirbeltiere, Ordnen von Meiosestadien, Analysieren von Nucleotidsequenzen und Erbgängen), Gebrauch der Fachsprache.

Einsatz des Arbeitsblattes im Unterricht

Nachdem die Evolutionstheorie nach Darwin sowie die davon abzuleitende synthetische Evolutionstheorie im Unterricht besprochen wurden, bietet sich dieses Arbeitsblatt als Wiederholung an, um die Faktoren kennenzulernen, die die Evolution vorantreiben. Zudem werden wesentliche Inhalte der Molekulargenetik wiederholt, sodass die Aufgaben dieser Seite zur Vernetzung verschiedener Themenkomplexe der Kursstufe beitragen. Da die zugrunde liegenden Inhalte schon in vorhergehenden Unterrichtsstunden besprochen wurden, eignet sich dieses Arbeitsblatt auch als vertiefende Hausaufgabe.

Lösungen und Anmerkungen

AUFGABE 1

1 Erdferkel; Klasse: Säugetiere
2 Dornteufel; Klasse: Reptilien (Kriechtiere)
3 Kiwi; Klasse: Vögel
4 Kurzkopffrosch; Klasse: Amphibien (Lurche)
5 Neunbinden-Gürteltier; Klasse: Säugetiere
6 Schlammspringer; Klasse: Knochenfische
7 Zitterwels; Klasse: Knochenfische

[Als weiterführende Aufgabe könnten die Schülerinnen und Schüler Merkmale der abgebildeten Tiere nennen, die jeweils für die Einordnung in die verschiedenen Wirbeltierklasse sprechen. Die beiden Säugetierarten besitzen ein Haarkleid und – auf den Fotos besser zu erkennen – äußere Ohrmuscheln, beides Exklusivmerkmale der Klasse. Der Hornschnabel des Kiwis ist ein typisches Vogelkennzeichen; die (stummelförmigen) Flügel und die Ausbildung des Integuments als Federkleid lassen sich auf der Abbildung nicht bzw. schlecht erkennen. Die drüsige, schuppenlose Haut und die Vierbeinigkeit der Kröte spricht für die Einordnung in die Klasse der Amphibien, der Dornteufel ist durch ein Hornschuppenkleid gekennzeichnet, was für eine Einordnung in die Klasse der Reptilien spricht. Die gut ausgeprägte, durch Flossenstrahlen gestützte Rückenflosse zeigt die Zugehörigkeit des Schlammspringers zu den Knochenfischen. Schwierig ist die Einordnung des Zitterwelses; hier kann der Besitz eines Kiemendeckels als Indiz für die Zugehörigkeit zu den Knochenfischen herangezogen werden. In den beiden letztgenannten Fällen sollte als Klasse nicht »Fische«, sondern die (korrekte) Bezeichnung »Knochenfische« angegeben werden.]

AUFGABE 2

Reihenfolge: **A – F – B – C – D/H – D** zu **E, H** zu **G**

[Die Beschriftungen F und G sind im Arbeitsheft des Drucks A[1] um eine Grafik nach links verschoben; bitte in dieser Druckversion vor der Bearbeitung korrigieren lassen!]

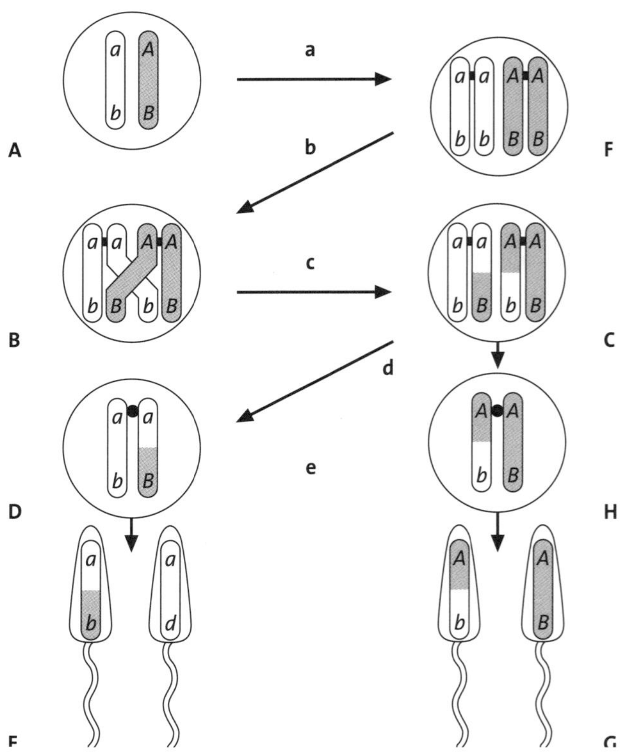

a: Verdoppelung der einsträngigen DNA in den beiden homologen Chromosomen der Urkeimzelle, Verkürzung der Zweichromatidchromosomen zu (lichtmikroskopisch sichtbaren) Strukturen, »Paarung« der homologen Chromosomen und Aneinanderlagerung zu Chromatidentetraden, wobei ein Chromosom das genetische Material des Vaters, das andere das genetische Material der Mutter trägt.
b: Crossover; Chromatiden des »väterlichen« und des »mütterlichen« Chromosoms überkreuzen sich.
c: Innerhalb der homologen Chromosomen werden Genabschnitte ausgetauscht, wodurch es zur Durchmischung des väterlichen und mütterlichen Erbmaterials kommt.
d: Reduktionsteilung (1. Reifeteilung) der Meiose, Trennung der homologen Chromosomen und Verteilung auf die Tochterzellen
e: 2. (mitotische) Reifeteilung, anschließende Trennung der Chromatiden und Bildung der Gameten (Spermien).

Während der Meiose findet eine zufällige Verteilung der mütterlichen und väterlichen Allele auf die Keimzellen statt. Zufallsmechanismen sind hierbei zum einen die Verteilung der homologen Chromosomen in die entstehenden Gameten, aber auch der Vorgang des Crossover, also der intrachromosomale Allelaustausch, der zwischen den homologen Chromosomen stattfindet.

AUFGABE 3

a)

Triplett Nr:	4	5	6	7	8	9
normal:						
mRNA:	AGA	CCU	CUC	ACA	CUU	AAA

Aminosäuresequenz: Arg–Pro–Leu–Thr–Leu–Lys

mutiert: AGA CCU CUC ACU UAA
Aminosäuresequenz: Arg–Pro–Leu–Thr–*Stop*

Folge der Mutation: Da die Aminosäurekette bei der Mutante nach dem 7. Triplett abbricht, kann Myostatin nicht synthetisiert werden.

b) Bei dieser Punktmutation handelt es sich um eine Deletion. Die letzte Base des 7. Tripletts und die 1. Base des 8. Tripletts sind verloren gegangen. Somit kommt es zu einer Rasterverschiebung, die ein Stop-Codon nach dem 7. Triplett entstehen lässt. Ursachen für die Ausbildung der Deletion könnten die Einwirkung mutagener Strahlung (UV-Strahlen, Röntgenstrahlung), chemische Agenzien oder nicht reparierte Fehler bei der DNA-Replikation sein.

c) Myostatin kontrolliert das Muskelwachstum. Ist das Protein vorhanden, kommt es zu einer geringeren Muskelbildung. Fehlt das Protein, kommt es bei den Tieren zu einem übermäßigen Wachstum der Muskeln. Geht man davon aus, dass bei einem heterozygoten Tier das intakte Allel auf einem der beiden homologen Chromosomen Myostatin produziert, die Menge aber geringer ist als bei zwei funktionsfähigen Myostatinallelen, sollte bei einem heterozygoten Hund die Muskelbildung zwischen der eines homozygot betroffenen Hundes und der eines nicht mutierten Tieres liegen.

[Whippets, die die Mutation heterozygot tragen, sind im Rennsport sehr gefragt, da sie schneller laufen können als die Hunde, die dieses Allel nicht besitzen. Homozygote Tiere werden als »Bully-Whippets« bezeichnet. Diese Tiere leiden eher unter ihrer gewaltigen Muskelmasse.]

Weiterführende Aufgaben

AUFGABE

Mit Hilfe eines Karyogramms lassen sich bestimmte Krankheiten schon vor der Geburt diagnostizieren.

a) Beschreiben Sie die Erstellung eines Karyogramms.
b) Benennen Sie die Krankheit, die sich mit Hilfe des Karyogramms (rechts) diagnostizieren lässt, und erläutern Sie, welche Ursache diese Krankheit hat.

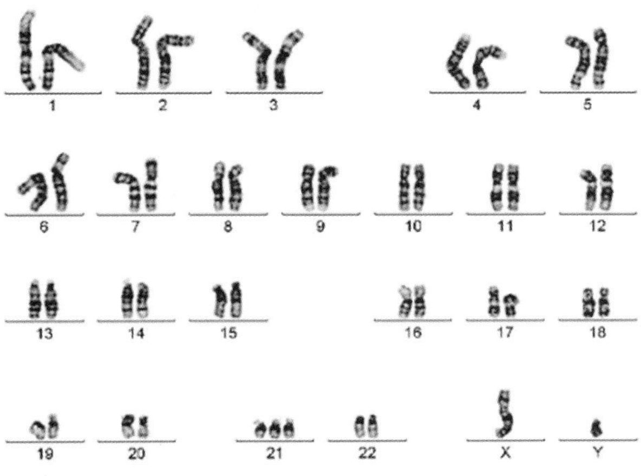

Karyogramm eines kranken Kindes

Lösung

[Die Aufgabe kann zur Wiederholung und Vertiefung der genetischen und cytologischen Grundlagen von Mutationen und des Meiosemechanismus eingesetzt werden.]

a) Erstellung eines Karyogramms: Entnahme von teilungsaktiven weißen Blutzellen – Zugabe von Colchicin verhindert eine Trennung der Chromatiden in der Metaphase der Mitose – Abzentrifugieren der sich teilenden Blutzellen – Zugabe von hypertonischer Kaliumchlorid-Lösung bewirkt, dass die Zellen quellen – Färben und Fixieren der Zellen – beim Fallenlassen der zellhaltigen Flüssigkeit auf einen Objektträger platzen die Blutzellen – die nun nebeneinander liegenden Chromosomen werden mikroskopiert und fotografiert – aus dem Bild werden die Chromosomen ausgeschnitten und geordnet aufgeklebt.

[S. hierzu Schülerband S. 179]

b) Trisomie 21. Ursache ist ein Meiosefehler, in dessen Folge das homologe Chromosomenpaar 21 nicht getrennt wurde. Bei der Befruchtung kommt ein drittes Chromosom 21 vom Partner hinzu.

[S. hierzu Schülerband S. 180]

Die Vorlieben der Kärpflingsdamen (S. 54)

Konzeption des Arbeitsblattes

Zentrale Themen dieses Arbeitsblattes sind der Begriff der Selektion und die verschiedenen in der Natur auftretenden Selektionstypen. Dazu sollen die Schülerinnen und Schüler
- den Begriff »Selektion« erläutern können,
- Selektionsfaktoren erkennen und benennen können,
- aus tabellarisch dargestellten Versuchsdaten ein entsprechendes Schaubild erstellen können,
- verschiedene Selektionstypen beschreiben können,
- aus einem Text erschließen, um welchen Selektionstyp es sich in einem konkreten Fall handelt

Zusätzlich werden Grundzüge der DARWIN'schen Evolutionstheorie wiederholt, und auch allgemeines biologisches Wissen, wie die Funktionsweise des Seitenlinienorgans bei Fischen, wird erfragt. Inhaltlich stehen die Basiskonzepte »Evolutionäre Entwicklung und Verwandtschaft« sowie »Reproduktion« im Vordergrund.

Geforderte Kompetenzen: Repräsentationswechsel (Umsetzen von Tabellendaten in ein Diagramm), Argumentieren, Experimentieren und Beobachten (Analyse von Versuchsdaten, Konzipieren eines Experiments), Gebrauch der Fachsprache.

Einsatz des Arbeitsblattes im Unterricht

Hat man im Lehrbuch die Inhalte der Seiten 430 – 431 erarbeitet, ist das Arbeitsblatt dazu geeignet, anhand der Aufgaben die Begriffe »Selektion« und »Selektionstypen« zu wiederholen und das im Unterricht erworbene Wissen anzuwenden. Da erfahrungsgemäß die Funktionsweise des Seitenlinienorgans bei Fischen den Schülerinnen und Schülern nicht mehr oder nur noch unzureichend bekannt ist, kann man diesen Teil von Aufgabe 4 als vorbereitende Recherche zu Hause erarbeiten lassen.

Zur Veranschaulichung der Aufgabe bietet es sich an, die im Mittelpunkt der Aufgabe stehenden Fische vor der Bearbeitung in Form von Farbfotos vorzustellen.

Lösungen und Anmerkungen

AUFGABE 1

Bei der Fortpflanzung von Individuen einer Art werden mehr Nachkommen in die Welt gesetzt, als zur Erhaltung der Art notwendig sind. Die Individuen innerhalb einer Population sind untereinander genetisch mehr oder weniger verschieden. Diese Variation in den Merkmalen entsteht rein zufällig, etwa durch Rekombination oder durch Mutationen. Im nachfolgenden Zeitraum werden diese verschiedenen Individuen durch die Umwelt getestet; dabei spielen innerartliche Konkurrenz genau so eine Rolle wie interspezifische Selektion, etwa durch Fressfeinde, oder abiotische Umweltfaktoren. Der am besten an seine Umwelt Angepasste erweist sich dadurch als evolutiv erfolgreich, dass er die meisten Nachkommen zeugen kann (»*survival of the fittest*«) und sein Erbgut somit möglichst häufig in der Folgegeneration vetreten ist. Weniger gut angepasste Individuen haben einen geringeren Fortpflanzungserfolg oder kommen überhaupt nicht zur Fortpflanzung, sodass ungünstige Merkmale und Merkmalskombinationen mit der Zeit wieder aus dem Genpool verschwinden.

AUFGABE 2

Die Selektion erfolgt in diesem Beispiel über die Körpergröße der männlichen Tiere. Selektionsfaktoren sind zum einen innerartlich, zum anderen zwischenartlich. Zur innerartlichen Selektion zählen die beiden Aspekte der sexuellen Selektion (erhöhte Attraktivität größerer Männchen, späterer Zeitpunkt der Geschlechtsreife), zur zwischenartlichen Selektion der Feinddruck durch Raubfische.

Die Körpergröße ist damit einerseits ein Selektionsvorteil, da diese eine positive Wirkung auf das Fortpflanzungsverhalten der Weibchen hat. Gleichzeitig ist es aber auch ein negativer Faktor, da das Männchen erst später geschlechtsreif wird und außerdem häufiger Opfer seiner Fressfeinde wird.

AUFGABE 3

a)

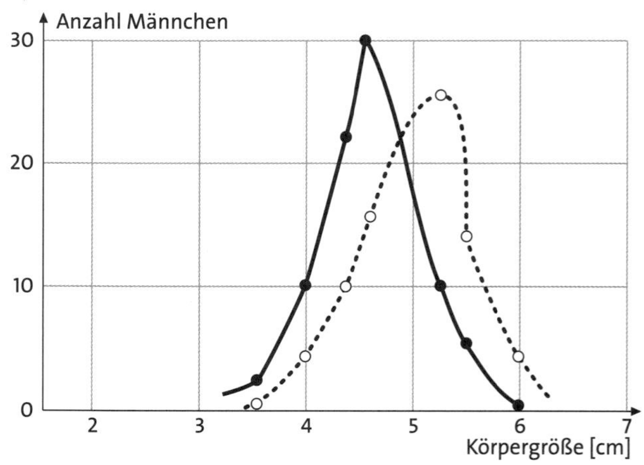

b) Es handelt sich um eine gerichtete Selektion, da aufgrund der Bevorzugung der größeren Männchen durch die Weibchen ein negativer Selektionsdruck auf die kleineren Männchen wirkt. Die nachteiligen Folgen der zunehmenden Körpergröße scheinen eine geringere Bedeutung zu haben.

AUFGABE 4

a) Das Seitenlinienorgan dient Fischen dazu, Wasserbewegungen und feinste Druckunterschiede unter Wasser wahrzunehmen. Dadurch können sie vorbeischwimmende Fische, potenzielle Beutetiere, aber auch Steine und andere unbelebte Gegenstände unter Wasser wahrnehmen, da von jedem Gegenstand unter Wasser Wirbel ausgehen. Es dient (vor allem in schnell fließenden Gewässern) dem Schutz vor Verletzungen, der Orientierung im Raum (insbesondere bei schlechter Sicht, etwa in trüben Gewässern) sowie dem Orten von Beutieren und Fressfeinden.

b) In der ersten Höhle wird es ebenfalls zu einer gerichteten Selektion kommen, da die Weibchen die größeren Männchen – in diesem Fall nicht visuell, sondern mit Hilfe ihres Seitenlinienorgans – wahrnehmen können und offensichtlich zur Fortpflanzung bevorzugen. In der zweiten Höhle dürfte die Körpergröße bei der Wahl des Geschlechtspartners keine Rolle spielen, es sollte demnach eine stabilisierende Selektion ablaufen, wobei die Variabilitätswerte ungefähr konstant bleiben sollten.

c) Man kann die Weibchen aus der zweiten Höhle aus der Dunkelheit holen und unter normalen Bedingungen (Tageslicht) ihr Fortpflanzungsverhalten beobachten. Bevorzugen sie jetzt wieder größere Männchen, liegt keine Mutation in Bezug auf das Bevorzugungsmuster vor. [Möglich ist dann, dass die Fähigkeit, die Größe des Geschlechtspartners mit Hilfe des Seitenliniensystems festzustellen, in der anderen Population durch eine Mutation neu entstanden ist oder verbessert wurde.]

Zusätzliche Materialien

Prachtfinken als Beispiel für eine aufspaltende Selektion

Der Purpurastrild (*Pyrenestes ostrinus*; s. Abb. links) ist eine 12 – 14 cm große Vogelart aus der Familie der Prachtfinken. Er ist in den Savannengebieten West- und Zentralafrikas beheimatet.

Innerhalb einer Population kommen merkwürdigerweise Individuen mit sehr kleinen bzw. sehr großen Schnäbeln vor, Vögel mit einem mittelgroßen Schnabel sind aber kaum zu finden (Abb. rechts). Ursache ist die Ernährung der Vögel: Tiere mit großen Schnäbeln können sehr harte Samen öffnen, vor allem von Seggen, Vögel mit sehr kleinen Schnäbeln können dagegen weiche Samen besser verwerten. Mittelgroße Schnäbel sind zum Öffnen von in ihrem Lebensraum vorkommenden Samen offensichtlich ungeeignet. Anhand von Kreuzungsexperimenten stellte man fest, das die unterschiedliche Schnabelgestalt monogen vererbt wird und dass das Allel für die Ausbildung eines großen Schnabels dominant vererbt wird.

Die Bevorzugung unterschiedlicher Nahrungspflanzen und damit das Vorliegen zweier verschiedener Selektionsfaktoren führte in der Folge zu einer aufspaltenden (disruptiven) Selektion, der seltensten Form von Selektion. Sie fördert extreme Merkmalsausbildungen, während mittlere Ausprägungen des Merkmals verschwinden (s. hierzu Abb. 431.1 im Schülerband).

Die Originalarbeit des amerikanischen Zoologen T. B. Smith, in der die Untersuchungen zur Schnabelgröße des Purpurastrilds veröffentlicht wurden, findet man im Internet als pdf-Datei unter

http://www.environment.ucla.edu/ctr/research/Evol Polymorph/Smith-Nature-Disrup-Sel-1993.pdf

Purpurastrild. A Erwachsene Männchen; **B** Daten zur Schnabelgröße bei einer Population von Purpurastrilden aus Kamerun (N = 1252)

Schüchternes Pflänzchen bevorzugt »flotten Dreier« (S. 55)

Konzeption des Arbeitsblattes

Diese Aufgabenseite beschäftigt sich in erster Linie mit dem Thema »Koevolution« und den Selektionsfaktoren, die bei der Ausbildung von Symbiosen eine Rolle spielen. Interessant und wahrscheinlich für die Schülerinnen und Schüler neu ist die Tatsache, dass koevolutive Beziehungen auch zwischen mehr als nur zwei Organismenarten bestehen können. Als Beispiel dient das Wirkungsgefüge zwischen einer tasmanischen Strauchart, den bestäubenden Insekten sowie einer Echsenart, der eine Mittlerrolle zwischen Pflanze und Bestäuber zukommt. Anschließend sollen weitere Beispiele von Formen des Zusammenlebens von Organismen auf koevolutive Prozesse hin untersucht werden. Dabei sollen auch die Nachteile solcher komplexer Vorgänge verdeutlicht und die gegenseitigen Abhängigkeiten der beteiligten Arten herausgearbeitet werden.

Geforderte Kompetenzen: Argumentieren (Analysieren von Symbioseprozessen), Gebrauch der Fachsprache (Definition eines Fachbegriffs).

Einsatz des Arbeitsblattes im Unterricht

Voraussetzung für die Bearbeitung der gestellten Aufgaben sind Vorkenntnisse zum Thema »Koevolution«. Die Thematik wird im Schülerband auf S. 433 vorgestellt. Das Arbeitsblatt kann entweder vertiefend nach Behandlung der Koevolution im Unterricht eingesetzt werden oder alternativ zur selbstständigen Erarbeitung durch die Schülerinnen und Schüler, wobei das Lehrbuch als Informationsquelle dient. Die Definition zum Begriff der Koevolution findet man auf der angegeben Seite im Schülerband, darüber hinaus auch im Glossar (S. 515).

Die Aufgabenseite verknüpft darüber hinaus Kenntnisse zu ökologischen Themen, insbesondere zu symbiotischen Beziehungen zwischen Lebewesen (s. Schülerband S. 367), mit stammesgeschichtlichen Fragestellungen.

Lösungen und Anmerkungen

AUFGABE 1

Wechselseitige Beeinflussung der Entwicklung zweier oder mehrerer in enger ökologischer Beziehung stehender [normalerweise nicht näher verwandter] Arten im Laufe der Evolution.

AUFGABE 2

Der Name »Honigbusch« leitet sich von der ergiebigen Nektarproduktion der Pflanze ab. Als »schüchternes Pflänzchen« wird sie bezeichnet, da sie ihre männlichen und weiblichen Blütenorgane und somit die für die Fortpflanzung wesentlichen Teile der Blüte »schamhaft« durch miteinander verwachsene Blütenhüllblätter verdeckt.

AUFGABE 3

Als wechselwarmes Tier wird der Skink erst dann in Erscheinung treten, wenn es die Außentemperaturen zulassen und somit auch Insektenflug gewährleistet ist. Die Freilegung der Fortpflanzungsorgane durch die Echsen erfolgt also erst, wenn auch Insekten als Bestäuber verfügbar sind.

AUFGABE 4

Endemiten (endemische Arten) sind Organismenarten, die nur in einer ganz bestimmten Region auf der Erde vorkommen. In diesem Fall sind sowohl der Honigbusch als auch der Südliche Schneeskink Arten, die ausschließlich auf Tasmanien verbreitet sind.

[Sind Endemiten in dem Gebiet, in dem sie heute leben, entstanden und haben sich danach nicht weiter verbreitet, nennt man sie autochthone Endemiten. Besonders häufig findet man in diesem zusammenhang Inselendemiten; bekannte Beispiele sind die Darwinfinken auf den Galapagosinseln. Handelt es sich aber um Organismen, die früher weiter verbreitet waren und in allen anderen Teilen ihres ursprünglichen Verbreitungsgebiets ausgestorben sind, nennt man sie Reliktendemiten, so z. B. die rezenten Quastenflosser vor Madagaskar. Der Begriff »Endemit« kann sich auf einzelne Arten, aber auch auf ganze systematische Gruppen beziehen; ebenso kann sich der Begriff auf eine eng begrenzte Region oder etwa einen ganzen Kontinent beziehen. So ist das Bodensee-Vergissmeinnicht ein Endemit der mitteleuropäischen Voralpenseen, die Flusspferde kommen endemisch auf dem afrikanischen Kontinent vor.]

AUFGABE 5

a) Untersuchung im Hinblick auf koevolutive Prozesse:

Muräne und Putzer-Lippfisch: Putzerfische haben spezifisch ausgebildete Mundpartien entwickelt, die es ihnen ermöglichen, Parasiten, Nahrungs- und Schmutzreste am Körper anderer Fischarten zu beseitigen. Dies ist die einzige Nahrungsquelle der Putzerfische. Die Fische, die sich putzen lassen, erkennen die Putzerfische an ihrer Färbung und an ihrem Bewegungsverhalten. Im Gegenzug zu dieser »Serviceleistung« werden die putzenden Tiere von den oftmals viel größeren Symbiosepartnern nicht verzehrt. Es liegt insofern Koevolution vor, als sich bei beiden Partnern im Laufe der Stammesgeschichte Verhaltensweisen und Farbmuster ausgebildet haben, an denen die Tiere ihren »Putzer« bzw. ihren

»Wirt« erkennen können [Abspreizen der Flossen und der Kiemendeckel, z. T. auch spezielle Umfärbung beim Putzwirt bzw. spezielle Schwimmmuster beim Putzerfisch], und sich so eine Symbiose etablieren konnte. [Bei den Lippfischen dürfte sich das Putzverhalten stammesgeschichtlich vom Abweiden von Algenbelägen auf Steinen und Korallen entwickelt haben.]

Blütenbestäubender Kolibri: Hier liegt ein typisches Beispiel für Koevolution vor; die Form und Farbe der Blüte und der Schnabel und die Zunge des Kolibris sind exakt aufeinander abgestimmt und veränderten sich im Lauf der Evolution gleichsinnig.

Strauchflechte: Pilz und Alge leben symbiotisch miteinander in einem gemeinsamen Vegetationskörper; die Symbionten alleine sind normalerweise nicht lebensfähig. Auch wenn diese enge Beziehung auf eine gemeinsame Evolution hindeutet, scheinen sich bei Flechten keine koevolutiven Prozesse abgespielt zu haben. [Gegen Koevolution im Falle der Algen spricht, dass nahe verwandte Flechten in vielen Fällen verschiedene Algen als Symbiosepartner haben und dass die Pilze ihre Algenpartner im Laufe der Stammesgeschichte wiederholt gewechselt zu haben scheinen].

Clownfisch und Seeanemone: Die Clownfische haben in ihrer stammesgeschichtlichen Entwicklung durch Absonderung eines speziellen Schleims auf ihrer Körperoberfläche eine Unempfindlichkeit gegen das Nesselgift der Seeanemone entwickelt. Diese Angepasstheit geht aber nur vom Fisch aus, während die Seeanemonen keine speziellen Merkmale im Hinblick auf den Symbiosepartner entwickelt haben, sodass man nicht von einer Koevolution sprechen kann.

b) Koevolution kann zu einem Nachteil werden, wenn eine Art ausschließlich von einer einzigen Partnerart abhängig ist und es keine Ausweichmöglichkeit beim Ausfall des Partners gibt. Insbesondere gilt dies für viele Symbiosen zwischen Blütenpflanzen und Bestäubern. Im Falle des Honigbuschs könnte das Verschwinden des Schneeskinks fatale Folgen für die Pflanze haben – werden die Blüten nicht mehr aufgebissen, können sie nicht mehr bestäubt werden und eine sexuelle Fortpflanzung des Strauchs ist nicht mehr möglich.

Zusätzliche Materialien

Internetquellen zum Thema Koevolution

http://www.ruhr-uni-bochum.de/imperia/md/content/geobot/2008/begerow_2008-koevolution.pdf
(D. Begerow, Ruhr-Uni Bochum; interessanter Übersichtsartikel mit weiterführenden Quellenangaben)
http://www.si-journal.de/index2.php?artikel=jg13/heft2/sij132-7.html (J. Fehrer, Evolution der Flechten)

Bienen als Bestäuber von Orchideen

Viele Orchideenarten der Gattung *Ophrys* (Ragwurz) sind in hohem Maße an spezielle Bestäuber, in der Regel bestimmte Hautflüglerarten, angepasst. So wird die im Mittelmeerraum verbreitete Braune Ragwurz (*O. fusca*) von Sandbienen bestäubt. Bienenmännchen werden dadurch angelockt, dass die Unterlippe der Orchideenblüte der Körperform einer Biene ähnelt und die Pflanze zudem Pheromone produziert, die wirksamer sind als die eigentlichen Sexuallockstoffe der Bienenweibchen. Bei der »Pseudokopulation« der Sandbienenmännchen mit der Blüte kommt es zu Pollenaufnahme bzw. -übertragung und somit zur Bestäubung der Orchidee. Diese Form der Signalfälschung wird als PECKHAM'sche Mimikry bezeichnet (s. hierzu auch folgende Seite).

Ragwurzblüte mit Sandbienenmännchen bei der »Pseudokopulation«

Weiterführende Aufgaben

AUFGABE

Erläutern Sie den Begriff »Endosymbiontentheorie« und diskutieren Sie, ob es sich hierbei um Koevolution handelt.

Lösung

Die Endosymbiontentheorie besagt, dass eukaryotische Zellen dadurch entstanden sind, dass ursprünglich eigenständige, frei lebende prokaryotische Organismen von Urformen eukaryotischer Zellen aufgenommen wurden und sich in einer symbiotischen Beziehung zu einem neuen, leistungsfähigen Gesamtorganismus unter Verlust ihrer Eigenständigkeit zusammengefunden haben. Auf diese Weise sollen Plastiden und Mitochondrien der Eucyte entstanden sein.

Die an der Bildung von Eucyten beteiligten Partner evolvierten demnach nicht getrennt voneinander auf der Basis gegenseitiger Wechselbeziehungen, wie dies bei koevolutiven Vorgängen geschieht. Vielmehr erfolgte gemäß dieser Theorie nach der Aufnahme der Endosymbionten in die »Wirtszelle« eine gemeinsame stammesgeschichtliche Weiterentwicklung innerhalb derselben Zelle. Man kann hier demnach nicht von Koevolution sprechen.

Elvis ... oder? (S. 56)

Konzeption des Arbeitsblattes

Dieses Arbeitsblatt hat mit der Mimikry eine besonders interessante Erscheinung der belebten Natur zum Thema. Die Schülerinnen und Schüler sollen erkennen, dass dieses Phänomen nicht allein auf die äußerliche, also optische Ähnlichkeit zwischen zwei Arten beschränkt ist, sondern dass auch nicht sichtbare Imitationen, wie zum Beispiel eine Geruchsnachahmung, zur Mimikry gerechnet werden. Zur Bearbeitung der Aufgaben muss die wissenschaftliche Definition des Mimikry-Begriffs auf bislang unbekannte Beispiele angewendet werden.

Geforderte Kompetenzen: Argumentieren, Gebrauch der Fachsprache.

Einsatz des Arbeitsblattes im Unterricht

Das Arbeitsblatt kann im Unterricht oder als Hausaufgabe bearbeitet werden. Die Aufgaben können als Vertiefung des Unterrichtsstoffes dienen (Schülerband S. 435), aber auch zur selbstständigen Erarbeitung der Thematik eingesetzt werden, wobei das Lehrbuch als Hilfsmittel benötigt wird (Aufgabe 2). Die zur Analyse der dargestellten Mimikrybeispiele erforderliche Definition des Fachbegriffs findet man im Informationstext der Seite.

Lösungen und Anmerkungen

AUFGABE 1

Unter Mimikry versteht man die Nachahmung eines anderen Tieres zur Täuschung oder Abschreckung. In diesem Fall handelt es sich nicht um einen Fall von Mimikry, da die Nachahmung zum einen bewusst erfolgt (Mimikry ist demgegenüber eine im Laufe der Stammesgeschichte durch Selektion entstandene Angepasstheit), zum anderen betrifft Mimikry immer mindestens drei Arten (Original, Nachahmer, getäuschte Art), während im Falle des »Doubles« alle drei Beteiligten derselben Art (Mensch) angehören.

[Auch in der Psychologie verwendet man die Bezeichnung »Mimikry«. Hier findet sie nur auf den Menschen Anwendung und bezeichnet im übertragenen Sinn die unbewusste und automatische Nachahmung anderer Menschen, etwa in Mimik, Gestik, Körperhaltung und Sprache.]

AUFGABE 2

Der **Seeteufel** imitiert das Beuteschema eines zappelnden Wurms mit Hilfe seiner veränderten Rückenflosse. Dadurch lockt er andere Fische an, die von der vermeintlichen Beute getäuscht werden, und gelangt somit an Nahrung.

Die **Blattlausschlupfwespe** imitiert den Duft von Blattläusen; sie bleibt somit von potenziellen Feinden (z. B. Ameisen) unerkannt und kommt erfolgreich zur Eiablage.

Das Weibchen des **Leuchtkäfers** *Photuris* lockt über Lichtsignale Männchen einer anderen Art an, um sie zu fressen.

Im Falle des Seeteufels und des Leuchtkäfers dient die Nachahmung also dem Beuteerwerb, im Falle der Schlupfwesep der Tarnung und dem Schutz vor Fressfeinden. Mimikry kann also bedeuten, dass eine harmlose Art die Gestalt, die Farbe oder auch die Verhaltensweise einer giftigen, ungenießbaren oder wehrhaften Art nachahmt und sich somit vor Fressfeinden schützt – im Fall der Schlupfwespe ist es umgekehrt: Hier imitiert das für die Blattläuse gefährliche Insekt ein harmloses Tier und tarnt sich auf diese Weise. [Beide Phänomene können als »Schutzmimikry« bezeichnet werden.] Demgegenüber findet man auch Mimikryformen, die dazu dienen, Beute anzulocken oder andere Arten zu täuschen [aggressive Mimikry oder PECKHAM'sche Mimikry].

Die beiden im Schülerband aufgeführten Beispiele verkörpern die zwei verschiedenen Mimikrytypen: Der Hornissenschwärmer ist ein weiteres Beispiel für eine Schutzmimikry, der räuberische Lippfisch für eine »aggressive Mimikry«.

AUFGABE 3

Unter »molekularer Mimikry« versteht man das Verbergen bakterieller, viraler oder parasitärer Oberflächenmoleküle vor der Immunabwehr des Wirts. Diese Moleküle werden deshalb nicht vom Immunsystem anerkannt, weil ähnliche oder gleiche Substanzen auch im Wirt vorkommen. Da der Wirtsorganismus gegen die eigenen Moleküle im Normalfall keine Antikörper bildet, werden diese Bestandteile des Parasiten nicht als Antigen erkannt und bekämpft.

Problematisch kann dieses Phänomen dann werden, wenn trotz der molekularen Tarnung eine Immunreaktion gegen den eingedrungenen Erreger erfolgt. In der Folge können dann nämlich auch körpereigene Zellen von den gegen den Parasiten gebildeten Antikörpern zerstört werden und so möglicherweise eine Autoimmunerkrankung auslösen.

Darüber hinaus wird die Bezeichnung »molekulare Mimikry« auch auf die Produktion von chemischen Substanzen angewendet, die üblicherweise von anderen Organismen gebildet werden. Beispielsweise imitieren bestimmte Orchideen Alarmpheromone von Blattläusen, um Schwebfliegen als Bestäuber anzulocken; diese legen ihre Eier normalerweise in der Nähe einer Blattlauskolonie ab, damit sich ihre Larven nach dem Schlüpfen von den Blattläusen ernähren können.

Eigentlich handelt es sich bei der typischen »molekularen Mimikry« genau genommen um ein Mimese-Phänomen: Ein anderer Organismus wird imitiert, um sich selbst zu tarnen.

Dagegen ist die oben beschriebene Bildung von Täuschpheromonen durch Pflanzen oder die Blattlausschlupfwespe eine echte Mimikry.

Geeignete Quellen:
http://de.wikipedia.org/wiki/Mimikry
http://de.wikipedia.org/wiki/Molekulare_Mimikry
Hinrichs, R.: Molekulare Mimikry. Unterrichtsmodell für die Sekundarstufe II (12./13. Schülerjahrgang). Unterricht Biologie 24 (260) 2000: 42 – 46.

Weiterführende Aufgaben

AUFGABE

Die nordamerikanische Lassospinne *Mastophora hutchinsoni* jagt Nachtfalter, bevorzugt die Arten *Tetanolita mynesalis* und *Lacinipolia renigera*. Zu diesem Zweck heftet sie einen klebrigen Tropfen an einen Fangfaden und schleudert diesen in Cowboy-Manier auf ihre Beute, die sich daraufhin in dem Fangfaden verheddert. Um ihren Jagderfolg zu erhöhen, produziert die Spinne in den frühen Nachtstunden das Pheromon der bis dahin aktiven *Tetanolita*-Falter, ab 23.00 Uhr das Pheromon der jetzt aktiven *Lacinipolia*-Art und »verpackt« es jeweils in den Flüssigkeitstropfen an der Lassospitze.

Planen Sie einen Versuch, mit dem nachgewiesen werden kann, dass die Lassospinne so etwas wie eine »innere Uhr« besitzt.

Lösung

Um auszuschließen, dass äußere Taktgeber in Gestalt unterschiedlicher Licht-, Temperatur- oder Luftfeuchteverhältnisse die entscheidende Rolle bei der Produktion der unterschiedlichen Pheromone spielen, müssen diese Außenfaktoren ausgeschlossen werden. Dazu könnten Lassospinnen in einem Laborexperiment unter standardisierten Bedingungen (»Dauernacht«, konstante Temperatur- und Luftfeuchtewerte) gehalten und auf ihre Pheromonproduktion hin untersucht werden. Lässt sich trotz der konstanten Versuchsbedingungen eine Rhythmisierung der Pheromonproduktion feststellen, kann man auf eine angeborene »innere Uhr« schließen.

Lassospinne *Mastophora hutchinsoni* mit Fangfaden und Flüssigkeitstropfen

»*I think*« (S. 57)

Konzeption des Arbeitsblattes

Hintergrund dieses Arbeitsblattes ist die Frage nach der Entstehung der Vielzahl von Organismenarten auf der Erde. Diese grundlegende Frage der Evolution stellte sich bereits Charles Darwin – ein Tagebucheintrag des Naturforschers dient als Einstieg in die Thematik. Die Schülerinnen und Schüler sollen sich wiederholend mit den Gedankengängen Darwins beschäftigen und aus dem Originaldokument seine frühesten Hypothesen zur Entstehung der Biodiversität ableiten. Weiterhin wird die Abgrenzung der Darwin'schen Evolutionstheorie zur Schöpfungslehre deutlich. An einem konkreten Beispiel von zwei Feuersalamanderpopulationen soll verdeutlicht werden, dass Artbildung nicht nur durch räumliche Isolation zustande kommen kann, sondern unter entsprechenden Bedingungen auch auf engstem Raum abläuft.

Geforderte Kompetenzen: Experimentieren und Beobachten (Analysieren von Versuchsdaten), Argumentieren (Auswerten eines Textes vor dem Hintergrund der Evolutionstheorie, Hypothesenbildung zu Artbildungsprozessen).

Einsatz des Arbeitsblattes im Unterricht

Lernvoraussetzungen für die Bearbeitung der Aufgaben dieser Seite sind Kenntnisse zu den Lehren der Artenkonstanz und des Artenwandels sowie basales Vorwissen zu allopatrischer und sympatrischer Artbildung. Die erste Aufgabe ermöglicht eine Wiederholung der Darwin'schen Evolutionstheorie. Sie eignet sich als Gruppenarbeit im Unterricht, da die Übersetzung des englischen Textes nicht einfach ist und viel Interpretationsspielraum bietet. Da auch die weiteren Aufgaben zu Vermutungen und damit zu Diskussionen auffordern, eignet sich dieses Arbeitsblatt besonders gut zur gemeinsamen Erarbeitung im Unterricht.

Lösungen und Anmerkungen

AUFGABE 1

»*Case must be that one generation ~~then~~ should have as many living as now.*« – »Tatsache muss sein (ist), dass eine Generation so viele lebende Arten haben sollte wie jetzt.«

Interpretation: In einem bestimmten (früheren) Erdzeitalter genau so viele Arten leben wie heute, dass also die Formenvielfalt etwa gleich bleibt.

»*To do this and to have as many species in same genus (as is) requires extinction.*« – »Wenn dies so ist (wenn man das annimmt), und wenn in derselben Gattung genau so viele Arten sind (wie heute), erfordert das Aussterben.«

Interpretation: Die Aufspaltung einer ursprünglichen Art in mehrere Arten sorgt dafür, dass die Ausgangsart zwangsläufig ausstirbt.

»*Thus between A + B immense gap of relation. C + B the finest gradation. B + D rather greater distinction. Thus genera would be formed. Bearing relation ... to ancient types with several extinct forms.*« – »Daher (gibt es) zwischen A und B eine riesige Lücke in der Beziehung. C und B (zeigen) die feinste Abstufung. B und D (haben dagegen) einen etwas größeren (verwandtschaftlichen) Abstand. Daher würden (verschiedene) Gattungen entstehen. Es besteht eine Beziehung ... zu ursprünglichen Typen mit mehreren ausgestorbenen Formen.«

Interpretation: Heute lebende Organismen lassen sich auf einen gemeinsamen Ursprung zurückführen. Je näher einzelne Arten miteinander verwandt sind, d. h. je später die Trennung von der gemeinsamen Stammeslinie erfolgte, desto ähnlicher sind sie sich. Früher getrennte Arten gehören unterschiedlichen Gattungen an. Auch fossile Formen lassen sich in diesen Stammbaum einordnen.

Insbesondere der letzte Teil der Tagebuchnotiz ist eine Abwendung von der Schöpfungslehre, da ein gemeinsamer Ursprung der Lebewesen postuliert wird. Dies wird auch aus dem skizzierten Stammbaum deutlich, der eine Evolution der Lebewesen aus gemeinsamen Ursprüngen veranschaulicht. Außerdem fordert das Gedankengebäude Darwins nicht nur die Neuentstehung, sondern auch das Aussterben von Arten, das ebenfalls im Widerspruch zur Lehre der Artenkonstanz steht.

[Die Schlussfolgerung des Aussterbens von Arten ergibt sich zwingend aus der ersten Hypothese: Geht man davon aus, dass sich aus einer Ausgangsart mehrere neue Arten entwickeln, müssen zwangsläufig – eine Konstanz der Artenanzahl vorausgesetzt – andere Arten aussterben. Dieser Gedanke wird von Darwin ebenfalls auf der Rückseite des abgebildeten Notizbuchblattes festgehalten: » *for if each species as ancient (1) is capable of making 13 recent forms, twelve of the contemporarys must have left no offspring at all, so as to keep number of species constant*« – »Denn wenn jede Art so wie Vorfahr (1) in der Lage ist, 13 rezente Vorfahren hervorzubringen [diese Zahl entspricht der Anzahl der in der Skizze durch eine Linie mit Querstrich angedeuteten rezenten Arten], dürfen zwölf der gleichzeitig lebenden Arten überhaupt keine Nachfahren hinterlassen haben [enstpricht der Zahl der Linien ohne Querstrich], damit die Anzahl der Arten konstant bleibt.«

Die im Schülerheft abgedruckte Seite stammt aus Darwins berühmtem »Notizbuch B« (»*Transmutation of species*«) von 1837/1838. Originalabbildungen der Notizbuchseiten und die Übertragung der Texte findet man im Internet unter

http://darwin-online.org.uk/

AUFGABE 2

Die Frage lässt sich auf zwei Arten beantwortem, zum einen anhand der vermutlichen Wirkursachen [proximate Ursachen], zum anderen anhand der biologischen Bedeutung [ultimate Ursachen] des Phänomens.

Die Larven, die in das stehende Gewässer abgesetzt werden, sind durchschnittlich schwerer, erreichen aber bis zur Metamorphose wesentlich weniger Gewicht (Körpermasse) als die Larven des Fließgewässers. Die größere Massezunahme der Bachlarven kann mit dem deutlich besseren Nahrungsangebot in dem Fließgewässer erklärt werden, was wiederum auf die bessere Versorgung des Gewässers mit Sauerstoff und Nährsalzen zurückzuführen sein könnte. Demgegenüber lässt sich das größere Gewicht der in Pfützen abgesetzten Larven nicht ohne Weiteres mit Umweltfaktoren erklären.

Ursache für die Entstehung der beiden unterschiedlichen Teilpopulationen auf evolutiver Ebene dürfte die erheblich größere Gefahr des Austrocknens der stehenden Gewässer sein. Die dort abgesetzten Larven müssen, damit sie überleben können, bereits von vornherein mehr Gewicht haben, um in kürzerer Zeit zur Metamorphose zu gelangen; zudem muss die Metamorphose früher einsetzen. Der Selektionsdruck wirkt damit in Richtung eines genetisch bedingt hohen »Geburtsgewichts« und einer schneller verlaufenden Larvalentwicklung.

AUFGABE 3

Prozentuale Gewichtszunahme der Larven in stehenden Gewässern:
$772 \cdot 100/184 = 419{,}6\,\%$
Prozentuale Gewichtszunahme der Larven in Bächen:
$1062 \cdot 100/164 = 647{,}5\,\%$

AUFGABE 4

Da die Individuen der beiden Populationen sich untereinander nicht paaren und in diesem Fall keine geographische Barriere vorliegt, muss eine Separation in Form einer Fortpflanzungsbarriere bestehen. Möglich wäre etwa, dass die »Tümpelpopulation«, die aufgrund von Mutationen spezielle Angepasstheiten an die veränderte Larvalentwicklung ausbildete, sich auch in anderen Merkmalen von den Individuen der Ursprungspopulation unterscheidet, z. B. in der Färbung. Diese könnte sich auf die Paarungsbereitschaft auswirken. Denkbar ist auch eine Geruchsänderung der Tiere, die eine Fortpflanzungsbarriere aufbaute und so dafür sorgt, dass sich geschlechtsreife Tiere derselben Teilpopulation bevorzugt untereinander verpaaren.
[Literatur zum Thema:
http://www.scienceticker.info/2007/11/06/feuersalamander-auf-trennungskurs/]

Weiterführende Aufgaben

AUFGABE

Pflanzen der Gattung *Eucomis,* bei Zimmerpflanzenliebhabern auch unter den Bezeichnungen Schopflilie oder Ananasblume bekannt, locken in ihrer afrikanischen Heimat mit ihrem Blütenduft Wespen an, die sie als Bestäuber benötigen. In höheren Gebirgslagen, wo es keine Wespen mehr gibt, kommt aber auch eine Art der Gattung vor – hier fand man als Bestäuber Fliegen, die ansonsten von Aas angelockt werden.

Stellen Sie eine Hypothese auf, welche Ursache diese Artbildung gehabt haben könnte.

Lösung

Vermutlich kam es bei einer Vorfahrenform der fliegenbestäubten Art bei einzelnen Individuen zu einer Mutation, die zur Produktion eines anderen Blütenduftstoffs geführt hat [Duftstoff mit einem höheren Anteil an Schwefelverbindungen oder Aminen]. Der Aasgeruch lockte Fliegen an, die die Bestäubung übernahmen. Gelangten nun *Eucomis*-Samen in Regionen, in denen keine Wespen vorkommen, überlebten dort nur die Mutanten, da nur diese bestäubt werden konnten. Alternativ kann es auch zu einer klimatischen Veränderung in einem Teil des Verbreitungsgebiets gekommen sein (z. B. durch sinkende Temperaturen, dadurch Verschwinden der wärmeliebenden Wespen und Selektionsdruck in Richtung der Fliegenbestäubung).

Blütenstand der Ananasblume *Eucomis bicolor*, einem afrikanischen Hyazinthengewächs

Eheprobleme (S. 58)

Konzeption des Arbeitsblattes

Die verschiedensten Isolationsformen werden im Lehrbuch auf den Seiten 438–439 beschrieben. Dieses Arbeitsblatt ergänzt die im Lehrbuch dargestellten Isolationsmechanismen durch ein Beispiel aus der Klasse der Spinnentiere. Insbesondere die Webspinnen zeigen auffällige Paarungsapparate, die in der Kompliziertheit ihres Aufbaus einzigartig im Tierreich sind. Die Schülerinnen und Schüler sollen anhand eines Auszugs aus einer wissenschaftlichen Veröffentlichung herausarbeiten, welchen Vorteil solch komplexe Paarungsapparate aus evolutionsbiologischer Sicht haben. Mit dem Verweis auf das in belebten Systemen auf verschiedenen Systembenen häufigen Schlüssel-Schloss-Prinzip werden Bezüge zu anderen biologischen Teilgebieten hergestellt. Nicht zuletzt werden Inhalte zur Formenkenntnis (Grundbauplan einer Webspinne) wiederholt. Inhaltlich stehen die biologischen Basiskonzepte »Reproduktion« und »Angepasstheit« im Vordergrund.

Geforderte Kompetenzen: Argumentieren (Interpretation von Fortpflanzungsmechanismen aus evolutionsbiologischer Sicht), Gebrauch der Fachsprache (Begriffserklärungen, Übertragung eines englischsprachigen Texts ins Deutsche).

Einsatz des Arbeitsblattes im Unterricht

Die Schülerinnen und Schüler können die Aufgaben zur Vertiefung ihrer Kenntnisse zu Isolationsmechanismen bearbeiten. Sie lernen an einem konkreten Beispiel den Aufbau von Fortpflanzungsschranken durch mechanische sexuelle Isolation kennen. Das Arbeitsblatt kann, da keine Vorkenntnisse zur Thematik vorausgesetzt werden, auch zum Themeneinstieg eingesetzt werden. Die Übersetzung des englischsprachigen Textes bietet sich ebenso wie die Berabeitung der übrigen Aufgaben für eine Gruppenarbeit an; die Besprechung erfolgt dann gemeinsam im Plenum.

Lösungen und Anmerkungen

AUFGABE 1

Da verschiedene Webspinnenarten häufig auf engstem Raum im selben Biotop zusammenleben, ist es biologisch sinnvoll, eine Hybridisierung der Arten durch Ausbildung von »Fortpflanzungsschranken« zu verhindern. Eine Möglichkeit zur Verhinderung von Fehlpaarungen ist die Spezifität von Fortpflanzungsorganen: Passen männliches Kopulationsorgan und weiblicher Genitalgang nicht exakt zusammen, ist keine Paarung möglich. Die Passgenauigkeit der Geschlechtsorgane ist somit ein Selektionsfaktor, und im Laufe der Evolution sind auf diese Weise immer spezifischere und kompliziertere Fortpflanzungsapparate entstanden.

AUFGABE 2

Beispiele für das Schlüssel-Schloss-Prinzip:
Enzym – Substrat, Aminoacyl-tRNA-Synthetase – Aminosäure und tRNA, Virus – Membranrezeptor der Wirtszelle, Neurotransmitter – Rezeptor, Hormon – zellulärer Hormonrezeptor, Antigen – Antikörper; spezifische Bindung von Antibiotika an passende bakterielle Oberflächenmoleküle.

[Entsprechende Stellen im Lehrbuch können die Schülerinnen und Schüler mit Hilfe des Registers herausfinden.]

AUFGABE 3:

a) Übersetzung des Textes:
Bei mehreren Arten von sexuell kannibalischen Spinnen beschädigen die Männchen ihre doppelt vorhandenen Geschlechtsorgane während der Paarung, wodurch es zu einer Begrenzung von einer Kopulation pro Taster (Pedipalpus) kommt. ... Wir haben überprüft, ob eine Beschädigung der Geschlechtsorgane bei der Radnetzspinne Argiope bruennichi *[Wespenspinne] die männliche Fitness erhöht, entweder dadurch, dass seine Flucht vor einem aggressiven Weibchen erleichtert wird, oder indem die Befruchtungskanäle des Weibchens bei zukünftigen Kopulationsversuchen anderer Männchen blockiert werden. Wir fanden keinen Überlebensvorteil für Männchen, deren Pedipalpen beschädigt waren. Jedoch waren Kopulationen in einem zuvor verwendeten Befruchtungskanal deutlich kürzer, wenn das vorhergehende Männchen einen Teil seiner Genitalien in dem Gang zurückließ. Da die Kopulationsdauer bei dieser Art die Vaterschaft bestimmt, legt unser Ergebnis nahe, dass die Beschädigung des männlichen Begattungsorgans bei* A. bruennichi *eine sexuelle Zuchtwahl hervorruft. Indem Teile ihrer eingeführten Organe in einem jungfräulichen Weibchen abbrechen, können verringern die Männchen die Spermienkonkurrenz und damit erhöhen dadurch ihren Vaterschaftserfolg.*

b) Es handelt sich um einen Vorgang der Vaterschaftssicherung. Durch das Verschließen der Geschlechtsöffnung wird es für nachkommende Männchen schwierig oder sogar unmöglich, ihre Spermien in den Körper des Weibchens abzugeben. Somit werden die Eizellen stets von den Spermien desjenigen Männchens befruchtet, das seine Bulbusspitze bei der Kopulation verloren hat.

Sperm competition = Spermienkonkurrenz: »Wettbewerb« der Spermien verschiedener Männchen derselben Art um die Befruchtung einer Eizelle. Eine Verringerung der Spermienkonkurrenz erhöht die Chance der eigenen Spermien und so die Wahrscheinlichkeit, das eigene Erbgut an die Folgegeneration weiterzugeben.

Weiterführende Aufgaben

AUFGABE A

Hybridbildung ist bei Säugetieren nicht sehr häufig. Besonders bekannt sind die Beispiele des Maulesels und des Maultiers, beides Kreuzungen aus Hauspferd und Hausesel.

a) Definieren Sie den Begriff »Hybrid«.

b) Recherchieren Sie im Internet, worin sich die beiden genannten Tiere unterscheiden und wie viele Chromosomen pro Zellkern ein Pferd beziehungsweise ein Esel jeweils besitzt. Begründen Sie mit Ihrem Ergebnis, warum Maulesel und Maulpferde steril sind.

Lösung

a) Hybrid: Individuum, das aus der Kreuzung von Individuen zweier verschiedener Arten hervorgegangen ist.

b) Ein Maulesel ist ein Nachkomme aus der Kreuzung einer Eselstute und eines Pferdehengsts, ein Maultier entsteht bei der Verpaarung einer Pferdestute mit einem Eselhengst.

Pferd: $2n = 64$ Chromosomen, Esel: $2n = 62$ Chromosomen. Somit haben die Hybride jeweils 63 Chromosomen, die sich bei der Meiose nicht zu homologen Paaren ordnen können. Damit ist die Bildung von Gameten nicht möglich und die Hybride sind steril.

[Im Schülerband findet sich auf S. 439 mit dem »Liger«, einem Hybrid zwischen Löwe und Tiger, ein weiteres Beispiel eines Säugetier-Artbastards.]

AUFGABE B

Man unterscheidet in der Biologie zwischen präzygotischen und postzygotischen Isolationsmechanismen. Erklären Sie den Unterschied zwischen diesen beiden Formen der Isolationsmechanismen.

Lösung

Präzygotische Isolationsmechanismen: Eine Paarung wird verhindert oder, kommt es zu einer Paarung, die Befruchtung wird unterbunden.

Postzygotische Isolationsmechanismen: Es wird verhindert, dass sich eine Hybridzygote zu einem fortpflanzungsfähigen Lebewesen weiterentwickelt.

Hybride zwischen Pferd und Esel. Maultier (oben) und Maulesel

Als die Fische das Laufen lernten (S. 59)

Konzeption des Arbeitsblattes

Das Thema dieses Arbeitsblattes ist der evolutive Übergang der Wirbeltiere vom Wasser- zum Landleben. Die Schülerinnen und Schüler sollen erkennen, dass wesentliche Voraussetzungen für den Übergang der paläozoischen Amphibien an Land schon vorher als Präadaptationen bei den süßwasserbewohnenden Vorfahren aus der Gruppe der Fleischflosser vorhanden waren. Dazu sollen die Vordergliedmaßenskelette früher landbewohnender Lurche verglichen werden. Schließlich soll auf die vermutlichen Ursachen der »Landeroberung« durch Wirbeltiere eingegangen werden.

Geforderte Kompetenzen: Gebrauch der Fachsprache (Benennung anatomischer Strukturen, Begriffserklärung »Präadaptation«), Argumentieren (Analysieren der Gliedmaßenumgestaltung beim Übergang vom Wasser- zum Landleben und der zugrunde liegenden Umweltveränderungen).

Einsatz des Arbeitsblattes im Unterricht

Das Thema des Landgangs der Wirbeltiere wird im Schülerband an verschiedenen Stellen und unter verschiedenen Aspekten dargestellt (S. 440 – 441: Übergang zum Landleben, transspezifische Evolution, Präadaptation; S. 460 – 461: Stammbaum der Wirbeltiere, abgeleitete Tetrapodenmerkmale; S. 476: Entstehung der Landwirbeltiere im Paläozoikum). Lernvoraussetzungen für die Bearbeitung sind Kenntnisse zum Begriff der Präadaptation (s. Schülerband S. 441, ggf. auch aus dem Glossar) sowie zum Bau der Extremitäten landbewohnender Wirbeltiere (aus dem Unterstufenunterricht, außerdem in Abb. 425.1 im Schülerband). Sind diese Voraussetzungen erfüllt, kann die Aufgabenseite als Einstieg in die Thematik eingesetzt werden; alternativ kann sie zur Vertiefung der Kenntnisse zur Evolution der Wirbeltiergruppen verwendet werden, ggf. auch als Hausaufgabe.

Lösungen und Anmerkungen

AUFGABE 1

Unter Präadaptation versteht man ein Merkmal, das bei einer Umweltveränderung einen Selektionsvorteil bietet. Bei *Tiktaalik* waren dies Brustflossen mit ausgeprägten, kräftigen Arm- und Handwurzelknochen, die den Nachfahren das Verlassen des Gewässers und die Fortbewegung an Land ermöglichten. Eine weitere Präadaptation dürfte die Fähigkeit gewesen sein, atmosphärischen Sauerstoff mit Hilfe zusätzlicher lungenartiger Organe aufzunehmen.

[Eine Abbildung des *Tiktaalik*-Fossils, das in devonischen Ablagerungen auf der Ellesmere-Insel (Kanada) gefunden wurde, findet man im Schülerband auf S. 440. Der Gattungsname stammt aus der Inuit-Sprache und bedeutet so viel wie »großer Süßwasserfisch«. *Tiktaalik* wird üblicherweise wegen seiner Beschuppung und dem Besitz von Kiemen noch als Fleischflosser, also als Fisch, klassifiziert, zeigt aber bereits eine Reihe von Merkmalen, die auf die späteren Landwirbeltiere hindeuten. Dieses Merkmalsmosaik wird unter anderem im Bau der Vordergliedmaßen deutlich: Während der körpernahe Teil bereits an Amphibien erinnert, sind keine Finger ausgebildet, sondern das Tier besaß noch knöcherne Flossenstrahlen. Vermutlich wurden die Gliedmaßen dazu benutzt, sich auf dem Gewässergrund abzustützen und fortzubewegen. Der Fund des *Tiktaalik*-Fossils bildet einen eindrucksvollen Beleg für den Artenwandel, vermittelt die Art doch sowohl morphologisch als auch stratigraphisch (in Bezug auf die Fundschicht) zwischen den noch deutlich fischähnlicheren *Panderichthys*-Fossilien und den frühen Amphibien wie *Acanthostega* und *Ichthyostega*. S. hierzu auch die folgende Website, auf der die Bedeutung von *Tiktaalik* für die Erforschung der Wirbeltierevolution herausgestellt wird und zudem ausführlich auf Kritik seitens der Gegner der Evolutionstheorie eingegangen wird:

http://brightsblog.wordpress.com/2007/07/28/die-zwischenform-tiktaalik-roseae/ (]

AUFGABE 2

a) **A:** Oberarm **B:** Speiche **C:** Handwurzelknochen **D:** Fingerknochen **E:** Mittelhandknochen **F:** Elle

b) Die Vordergliedmaßen werden im Lauf der Stammesgeschichte von einer Fischflosse zu einer fünfstrahligen Landwirbeltierextremität umkonstruiert. Oberarm, Elle und Speiche werden dabei in ihrer Stellung so platziert, dass die Knochen die bei der Fortbewegung an Land zusätzlich auftretenden Kräfte besser aufnehmen können Die Hand entwickelt Finger, wodurch eine bessere Beweglichkeit erreicht wird; die Anzahl der Finger sinkt von acht bei *Acanthostega* auf fünf bei *Ichthyostega*.

[Die Frage, wie viele Zehen- bzw. Fingerknochen *Ichthyostega* besaß, ist noch ungeklärt. Das spärliche Fossilmaterial aus devonischen Schichten Grönlands deutete zunächst darauf hin, dass dieser frühe Lurch sieben Zehen besaß; neuere Erkenntnisse lassen aber eher vermuten, dass *Ichthyostega* bereits über fünfzehige Extremitäten verfügte. Bislang wurden nur Hintergliedmaßenreste gefunden; die Abbildung im Schülerheft ist somit ebenso wie Abb. 476.3 B im Lehrbuch eine Rekonstruktion.]

AUFGABE 3

Hintergründe und Ursachen für ein Verlassen des Lebensraums Wasser könnten gewesen sein:
a) die Erwärmung des Gewässers und somit ein abnehmender Sauerstoffgehalt;
b) die Gefahr der Austrocknung des Gewässers;
c) Nahrungsknappheit im aquatischen Lebensraum und günstige Ernährungsbedingungen (landbewohnende Wirbellose) an Land;
d) Massenaussterben und in der Folge Besiedlung neuer Lebensräume und Besetzung der frei gewordenen ökologischen Nischen durch die überlebenden Arten.

Weiterführende Aufgaben

AUFGABE A

Nicht nur die Vordergliedmaßen, sondern auch weitere Veränderungen im Aufbau des Skeletts waren für einen erfolgreichen Landgang der Wirbeltiere notwendig. Beschreiben Sie mit Hilfe der folgenden Abbildung Skelettunterschiede zwischen *Eusthenopteron* und *Ichthyostega* und erklären Sie deren Bedeutung für das Leben an Land.

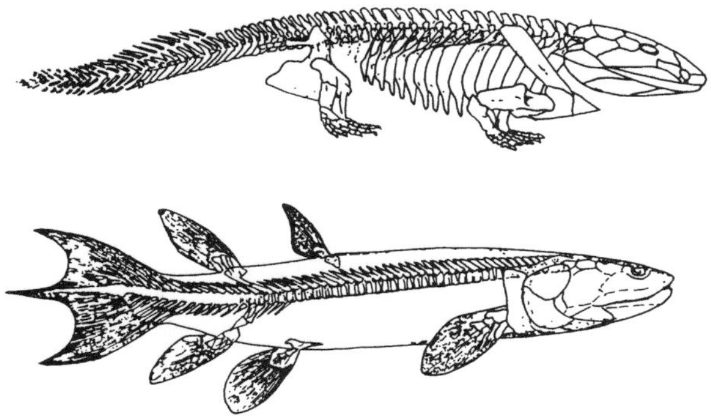

(Rekonstruierte) Skelette von *Ichthyostega* und *Eusthenopteron* im Vergleich

Lösung

Abgeleitete Merkmale bei *Ichthyostega*:
- Die paarigen Brust- und Bauchflossen des Fleischflosser-Vorfahren sind zu Gehwerkzeugen umgebildet; mit Ausnahme eines schmalen Schwanzflossensaums sind alle anderen Flossen (zweiteilige Rückenflosse, Afterflosse) rückgebildet.
- Die Knochen des Beckengürtels liegen nicht mehr frei in der Rumpfmuskulatur, sondern sind fest mit der Wirbelsäule verbunden. Dies ist notwendig, da die Extremitäten an Land das ganze Gewicht des Körpers tragen müssen.
- Ausbildung eines Brustkorbs mit Rippen, die mit ihrer Zwischenrippenmuskulatur zur Atmung notwendig sind (auch wenn *Ichthyostega* seinen Sauerstoffbedarf vermutlich größtenteils über die Haut gedeckt hat).
- Der Kopf ist vom übrigen Körper durch einen Hals getrennt, somit wird der Kopf beweglich.
- Der lange Schwanz mit dem schwachen Flossensaum deutet darauf hin, dass *Ichthyostega* bereits einen Großteil der Zeit an Land verbracht hat.

AUFGABE B

Informieren Sie sich in Ihrem Lehrbuch, welche Anpassungen im Bereich der Gewebe des Pflanzenkörpers für einen Übergang der Pflanzen an Land notwendig waren, und erklären Sie, welche Funktion diese neu entstandenen Gewebe hatten.

Lösung

- Entwicklung von Festigungsgewebe, da sich der Pflanzenkörper sonst in Ermangelung des Auftriebs, der im Wasser herrscht, nicht aufrichten kann;
- Abschlussgewebe als Schutz vor zu starker Wasserverdunstung, mit Spaltöffnungen zur Regulation des Gasaustauschs.

[War man bis vor kurzem davon ausgegangen, dass der Landgang der Pflanzen vor etwa 420 Millionen jahren durch Nacktfarne erfolgte, lassen neuere Funde darauf schließen, dass bereits deutlich früher die ersten Landpflanzen entstanden. Entsprechende Fossilfunde von Sporen, die an die Sporen heutiger Lebermoose erinnern, wurden 2003 in 470 Millionen Jahre alten Gesteinsschichten im Oman entdeckt.
Quelle: http://www.wissenschaft.de/wissenschaft/news/228516.html)].

Männliche Graufischer als selbstlose »Kindermädchen«? (S. 60)

Konzeption des Arbeitsblattes

Beobachtet man ein Verhalten, das der individuellen Fitness abträglich zu sein scheint, so bereitet eine evolutive Erklärung oftmals Schwierigkeiten. Die Schülerinnen und Schüler sollen anhand dieses Arbeitsblattes eine Studie kennenlernen, bei der man am Beispiel einer Vogelart eine genauere Untersuchung eines solchen Phänomens durchgeführt und über quantitative Versuchsdaten die Fitnesswerte einzelner Individuen berechnet hat. Der Fokus der Betrachtungen liegt auf der Frage, inwiefern scheinbar selbstloses Verhalten über die Theorie der Verwandtenselektion erklärt werden kann. Es wird zudem ersichtlich, dass dieses Verhalten nicht genetisch vorprogrammiert ist, sondern eine Angepasstheit an aktuelle Lebensumstände darstellt, insbesondere an begrenzte Ressourcen.

Geforderte Kompetenzen: Argumentieren (Analysieren und Interpretieren), Experimentieren und Beobachten (Nachvollziehen einer Naturbeobachtung, Auswertung von Beobachtungsdaten), Gebrauch der Fachsprache.

Einsatz des Arbeitsblattes im Unterricht

Das Arbeitsblatt dient zur Verdeutlichung der Theorie der Verwandtenselektion. Es kann eingesetzt werden, auch ohne dass diese zuvor Gegenstand des Unterrichts war. Es ist beabsichtigt, dass die Schülerinnen und Schüler bei der Erarbeitung die Seiten 442 und 443 im Schülerband zur Hilfe nehmen, auf denen die Berechnung des Verwandtschaftskoeffizienten erläutert wird. Außerdem ist es denkbar, das Arbeitsblatt einzusetzen, nachdem die Verwandtenselektion im Unterricht bereits besprochen wurde. In diesem Fall benötigen die Schüler keine Hilfestellung durch die Informationen aus dem Schülerband, sondern können unter Beweis stellen, ob sie diesen speziellen Fall kooperativen Helfens anhand der ihnen bekannten Konzepte selbstständig erklären können.

Lösungen und Anmerkungen

AUFGABE 1

Der Zugewinn an Nachkommen des Brutpaares beträgt bei einem Nicht-Helfer immer 0 (keine Unterstützung des Brutgeschäfts!). Daher ergibt sich für die indirekte Fitness der Nicht-Helfer – unabhängig vom Verwandtschaftsgrad – ebenfalls der Wert Null.

Durchschnittswerte für das erste Jahr				**Durchschnittswerte für das zweite Jahr**				
Taktik	Zugewinn an Nachkommen des Brutpaares	Verwandtschaftsgrad Helfer und Brutpaar	indirekte Fitness	Anzahl eigener Nachkommen	Verwandtschaftsgrad Elterntier und Nachkommen	Überlebenswahrscheinlichkeit nach dem ersten Jahr	Wahrscheinlichkeit, einen Fortpflanzungspartner zu bekommen	direkte Fitness
Primäre Helfer	1,8	0,32	0,58	2,5	0,5	0,54	0,60	
Sekundäre Helfer	1,3	≤ 0,05	0	2,5	0,5	0,74	0,91	
Nicht-Helfer	0	?	0	2,5	0,5	0,70	0,33	

AUFGABE 2

Nicht immer besteht ein von einem Helfer unterstütztes Brutpaar im folgenden Jahr noch aus dem genetischem Vater und der genetischer Mutter, denn in manchen Fällen wurde ein Elternteil ersetzt. Daraus ergibt sich ein von $r = 0{,}5$ abweichender, niedrigerer Verwandtenkoeffizient, der durchschnittlich bei $r = 0{,}32$ liegt.

AUFGABE 3

Durchschnittswerte für das erste Jahr				Durchschnittswerte für das zweite Jahr				
Taktik	Zugewinn an Nachkommen des Brutpaares	Verwandtschaftsgrad Helfer und Brutpaar	indirekte Fitness	Anzahl eigener Nachkommen	Verwandtschaftsgrad Elterntier und Nachkommen	Überlebenswahrscheinlichkeit nach dem ersten Jahr	Wahrscheinlichkeit, einen Fortpflanzungspartner zu bekommen	direkte Fitness
Primäre Helfer	1,8	0,32	0,58	2,5	0,5	0,54	0,60	0,41
Sekundäre Helfer	1,3	≤ 0,05	0	2,5	0,5	0,74	0,91	0,84
Nicht-Helfer	0	?	0	2,5	0,5	0,70	0,33	0,29

AUFGABE 4

Im ersten Jahr ergeben sich für primäre Helfer 0,58 Fitnesseinheiten, die beiden anderen Taktiken bleiben ohne Fitnesszugewinn. Im zweiten Jahr erzielen sekundäre Helfer im Vergleich zu anderen die größten Fitnessgewinne. Primäre Helfer haben aufgrund der kostenintensiven Unterstützung der Verwandten eine deutlich geringere Lebenserwartung, als dies bei sekundären Helfern und Nicht-Helfern der Fall ist. [Primäre Helfer schaffen etwa dreimal so viel Nahrung herbei wie sekundäre Helfer. Aufgrund der Verteidigung des Nestes haben sie zudem ein deutlich erhöhtes Sterblichkeitsrisiko.]

Die Wahrscheinlichkeit, einen Fortpflanzungspartner zu finden, ist bei sekundären Helfern größer als bei primären Helfern und Nicht-Helfern. Oftmals können die sekundären Helfer den Platz eines verstorbenen Männchens in ihrer »Gastfamilie« einnehmen. Dieser Weg steht den primären Helfern aufgrund der Vermeidung von Inzest in der Regel nicht offen. Nicht-Helfer scheinen für Weibchen weniger attraktiv zu sein als Helfer und haben daher insgesamt die schlechteste Gesamtfitness. Diese müssten vermutlich zunächst den Platz eines sekundären Helfers besetzen, um im darauffolgenden Jahr zur Reproduktion zu gelangen.

Das Verhalten der primären Helfer lässt sich über die Theorie der Verwandtenselektion erklären. Indem sie verwandten Tiere unterstützen, können diese mehr Junge aufziehen. Auf diesem Wege werden auch Allele des primären Helfers an die nächste Generation vererbt. Sekundäre Helfer sind kaum oder gar nicht mit den Brutpaaren verwandt. Ihre Motivation zu helfen erklärt sich aus dem Umstand, dass diese zum einen später den Platz eines verstorbenen Männchens einnehmen können, zum anderen damit, dass sie möglicherweise für Weibchen attraktiver sind als Tiere, die nicht helfen. Bei näherer Betrachtung des Phänomens und Auswertung der Kosten-Nutzen-Relation kann man das Verhalten der Graufischermännchen aus evolutionsbiologischer Sicht demnach nicht als «selbstlos» bezeichnen.

Zusätzliche Materialien

Reproduktionsstrategische Entscheidungspfade für junge Graufischer-Männchen

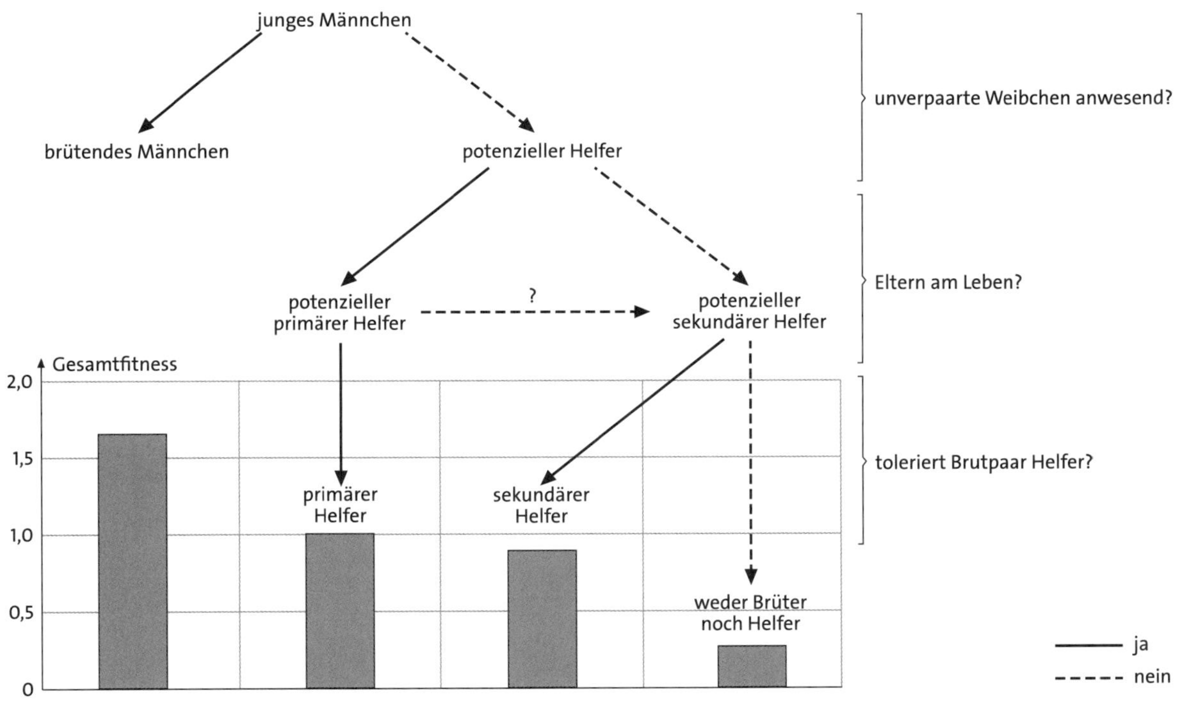

Das Dilemma der Bankräuber (S. 61)

Konzeption des Arbeitsblattes

Kooperationen finden häufig zwischen nahe verwandten Individuen statt und lassen sich über die Theorie der Verwandtenselektion mit der Evolutionstheorie in Einklang bringen. Weitaus größere Schwierigkeiten hinsichtlich einer evolutionsbiologischen Erklärung stellen indes kooperative Verhaltensweisen dar, die zwischen nicht verwandten Individuen oder gar zwischen verschiedenen Spezies beobachtet werden. Ein Versuch, dieses Problem zu lösen, öffnet gleichzeitig den Blick auf das Phänomen, auf das sich heutige Modellbildungen zur Evolution der Kooperation stützen: die Reziprozität.

Die Schülerinnen und Schüler sollen anhand dieses Arbeitsblattes eine Simulation kennenlernen und selbst durchführen, mit deren Hilfe eine Antwort darauf gegeben werden kann, wie kooperatives Verhalten zwischen nicht verwandten Lebewesen entstehen kann. Die im Modell zutage tretende Strategie des »Wie du mir, so ich dir!« dürfte den Schülerinnen und Schülern bei kritischer Reflexion ihres sozialen Umfeldes zudem aus eigener Erfahrung bekannt sein.

Geforderte Kompetenzen: Modellbildung, Experimentieren und Beobachten (Durchführung und Auswertung eines Modellversuchs), Argumentieren, Bewerten.

Einsatz des Arbeitsblattes im Unterricht

Die Situation des wiederholten »Gefangendilemmas« lässt sich mit einfachen Mitteln im Unterricht nachstellen und simulieren. Für das Gelingen ist es besonders wichtig, dass die Schülerinnen und Schüler den Ablauf genau verstanden haben und sich streng an die Arbeitsaufträge zur Durchführung halten. Auch wenn es den Schülerinnen und Schülern häufig Spaß macht, diese Simulation durchzuführen und sie sich durchaus gerne in die Rollen des »Hintergangenen« oder des »Rächers« versetzt sehen, so sollte darauf geachtet werden, dass die nötige Konzentration bei der Bearbeitung nicht darunter leidet. Nur dann können Daten gewonnen werden, die eine Analyse erlauben. Die Strategie des »Wie du mir, so ich dir!« zeigt sich noch etwas deutlicher, wenn die Simulation mehr als 30 Spielrunden umfasst. Die Spieler sollten daher auch gerne dazu angehalten werden, die Durchführung über die auf dem Arbeitsblatt abgebildete Tabelle hinaus zu erweitern.

Der Schwerpunkt des Arbeitsblattes liegt auf der selbstständigen Interpretation der gewonnen Daten. Die Strategie des »*tit for tat*« sollte daher zuvor noch nicht im Unterricht thematisiert worden sein, damit sich die Schülerinnen und Schüler bei der Durchführung der Simulation nicht von vermutlich zu erzielenden Ergebnissen beeinflussen lassen.

Lösungen und Anmerkungen

AUFGABE 1

Berechnung für Person A [gilt umgekehrt auch für Person B]

1. Möglichkeit: A schweigt

Schweigt B auch, so muss A ein Jahr in Haft. Gesteht B, so muss A für fünf Jahre in Haft.

→ Es ergeben sich daher für »Schweigen« entweder ein oder fünf Jahre Haft.

2. Möglichkeit: A gesteht

Schweigt B, so kommt A frei (0 Jahre Haft), gesteht B auch, so muss A für vier Jahre in Haft.

→ Es ergeben sich daher für »Gestehen« null oder vier Jahre Haft.

Es lohnt sich daher, die Tat zu gestehen, da die Haftstrafe durchschnittlich geringer ausfällt. [Gestehen sollte demnach die bevorzugte Strategie sein. Es zeichnet sich hier jedoch sogleich das Dilemma ab: Wenn beide Personen diese Strategie wählen, ist eine vergleichsweise hohe Strafe von vier Jahren zu erwarten.]

AUFGABE 2

Individuelle Ergebnisse.

AUFGABE 3

Auch wenn es sich bei einmaliger Befragung lohnt, zu gestehen, so zeigt es sich, dass dies nicht die günstigste Taktik ist, wenn sich beide so verhalten. Es ist zu vermuten, dass beide Partner bei wiederholter Interaktion verstärkt die kooperative Strategie wählen, bei der beide nur für ein Jahr inhaftiert werden. Nach mehrmaligem kooperativem Verhalten (beide schweigen) kann dies jedoch von einer der Personen insofern ausgenutzt werden, als ein Geständnis dazu führen würde, als Kronzeuge entlassen zu werden, wenn der andere weiterhin schweigt. Dies jedoch bedeutet eine hohe Strafe für den »Verratenen«, und dieser wird das nicht einfach auf sich sitzen lassen und sich bald dafür »rächen«. Ein dauerhaftes Gestehen beider würde jedoch wiederum dazu führen, dass beide hohe Gefängnisstrafen erhalten, sodass beide wieder zur kooperativen Strategie zurückkehren werden. Dies kann dann wieder von einer der Personen ausgenutzt und von der anderen »vergolten« werden, um sich dann wieder kooperativ zu verhalten usf.

[Es handelt es sich bei dem Gefangenendilemma um ein Zwei-Personen-Spiel innerhalb der nicht-kooperativen Spieltheorie, welches um 1950 von Merrill Flood und Melvin

DRESHER erfunden und von A. W. TUCKER formalisiert wurde. Zu Beginn der 1980er Jahre führte man verschiedene Computerturniere durch, bei denen die beste Strategie ermittelt werden sollte, um das Gefangenedilemma zu lösen. Die Strategie TFT *(»tit for tat«)* des Mathematikers und Spieltheoretikers ANATOL RAPOPORT (1911–2007; s. Foto) ging hierbei als Sieger hervor.

Diese Strategie gestaltet sich wie folgt: Im ersten Zug wird Kooperation (beide Spielpartner schweigen) gewählt, anschließend wird das gewählt, was der andere Spieler im Zug zuvor getan hat. Das heißt, TFT ist eine freundliche Strategie (im ersten Zug wird kooperiert), reagiert jedoch schnell auf die Handlungen des anderen, wenn dieser zum »Verräter« wird. Sie ist aber nicht auf dauerhaften (für beide Seiten hinsichtlich der Auszahlung nachteiligen) Verrat aus, vergibt daher nach einem einmaligen Vergeltungszug und zeigt sich erneut kooperativ. Man sieht hierbei deutlich, dass es sich bei TFT nicht eigentlich um eine kooperative Strategie handelt, sondern vielmehr um eine Strategie der Bestrafung und Vergebung.]

AUFGABE 4

Anders als das einmal durchgeführte »Spiel« bildet das wiederholte Gefangenendilemma die Situation sozialer Interaktionen ab. Zugunsten eines kooperativen Zusammenlebens muss man zuweilen auf den eigenen maximalen Profit verzichten. »Verräterisches« Verhalten wird geahndet, nach einer Vergeltung erfolgt jedoch auch wieder eine Vergebung, wenn der Gegenüber wieder zu einer kooperativen Strategie zurückkehrt. Ein dauerhafter »Betrüger« wird normalerweise mittel oder langfristig aus einer Gemeinschaft ausgeschlossen.

Die liebe Verwandtschaft ... (S. 62)

Konzeption des Arbeitsblattes

Homologien spielen in der Evolutionsforschung eine wichtige Rolle. Sie können herangezogen werden, um Verwandtschaftsverhältnisse zwischen Arten und Organismengruppen zu klären und helfen damit auch bei der Erstellung von Stammbäumen. Nachgewiesen werden Homologien mit Hilfe von drei Kriterien. Gegenstand des Arbeitsblattes ist einerseits die Anwendung dieser Homologiekriterien auf den Bau des Schädels bei Landwirbeltiergruppen. Andererseits werden der Homologiebegriff selbst und seine begriffliche Wandlung im Laufe der Zeit thematisiert. In diesem Zusammenhang liegt der Schwerpunkt des Arbeitsblattes auf dem Basiskonzept »evolutionäre Entwicklung und Verwandtschaft«.

Geforderte Kompetenzen: Argumentieren (Anwendung der Homologiekriterien), Gebrauch der Fachsprache (Homologiekriterien und Homologiebegriff), Experimentieren und Beobachten (vergleichende Untersuchung von Schädelknochen).

Einsatz des Arbeitsblattes im Unterricht

Das Arbeitsblatt kann im Anschluss an die Besprechung der Homologiekriterien im Unterricht eingesetzt werden. Es dient in diesem Fall der Anwendung, Überprüfung und Vertiefung des erworbenen Wissens. Darüber hinaus kann das Arbeitsblatt auch als Einstieg oder zur selbstständigen Erarbeitung der Homologiekriterien durch die Schülerinnen und Schüler dienen. Dazu werden die Informationen von Kapitel 2.2 im Schülerband benötigt (Homologie im Bau von Lebewesen, S. 454 – 455).

Ein Einsatz des gesamten Arbeitsblattes oder von ausgewählten Aufgaben ist in beiden Fällen möglich und sinnvoll.

Lösungen und Anmerkungen

AUFGABE 1

Heute versteht man unter Homologie die Übereinstimmung von Organen oder Organsystemen in ihrem Grundbauplan. Der den homologen Organen zugrunde liegende Bauplan wurde im Laufe der Evolution in verschiedene Richtungen abgewandelt. Die Übereinstimmungen sind auf dieselben Erbinformationen zurückzuführen, die wiederum damit erklärt werden können, dass die Träger der Organe von denselben Vorfahren abstammen. Homologien bei unterschiedlichen Organismen weisen damit auf eine stammesgeschichtliche Verwandtschaft hin.

Der Begriff der Homologie in seiner ursprünglichen Form hatte für Richard Owen keine phylogenetische Bedeutung. Nach seiner Definition sind Organe gleicher Funktion auch dann homolog, wenn ihre Ähnlichkeit nicht auf denselben Bauplan aufgrund naher Verwandtschaft der betroffenen Organismen zurückzuführen ist. Der fehlende stammesgeschichtliche Bezug von Owens Definition kommt auch darin zum Ausdruck, dass der von ihm postulierte Archetyp kein Urahn der Wirbeltiere sein soll. Er bringt mit dem Begriff »Archetyp« vielmehr zum Ausdruck, dass es einen göttlichen Grundbauplan gibt, dem alle anderen Baupläne der Wirbeltiere mit Abwandlungen entsprechen.

AUFGABE 2

Homologiekriterium der Lage: Als homolog bezeichnet man Organe, die in einem vergleichbaren Gefügesystem in einem Organismus die gleiche Lage einnehmen und dessen Bauelemente vergleichbare Lagebeziehungen untereinander haben. Solche Organe können bei verschiedenen Lebewesen unterschiedliche Funktionen haben. Beispiele: Vorderextremitäten der Wirbeltiere, Mundwerkzeuge der Insekten.
Homologiekriterium der spezifischen Qualität: Organe gelten als homolog, wenn sie in zahlreichen Einzelheiten ihres Baues übereinstimmen. Beispiel: Hautschuppen eines Haies und Schneidezahn eines Menschen.
Homologiekriterium der Stetigkeit: Unterschiedliche Strukturen werden als homolog betrachtet, wenn bei gestaltlich stark abgewandelten Strukturen Zwischenformen existieren, die einen allmählichen Übergang von der einen zur anderen Struktur erkennen lassen. Beispiel: primäres Kiefergelenk der Knochenfische und Gehörknöchelchen der Säuger, Zwischenformen mit »doppeltem Kiefergelenk« bei fossilen Reptilien.

AUFGABE 3

Um die Verwandtschaft zwischen Reptilien, Vögeln und Säugern anhand der Schädelknochen festzustellen, können alle drei Homologiekriterien angewendet werden.
- Kriterium der Lage: Alle Landwirbeltiere weisen dieselben Schädelplatten in derselben Anordnung auf. Die einzelnen Knochenplatten befinden sich im Schädel an entsprechenden Stellen, nehmen also die gleiche Lage ein.
- Kriterium der spezifischen Qualität: Ungeachtet der zahlreichen Bauelemente, bestehen Tetrapodenschädel in aller Regel aus denselben Knochenelementen, stimmen also in zahlreichen Baudetails überein, wie sie nur durch die Abstammung von gemeinsamen Vorfahren hinreichend erklärt werden können.
- Kriterium der Stetigkeit → fossile Zwischenformen mit »doppeltem Kiefergelenk« [s. Aufgabe 4 und Aufgabe B].

AUFGABE 4

a) Anhand der Abbildungen lässt sich erkennen, dass das Kiefergelenk der Reptilien zwischen den beiden Knochen Quadratum und Articulare lokalisiert ist. Diese beiden Schädelknochen unterliegen im Laufe der Evolution einer Umwandlung. Bei den Säugern sind sie ins Mittelohr verlagert und bilden dort die Gehörknöchelchen Hammer und Amboss. Die ursprünglichen Kiefergelenkknochen sind nun bei den Säugern an der Schallleitung im Mittelohr beteiligt, machen also einen stammesgeschichtlichen Funktionswechsel durch.

b) Das Kiefergelenk stellt die bewegliche Verbindung zwischen Gehirnschädel und Unterkiefer dar. Die Knochen des primären Kiefergelenks der Fische, Amphibien und Reptilien sind bei den Säugern im Lauf der Stammesgeschichte ins Mittelohr verlagert worden. Als Ersatz musste gleichzeitig bei den Säugern ein neues Kiefergelenk zwischen dem Unterkiefer und dem Gehirnschädel entstehen [zwischen dem Dentale, dem einzigen Unterkieferknochen der Säuger, und dem Squamosum (Schuppenbein)]. Diese phylogenetische Neubildung wird als »sekundäres Kiefergelenk« bezeichnet.

Zusätzliche Materialien

Internetquelle zum Thema

www.mallig.eduvinet.de/bio/Repetito/Evolut.html

Selbstlernkurs zum Thema Evolution mit Texten und Übungen zu den Themen Fossilien, Altersdatierung, Entwicklung der Wirbeltiere, Analogie und Homologie, biogenetische Regel.

Weiterführende Aufgaben

AUFGABE A

Die Verwandtschaft der Wirbeltiere lässt sich nicht nur an Skelettmerkmalen, sondern auch anhand ihrer Blutkreislaufsysteme erkennen.

a) Beschreiben Sie die drei Blutkreislaufsysteme in der folgenden schematischen Abbildung, ordnen Sie sie jeweils einer der drei im Abbildungstitel genannten Wirbeltierklassen zu und begründen Sie ihre Zuordnung.

b) Erläutern Sie, weshalb die Blutkreislaufsysteme zum Nachweis von Verwandtschaft innerhalb der Wirbeltiere herangezogen werden können.

c) Die evolutive Entwicklung eines Organs oder Organsystems von einem einfachen hin zu einem komplizierten Aufbau über verschiedene Zwischenstufen wird als Progressionsreihe bezeichnet.

Erläutern Sie, inwieweit man die Blutkreislaufsysteme der Wirbeltiere als Progressionsreihe ansehen kann.

d) Recherchieren Sie den Aufbau des Blutkreislaufsystems der Amphibien. Erläutern Sie, an welcher Stelle der Progressionsreihe dieses eingeordnet werden muss.

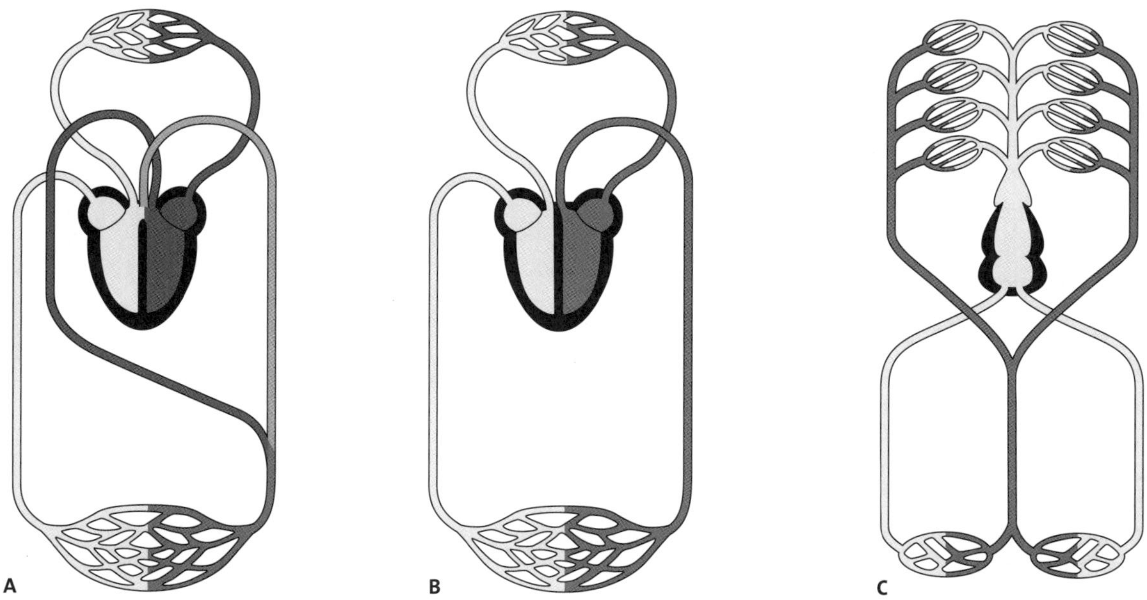

Blutkreislaufsysteme von Knochenfischen, Reptilien und Säugetieren. Sauerstoffreiches Blut ist dunkelgrau dargestellt.

Lösung

a) Blutkreislaufsysteme von links nach rechts:
Reptilien, Säugetiere, Knochenfische,

Knochenfisch: einfacher Blutkreislauf

Das Herz der Fische besteht aus einer Vorkammer und einer Hauptkammer. Es ist damit das einfachste Herz unter den Herzen der Wirbeltiere und deshalb der ursprünglichsten Wirbeltierklasse zuzuordnen. Auch der Blutkreislauf ist im Vergleich einfach strukturiert. Das Herz wird von sauerstoffarmem Blut durchströmt, das zu den Kiemen gepumpt wird, wo der Gasaustausch stattfindet.

Reptil: doppelter Blutkreislauf

Das Herz der Reptilien ist wesentlich komplizierter aufgebaut als das der Fische. Es besteht aus zwei Vorkammern und einer Hauptkammer, welche eine unvollständige Scheidewand besitzt. In die rechte Vorkammer strömt sauerstoffarmes Blut aus dem Körper, in die linke Vorkammer fließt sauerstoffreiches Blut aus den Lungen. Da die Hauptkammern nicht vollständig getrennt sind, kommt es dort zur Bildung von Mischblut, welches durch die mittlere Schlagader in den Körper transportiert wird.

Säuger: doppelter Blutkreislauf

Die Säuger haben im Vergleich zu den Fischen und Reptilien das am höchsten entwickelte Herz. Es ist aufgeteilt in zwei Vorkammern und zwei vollständig getrennte Hauptkammern. Dies hat zum Ergebnis, dass der Körper der Säuger nicht wie bei den Reptilien mit Mischblut, sondern ausschließlich mit sauerstoffreichem Blut versorgt wird. Das Blutkreislaufsystem der Säuger ist sehr effektiv und leistungsfähig und entspricht damit im hohen Maße den Anforderungen an die Lebensweise.

Die Differenzierung der abgebildeten Blutkreislaufsysteme hin vom einfachen zum komplizierten geht damit mit einer Leistungssteigerung einher.

b) Die Blutkreislaufsysteme der Wirbeltiere sind homolog zueinander. Es kann das Homologiekriterium der Stetigkeit angewendet werden. Es lässt sich eine allmähliche Weiterentwicklung vom Kreislaufsystem der Fische über Zwischenstufen bis zum Kreislaufsystem der Säuger erkennen. Damit spiegeln die Blutkreislaufsysteme die evolutive Entwicklung der Wirbeltiere wider.

c) Vergleicht man die Blutkreislaufsysteme miteinander, so kann man von den Fischen zu den Säugern eine stetige Zunahme der Komplexität feststellen. Sie stellen damit eine Progressionsreihe dar.

d) Das Blutkreislaufsystem der (erwachsenen) Amphibien (s. Abb. rechts) steht in seinem Entwicklungsniveau zwischen dem der Fische und dem der Reptilien.

Das Herz besteht aus zwei Vorkammern und einer Hauptkammer. In die rechte Vorkammer fließt sauerstoffarmes Blut aus dem Körper, in die linke Vorkammer sauerstoffreiches Blut aus der Lunge. In der Hauptkammer entsteht Mischblut, das in den Körper gepumpt wird; eine Scheidewand fehlt. Das Blutkreislaufsystem der Amphibien ist damit nicht sehr effektiv, genügt aber den Anforderungen an die Lebensweise, zumal ein mehr oder weniger großer Teil der Sauerstoffversorgung des Körpers über die Haut erfolgt (Hautatmung).

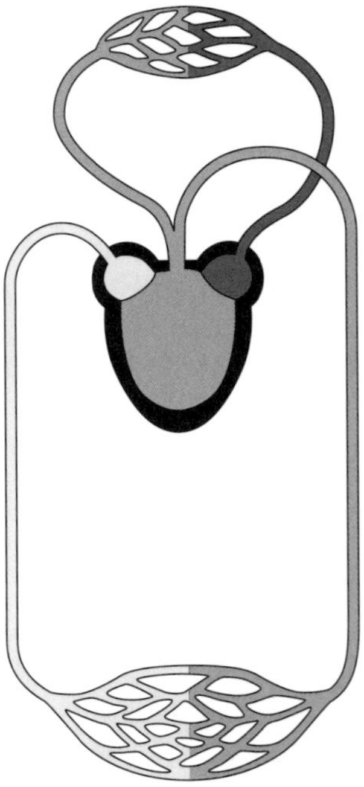

Blutkreislaufsystem der Amphibien

AUFGABE B

Begründen Sie, warum das primäre Kiefergelenk der Fische, Amphibien und Reptilien als homolog zu den Gehörknöchelchen Hammer und Amboss der Säuger gelten kann.

Lösung

Das primäre Kiefergelenk und die Gehörknöchelchen Hammer und Amboss können als homolog angesehen werden, da hier das Homologiekriterium der Stetigkeit erfüllt ist. Quadratum und Articulare, die beiden Knochen, die das primäre Kiefergelenk bilden, unterscheiden sich in ihrer Gestalt zwar stark von Amboss und Hammer. Bei fossilen Säuegtierähnlichen Reptilien (Therapsida) wie *Diarthognathus* aus dem Jura Südafrikas findet man jedoch Zwischenformen des Kiefergelenks, die den allmählichen Übergang vom primären Kiefergelenk zu den Gehörknöchelchen erkennen lassen.

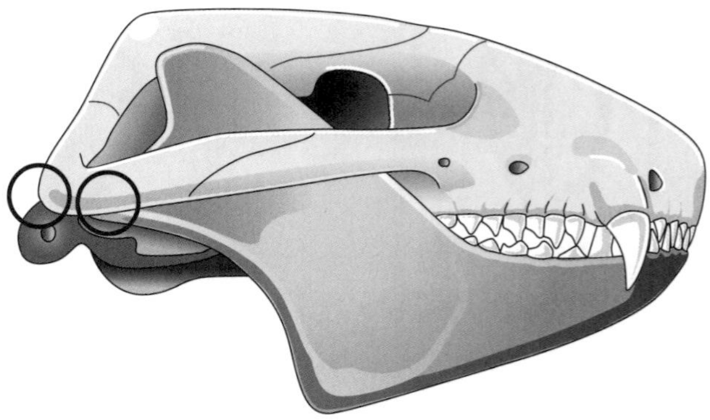

Diarthrognathus: Schädel mit »doppeltem Kiefergelenk« (die beiden Gelenke sind durch Kreise markiert)

Haarige Angelegenheiten (S. 63)

Konzeption des Arbeitsblattes

Das Arbeitsblatt hat die »Biogenetische Regel« zum Gegenstand. Im Mittelpunkt stehen dabei die Erarbeitung und die Anwendung dieser Regel am Beispiel der Lanugobehaarung, einem beim Menschen embryonal auftretenden Haarflaum. Darüber hinaus wird die Notwendigkeit der inhaltlichen Modifizierung des von Ernst Haeckel aufgestellten »Biogenetischen Grundgesetzes« thematisiert. Dabei sollen sich die Schülerinnen und Schüler kritisch mit wissenschaftlichen Forschungsergebnissen und deren Überprüfbarkeit auseinandersetzen. Ergänzend zur Darstellung im Schülerband zeigt Abb. 1 auf der Seite die berühmte Darstellung von Embryonalstadien verschiedener Wirbeltiere aus Haeckels Originalveröffentlichung.

Geforderte Kompetenzen: Argumentieren (Überprüfen der Anwendbarkeit der Biogenetischen Regel auf ein embryonales Körperbaumerkmal, inhaltliche Überprüfung des »Biogenetischen Grundgesetzes«), Gebrauch der Fachsprache.

Einsatz des Arbeitsblattes im Unterricht

Die Seite kann eingesetzt werden zur selbstständigen Erarbeitung der »Biogenetischen Regel« mit Hilfe der Informationen aus dem Schülerband (S. 457), möglicherweise auch nach der Vorstellung von Homologiebeispielen in der Ontogenese (s. S. 456 im Schülerband) . Wurde Haeckels Regel/Gesetz bereits im Unterricht besprochen, so kann das Arbeitsblatt zur Wiederholung, Anwendung und Vertiefung des erworbenen Wissens verwendet werden, ggf. auch als Hausaufgabe.

Lösungen und Anmerkungen

AUFGABE 1

Die während der Embryonalentwicklung angelegte Lanugobehaarung könnte als eine Rekapitulation des Fells stammesgeschichtlicher Vorfahren des Menschen angesehen werden. Für diese Annahme spricht, dass die nächsten Verwandten des Menschen (Menschenaffen) eine deutlich stärkere Behaarung aufweisen.

[Die Aufgaben 4 und 5 zeigen allerdings, dass die Lanugobehaarung nicht als eine solche Rekapitulation aufgefasst werden darf.]

AUFGABE 2

»Biogenetische Regel« [vgl. Schülerband S. 457]: »Im Verlauf der Ontogenese treten oft frühe Entwicklungsstadien stammesgeschichtlich älterer Formen auf.«

Nach Haeckels Vorstellung durchlaufen Tiere in ihrer frühen Individualentwicklung phylogenetische Vorläuferstadien. Diese Auffassung kann aber bei näherer Betrachtung der Embryonalentwicklung von Tieren nicht aufrecht erhalten werden. So stimmen zwar beispielsweise viele Merkmale in der Embryonalentwicklung der Wirbeltiere überein, dabei durchläuft aber beispielsweise ein Säuger nicht zunächst ein »Fischstadium«, dann ein »Amphibienstadium« und so weiter. Vielmehr ist es so, dass sich die frühen Embryonalstadien verwandter Formen vergleichsweise ähnlich sind, diese Ähnlichkeit aber im Laufe der frühen Entwicklung geringer wird. In der Ontogenese werden daher nie alle phylogenetischen Schritte wiederholt, wie Haeckel es postulierte, sondern es treten bei allen Formen der Verwandtschaftsgruppe unabhängig von ihrer Entwicklungshöhe zunächst einzelne ursprüngliche Merkmale auf. Ebenfalls gegen Haeckels Hypothese spricht, dass man während der Embryonalentwicklung oft Strukturen findet, für die es keine Entsprechungen bei stammesgeschichtlichen Vorfahren gibt. Auch entwickeln sich aus den rekapitulierten Anlagen nicht immer funktionsfähige Organe.

AUFGABE 3

Viele Gene, die die frühe Embryonalentwicklung steuern, sind bei verschiedenen Organismenarten homolog. Je früher die betrachteten Embryonalstadien, desto mehr Übereinstimmungen kann man deshalb feststellen.

Im Laufe der Evolution haben sie sich diese Gene nur wenig verändert, da sie den Ablauf lebensnotwendiger Entwicklungsprozesse steuern und Mutationen im Bereich dieser DNA-Abschnitte schwerwiegende Folgen für die Entwicklung des Embryos haben. Veränderungen der entwicklungssteuernden Gene haben daher einen immensen Selektionsnachteil und verschwinden rasch wieder aus einer Population.

AUFGABE 4

In dieser Tatsache ist kein Widerspruch zur »Biogenetischen Regel« zu sehen. Das Vorhandensein der Lanugobehaarung bei Affen deutet vielmehr darauf hin, dass dieses Merkmal bereits bei den gemeinsamen Vorfahren von Mensch und Affen ausgebildet war. Damit ist die Lanugobehaarung als ein entwicklungsgeschichtlich altes bzw. ursprüngliches Merkmal anzusehen, und zwar als ein typisches Embryonalmerkmal, das im Verlauf der frühen Ontogenese wieder verschwindet und gleichermaßen bei Affen und Menschen zu finden ist. Die endgültige Behaarung [Terminalbehaarung] löst in späteren Entwicklungsstadien sowohl bei Affen als auch (wenn auch in geringerem Umfang) beim Menschen die embryonale Lanugobehaarung ab.

AUFGABE 5

Als Atavismus bezeichnet man das Auftreten eines im Laufe der Evolution verschwundenen morphologischen Merkmals oder einer Verhaltensweise. Diese Merkmale oder Verhaltensweisen stellen einen genetischen »Rückschlag« dar und haben keine Funktion mehr.

Die Lanugobehaarung ist ein Merkmal, das nur in der Embryonalentwicklung auftritt und dort eine wichtige Funktion erfüllt. Bei Affen und beim Menschen wird sie durch das Terminalhaar ersetzt, nachdem sie gegen Ende der Schwangerschaft zurückgebildet wurde. Damit ist die Lanugobehaarung nicht als ein Rückgriff auf das Terminalhaar der Affen [s. Aufgabe 4] und somit auch nicht als Atavismus zu deuten. Vermutlich ist die Lanugobehaarung bei Neugeborenen darauf zurückzuführen, dass Gene, die für die Rückbildung der Behaarung zuständig sind, später oder länger als im Normalfall aktiviert werden. Die Lanugobehaarung wird daher nicht vor, sonder erst nach der Geburt zurückgebildet.

Weiterführende Aufgaben

AUFGABE

Recherchieren Sie nach weiteren Beispielen im Tierreich, auf die die »Biogenetische Regel« zutrifft.

Lösung

- Bartenwale bilden während ihrer Embryonalentwicklung Zahnanlagen aus. Dies ist ein Hinweis darauf, dass Bartenwale von Vorfahren abstammen, die Zähne besaßen.
- Das Larvenstadium des Wattwurms und anderer meeresbewohnender Ringelwürmer (Trochophoralarve) zeigt den gleichen Grundaufbau wie Muschellarven. Dies weist auf eine gemeinsame Abstammung von Muscheln und Ringelwürmer hin.
- Die Larve der Seeigel ist bilateralsymmetrisch, das heißt, sie besitzt – wie die meisten anderen Tiere auch – nur eine Symmetrieebene. Die erwachsenen Tiere jedoch sind radiärsymmetrisch (Pentamerie = fünfzählige Symmetrie). Es ist damit zu vermuten, dass die Vorfahren der Seeigel ebenfalls bilateralsymmetrische Tiere waren.
- Säugetierembryonen zeigen während ihrer Embryonalentwicklung die auch phylogenetisch bestätigte Neuentwicklung eines sekundären Kiefergelenks. Einige junge Beuteltiere besitzen sogar noch ein funktionstüchtiges primäres Kiefergelenk.
- Die Larven der Plattfische, zu denen beispielsweise Flunder, Scholle und Steinbutt gehören, besitzen wie andere Fische auf jeder Körperseite ein Auge. Im Laufe der Jugendentwicklung wandert eines der beiden Augen auf die andere Körperseite (die künftige Oberseite des Fischs). Die erwachsenen Tiere liegen nun mit der ursprünglich rechten oder linken Körperseite dem Bodengrund auf. Die Ontogenese deutet darauf hin, dass sich Plattfische stammesgeschichtlich von normal schwimmenden Meeresfischen ableiten.
- Im Embryonalstadium besitzen Schildkröten noch Anlagen für Rückenmuskeln, die sich Laufe der Ontogenese wieder zurückbilden.

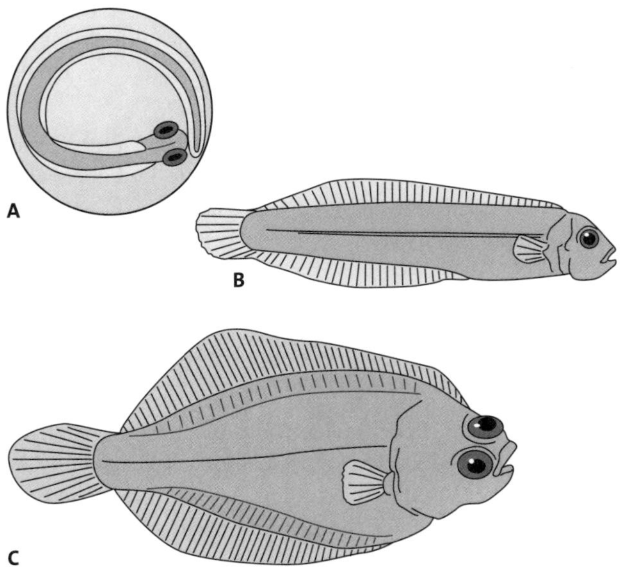

Plattfischlarven. A bilateralsymmetrische Junglarve im Ei; **B** freischwimmende Junglarve; **C** spätes Larvenstadium, bei dem das linke Auge auf die rechte Körperseite gewandert ist

»Viel seltzame Ding...« (Seite. 64)

Konzeption des Arbeitsblattes

Nicht nur in den USA, in China und in Argentinien machte man in den letzten Jahrzehnten zahlreiche Funde von ausgestorbenen Wirbeltieren, auch und nicht zuletzt aus Deutschland sind viele wichtige Fundstellen aus verschiedenen Erdzeitaltern bekannt. Besonders bekannte Fossilfundorte sind unter anderen Bundenbach (Rheinland-Pfalz), der Saurierfundort Bromacker (Thüringen), Holzmaden (Baden-Württemberg), Solnhofen und Eichstätt (Bayern), die tertiären Lagerstätten von Messel (Hessen) und dem Geiseltal (Sachsen-Anhalt) sowie die Fundstellen frühzeitlicher Menschen in Mauer bei Heidelberg, Steinheim (beide Baden-Württemberg) und im Neandertal (Nordrhein-Westfalen).

Am Beispiel eines Flugsauriers, dessen komplettes Skelett bereits im 18. Jahrhundert in den Plattenkalken von Eichstätt im Bayerischen Jura gefunden wurde, wird auf diesem Arbeitsblatt auf die Problematik der Fossilentstehung und -rekonstruktion eingegangen. Dabei sollen die Schülerinnen und Schüler versuchen, aus den Fundumständen auf das Alter des Fossils, die vermutlichen Umweltbedingungen zu Lebzeiten des fossilisierten Reptils und auf dessen Lebensweise rückzuschließen. Wiederholend wird außerdem der allgemeine Bau eines Landwirbeltierskeletts behandelt.

Geforderte Kompetenzen: Gebrauch der Fachsprache (Fachtermini zu Skelettelementen, Erdzeitaltern und zur Fossilisierung), Argumentieren (Rückschlüsse auf ökologische Verhältnisse, Fossilisierungsbedingungen und Lebensweise des Fossils).

Einsatz des Arbeitsblattes im Unterricht

Die Aufgabenseite ergänzt die Informationen zu Fossilien auf S. 459 im Schülerband. Auf dieser Seite findet man auch ein Foto des Originalfossils zu dem im Arbeitsheft abgebildeten Flugsauriers, außerdem eine Rekonstruktion in Flughaltung. Die Schülerinnen und Schüler sollten zur Bearbeitung der Aufgaben Vorkenntnisse zum Bau von Wirbeltierskeletten und zur Entstehung von Fossilien mitbringen. Die zur Beantwortung von Aufgabe 1 notwendigen Informationen können bei Bedarf im Schülerband nachgeschlagen werden (S. 476 ff.: Übersicht über die Erdzeitalter, erlaubt die zeitliche Zuordnung des Fossilfunds; hier wie auch auf S. 463 Hinweise zu dem aus denselben Fundschichten stammenden Urvogel *Archaeopteryx*).

Lösungen und Anmerkungen

AUFGABE 1

a) Oberer (später) Jura [Die Lösung findet sich in der Bildunterschrift zu Abb. 459.1 im Schülerband bzw. sie kann aus der Zeitangabe auf S. 477 ermittelt werden]
b) *Archaeopteryx [lithographica]*

AUFGABE 2

Nach dem Tod des Tieres wird das Tier in die Lagune gespült oder [wahrscheinlicher, da es sonst nicht zum Absinken des aufgrund der pneumatisierten Knochen sehr leichten Kadavers käme!] das Tier ertrank in der Meeresbucht. Die Leiche sinkt zum Lagunenboden, wird dabei ggf. noch verdriftet und anschließend rasch (z. B. durch starken Wellengang oder bei einem Sturm) von Sedimentschichten bedeckt. Im Laufe der Zeit zersetzen sich die organischen Bestandteile des Kadavers, und die Hartteile in Form des Skeletts bleiben übrig. Die Knochensubstanz wird anschließend langsam durch andere Mineralien ersetzt, und es kommt zur »Versteinerung« der Hartteile. Unter dem Gewicht der später aufgelagerten Sedimentschichten wird zudem das Fossil auf einen Bruchteil seiner ursprünglichen Dicke zusammengepresst.

[Im Fall der Solnhofener Plattenkalke scheinen die Lebensbedingungen am Lagunenboden ausgesprochen lebensfeindlich gewesen zu sein, wohl Faulschlammbedingungen, und es gab daher kaum bodenlebende Tiere. Zwar ist deshalb die Anzahl der gefundenen Fossilien vergleichsweise recht gering, aber diese sind dafür häufig in einem hervorragenden Erhaltungszustand. Für letzteren ist auch die Feinkörnigkeit des Kalkschlicksediments verantwortlich. Bei den Fundstücken unterscheidet man Positive und Negative; bei letzteren handelt es sich lediglich um Platten mit den Abdrücken der Originalfossilien.

Weitere Informationen zu den Plattenkalken von Solnhofen und Eichstätt findet man auf folgenden Internetseiten:
http://www.fossilien-online.de/
Mit ausführlichen Informationen u. a. zur Entstehung der Solnhofener Fossilien, zur Geologie der oberjurassischen Schichten und zu wichtigen Fundstellen.
http://fossilien-solnhofen.de/
http://www.solnhofen-fossilienatlas.de/
Mit einer Übersicht über die fossilen Arten der Solnhofener Plattenkalke; zur Bestimmung gefundener Fossilien nutzbar.
Weitere unterrichtsrelevante Informationen bietet
http://www.mallig.eduvinet.de/bio/Repetito/Evolut.html
Selbstlernkurs zum Thema Evolution mit Texten und Übungen, unter anderem zu den Themen Fossilien, Altersdatierung und Entwicklung der Wirbeltiere.]

AUFGABE 3

Anmerkung: Das Skelett des linken Fußes ist nicht komplett erhalten; hier fehlen Teile der Zehenglieder.

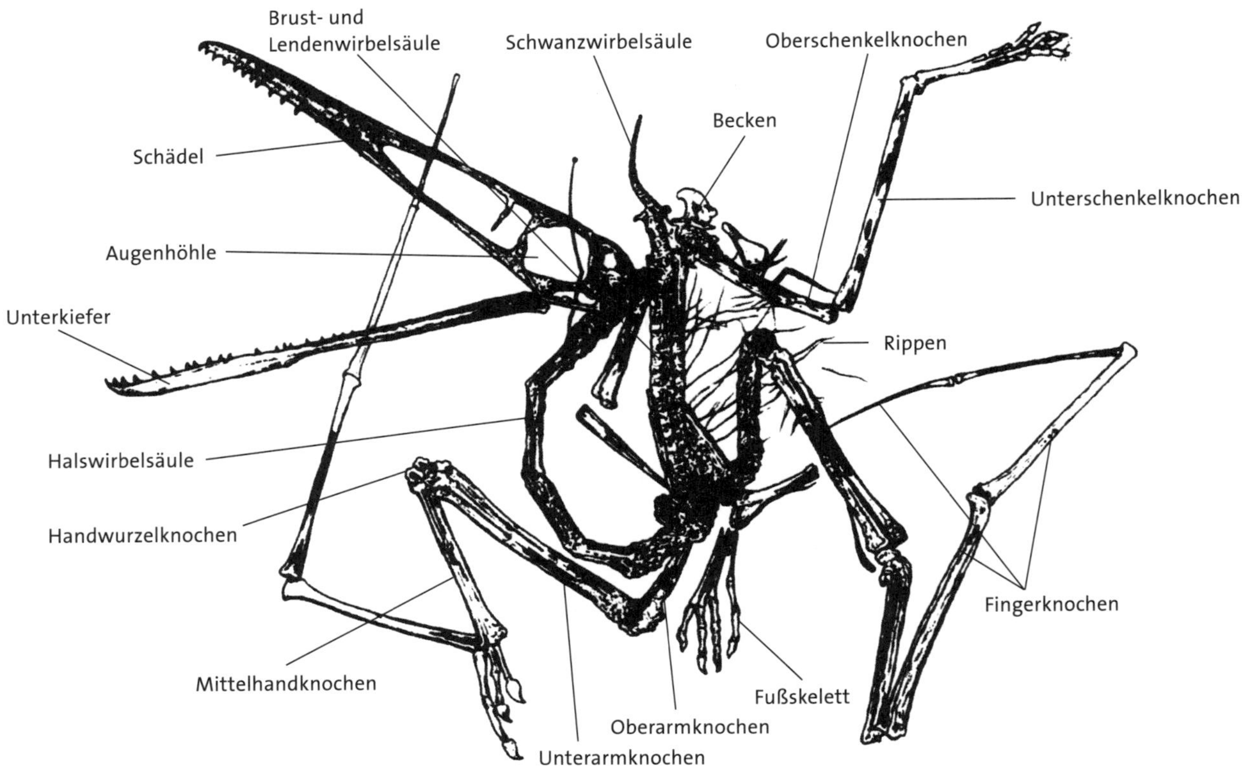

AUFGABE 4

Das Gebiss des Flugsauriers besitzt viele kleine und scharfe Zähne. Diese Bezahnung ist weder zum Zerkauen von Pflanzennahrung noch zum Zerteilen größerer Fleischstücke geeignet. Dies lässt – zusammen mit dem Lebensraum, in dem das Fossil gefunden wurde – auf eine Ernährung von Fischen und/oder Tintenfischen schließen, die mit den Zähnen festgehalten und anschließend unzerkaut verschluckt wurden.

Weiterführende Aufgaben

AUFGABE

Charakterisieren Sie die Unterschiede im Armskelett der ausgestorbenen Flugsaurier (s. Abb. rechts) und der rezenten Fledermäuse (vgl. Abb. 425.1 im Schülerband).

Lösung

Bei Fledermäusen sind Mittelhandknochen und Fingerknochen des 2. bis 5. Fingers extrem verlängert; die Flughaut wird zwischen diesen vier Fingern und der Körperseite wie ein Schirm aufgespannt. Der Daumen ist deutlich kürzer, besitzt eine kräftige Kralle und ist nicht in die Flughaut einbezogen.

Bei Flugsauriern besitzt die Hand nur vier Finger. Nur einer davon ist stark verlängert und spannt mit seinen vier Fingergliedern alleine die Flughaut auf, die anderen sind deutlich kürzer und tragen Krallen. Bei einem Teil der Flugsaurierarten (Kurzschwanz-Flugsaurier; hierzu gehört auch *Pterodactylus*) sind die Mittelhandknochen stark verlängert, bei den stammesgeschichtlich älteren langschwänzigen Arten sind sie deutlich kürzer.

[Der die Flughaut spannende Finger entspricht vergleichend-anatomisch dem kleinen Finger des Menschen, die kürzeren den Fingern 2 bis 4; der erste Finger (Daumen) fehlt bei allen Flugsaurierarten.]

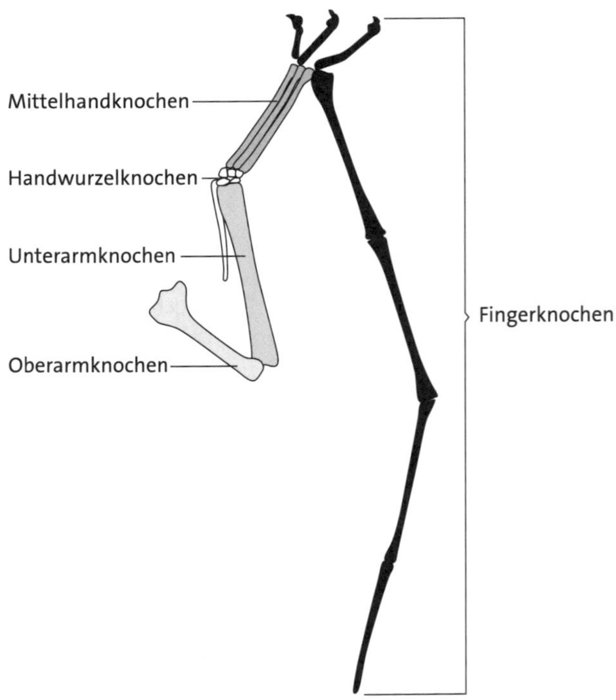

Richtig oder falsch? (S. 65)

Konzeption des Arbeitsblattes

Anhand der »Richtig/Falsch«-Aufgaben auf dieser Seite überprüfen die Schülerinnen und Schüler ihre Kenntnisse zu Homologien und Analogien bei Lebewesen. Die Aufgaben beziehen sich größtenteils auf (aus dem Lehrbuch) bekannte Beispiele aus dem Tierreich. Allgemeine Aussagen zum Thema »Homologie, Analogie und Konvergenz« runden die Zusammenstellung ab. Die Bearbeitung erfordert gründliches und kritisches Lesen und eine gute Beherrschung der Fachsprache auf diesem Gebiet.

Geforderte Kompetenzen: Argumentieren (Fehlerdiagnose und Korrektur), Gebrauch der Fachsprache (Definitionen zu Fachtermini).

Einsatz des Arbeitsblattes im Unterricht

Die zur Lösung der Aufgaben erforderlichen inhaltlichen Informationen finden sich auf den Schülerbandseiten 453 – 456 und 458. Die Aufgaben können auf unterschiedliche Weise in den Unterricht eingebaut werden:

– zur Überprüfung der Kenntnisse zum Thema nach der unterrichtlichen Erarbeitung; die Lösungen können dann entweder im Plenum besprochen oder mit Hilfe des Schülerbandes von den Schülerinnen und Schülern selbst nachgeschlagen werden (die dazu benötigten Stellen im Schülerband sind unter »Lösungen und Anmerkungen« aufgeführt);
– zur selbstständigen Erarbeitung des Themas, wobei sich die Lernenden die Inhalte anhand der gestellten Fragen und der Text- und Bildinformationen aus dem Schülerband aneignen;
– als Einstieg in die Thematik (Überprüfen von Vorwissen); im Anschluss wird das Thema im Unterricht besprochen und danach noch einmal auf die Aufgaben eingegangen. In diesem Fall wird die Korrektur der Aussagen erst im letzten Arbeitsschritt vorgenommen.

Lösungen und Anmerkungen

A Korrekte Aussage.
[Textinformation zum Funktionswechsel im Schülerband auf S. 454 unter »Kriterium der Stetigkeit«]

B Aussage falsch; Korrektur: … **in das Mittelohr** …
[Informationen zur Verlagerung des primären Kiefergelenks bei Säugetieren s. Schülerband S. 454 und Abb. 455.1]

C Aussage richtig; allerdings sind an der Führung und Abdeckung des Rüssels auch noch Elemente des Unterkiefers beteiligt. [S. hierzu Abb. 454.1 im Schülerband]

D Aussage falsch; Korrektur: … allgemein als **Rudiment**.
[Textinformationen zu Rudimenten und Atavismen s. Schülerband S. 455; eine Rückbildungsreihe von Gliedmaßen, wie sie auch bei den Schleichen vorkommt, zeigt Abb. 454.3 am Beispiel von Glattechsen]

E Aussage falsch; Korrektur: … mit **Krebstieren** …
Seepocken gehören zu den Krebstieren (Crustacea) und leiten sich von meeresbewohnenden Vorfahren ab.
[Informationen zu den Verwandtschaftsbeziehungen der Seepocken sowie der stammesgeschichtlichen Interpretation des Baus von Crustaceenlarven s. Schülerband S. 456]

F Aussage falsch; Korrektur: … wenn sie **bei verschiedenen Organismen vorkommen** … [oder: ... bezeichnet man dann als **paralog,** ...)
[S. hierzu Schülerband S. 458, insbesondere Abb. 458.2]

G Korrekte Aussage.
[Textinformationen auf S. 454 im Schülerband unter »Kriterium der spezifischen Qualität von Merkmalen« und Abb. 454.2]

H Aussage falsch; Korrektur: … lässt sich auf **ähnliche** Umwelt- und Lebensbedingungen …
Außerdem ist nach der Korrektur der Zusatz »bei verwandten Arten« verzichtbar; Analogie kommt auch bei nicht verwandten Arten vor.
[S. hierzu S. 453 im Schülerband]

I Aussage richtig.
[Definition des Konvergenzbegriffs s. S. 453 im Schülerband, Abbildung zur konvergenten Entstehung der Fischgestalt bei verschiedenen Wirbeltierklassen s. Abb. 18.2]

J Aussage richtig
[S. Schülerband S. 456 und 458]

K Aussage falsch; Korrektur: … lassen sich auf **gleichartige genetische Informationen** zurückführen.
Zudem führt eine aktive Anpassung an bestimmte Umwelt- und Lebensbedingungen nicht zu einer Veränderung des Erbguts und somit auch nicht zur Ausbildung neuer Merkmale, die an die Nachkommen weitergegeben werden und in den Folgegenerationen der natürlichen Selektion unterliegen.
[S. hierzu S. 453 und 458 im Schülerband]

Richtig oder falsch?

Die Kästchen auf dieser Seite enthalten Aussagen zum Thema »Homologie und Analogie bei Tieren«.

Lesen Sie die Texte gründlich durch, betrachten Sie die zugehörigen Abbildungen und entscheiden Sie, ob die Aussagen korrekt sind oder nicht. Markieren Sie anschließend die Ampeln rechts oben in den Feldern entsprechend mit »grün« (richtig) oder »rot« (falsch). Geben Sie außerdem bei den falschen Aussagen an, worin der jeweilige Fehler besteht bzw. korrigieren Sie die Sätze.

Der Flugfrosch *Rhacophorus pardalis* (s. Abb.) ist in der Lage, mit Hilfe seiner großen Gliedmaßen, deren Finger und Zehen durch Häute verbunden sind, durch die Luft zu gleiten. Bei anderen Fröschen dienen diese Häute als Hilfsorgane beim Schwimmen im Wasser. Eine solche »Umfunktionierung« eines Organs bezeichnet man als Funktionswechsel.

Anhand des Kriteriums der Stetigkeit lässt sich belegen, dass sich zwei Kieferknochen der Reptilien im Laufe der Stammesgeschichte in das Innenohr verlagerten und dort bei Säugetieren als Gehörknöchelchen fungieren.

Der Saugrüssel einer Honigbiene ist der Unterlippe eines Insekts mit kauend-beißenden Mundwerkzeugen homolog.

Der Schultergürtel einer Blindschleiche kann als stammesgeschichtliches »Überbleibsel« der vierbeinigen Echsenvorfahren interpretiert werden. Man bezeichnet eine solche Struktur allgemein als Atavismus.

Larvenformen können Hinweise auf verwandtschaftliche Beziehungen zwischen ansonsten äußerlich unähnlichen Tieren geben. Auf diese Weise kann die Verwandtschaft der meeresbewohnenden Seepocken mit landlebenden Spinnentieren belegt werden.

Gene bezeichnet man dann als ortholog, wenn sie in ein und demselben Organismus vorliegen und als homolog erkannt wurden.

Die Schuppen eines Hais (s. Abb.) zeigen denselben Grundaufbau wie die Zähne der übrigen Wirbeltiere. Sie bestehen im Wesentlichen aus Dentin und sind von einer Schmelzkappe überzogen. Diese Strukturähnlichkeit ist ein sehr gutes Beispiel für das Homologiekriterium der spezifischen Qualität.

Analogie von Organen bei verwandten Arten lässt sich auf unterschiedliche Umwelt- und Lebensbedingungen zurückführen.

Fischechsen lebten im Erdmittelalter in den Weltmeeren (s. Abb.). Äußerlich den heutigen Delfinen ähnelnd, zählen sie zu den Reptilien. Die Übereinstimmung im gesamten äußeren Erscheinungsbild zwischen den fossilen Echsen und den Meeressäugern ist ein Beispiel für Konvergenz.

Homologien treten nicht nur im Zusammenhang mit Körperbaumerkmalen auf, sondern sie können auch physiologische und ontogenetische Merkmale sowie Verhaltensweisen betreffen.

Übereinstimmende Merkmale bei einer natürlichen systematischen Verwandtschaftsgruppe lassen sich auf eine gleichsinnige aktive Anpassung an ähnliche Lebensbedingungen zurückführen.

Huftiere mit Nasenaufsatz – Verwandtschaftsprobleme (S. 66)

Konzeption des Arbeitsblattes

Die Nashörner stellen eine artenarme Gruppe großer Säugetiere dar. Am Beispiel dieser attraktiven Tiere sollen die Schülerinnen und Schüler dazu motiviert werden, sich mit systematisch-taxonomischen Fragesetllungen und der Aufstellung von Stammbäumen näher zu beschäftigen. Bei der Klärung der verwandtschaftlichen Beziehungen zwischen den fünf rezenten Nashornarten werden sowohl »klassische« morphologische Merkmale und Daten zur Verbreitung der Tiere als auch (s. S. 67) moderne molekulargenetische Untersuchungen herangezogen. Auf diesem Arbeitsblatt wird zunächst die Problematik der Stammbaumerstellung auf der Basis von Daten zur äußeren Gestalt betrachtet, die – je nach Gewichtung der betrachteten Merkmale – zur Konstruktion unterschiedlicher Stammbäume führen. Die Schülerinnen und Schüler sollen dabei insbesondere die nach Sichtung der vorliegenden Daten ungeklärte systematische Stellung des Sumatranashorns erkennen. Abbildungen der fünf Arten unterstützen die Beantwortung der Aufgaben.

Geforderte Kompetenzen: Argumentieren (Vergleich und Interpretation von Stammbaumrekonstruktionen), Modellbildung (Aufstellen eines Stammbaums auf der Basis von Merkmalskombinationen).

Einsatz des Arbeitsblattes im Unterricht

Zur Bearbeitung der Aufgaben sind keine weitreichenden Vorkenntnisse erfoderlich – alle notwendigen Informationen sind in den Texten und Abbildungen des Arbeitsblattes enthalten. Die Seite kann daher als Einstieg in das Thema »Aufstellen von Stammbäumen« verwendet werden. Mit den Aufgaben der folgenden Seite kann dann zur molekulargenetischen Klärung von Verwandtschaftsverhältnissen übergeleitet werden.

Angebracht ist es, in diesem Zusammenhang im Vorfeld der Bearbeitung oder spätestens bei der Besprechung der Lösungen auf die unterschiedlichen Stammbaumdarstellungen einzugehen, wie sie in der Literatur Verwendung finden. Im Schülerband findet man verschiedene Darstellungsarten:

a) Herkömmliche Darstellung in Form eines Dendrogramms (z. B. Abb. 460.1, 461.2, 479.1, 487.1, in etwas abgewandelter Form Abb. 482.2 und 483.1), das sich von klassischen »Stammbäumen« ableitet (Ursprungsart als Wurzel, rezente Arten an den Zweigenden). Werden, wie es bei modernen Stammbäumen üblich ist, stets dichotome Verwzweigungen verwendet, spricht man von einem **Kladogramm.** Solche Stammbäume sind sehr übersichtlich und leicht interpretierbar.

Eine ähnliche Darstellung zeigt Abb. 462.1 (Pferdestammbaum); hier stehen aber Evolutionsstufen statt Abstammungsreihen im Vordergrund, zudem enthält der Stammbaum Angaben zur Verbreitungsgeschichte der Verwandtschaftsgruppe.

b) »Gedrehtes Kladogramm«: Dieselben Informationen wie ein Dendrogramm liefern Darstellungen, die gleichsam einen um 90° gedrehten Stammbaum zeigen (Abb. 465.2, 480.1, 481.1 sowie Abb. 1 auf S. 67 des Schülerarbeitshefts).

Auch die Variante, die auf dieser Aufgabenseite gewählt wurde (Abb. 1), ist ein typisches Kladogramm mit einer allerdings etwas anderen grafischen Darstellung. Lediglich in Teilabbildung C ist eine Dreifachverzweigung zu erkennen – diese weist auf die noch ungeklärten Verwandtschaftsverhältnisse zwischen den betrachteten Arten hin.

c) Evolutionärer Stammbaum (**Phylogramm**). Diese Darstellungsform ist eine Weiterentwicklung der Varianten a) bzw. b); dabei wird die Evolutionsdauer und der Zeitpunkt der evolutionären Trennung zweier Taxa (Divergenzzeit) durch die Länge der Stammbaumäste veranschaulicht, sie nethält also zusätzlich chronistische Elemente. Eine entsprechende Darstellung zeigt Abb. 495.1.

Demgegenüber sind Stammbäume, wie sie in der Humangenetik (und auch in der Nutztierzucht) gebräuchlich sind, anders konstruiert (s. beispielsweise S. 184 im Schülerband; s. hierzu auch »Weiterführende Aufgaben«).

Lösungen und Anmerkungen

AUFGABE 1

Allen drei Ansätzen zur Stammbaumrekonstruktion ist gemeinsam, dass die beiden afrikanischen Arten untereinander näher verwandt sind als mit den asiatischen Formen. Dies bedeutet, dass sie einen gemeinsamen Ahnen besitzen, dessen Stammeslinie frühzeitig von der der übrigen Arten abzweigte.Deutlich ist die Abgrenzung gegenüber der Gattung *Rhinoceros*, zu der Panzer- und Javanashorn gehören. Umstritten ist dagegen die systematische Stellung des Sumatranashorns. In Hypothese A wird eine engere Verwandtschaft dieser Art mit Breitmaul- und Spitzmaulnashorn favorisiert, in Hypothese B eine nahe Verwandtschaft mit den beiden anderen asiatischen Arten. Hypothese C nimmt eine isolierte Stellung des Sumatranashorns an; demnach sollte es weder mit den afrikanischen Formen noch mit den *Rhinoceros*-Arten näher verwandt sein.

[Unüblich ist in dieser Darstellung das Abweichen von der ansonsten bei Kladogrammen üblichen dichotomen Verzweigung der Stammeslinien an der Stammbaumbasis; s. hierzu Anmerkung oben.]

AUFGABE 2
Hypothese **A** lässt sich mit der Zahl der Nasenhörner begründen (alle Arten mit zwei Hörnern bilden eine Verwandtschaftsgruppe, alle Arten mit einem Horn eine zweite Gruppe), Hypothese **B** mit dem Verbreitungsgebiet (Zusammenfassung der drei asiatischen Arten zu einer natürlichen Gruppe). Hypothese **C** fasst die sich widersprechenden Ergebnisse von **A** und **B** zusammen und fordert für das Sumatranashorn wegen seiner Sonderstellung (zweihörnige asiatische Art) eine eigene Stammeslinie, die sich früh von den beiden anderen Linien trennte.

Zusätzliche Materialien

Literatur- und Internetquellen zum Thema

Groves, C. P.: Die Nashörner – Stammesgeschichte und Verwandtschaft: 14–33. In: Die Nashörner, Filander Verlag, 1997.
Im Internet verfügbar unter http://arts.anu.edu.au/grovco/Nashorner.pdf

Grzimek, B.: Spitzlippennashorn: 621–634. In: Grzimek, B. (Hrsg.), Grzimeks Enzyklopädie Säugetier, Kindler Verlag, München 1987.

Schenkel, R.: Nashörner – Einleitung, Breitlippennashorn, Asiatische Nashörner: 610–620, 635–642. In: Grzimek, B. (Hrsg.), Grzimeks Enzyklopädie Säugetier, Kindler Verlag, München 1987.

http://www.rhinoresourcecenter.com/
Sehr informative und umfangreiche Website mit umfassenden Informationen rund um das Thema Nashörner, mit dem Schwerpunkt Artenschutz. Gute Übersicht über die rezenten Nashornarten: http://www.rhinoresourcecenter.com/species/, von diese Seite Verweis auf die einzelnen Arten, jeweils mit umfangreicher Abbildungssammlunge (darunter auch historische Darstellungen von Nashörnern und Freilandaufnahmen der seltenen Arten Java- und Sumatranashorn)

http://de.wikipedia.org/wiki/Nashörner
Ausführliche Informationen, auch zur Stammesgeschichte und Systematik der Nashörner; mit umfangreichem Quellenverzeichnis und Links zu den Seiten, auf denen die heute lebenden Arten vorgestellt werden.

Tiermodelle

Zur Veranschaulichung der Unterschied zwischen den verschieden Nashornarten bietet sich der Einsatz von lebensnahen Tiermodellen an, wie sie von verschiedenen Herstellern im Spielzeughandel angeboten werden (s. Abb.).

Modelle zweier Nashornarten. A Spitzmaulnashorn; **B** Panzernashorn

Weiterführende Aufgaben

AUFGABE
Nennen Sie die wichtigsten Unterschied zwischen einem in der evolutionären Systematik gebräuchlichen Stammbaum und einem Stammbaum, wie er in der Humangenetik Anwendung findet.

Lösung
– In einem humangenetischen Stammbaum wird die älteste Generation oben, die jüngste unten angeordnet (quasi ein »umgedrehter Stammbaum«).
– Es werden Individuen statt Arten betrachtet; außerdem gehen Partnerschaften und individuelle Verwandtschaftsbeziehungen (Eltern, Kinder, Geschwister usw.) aus der Darstellung hervor.
– Die betrachteten Zeiträume unterscheiden sich ganz wesentlich; evolutionäre Stammbäume beziehen sich auf geologische Zeiträume (Hunderttausende bis Millionen/Millarden Jahre), menschliche Stammbäume auf mehrer Generationen (maximal mehrere hundert Jahre).

Huftiere mit Nasenaufsatz – Aufklärung per DNA? (S. 67)

Konzeption des Arbeitsblattes

Die Aufgabenseite knüpft inhaltlich an das vorangehende Arbeitsblatt an. Konnten auf der Basis von morphologischen Untersuchungen und Verbreitungsangaben die verwandtschaftlichen Beziehungen der heute lebenden Nashornarten noch nicht befriedigend geklärt werden, erfahren nun die Schülerinnen und Schüler, welche Resultate moderne molekularbiologische Methoden bei der Aufklärung stammesgeschichtlicher Beziehungen in dieser Verwandtschaftsgruppe liefern. Dabei wird auch eine ausgestorbene Nashornform in die Untersuchung einbezogen. Im Mittelpunkt der Aufgaben steht die Konstruktion eines phylogenetischen Stammbaums, in dem nicht nur die vermuteten Verwandtschaftsverhältnisse, sondern auch die Divergenzzeiten berücksichtigt werden. Darüber hinaus sollen Fragen zur Ermitlung und Auswertung molekulargenetischer Daten, insbesondere zur Bedeutung der »molekularen Uhr«, beantwortet werden.

Geforderte Komptenzen: Repräsentationswechsel (Stammbaumkonstruktion), Experimentieren und Beobachten (Begründung des Versuchsansatzes zur Erhebung molekulargenetischer Daten), Argumentieren (Überprüfung von hypothetischen Stammbäumen, Auswerten einer Textstelle aus einer Originalveröffentlichung), Gebrauch der Fachsprache.

Einsatz des Arbeitsblattes im Unterricht

Voraussetzung für die Bearbeitung dieser Seite ist die Lösung der Aufgaben auf S. 66 im Arbeitsheft. Darüber hinaus sollten die Schülerinnen und Schüler Kenntnisse zu molekularen Homologien und zur Erstellung molekularer Stammbäume mitbringen, insbesondere zur Erstellung und Auswertung eines DNA-Stammbaums, der auf dem Vergleich von Gensequenzen bei verwandten Arten beruht (Schülerband S. 458 und S. 464–465).

Aufgrund der umfangreichen und vielfältigen Aufgabenstellungen bietet sich die Bearbeitung für eine Partner- oder Gruppenarbeit in einer Doppelstunde an.

Lösungen und Anmerkungen

AUFGABE 1

Die beiden Sequenzen sind für vergleichende Untersuchungen sehr gut geeignet, da die zugehörigen Genprodukte als lebensnotwendige Moleküle bei allen Eukaryoten vorkommen. Cytochrom b ist ein Enzym der Atmungskette, rRNA-Moleküle sind wesentliche Bestandteile von Ribosomen, den Organellen der Proteinbiosynthese. Mitochondriale Gene verwendet man, da die mtDNA ausschließlich über die mütterliche Erblinie weitergegeben wird und es somit nicht zu intrachromosomaler Rekombination kommen kann.

[Cytochrom b ist ein elektronenübertragendes Chromoprotein der Atmungskette. Es enthält wie alle Cytochrome ein Hämmolekül als prosthetische Gruppe.

mtDNA ist ein ringförmiges Molekül und liegt in der Mitochondrienmatrix. Es enthält vor allem Gene für Untereinheiten von Atmungskettenenzymen sowie rRNA- und tRNA-Gene. Beim Menschen liegen pro Mitochondrium zwischen 10 und 15 Kopien der mtDNA vor. Die rein maternale (mütterliche) Vererbung der Mitochondrien kommt dadurch zustande, dass bei der Befruchtung nur ein Teil des Spermienhalses, in dem sich die Mitochondrien des Spermiums befinden, in die Eizelle eindringt. Die so in die Eizelle eingeschleusten väterlichen Organellen werden anschließend enzymatisch abgebaut.

Den Originalartikel (2001) zu den molekulargenetischen Untersuchungen an rezenten Nashörnern findet man im Internet unter

http://www.ibiologia.unam.mx/pdf/directorio/c/cervantes/clases/masto/phylogeneticRelationships.pdf]

AUFGABE 2

DNA-Sequenzvergleiche bei homologen Genen liefern Hinweise auf Mutationsereignisse im Verlauf der Stammesgeschichte. Die Anzahl der Nucleotidunterschiede in einem Genabschnitt kann näherungsweise mit der Anzahl der dafür erforderlichen Mutationen gleichgesetzt werden (dabei sind Rückmutationen nicht berücksichtigt). Kennt man die Mutationsrate eines bestimmten Gens – etwa anhand von Sequenzunterschieden von Arten, deren Trennungszeitpunkt der Stammeslinien man aufgrund von Fossilfunden bereits kennt –, kann man nun den Zeitpunkt der Trennung anderer Stammeslinien berechnen, von denen bislang keine entsprechenden Fossilfunde vorliegen. Dabei nimmt man an, dass die Mutationsrate über lange Zeiträume hinweg konstant ist. Man spricht von einer »molekularen Uhr« [vgl. Schülerband S. 464 f.].

AUFGABE 3

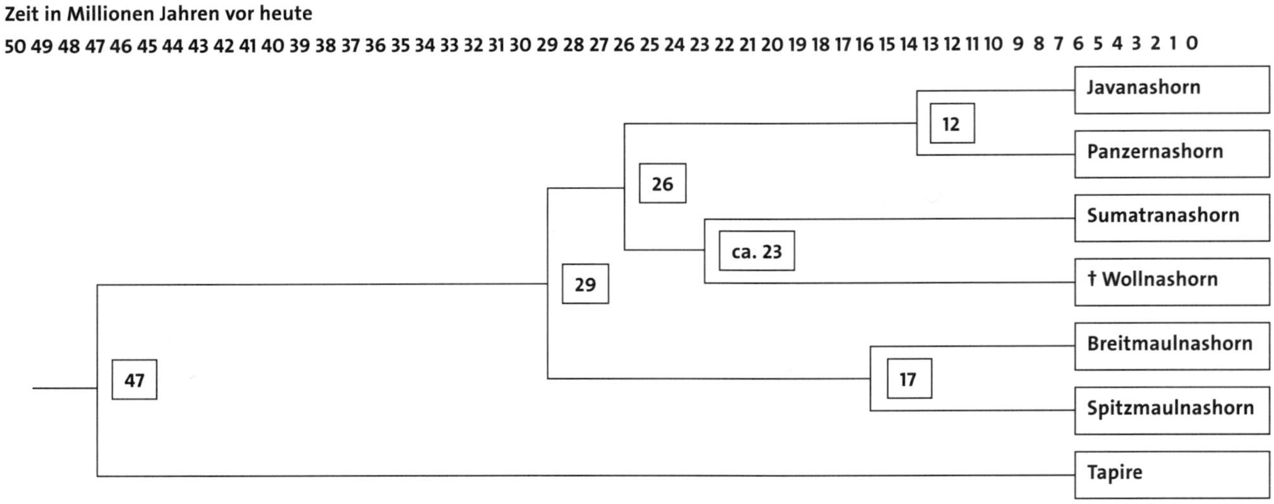

Umfangreiche Informationen zum Wollnashorn (*Coelodonta antiquitatis*) findet man im Internet unter
http://de.wikipedia.org/wiki/Wollnashorn

AUFGABE 4
Die Untersuchungen stützen Hypothese **B,** nach der das Sumatranashorn eine Schwestergattung zu *Rhinoceros* (mit Panzer- und Javanashorn) ist.

AUFGABE 5
a) »Gemäß unseren molekularen Schätzungen lässt sich die Abspaltung von *Rhinoceros* auf 11,7 ± 1,9 Millionen Jahre datieren. Das ist viel älter als die paläontologische Abschätzung, da die Gattung *Rhinoceros* fossil erst aus dem späten Pliozän nachgewiesen ist (zwischen 3,3 und 1,6 Millionen Jahren).«
b) Der Text bezieht sich auf die Frage, wann sich die gemeinsame Stammeslinie der beiden *Rhinoceros*-Arten aufgespalten hat, wann es also vermutlich zur Trennung von Java- und Panzernashorn gekommen ist.
c) Die nächstliegende Erklärungsmöglichkeit ist eine Fossilfundlücke. Gut erhaltene Fossilreste sind sehr selten, und nicht alle Lebensräume erlauben in gleich guter Weise die Fossilisierung von Lebewesen. Es ist allerdings ohne Weiteres möglich, dass entsprechende Funde in den nächsten Jahren noch getätigt werden.

Möglich ist auch eine Fehlinterpretation der molekularen Daten; z. B. könnte die »molekulare Uhr« nicht richtig geeicht sein.

Die Evolution bei der Arbeit (S. 68)

Konzeption des Arbeitsblattes

Das Arbeitsblatt soll dazu dienen, die Kenntnisse der Schülerinnen und Schüler über die Mechanismen der Evolution zu überprüfen, zu festigen und zu vertiefen. Darüber hinaus trainiert die Bearbeitung von Multiple-Choice-Aufgaben den korrekten Umgang mit der Fachsprache.

Es besteht die Möglichkeit, die Aufgaben insofern zu erweitern, als die Schülerinnen und Schüler begründen müssen, warum die jeweils falschen Antworten nicht korrekt sind.

Geforderte Kompetenzen: Gebrauch der Fachsprache, Argumentieren (Begründen falscher Antworten).

Einsatz des Arbeitsblattes im Unterricht

Die Seite ist gedacht zum Einsatz nach der Besprechung der Evolutionsmechanismen im Unterricht. Lernvoraussetzungen sind die Inhalte der Evolutionskapitel 1 und 2 im Schülerband; im Mittelpunkt stehen die Kapitel 1.3 bis 1.7 (S. 429 – 439). Eine Bearbeitung des Arbeitsblattes als Hausaufgabe ist sinnvoll.

Lösungen und Anmerkungen

Die korrekten Antworten der der sechs Multiple-Choice-Aufgaben dieses Aufgabenblatts sind auf S. 141 durch Ankreuzen markiert. Im Folgenden werden Anmerkungen zu den falschen sowie einigen korrekten Aussagen gemacht.

1. a) Die Aussage ist korrekt, allerdings sind diese Fortpflanzungsschranken unterschiedlich hoch. Während die entsprechenden morphologischen, genetischen und ethologischen Mechanismen in vielen Fällen selbst bei nahe verwandten Arten eine Bastardisierung verhindern, kommt es bei anderen Arten bisweilen zu Fehlverpaarungen. In aller Regel sind aber, soweit überhaupt Nachkommen entstehen, die Organismen der Folgegeneration nicht fortpflanzungsfähig (biologischer Artbegriff).
b) Individuen einer Art können in ihren Körpermerkmalen mehr oder weniger stark variieren (s. z. B. Variabilität des Menschen oder Frühlingsform und Sommerform des Landkärtchens [Abb. 428.1 im Schülerband]).
d) Als Genpool bezeichnet man die Gesamtheit aller Allele einer Population.]

2. Aussage **B** ist falsch, die übrigen Aussagen sind korrekt: Der Genpool einer Population verändert sich durch Rekombination nicht. Rekombination führt lediglich zur Neukombintaion von Allelen, nicht aber zu neuen Varianten eines Allels.
Demnach ist Antwort b) anzukreuzen.

3. d) Die reproduktive Fitness bezeichnet die Eignung eines Genotyps, mit seinen Allelen möglichst häufig im Genpool der nächsten Generation vertreten zu sein. Sie hängt somit mit dem Fortpflanzungserfolg eines Individuums zusammen. Dieser jedoch hängt nicht ausschließlich von der körperlichen Fitness und dem Lebensalter des Individuums ab. Die reproduktive Fitness wird z. B. insbesondere auch durch die Fruchtbarkeit eines Individuums beeinflusst oder die Fähigkeit, einen Fortpflanzungspartner zu finden.

4. a) Eine Selektion, die bei der Fortpflanzung Individuen ohne extreme Merkmale bevorzugt, wird als stabilisierende Selektion bezeichnet, da sie Merkmale erhält, die in einer konstant bleibenden Umwelt günstig sind.
b) Bei gerichteter Selektion verändert sich die Häufigkeit der vorkommenden Phänotypen, die ursprünglich häufigsten Phänotypen kommen zwar seltener als zuvor, aber auch weiterhin vor.
c) Die gerichtete Selektion verändert den Genpool einer Population.

5. Alle Aussagen sind richtig; es sind demnach keine Antworten anzukreuzen.
b) Es handelt sich hier zwar um eine innerartliche Konkurrenz zwischen den Birkenspannerindividuen (s. Antwort c) aber um eine zwischenartliche (interspezifische) Selektion: Die Auslese wird durch Fressfeinde herbeigeführt, die sich von den mehr oder minder gut getarnten Schmetterlingen ernähren.

6. a) Mimikry bezeichnet die Nachahmung eines anderen Tieres zur Täuschung oder Abschreckung (einer dritten Art). Die Nachahmung eines Lebenwesens oder eines Gegenstandes durch einen Organismus zum Zweck der Tarnung wird als Mimese bezeichnet.

Zusätzliche Materialien

Internetseite zum Thema Evolutionsmechanismen
Weitere Informationen zu den Mechanismen, die evolutiven Prozessen zugrunde liegen, findet man auf der Internetseite http://www.webmic.de/evolutionsfaktoren.htm (mit ausführlichem Glossar der wichtigsten Fachbegriffe zum Thema).

Weiterführende Aufgaben

AUFGABE A
Welche der folgenden Aussagen zur Artbildung ist/sind richtig?

- ☐ Die Unterbrechung des Genflusses zwischen Populationen ist eine Voraussetzung für allopatrische Artbildung.
- ☐ Die Entstehung zweier neuer Arten infolge von geographischer Isolation wird als sympatrische Artbildung bezeichnet.
- ☐ Sprosser und Nachtigall sind durch allopatrische Artbildung entstanden.
- ☐ Sympatrische Artbildung wirkt vor allem dann, wenn ein Lebensraum noch zahlreiche ökologische Nischen bereit hält.

Lösung
Die Aussagen a, c und d sind korrekt.
b) Von sympatrischer Artbildung spricht man, wenn in einem Lebensraum ohne geographische Isolation zwei neue Arten durch Ausbildung einer biologischen Fortpflanzungsschranke entstehen.

AUFGABE B
Die HUTTER'schen Brüder sind eine religiöse Gemeinschaft, von der viele Mitglieder im 20. Jahrhundert von Europa nach Nord- und Südamerika auswandert sind. Dort leben sie seither relativ isoliert von der übrigen Bevölkerung und heiraten in der Regel auch nur untereinander. Vergleicht man die Häufigkeiten ihrer Blutgruppen mit denen der europäischen Ausgangspopulation (s. folgende Tabelle), so kann man starke Abweichungen feststellen. Erklären Sie diese Abweichungen aus evolutionsbiologischer Sicht.

Blutgruppe	Häufigkeit in % Kolonie in Süddakota	Häufigkeit in % Bevölkerung Mitteleuropas
0	29	40
A	52	42
B	0	10

Lösung
Die ausgewanderten Mitglieder der HUTTER'schen Brüder können als Gründerpopulation angesehen werden. Diese brachte in Bezug auf die Gesamtheit der europäischen Bevölkerung nur einen Teil des ursprünglichen Genpools der Ausgangspopulation mit nach Amerika. Dadurch und durch die Isolation gegenüber anderen Bevölkerungsgruppen ergibt sich ein beschränkter Genpool, der – wie aus der Tabelle abzulesen – in Bezug auf die Blutgruppenmerkmale von der europäischen Ausgangspopulation abweicht. Man kann davon ausgehen, dass die ausgewanderten Mitglieder der Religionsgemeinschaft nur sehr selten (oder gar nicht) das Allel B in ihrem Genpool aufwiesen. Das Allel 0 kam wahrscheinlich seltener und das Allel A häufiger als in der mitteleuropäischen Ausgangspopulation vor. Dies würde erklären, warum die Blutgruppe B in der Kolonie in Süddakota gar nicht mehr vorkommt, die Blutgruppe 0 um 11 % seltener vorkommt und die Blutgruppe A um 10 % häufiger vorkommt als in der Vergleichsgruppe. Eine solche zufallsbedingte Änderung des Genpools wie im vorliegenden Fall bezeichnet man als Gendrift.

[In diesem Zusammenhang kann wiederholend auf die genetischen Grundlagen der Blutgruppen des AB0-Systems und deren Vererbung eingegangen werden.]

Die Evolution bei der Arbeit

Kreuzen Sie bei den folgenden Multiple-Choice-Aufgaben zum Thema »Mechanismen der Evolution« alle korrekten Aussagen an. Berücksichtigen Sie dabei, dass bei manchen Aufgaben mehrere Antworten zutreffen können.

1. Welche der folgenden Aussagen ist/sind richtig?

- ☒ Zwischen Individuen verschiedener Arten bestehen in der Regel Fortpflanzungsschranken.
- ☐ Individuen einer Art stimmen immer in allen Körpermerkmalen überein.
- ☒ Die Gesamtheit aller Individuen einer Art, die in einem gemeinsamen Verbreitungsgebiet leben und eine Fortpflanzungsgemeinschaft bilden, bezeichnet man als Population.
- ☐ Die Gesamtheit aller Allele eines Organismus wird als Genpool bezeichnet.

2. Die folgenden Aussagen betreffen die Variabilität des Genpools einer Population:

A Als Rekombination bezeichnet man die Neukombination von Allelen.
B Der Genpool einer Population kann sowohl durch Rekombination als auch durch Mutationen verändert werden.
C Crossover während der Meiose erhöht die Variabilität einer Population.
D Sexuelle Fortpflanzung erzeugt hohe Variabilität innerhalb einer Population und beschleunigt dadurch die Evolution.

- ☐ Alle Aussagen sind richtig.
- ☒ Die Aussagen A, C und D sind korrekt.
- ☐ Nur die Aussagen A und C sind richtig.
- ☐ Die Aussagen B und D sind falsch.

3. Welche Aussage(n) zur Selektion und zur reproduktiven Fitness ist/sind richtig?

- ☒ Natürliche Selektion bedeutet, dass der Fortpflanzungserfolg bestimmter Individuen einer Population reduziert ist, während sich andere stärker vermehren.
- ☒ Die natürliche Selektion verändert den Anteil der Allele am Genpool einer Population.
- ☒ Bei der künstlichen Selektion wird ein vom Menschen ausgewähltes Merkmal oder eine Kombination von Merkmalen gefördert.
- ☐ Die reproduktive Fitness eines Organismus hängt ausschließlich von seiner körperlichen Fitness und seinem Lebensalter ab.

4. Die gerichtete Selektion …

- ☐ bevorzugt bei der Fortpflanzung Individuen ohne extreme Merkmale.
- ☐ führt dazu, dass die ursprünglich häufigsten Phänotypen einer Population nicht mehr vorkommen.
- ☐ stabilisiert den Genpool einer Population.
- ☒ verschiebt die Allelfrequenzen innerhalb einer Population.

5. Geben Sie an, welche Aussage(n) zu Selektionsfaktoren und ihrer Wirkung <u>nicht</u> korrekt ist/sind.

- ☐ Das Vorhandensein von wasserspeicherndem Gewebe bei Kakteen ist auf die Wirkung von abiotischen Selektionsfaktoren zurückzuführen.
- ☐ Der Industriemelanismus beim Birkenspanner ist ein Beispiel für zwischenartliche Selektion.
- ☐ Konkurrieren Lebewesen einer Art um Nahrung, Reviere oder Geschlechtspartner, so führt dies zu innerartlicher Selektion.
- ☐ Ein Parasit und sein Wirt haben eine Koevolution durchlaufen.

6. Mimikry …

- ☐ liegt vor, wenn ein Organismus einen Gegenstand oder ein anderes Lebewesen zur eigenen Tarnung nachahmt.
- ☒ kann Gestalt, Färbung und Verhaltensweisen eines Lebewesens betreffen.
- ☒ ist nur dann wirksam, wenn die Anzahl der nachgeahmten Tiere größer ist als die Zahl der nachahmenden Tiere.
- ☒ verschafft dem betreffenden Organismus einen Selektionsvorteil.

Viele Rezepte – eine Ursuppe (S. 70)

Konzeption des Arbeitsblattes

Im Mittelpunkt dieses Arbeitsblattes steht der historische, bahnbrechende Versuch von MILLER und UREY, mit dem die postulierten Umweltbedingungen in der Frühzeit der Erde simuliert wurden. Den Schülerinnen und Schülern soll die Bedeutung dieses Experiments vor Augen geführt werden, gleichzeitig sollen sie auch noch einmal grundlegende biologisch relevante Moleküle und deren Bedeutung in Stoffwechselprrozessen wiederholen. Weiterhin sind Textbausteine zu den ersten biochemischen Vorgängen auf unserer Erde in eine sinnvolle Reihenfolge zu bringen.

Geforderte Kompetenzen: Argumentieren (Rückschluss auf Energiequellen in der Frühzeit der Erde, Bedeutung der Kompartimentierung von Zellen, sinnvolles Ordnen von Textbausteinen), Experimentieren und Beobachten (gedankliches Nachvollziehen des MILLER-UREY-Experiments), Gebrauch der Fachsprache (Bezeichnungen von Biomolekülen).

Einsatz des Arbeitsblattes im Unterricht

Im Vorfeld der Berabeitung dieser Aufgabenseite sollten sich die Schülerinnen und Schüler mit dem Experiment von MILLER und UREY befasst haben (s. Schülerband S. 471, insbesondere Abb. 471.1). Weitere Lernvoraussetzungen sind Kenntnisse zur Kompartimentierung von Zellen (S. 14, S. 40) sowie ein Überblick über die wichtigsten in Organismen vorkommenden organischen Moleküle (eine Zusammenstellung findet man im Schülerband auf den Seiten 31 bis 37). Die Aufgaben eignen sich sowohl zur Erarbeitung im Unterricht als auch (komplett oder in Teilen) als vertiefende Hausaufgabe.

Lösungen und Anmerkungen

AUFGABE 1

Im Reaktionskolben befanden sich Kohlenstoffmonooxid, Methan, Ammoniak, Wasser(dampf) und Wasserstoff.

AUFGABE 2

Aminosäuren: Bausteine der Proteine, [außerdem Bedeutung als Neurotransmitter (z. B. GABA, DOPA), Hormone (Thyroxin), Giftstoffe (z. B. Azetidin-2-carbonsäure des Maiglöckchens) und Zwischenprodukte für die Synthese weiterer Biomoleküle, z. B. Farbstoff Melanin)].

Zucker (Monosaccharide): Energielieferanten (Glucose, Fructose), Bausteine von Oligo- und Polysacchariden, die wiederum als Energiereservoir (Saccharose, Stärke, Glykogen) oder als Strukturelemente (Cellulose) dienen; außerdem Bausteine anderer wichtiger Biomoleküle (z. B. Nucleotide, Glykoproteide).

Purine: Stoffgruppe bizyklisch-aromatischer Verbindungen mit Stickstoffatomen im Ringgerüst; wichtigste Vertreter sind die Nucleotidbasen **Adenin** und Guanin (Bausteine der Nucleotide und damit von Nucleinsäuren sowie von **ATP** (Bereitstellung von Energie in der Zelle), ADP, cAMP, NAD^+ und $NADP^+$.

Porphyrine: organische Farbstoffe, die aus einem stickstoffhaltigen [tetrazyklischen] Ringsystem bestehen; Bausteine des Häms (in Hämoglobin), des Chlorophylls und von Cytochromen.

Proteine: Enzyme, Hormone (z. B. Insulin), Transportproteine (z. B. Hämoglobin, Tunnelproteine in der Zellmembran), Gerüstproteine (z. B. Keratin, Kollagen), Speicherproteine (z. B. Albumin), Immunproteine (z. B. Antikörper), Blutgerinnungsstoffe, Gifte (z. B. Bestandteile von Schlangengiften).

Polynucleotide: Träger der Erbinformation (DNA, bei manchen Viren auch RNA), Zwischenprodukte der Proteinbiosynthese (mRNA), Transportmoleküle (tRNA) und strukturelle Bestandteile der Ribosomen (rRNA).

AUFGABE 3

Die Energiezufuhr erfolgte möglicherweise durch elektrostatische Entladungen (Blitze), Hitze aufgrund von vulkanischer Aktivität (heiße Lava) und/oder durch radioaktive Strahlung und UV-Strahlung.

AUFGABE 4

Die Bildung von Kompartimenten ist von grundlegender Bedeutung für die Ausbildung von Reaktionsräumen, in denen Stoffwechselwege ungestört voneinander und von der Umgebung ablaufen können. Die Abgrenzung der Zellkompartimente erfolgt durch Membranen, die teilweise durchlässige Barrieren gegenüber dem Nachbarkompartiment bilden.

Der Aufbau eines einfachen Kompartiments, eines von einer Membran umgebenen Reaktionsraums, war im Verlauf der chemischen Evolution notwendig, um die gebildeten Makromoleküle auf engstem Raum zusammenzuhalten, ihre Konzentration damit zu erhöhen und somit die Reaktionen der Moleküle untereinander zu gewährleisten. [Diese Zunahme des Ordnungsgrads war eine notwendige Voraussetzung für kontrollierte biochemische Reaktionen.]

AUFGABE 5

Reihenfolge: b – e – c – f – a – d

→ **DEN – OMYS – IBO – NNTET – OHE – EIR**

Lösungswort (Buchstaben in der richtigen Reihenfolge geordnet): **ENDOSYMBIONTENTHEORIE**

Es war einmal … (S. 71)

Konzeption des Arbeitsblattes

Das Rätselblatt bietet den Schülerinnen und Schülern die Möglichkeit, ihr Fachwissen über die Erdzeitalter zu überprüfen und zu festigen. Das Arbeitsblatt ist so konzipiert, dass es einen Überblick über die Erdzeitalter und die aus evolutionsbiologischer Sicht wichtigsten in diesen Zeiträumen stattfindenden Ereignisse gibt. Das im Zentrum stehende biologische Basiskonzept ist die evolutionäre Entwicklung.

Geforderte Kompetenzen: Gebrauch der Fachsprache.

Einsatz des Arbeitsblattes im Unterricht

Das Arbeitsblatt ist gedacht zum Einsatz nach der Behandlung der entsprechenden Thematik im Unterricht. Dabei können die Schülerinnen und Schüler anhand des Rätsels ihr Wissen überprüfen. Darüber hinaus kann das Arbeitsblatt auch als Einstieg in das Thema verwendet werden. In diesem Fall verschaffen sich die Schülerinnen und Schüler selbstständig mit Hilfe des Schülerbandes (S. 476 – 478) einen Überblick über die Erdzeitalter. Der Einsatz des Arbeitsblattes als Hausaufgabe ist möglich.

Es empfiehlt sich, dass die Lernenden sich die Reihenfolge der Erdzeitalter, Perioden und ggf. Epochen einprägen, ebenso einige wichtige Daten zur Erdgeschichte (z. B. Entstehung der Erde und des ersten Lebens, die Datierung der Kreide/Tertiär-Wende, die mit dem Massenaussterben der Saurier verbunden ist, das Alter des *Archaeopteryx*-Fossils sowie einige zentrale Daten zur Menschheitsgeschichte).

Zur Vertiefung der Thematik können die Schülerinnen und Schüler ein Schaubild erstellen (etwa als DIN-A3-Poster), auf dem die Erdzeitalter und Perioden in der zeitlichen Abfolge grafisch dargestellt werden (s. unter »Weiterführende Aufgaben«), und die Darstellung möglicherweise durch Abbildungen der kennzeichnenden Tiere und Pflanzen ergänzen.

Auch bietet sich der Einsatz von Filmen an, in denen die Lebenswelt der verschiedenen Erdepochen dargestellt wird. Eine besonders gelungene filmische Darstellung zeigt die vierteilige BBC/ORF/ZDF-Koproduktion »Europa – Der Kontinent« (als DVD erhältlich; ORF Universum 2005), insbesondere der erste Teil der Dokumentation (»Die Geburt Europas«, mit Realaufnahmen und zahlreichen Computeranimationen), der sich mitder Zeitspanne zwischen der Entstehung des Kontinents bis zum Aussterben der Dinosaurier befasst.

Lösungen und Anmerkungen

S. folgende Seite.

Weiterführende Aufgaben

AUFGABE

Erstellen Sie mit Hilfe der Informationen der Schülerband-Seiten 476 – 478 ein Schaubild zu den Erdzeitaltern und ihren Perioden. Berücksichtigen Sie dabei die folgenden Vorgaben:

- Das Bild soll die Abfolge der Erdzeitalter auf einem DIN-A-3-Blatt anschaulich wiedergeben.
- Die zeitlichen Dimensionen der einzelnen Erdzeitalter sollen aus der Abbildung ersichtlich werden. Überlegen Sie sich, wie Sie die unterschiedliche Dauer der einzelnen Abschnitte im Verhältnis zueinander korrekt wiedergeben können.
- Achten Sie auf eine übersichtliche und plakative Gestaltung (Schrift nicht zu klein, Einsatz von Farben, ggf. unterschiedliche Schriftgrößen und -typen).
- Ergänzen Sie die Darstellung um kleine Illustrationen, die wichtige Ereignisse und Lebewesen der jeweiligen Zeitalter veranschaulichen. Orientieren Sie sich dabei an Abbildungen in ihrem Lehrbuch.

Rätsel

Es war einmal ...

Mit Hilfe des Kreuzworträtsels können Sie ihr Wissen überprüfen, das Sie über die Erdzeitalter (Schülerband S. 474–478) erworben haben. Die Buchstaben in den markierten Feldern ergeben – in der richtigen Reihenfolge geordnet – das Lösungswort.
Hinweis: Ä = AE usw.

Abb. 1 Das unter »2 senkrecht« gesuchte Tier (Rekonstruktion)

Waagerecht

1 feinlamellierte Schichten, die von Blaugrünen Bakterien gebildet werden
4 Zeitraum der letzten 540 Millionen Jahre der Erdgeschichte
6 Erdaltertum
7 Zeit der Erdgeschichte, die weiter zurückliegt als 540 Millionen Jahre
8 »Zeitalter der Säugetiere«
12 Gruppe von Kopffüßern, die in der Kreide Riesenformen mit bis 2,5 m Durchmesser hervorbrachten
13 Europa lag in diesem Zeitalter in den Tropen
14 Organismen, deren Zellen einen Zellkern besitzen
16 Lebenswelt mit meist flach gebauten Organismen aus der Zeit vor ungefähr 630 bis 540 Millionen Jahren
17 Erdzeitalter zwischen Ordovizium und Devon
18 in diesem Zeitalter entstanden die ersten Säugetiere

Senkrecht

2 Urvogel (wissenschaftlicher Name)
3 vorherrschende Wirbeltiergruppe im Karbon
5 Zeitalter, in welchem die Dinosaurier Riesenformen hervorbrachten
8 in diesem Zeitalter lebte der Flugsaurier *Quetzalcoatlus*
9 Erdzeitalter, in dem gepanzerte Fische mit knorpeligem Innenskelett erschienen
10 Pflanzen, deren Samenanlagen nicht in einem Fruchtknoten eingeschlossen sind
11 Zeitalter, in dem *Ichthyostega* lebte
15 Superkontinent, der sich in der Zeit des Perms bildete

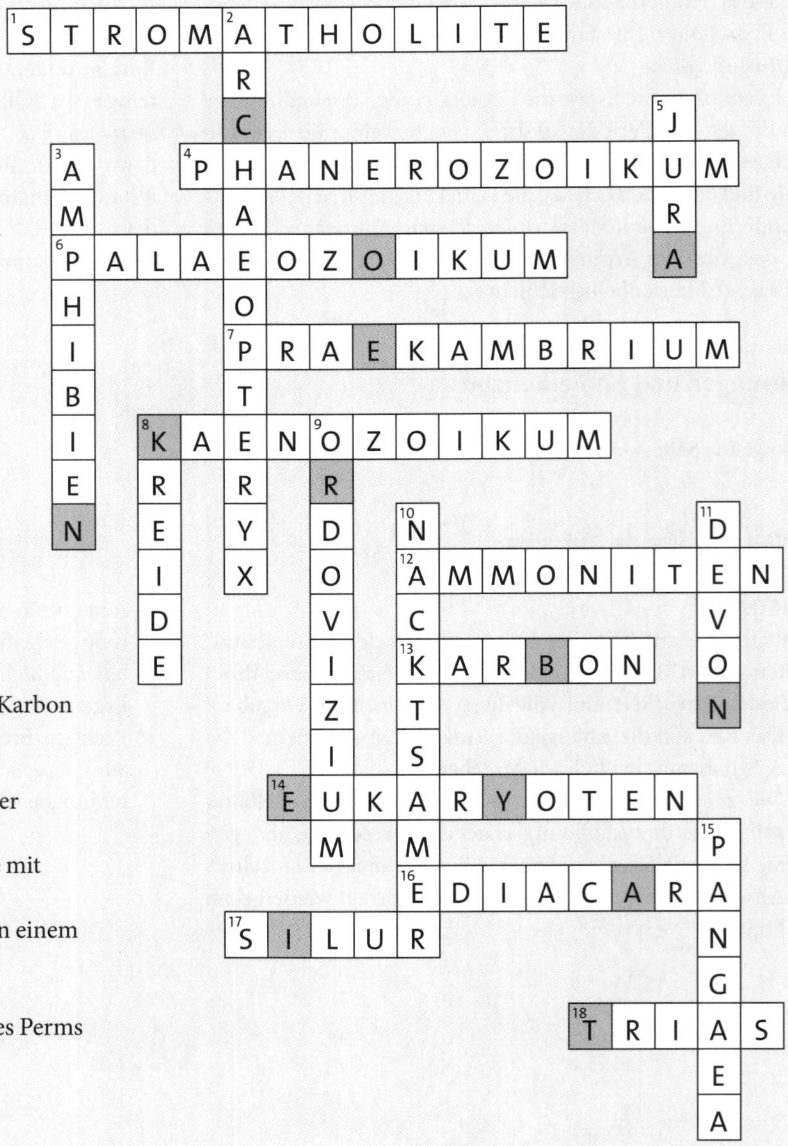

Lösungswort: C Y A N O B A K T E R I E N

Vielfalt mit Hornschuppen (S. 72)

Konzeption des Arbeitsblattes

Die klassischerweise in einer gemeinsamen Klasse zusammengefassten Reptilien (Kriechtiere) stellen nach heutigen Erkenntnissen eine heterogene, nicht monophyletische Gruppe innerhalb der landbewohnenden Wirbeltiere (Tetrapoda) dar (vgl. Schülerband S. 460). Der auf der Aufgabenseite abgedruckte Text stellt die wichtigsten systematischen Zusammenhänge innerhalb der Gruppe der Reptilien zusammen .Die Schülerinnen und Schüler sollen anhand der Informationen aus dem Text einen phylogenetischen Reptilienstammbaum erstellen und auf dieser Grundlage die systematische Stellung der Vögel und Schildkröten analysieren. Das entstandene Schaubild ergänzt den stark vereinfachten Wirbeltierstammbaum im Lehrbuch (Abb. 460.1, zugehöriger Text auf S. 461), insbesondere um die fossilen Reptiliengruppen.

Geforderte Kompetenzen: Repräsentationswechsel (Stammbaumerstellung anhand von Textinformationen), Modellbildung (Stammbaum als Modell evolutiver Prozesse), Argumentieren (Auswerten des Stammbaums im Hinblick auf spezifische Fragestellungen), Gebrauch der Fachsprache (Auswertung eines wissenschaftlichen Texts).

Einsatz des Arbeitsblattes im Unterricht

Um den Reptilienstammbaum ohne weitere Hilfsmittel erstellen zu können, müssen die Schülerinnen und Schüler über allgemeine Kenntnisse zur grafischen Darstellung von evolutiven Stammbäumen verfügen (s. hierzu Anmerkungen zu S. 66). Als Modelle können dabei aber auch die Darstellungen im Schülerband dienen (S. 460, S. 478). Dabei spielt es prinzipiell keine Rolle, wie der Stammbaum orientiert ist (als klassisches Dendrogramm – wie in der Lösung vorgeschlagen – oder in einer gedrehten Darstellung). Wichtig ist in beiden Darstellungsformen das Befolgen des kladistischen Grundprinzips mit dichotomen Verzweigungen.

Lösungen und Anmerkungen

AUFGABE 1

a) Im Text erwähnte systematische Gruppen:
Reptilien – Amphibien – Stammreptilien – Synapsida – Diapsida – Säugetiere – Schildkröten – Pflasterzahnechsen – Paddelechsen – Archosaurier – Krokodile – Dinosaurierverwandte – Flugsaurier – Dinosaurier – Vögel – Schuppenkriechtiere – Echsen – Schlangen.

b) S. Abbildung auf der nächsten Seite.
Als gestufte Lösungshilfen könnten den Schülerinnen und Schülern fertige Stammbäume ausgelegt werden, in denen a) sämtliche Beschriftungen oder b) die Beschriftungen zu allen fossilen Verwandtschaftsgruppen weggelassen wurden (als Vorlage kann die Abbildung auf S. 146 dienen).

[Bei der Darstellung gibt, wie in einem phylogenetischen Stammbaum üblich, die Länge der Linien die Dauer der Trennung der entsprechenden Stammeslinien an. Die Linien enden bei nur fossil belegten Gruppen mit dem Zeitpunkt des Aussterben; bei rezent vertretenen Gruppierungen reichen die Stammeslinien bis ans obere Ende des Diagramms.

Die Darstellung ist insofern vereinfacht, als die unterschiedliche Dauer der einzelnen Erdperioden nicht berücksichtigt wurde, man kann ihr aber die zeitliche Abfolge der Entstehung und des Verschwindens der einzelnen systematischen Gruppen entnehmen.

Nicht berücksichtigt wurden im Informationstext die Gruppen der Brückenechsen, die mit drei Arten heute noch auf Neuseeland vorkommen, sowie die rein fossilen Fischechsen. Die Brückenechsen *(Sphenodontia)* werden als Schwestergruppe der Schuppenkriechtiere (Echsen und Schlangen) aufgefasst; die beiden Verwandtschaftsgruppen, deren gemeinsame Stammeslinie sich spätestens in der oberen Trias aufgespalten haben dürfte, bilden die Gruppe der Lepidosauria. Die frühesten Fossilfunde der Brückenechsen sind den heute lebenden Tieren (Abb.) so ähnlich, dass man letztere oft als »lebende Fossilien« bezeichnet.

Brückenechse

Auch die Fischechsen (Ichthyosauria) gehören zu den diapsiden Reptilien, ihre Herkunft liegt aber noch weitgehend im Dunkeln. Die ersten Vertreter dieser hochgradig ans Wasserleben angepassten Echsen (s. Abbildung auf S. 18 im Schülerband) stammen aus der unteren Trias; die Gruppe starb zusammen mit den Dinosaurier und den Flugsaurier an der Kreide-Tertiär-Grenze aus.]

AUFGABE 2

Vögel gehen auf Dinosauriervorfahren zurück. Sie sind damit die letzten überlebenden Formen dieser Verwandtschaftsgruppe, die das Massenaussterben an der Kreide-Tertiär-Grenze überlebt haben. Dementsprechend müssten die Vögel nach wissenschaftlichen Gesichtspunkten eigentlich als Untergruppe der Dinosaurier klassifiziert werden. Nach gängiger Vorstellung ist der Besitz eines Federkleids eine Neuentwicklung der Vögel beim Abzweigen aus der gemeinsamen Dinosaurier-Stammeslinie.

[Allerdings sprechen neuere Fossilfunde dafür, dass einige verwandte Formen, die üblicherweise als Dinosaurier klassifiziert werden, ebenfalls bereits ein Federkleid trugen, aber keine Flugfähigkeit besaßen. Vermutlich hat sich demnach die Ausbildung eines Federkleids als isolierende Körperbedeckung im Zusammenhang mit Homoiothermie entwickelt.]

AUFGABE 3

Eine systematische Gruppe und ihre Schwestergruppe gehen auf gleiche Vorfahren zurück, indem sich die gemeinsame Basisgruppe in zwei getrennte systematische Teilgruppen aufspaltet. Demnach bilden [zumindest nach der im Text vertretenen Hypothese, derzufolge die Schildkröten sich bereits vor den Synapsida von der gemeinsamen Stammeslinie abspalteten; vgl. Aufgabe 11 auf S. 469 im Schülerband] die Schildkröten und die »Rest-Reptilien« Schwestergruppen, ebenso wie die zu den Schuppenkriechtieren zusammengefassten Schlangen und Echsen.

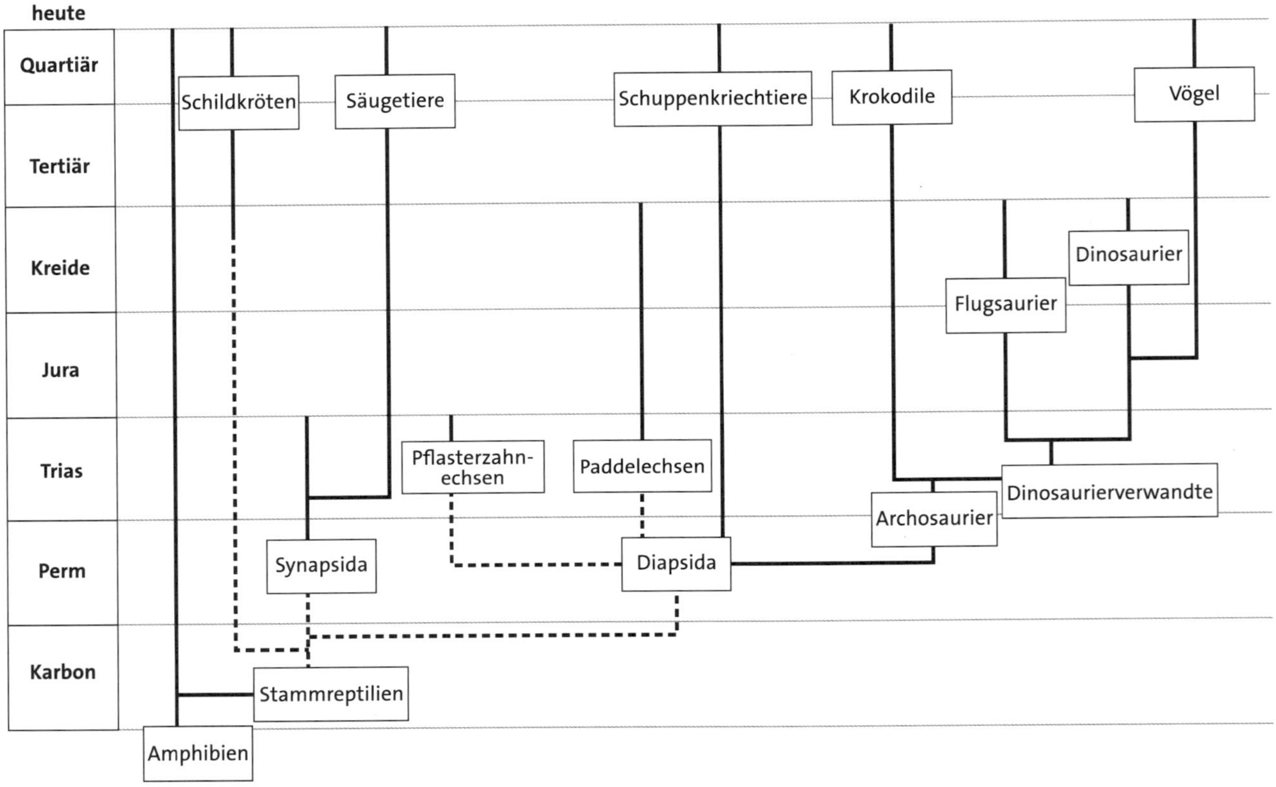

Reptilienstammbaum (zu Aufgabe 1 b)

Kleine Vögel – große Erkenntnisse (S. 73)

Konzeption des Arbeitsblattes

Die Darwinfinken können als das herausragende Beispiel für zur Zeit im Prozess befindliche und konkret beobachtbare Evolutionsabläufe betrachtet werden. Aus einer wahren Fülle von mittlerweile vorliegenden Daten, die das Forscherehepaar GRANT und zahlreiche weitere Wissenschaftler in fast 40 Jahren Feldforschung zusammengetragen haben, werden auf dieser Aufgabenseite einige wenige, aber zentral wichtige Aspekte erfasst. Es kann dabei gezeigt werden, mit welcher Flexibilität biologische Systeme auf Umweltveränderungen reagieren und wie rasch Veränderungen bis hin zur Entstehung neuer Formen (bis hin zu Arten) vonstatten gehen (können).

Zunächst sollen die Schülerinnen und Schüler einige von CHARLES DARWIN niedergeschriebene Sätze aus dem Englischen ins Deutsche übersetzen, in denen er bereits die immense Bedeutung dieser Vögel für das Verständnis von Artbildungsprozessen umreißt. Die Sätze können als Leitgedanken für die anschließenden Aufgaben betrachtet werden, denn immer wieder geht es dort darum, dass (und wie) sich Arten verändern können und welche Evolutionsmechanismen hierbei jeweils von Bedeutung sind.

Geforderte Kompetenzen: Argumentieren (Hypothesenbildung zur Artbildung, Anwendung von Kenntnissen zu Evolutionsmechanismen auf ein konkretes Beispiel), Experimentieren und Beobachten (Auswertung von Messdaten), Gebrauch der Fachsprache (Übersetzung eines englischsprachigen Texts, Auswertung eines Textausschnitts aus einer wissenschaftlichen Veröffentlichung, Erläutern des Fachbegriffs »adaptive Radiation«).

Einsatz des Arbeitsblattes im Unterricht

Das Arbeitsblatt kann eingesetzt werden, um Kenntnisse zum Phänomen der Artbildung zu vertiefen und auf ein konkretes Beispiel anzuwenden. Das Beispiel der Darwinfinken wird im Schülerband an verschiedenen Stellen und in unterschiedlichem Kontext aufgegriffen (S. 427: Artenwandel durch natürliche Selektion; S. 430; gerichtete Selektion; S. 483: adaptive Radiation). Voraussetzungen für die Bearbeitung der Aufgaben sind Kenntnisse zur synthetischen Evolutionstheorie und zu den möglichen Selektionsmechanismen, die im Verlauf der allopatrischen und sympatrischen Artbildung eine Rolle spielen. Außerdem sollte der Begriff »adaptive Radiation« bekannt sein oder an dieser Stelle mit Hilfe des Lehrbuchs erarbeitet werden (s. Schülerband S. 482 f.).

Lösungen und Anmerkungen

AUFGABE 1

»Die merkwürdigste (sonderbarste) Tatsache ist der perfekte Übergang in der Größe der Schnäbel bei den verschiedenen Geospiza-*Arten, von einem, der so groß ist wie der eines Kernbeißers bis zu einem von Buchfinkenschnabelgröße und … sogar bis zu der Schnabelgröße eines Laubsängers. […] Betrachtet man diese strukturelle Abstufung und Verschiedenheit (Diversität) innerhalb einer kleinen, sehr nahe verwandten Gruppe von Vögeln, könnte man sich wirklich vorstellen, dass aus einer ursprünglich geringen Zahl (Knappheit) von Vögeln auf dieser Inselgruppe eine Art herausgegriffen und für verschiedene Zwecke verändert wurde.«*

AUFGABE 2

Die Evolutionsfaktoren Mutation und Rekombination führen zu einer Vergrößerung der genetischen Vielfalt innerhalb einer Population. Zwischen den Individuen derselben Tierart besteht innerhalb einer Population eine gewisse genotypische und phänotypische Variabilität. Bestimmte phänotypische Eigenschaften (z. B. Schnabelform und -größe) sind adaptiv, d. h. sie bringen ihren Trägern bei den jeweils herrschenden ökologischen Bedingungen gegenüber anderen Individuen Selektionsvorteile. Diese Selektionsvorteile führen längerfristig zu einer im Vergleich zu den selektiv benachteiligten Individuen gesteigerten Fortpflanzungsrate. Dies hat zur Folge, dass der Anteil der besser adaptierten Individuen innerhalb der Population längerfristig gegenüber den weniger gut adaptierten Individuen zunimmt.

Abb. 1 zeigt für einen Zeitraum von mehr als 30 Jahren (1973 – 2006) deutliche Schwankungen der Schnabelgröße des Mittleren Grundfinken auf der Insel Daphne Mayor. Die Schnabelgröße des Jahres 1973 wurde gleich 0 gesetzt und die Veränderungen (Abnahme bzw. Zunahme der Schnabelgröße) hierzu aufgetragen.

Zunächst nahm die Schnabelgröße der vermessenen Vögel von 1973 bis 1975 leicht ab, danach bis 1980 deutlich zu. 1980 waren die Schnäbel beträchtlich größer als 1973. Bis 1995 erfolgte eine kontinuierliche Abnahme der Schnabelgrößen der vermessenen Tiere, dann bis 1999 wiederum eine leichte Zunahme. Bis zum Jahr 2001 nahm die Schnabelgröße wiederum leicht ab, anschließend bis 2004 wieder zu. Dann, innerhalb eines Jahres, erfolgte von 2004 auf 2005 eine sehr deutliche Abnahme auf eine derart geringe Schnabelgröße, wie sie im Untersuchungszeitraum vorher nie gemessen worden war. Nach 2005 stieg die Schnabelgröße wieder leicht an.

Diese Befunde der schwankenden Schnabelgrößen können mit den unterschiedlichen ökologischen Bedingungen auf der Insel erklärt werden [siehe auch Schülerband S. 430,

Abb. 430.1). Trockenere Bedingungen auf Daphne Mayor führen jeweils dazu, dass größere und härtere Samen länger verfügbar sind, weil von den Vögeln wohl zunächst die kleineren und weicheren Samen gefressen werden. Vögel mit größeren Schnäbeln haben dann anscheinend Überlebens- und Fortpflanzungsvorteile, wenn überwiegend große, harte Samen als Nahrung zu finden sind. Wenn also in bestimmten Zeiträumen festgestellt werden kann, dass die mittlere Schnabelgröße der vermessenen Vögel zunimmt bzw. groß ist, so ist dies darauf zurückzuführen, dass der Anteil an Vögeln mit größeren Schnäbeln gegenüber dem Anteil an Vögeln mit kleineren Schnäbeln steigt bzw. gestiegen ist.

Der Befund, dass die Schnäbel zuweilen auch wieder kleiner werden, spricht dafür, dass die Niederschläge höher waren, in der Folge der Anteil kleinerer/weicherer Samen zunimmt und dann Vögel mit kleineren Schnäbeln im Vorteil sind. Als deren Selektionsvortiel ist anzunehmen, dass sie mit einer kleineren Nahrungsmenge auskommen.

[In Abbildung 1 sind die Mittelwerte und die Abweichungen von den Mittelwerten eingetragen. Hierdurch wird erkennbar, dass die Schnabelgrößen innerhalb der Population immer mehr oder weniger um einen Mittelwert schwanken, somit eine gewisse Variabilität aufweisen. In der Abbildung ist aus Darstellungsgründen das 95 %-Konfidezintervall eingetragen, bei der Eintragung der Standardabweichungen wären die Abweichungsbalken deutlich größer geworden und damit die Grafik weniger übersichtlich.]

AUFGABE 3

Die Abbildung zeigt die Verteilung der Schnabelgrößen zweier Finkenarten auf drei verschiedenen Galapagos-Inseln. Auf Daphne Mayor kommt der Mittlere Grundfink [*Geospiza fortis*] vor, auf Los Hermanos der Kleine Grundfink [*Geospiza fuliginosa*], auf Santa Cruz beide gemeinsam.

Die Schnabelgröße des Mittleren Grundfinken auf Daphne Mayor liegt zwischen 8 und 12 (mm), der Mittelwert bei etwa 10. Die Schnabelgröße des Kleinen Grundfinken auf Los Hermanos liegt zwischen 6,5 und 9,5 mit einem Mittelwert von etwa 8,5. Dies bedeutet, es gibt Überschneidungen zwischen beiden Arten im Hinblick auf die Schnabelgröße im Bereich zwischen 8 und 9,5 (mm).

Betrachtet man nun die Insel Santa Cruz, auf der beide Vogelarten sympatrisch vorkommen, so zeigen die Schnabelgrößenverteilungen keine Überschneidungen! Die Schnäbel des Kleinen Grundfinken sind zwischen 6 und 8,5 (mm) lang (Mittelwert um 7), die des Mittleren Grundfinken zeigen eine enorme Variabilität, die Werte reichen von 9 bis 15 mm (Mittelwert um 11).

Die ähnlichere Schnabelgröße auf den Inseln, auf denen nur jeweils eine der beiden Arten vorkommt, spricht dafür, dass beide Arten auch Samen vergleichbarer Größe fressen. Kommen beide Arten sympatrisch vor, so scheint Konkurrenz um Nahrung zu bestehen bzw. bestanden zu haben. Selektiv wurden bei den beiden Arten dadurch die Tiere mit den extrem kleinen (beim Kleinen Grundfink) bzw. großen Schnäbeln (beim Mittleren Grundfink) bevorzugt. Auf diese Weise können die beiden Spezies unterschiedliche Nahrungsnischen besetzen: Der Mittlere Grundfink frisst auf Santa Cruz anscheinend größere Samen als auf Daphne Mayor, der Kleine Grundfink kleinere als auf Los Hermanos.

Die in Aufgabe 2 bereits genannten Ursachen für die Veränderungen der Schnabelgrößen sind dafür verantwortlich, dass sich hier bei gemeinsamem Vorkommen und einer möglichen Konkurrenz um gleich große Samen die Populationen der beiden Finkenarten im Hinblick auf die Schnabelgröße in unterschiedliche Richtungen bewegen und eine interspezifische Konkurrenzvermeidung durch aufspaltende Selektion erfolgt [vgl. Schülerband S. 431; der Fachbegriff für die hier beobachtete Erscheinung der Auseinanderentwicklung von Merkmalen ist »Merkmalsverschiebung« (engl. »*character displacement*«)].

Solche Auseinanderentwicklungen können durch eine gerichtete Partnerwahl zusätzlich gefördert bzw. beschleunigt werden, wie sie im Zusatztext beschrieben wird: Kleine Männchen werden von kleinen Weibchen, große Männchen von großen Weibchen bevorzugt. Wenn sich diese sexuelle Selektion etabliert, kann es auf Dauer zu einer Aufspaltung des Mittleren Grundfinken in zwei Arten kommen, zu einer großschnäbeligen und einer kleinschnäbeligen Art.

Der Befund aus Abb. 2, nach dem sich die Variabilität der Schnabelgröße beim Mittleren Grundfinken auf Santa Cruz bereits deutlich in Richtung auf größere Schnabelmaße ausdehnt, könnte ein erster Hinweis auf eine mögliche Artaufspaltung sein. Die im Text beschriebenen deutlichen genetischen Unterschiede stützen diese Hypothese, [allerdings ist in Abb. 2 die Textaussage, nach der auf Santa Cruz die meisten Mittleren Grundfinken entweder groß oder klein seien und mittlere Größen fehlen, hier noch nicht erkennbar. Allerdings ist zu berücksichtigen, dass es in Abb. 2 um die Schnabelgröße geht und im Text um die Körpergröße. Beide Größen können, müssen aber nicht zwangsläufige unmittelbar miteinander korreliert sein.]

AUFGABE 4

Ursachen sind neben Mutation und Rekombination als variabilitätssteigernden Elementen vor allem die spezifisch wirkenden Selektionsbedingungen.

Zum einen können dies die Faktoren der natürlichen Selektion sein, d. h. Angepasstheiten der Schnabelgrößen an bestimmte Samengrößen. Wenn Tiere mit größeren Schnäbeln Selektionsvorteile gegenüber Tieren mit kleineren Schnäbeln haben, dann wird langfristig der Anteil der Tiere mit großen Schnäbeln in der Population zunehmen. Genauso kann dies im umgekehrten Fall auch bei Tieren mit kleinen Schnäbeln der Fall sein. Möglich ist auch beides gleichzeitig. Zum anderen kann auch sexuelle Selektion eine bedeutende Rolle spielen, wenn es nämlich dazu kommt, dass Weibchen Männchen mit einer bestimmten Schnabelgröße bevorzugen.

Beide Gründe, ggf. gemeinsam, können zu einer aufspaltenden Selektion führen, sodass schließlich zwei voneinander unterscheidbare Populationen existieren.

AUFGABE 5

Als Ausgangsszenario besiedeln die Darwinfinken, vom südamerikanischen Festland kommend, in Form einer »Gründerpopulation« die Galapagos-Inseln. Sie treffen dort auf

Bedingungen, die ein Überleben ermöglichen; Konkurrenten fehlen in diesem neu besiedelten Lebensraum.

Die Population wächst zunächst stark an, als Folge entsteht durch innerartliche Konkurrenz um Ressourcen möglicherweise ein gewisser Populationsdruck. Dieser führt dazu, dass Teilpopulationen der Art auf andere Inseln abwandern. Sind die ökologischen Bedingungen auf diesen neu besiedelten Inseln ähnlich denen der zuerst besiedelten Inseln, dann kann die ausgewanderte Population dort überleben.

Sind die ökologischen Bedingungen dort anders oder ändern sie sich im Laufe der Zeit, so hängt das Überleben der Vögel davon ab, ob sie die Änderungen tolerieren können. Bedingt durch eine gewisse genetische Flexibilität der Populationen (z. B. im Hinblick auf die Schnabelgröße) kann es dazu kommen, dass ein Teil der Vögel an die veränderten Bedingungen angepasst ist, ein anderer nicht. Es kommt zur Verschiebung bestimmter Merkmale [vgl. Aufgabe 2 und 3], letztlich möglicherweise zur Bildung neuer Arten.

Diese Prozesse könnten etliche Male nacheinander und/oder gleichzeitig in ähnlicher Form abgelaufen sein, sodass die jeweils wirkenden unterschiedlichen Selektionsbedingungen auf den von ihren ökologischen Gegebenheiten her z. T. sehr unterschiedlichen Inseln des Archipels dazu führten, dass sich – ausgehend von einer einzigen Gründerpopulation – bislang insgesamt 14 Finkenarten entwickelt haben. Die in den Materialien angesprochenen Entwicklungen deuten dafür, dass die Artbildung bei den Galapagosfinken auch im Augenblick andauert.

Zusätzliche Materialien

Literatur zum Thema

Grant, P. R. & Grant, B. R.: *Unpredictable evolution in a 30-year study of Darwin's finches.* Science **296** (5568) 2002: 707 – 711 (http://www.sciencemag.org/content/296/5568/707.short).
Grant, P. R. & Grant, B. R.: *Evolution of character displacement in Darwin's finches.* Science **313** (5784) 2006: 224 – 226 (http://www.sciencemag.org/content/313/5784/224.short).
Weiner, J.: Der Schnabel des Finken. Oder: Der kurze Atem der Evolution. Droemer Knaur, München 1996. 464 S.

Daphne Mayor, eine der kleinsten Inseln des Galapagos-Archipels

Lage und Geographie der Galapagos-Inseln

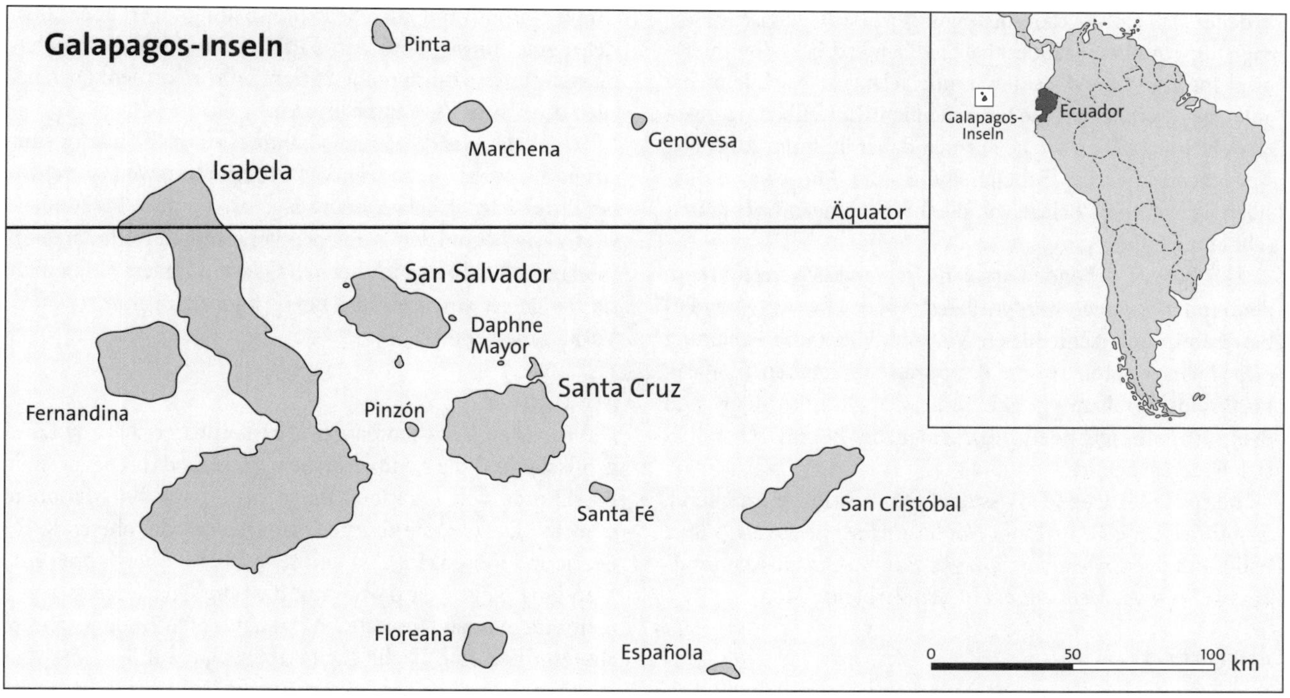

Karte der Galapagos-Inseln

Fischer fängt »ausgestorbenen Fisch« (S. 74)

Konzeption des Arbeitsblattes

Das Arbeitsblatt befasst sich mit einem »Klassiker« aus dem Themenbereich »lebende Fossilien«. Der Text informiert über die interessanten Umstände der Entdeckung bzw. Wiederentdeckung des Komoren-Quastenflossers *Latimeria chalumnae.* Die Schülerinnen und Schüler sollen hieran erkennen, auf welch merkwürdigen Wegen bisweilen wissenschaftliche Erkenntnisse gewonnen werden. Sie sollen an diesem Beispiel unter Berücksichtigung der synthetischen Evolutionstheorie erarbeiten, unter welchen Umweltbedingungen ein Lebewesen zu einem »lebenden Fossil« wird. Zudem sollen sie sich in einer abschließenden Aufgabe mit dem Problem der systematischen Einordnung der heute lebenden Quastenflosser beschäftigen. Vertiefende Hinweise hierzu, insbesondere zur Problematik der Tetrapodenherkunft, findet man unter »Zusätzliche Materialien«.

Geforderte Kompetenzen: Argumentieren (Anwendung der Aussagen der synthetischen Evolutionstheorie auf ein konkretes Beispiel, Analysieren systematischer Beziehungen), Gebrauch der Fachsprache (Begriffsdefinition).

Einsatz des Arbeitsblattes im Unterricht

Die Bearbeitung der Aufgaben dieser Seite bietet sich zum Abschluss des Kapitels »Die Geschichte des Lebens« an (Schülerbuch S. 470 – 483). Das Arbeitsblatt eignet sich insbesondere zur Vertiefung der Stammesgeschichte der Wirbeltiere und der synthetischen Evolutionstheorie und kann dazu herangezogen werden, die Bedeutung von »Brückentieren«, »*connecting links*« und »lebenden Fossilien« für die Rekonstruktion von phylogenetischen Stammbäumen wiederholend zu beleuchten. Zur Veranschaulichung der Inhalte bieten sich Fotos und Filmsequenzen von *Latimeria* an. Hinweise zu rezenten Quastenflossern findet man im Schülerband auf den Seiten 441 (transspezifische Evolution, Übergang der Wirbeltiere zum Landleben), 460 (Wirbeltierstammbaum) und 483 (lebende Fossilien).

Lösungen und Anmerkungen

AUFGABE 1

Als »lebende Fossilien« bezeichnet man heute noch lebende Tier- und Pflanzenarten, die in mehr oder weniger unverändertem Erscheinungsbild schon über lange geologische Zeiträume existieren. Sie haben meist in Regionen überdauert, in denen sich die Selektionsbedingungen über geologische Epochen hinweg kaum geändert haben dürften, d. h. es dominierte hier eine vorwiegend stabilisierende Selektion. Nachdem eine gute Angepasstheit an die herrschenden Umweltbedingungen erreicht war, blieben solche Formen daher in ihrem Aussehen weitgehend konstant [Schülerband S. 483]. Für lebende Fossilien liegen fossile Belege vor, die ihren heutigen Nachfahren sehr ähnlich sind.

Der Begriff »lebende Fossilien« ist eigentlich irreführend, denn unter Fossilien werden abgestorbene Überreste von Lebewesen in unterschiedlicher Vollständigkeit und Erhaltung oder Lebensspuren (wie z. B. Spuren) verstanden (von lat. *fossilis* ausgegraben; vgl. Schülerband S. 512). Fossilien sind demnach keine lebenden Organismen; der Begriff ist somit in sich widersprüchlich.

Beispiele für lebende Fossilien: Quastenflosser *Latimeria*, Armfüßer *Lingula*, Perlboot *Nautilus*, Urschnecke *Neopilina*, Brückenechse *Sphenodon*, *Gingko*-Baum, Urwelt-Mammutbäume *Sequioa*, *Metasequoia* [s. Schülerband S. 483].

AUFGABE 2

Das Zusammenspiel von Mutation und Rekombination als Faktoren, die die genetische Variabilität erhöhen, auf der einen und Selektion als einschränkender Kraft auf der anderen Seite führt zur Angepasstheit von Organismen an die jeweils herrschenden Umweltbedingungen. Ähnliche Selektionsbedingungen führen hierbei häufig zu ähnlichen Ausprägungen in der Körpergestalt der Lebewesen. Bleiben die herrschenden Umwelt- und somit auch Selektionsbedingungen über lange Zeiträume hinweg konstant, so führt dies über die Mechanismen einer stabilisierenden Selektion zur Formenkonstanz, auch über lange Zeiträume hinweg.

[Bei lebenden Fossilien handelt es sich häufig um Arten(gruppen), die in früheren Erdzeitaltern weite Bereiche der Erde besiedelt haben, heute dagegen nur noch in räumlich relativ eng begrenzten Bereichen vorkommen (Reliktareale). In manchen Fällen (auch bei den Quastenflossern) hielt man sie für längst ausgestorben, bevor man dann ihre rezenten Vorkommen entdeckte.]

AUFGABE 3

Die nächsten Verwandten der Quastenflosser sind die Lungenfische und die Landwirbeltiere (Tetrapoda). Die ältesten Fossilfunde von Quastenflossern sind etwa 400 Millionen Jahre alt (Devon), die jüngsten stammen aus der oberen Kreidezeit und weisen ein Alter von etwa 70 Millionen Jahren auf. Man ging lange Zeit davon aus, dass die Quastenflosser gemeinsam mit den Dinosauriern vor etwa 60 Millionen Jahren ausgestorben sind [siehe auch Arbeitsblatt auf S. 59 des Arbeitshefts]. Dies änderte sich mit dem Fund von Marjorie Courtenay-Latimer im Jahr 1938. Die beiden heute noch lebenden Quastenflosserarten werden der Gattung *Latimeria* zugeordnet.

Das Zitat ist aus zweierlei Gründen falsch: Zum einen handelt es sich bei den *Latimeria*-Arten um rezente Arten; sie, können daher nicht die Vorfahren der ebenfalls heute lebenden Landwirbeltiere sein. Zum anderen scheint *Latimeria* einem Seitenast der Fleischflosser anzugehören, der nicht die unmittelbare Vorfahrenlinie der Tetrapoden bildet [vgl. Abb. 481.1; Anmerkungen zu den Verwandtschaftsverhältnissen s. »Zusätzliche Materialien«].

Zusätzliche Materialien

Systematische Stellung der Quastenflosser

Der Landgang der ersten Landwirbeltiere erfolgte vor etwa 400 Millionen Jahren, also etwa zu der Zeit, aus der die ältesten Quastenflosser-Fossilien stammen (s. Abb. unten). Unumstritten ist, dass sich die Landwirbeltiere von Fleischflossern ableiten, schwierig ist aber die Einschätzung, ob Lungenfische oder Quastenflosser die direkte Vorfahrenlinie bilden. Molekulargenetische Untersuchungen ergaben, dass es zwischen den Lungenfischen und den höheren Wirbeltieren deutlich größere Übereinstimmungen gibt als zwischen den höheren Wirbeltieren und den rezenten Quastenflossern. Dies stützt die Vermutung, dass die Landwirbeltiere näher mit den Lungenfischen als mit den Quastenflossern verwandt sein könnten (s. Abbildung ganz unten).

Fossiler Quastenflosser *Coccoderma nudum* (Jura, vor 147 Mio. Jahren, Plattenkalke von Solnhofen). Das Fossil entspricht in seinem Körperbau in vielen Merkmalen, insbesondere in der charakteristischen Beflossung, den rezenten Quastenflossern.

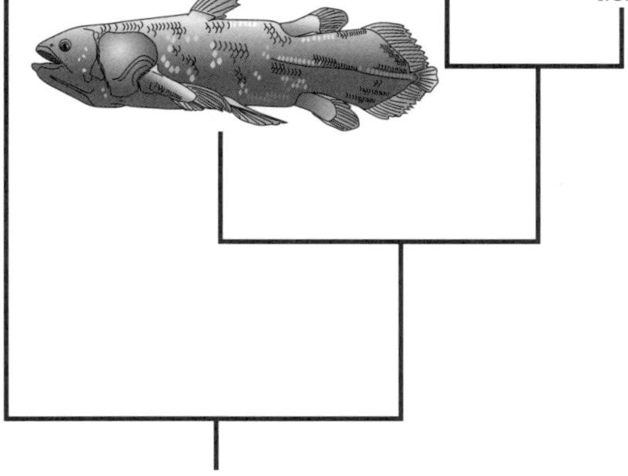

Phylogenetische Verwandtschaft des Quastenflossers *Latimeria* und Abstammung der Landwirbeltiere nach Analyse der Daten aus mitochondrialer DNA und Hämoglobin-Daten

In den letzten Jahren wurden darüber hinaus einige Fossilfunde gemacht, die weiteren Aufschluss über die Herkunft der Tetrapoden gaben. Den aktuellen Forschungsstand gibt das Schema auf der folgenden Seite wieder, in das eine Reihe fossiler Formen einbezogen wurde. Die Rekonstruktion einiger dieser Tiere ist (noch) vielfach spekulativ, da man bislang teilweise nur sehr fragmentarische Skelette gefunden hat.

Der Stammbaum revidiert frühere Vorstellungen der Fleischflosser-Systematik (Sarcopterygii): Bis vor wenigen Jahren fasste man die Verwandtschaftsgruppe um *Eusthenopteron* (»Rhipidistia«; vgl. Hinweise zu S. 59 des Arbeitshefts) und die *Latimeria*-Verwandtschaft (»Actinistia«) zur Gruppe der Quastenflosser (Crossopterygii) zusammen und sah die Lungenfische als Schwestergruppe dieses Taxons an. Die Rhipidistia wurden als Vorfahren der Landwirbeltiere erkannt, sodass nach dieser (noch weit verbreiteten Auffassung) die Quastenflosser den Ursprung der Tetrapoden bildeten.

Nach heutigen Erkenntnissen sind die Actinistia und die Rhipidistia nicht näher verwandt, und nur *Latimeria* und verwandte Fossilformen werden noch als Quastenflosser bezeichnet; die Stammeslinien der Lungenfische und der *Eusthenopteron*-Verwandten trennten sich erst später auf. Nach dieser Hypothese sind die Lungenfische die nächsten lebenden Verwandten der Landwirbeltiere. Die Fleischflosser der Rhipidistia-Gruppe bilden auch nach dieser Vorstellung die Vorfahrengruppe der Tetrapoden – mit mehreren Übergangsformen zu den frühen Amphibien –, werden aber nun nicht mehr zu den Quastenflossern gestellt.

Komoren-Quastenflosser im natürlichen Lebensraum. Neben der von M. Courtenay-Latimer entdeckten Art kennt man heute noch eine weitere rezente Quastenflosserform aus der Celebessee vor der indonesischen Insel Sulawesi, die mitunter als eigene Art *Latimeria menadoensis* aufgefasst wird.

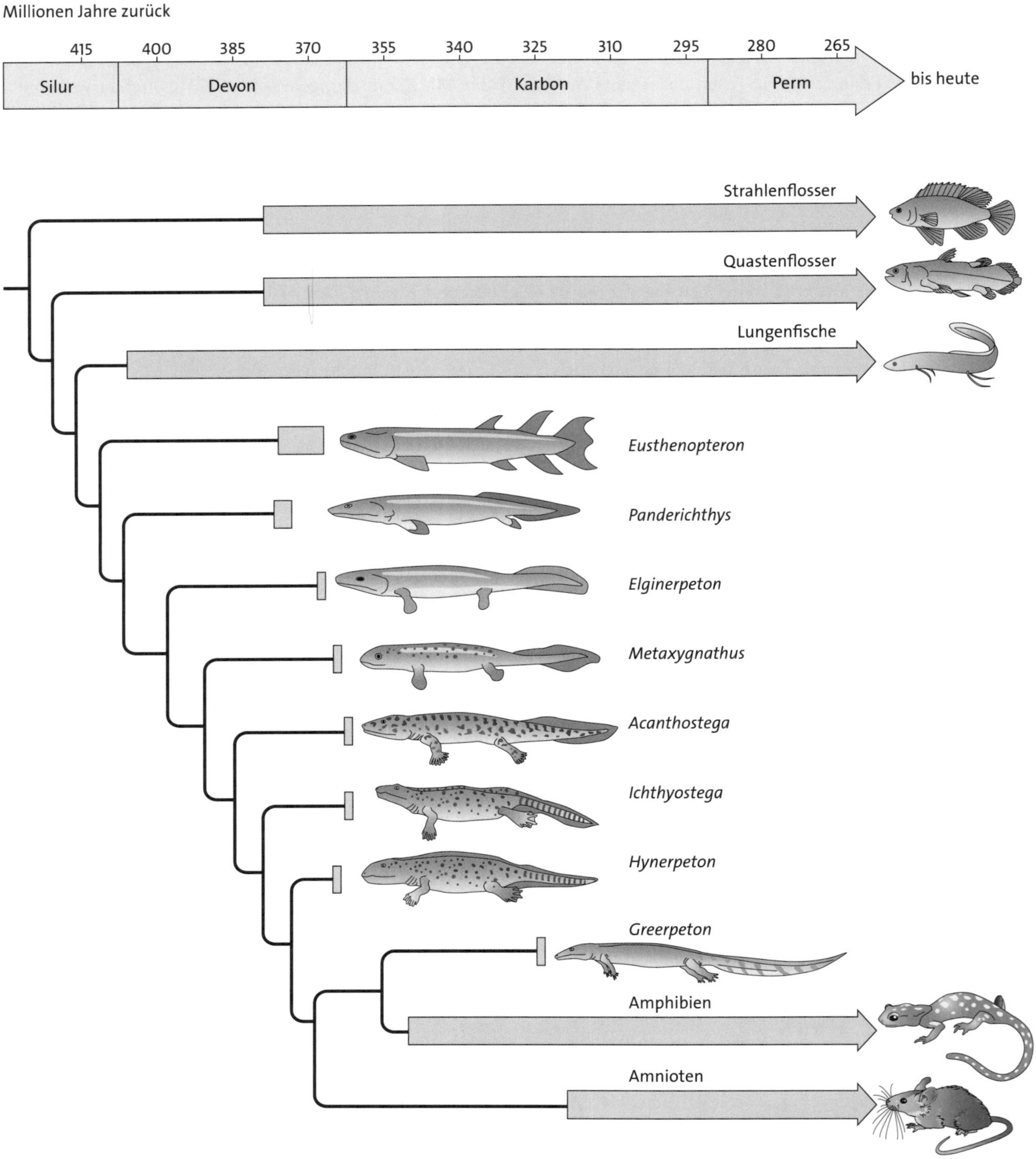

Entstehung der Tetrapoden. Die Balken am Ende der Zweige ordnen die Fossilien zeitlich ein (Pfeil = existiert heute noch).

Ziemlich ähnlich – aber doch nicht gleich: Mensch und Menschenaffen (S. 75)

Konzeption des Arbeitsblattes

Dieses Arbeitsblatt kann dazu eingesetzt werden, Menschen und Menschenaffen (am Beispiel des Gorillas) auf der Grundlage der Skelettanatomie miteinander zu vergleichen. Es knüpft damit an den auf den Schülerbandseiten 488–491 durchgeführten Vergleich an. Die Schülerinnen und Schüler sollen anhad der Aufgaben darüber hinaus eigene Ideen im Hinblick auf die Frage entwickeln, welche Skelettelemente sich für diesen Vergleich auch in quantitativer Hinsicht besonders eignen. Ausgehend von einer qualitativen vergleichenden Betrachtung (Aufgabe 1) sollen sie an den beiden abgebildeten Skeletten – im Sinne wissenschaftspropädeutischen Arbeitens – sinnvolle Messstrecken festlegen, um anschließend entsprechende Messungen an den abgebildeten Skeletten durchzuführen (Aufgabe 2). Nicht alle relevanten Strecken sind bei frontaler Sicht auf die Skelette sichtbar, daher wurden beide Skelette sowohl in Vorder- als auch in Seitenansicht abgebildet.

Das abgebildete Gorillaskelett ist etwas kleiner als das des Menschen. Damit sich dieser Aspekt nicht auf sämtliche Messstrecken auswirkt und die Unterschiede in der absoluten Körpergröße beim zwischenartlichen Vergleich keine Rolle spielen, ist es sinnvoll, die Größen beider Skelette zu normieren, indem alle innerhalb eines Skelettes gemessenen Werte in Relation zur Körpergröße (= 100 %) gesetzt werden. So sollte den Schülerinnen und Schülern deutlich werden, dass es diese einfache Vorgehensweise erlaubt, Körperproportionen zu vergleichen, auch wenn die absoluten Körpergrößen der Lebewesen selbst recht unterschiedlich sein sollten.

Geforderte Kompetenzen: Experimentieren und Beobachten (Erkennen und Beschreiben von Merkmalsunterschieden, Festlegen von Messstrecken, Durchführung und Auswertung eigener Messungen), Gebrauch der Fachsprache, Argumentieren.

Einsatz des Arbeitsblattes im Unterricht

Dieses Arbeitsblatt kann zum Einstieg in das Thema »Evolution des Menschen« eingesetzt werden. Die Aufgaben dienen der Erarbeitung der grundlegenden anatomischen Unterschiede zwischen Menschenaffen und Menschen. Im Schülerband geht es in diesem Zusammenhang vornehmlich um die Beschreibung der einzelnen Körperabschnitte, wohingegen quantitative Aspekte im Sinne einer Ermittlung von Messwerten keinen größeren Raum einnehmen. Das Arbeitsblatt kann daher zunächst auch noch einmal unter dem Aspekt der Wiederholung des Skelettbaus des Menschen (und damit auch des Menschenaffen) genutzt werden. Auch auf den folgenden Arbeitsblättern sind entsprechende Kenntnisse zur Skelettanatomie nützlich und hilfreich.

Lösungen und Anmerkungen

AUFGABE 1

Sowhl der Mensch als auch die Menschenaffen gehören zu den Säugetieren und innerhalb dieser Wirbeltierklasse in die Ordnung der Primaten. Ihr Körper ist gegliedert in Kopf, Hals, Rumpf und Extremitäten. Sie besitzen grundsätzlich den gleichen Körperbau, die Proportionen zwischen einzelnen Körperbereichen sind jedoch unterschiedlich [vgl. Aufgabe 2]. Insbesondere sind die Hinterextremitäten beim Menschen vergleichsweise lang, die Vorderextremitäten dagegen in Realtion zur Körpergröße kürzer als bei den Menschenaffen. Auffällige Sondermerkmale des Menschen sind die ausgeprägte Greifhand mit dem opponierbaren Daumen und die Ausbildung des Fußes (mit gut ausgebildetem Fußgewölbe), die eine zweibeinige Fortbewegung ermöglicht. Weitere Unterschiede sind die Lage des Körperschwerpunkts, die Krümmung der Wirbelsäule (beim Menschen Doppel-S-Form, bei Menschenaffen einfach gekrümmt), die Breite des Brustkorbs, die Lage des Hinterhauptslochs am Schädel und der Bau des Beckens (beim Menschen schüsselförmig), jeweils Angepasstheiten an eine aufrechte Körperhaltung und eine bipede Fortbewegungsweise. Auch in der Körperbehaarung bestehen Unterschiede: Während der Mensch weitgehend unbehaart ist, besitzen die Menschenaffen ein den Körper mehr oder weniger vollständig bedeckendes Fell. Körperhaltung und Bewegung unterscheiden sich deutlich. Der aufrechte Gang ist typisch für den Menschen, dagegen eher die Ausnahme für die Menschenaffen. Für diese ist Vierfüßergang bzw. das Klettern auf Bäumen typisch; bei der Fortbewegung auf allen Vieren ist der »Knöchelgang« der Hände typisch.

AUFGABE 2

Da die Aufgabe recht offen formuliert ist, können die Schülerinnen und Schüler sich selbst für bestimmte, ihnen sinnvoll erscheinende Messungen entscheiden. Die Ergebnisse werden dementsprechend davon abhängen, welche Messstrecken eingezeichnet und vermessen werden.
Mögliche Beispiele für Messstrecken in den beiden Skeletten (s. hierzu Abb. auf der folgenden Seite):
A Körpergröße – **B** Länge des Oberarms – **C** Länge des Unterarms – **D** Länge der Hand – **E** Länge des Oberschenkels – **F** Länge des Unterschenkels – **G** Breite des Beckens – **H** Höhe des Beckens – **I** Breite des Brustkorbs – **K** Breite des Schultergürtels – **L** Tiefe des Brustkorbs – **M** Länge des Fußes

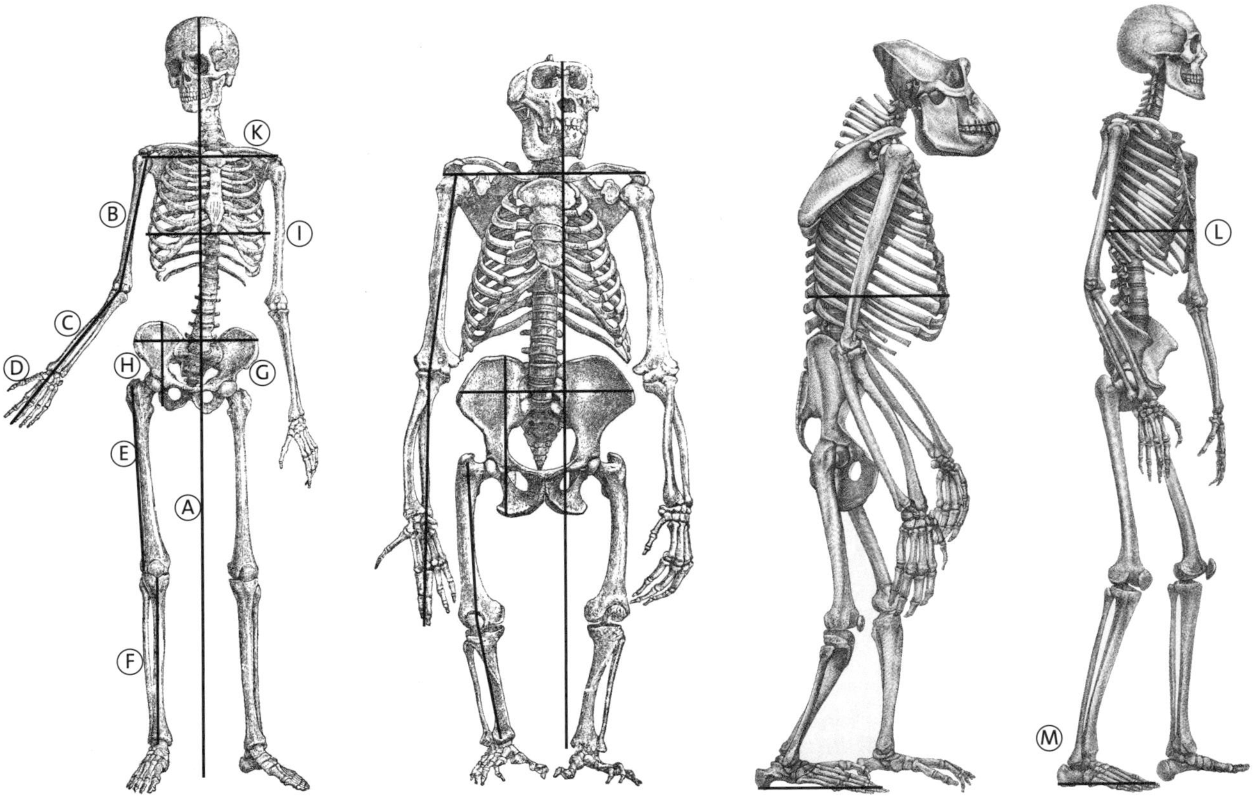

Skelette von Mensch und Gorilla in Frontal- und Seitenansicht mit eingezeichneten Messstrecken

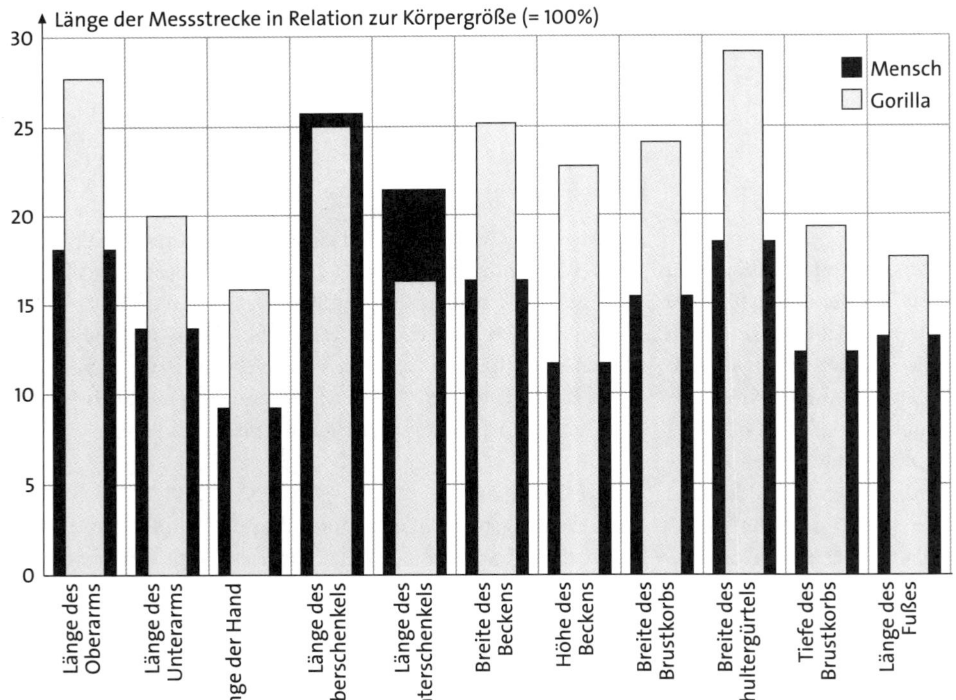

Vergleich der verschiedener Skelettabschnitte von Mensch und Gorilla.
Die Körpergrößen beider Skelette wurden rechnerisch auf den gleichen Wert normiert, die anderen Maße hierzu in Relation gesetzt. Somit spielt die unterschiedliche absolute Körpergröße keine Rolle beim Vergleich der Werte.
Beispiel: Beim Gorilla beträgt die Länge des Oberarms ca. 28 % der gesamten Körpergröße, beim Menschen etwa 18 %.

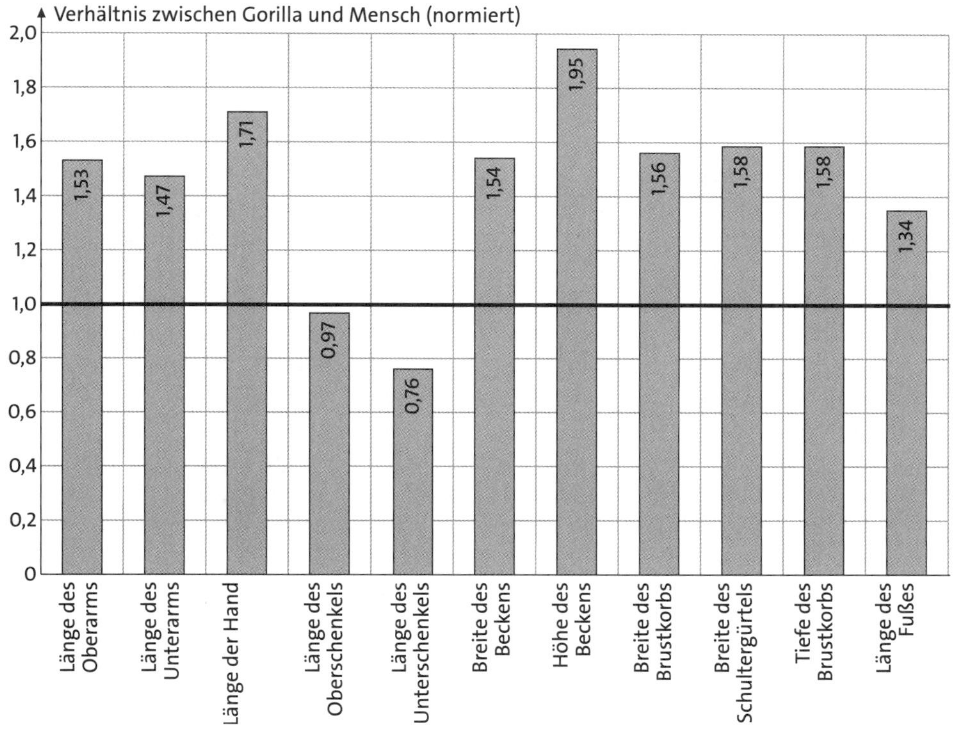

Vergleich der verschiedener Skelettabschnitte bei Mensch und Gorilla.
Die Abbildung zeigt eine Möglichkeit, wie die erhaltenen Daten grafisch übersichtlich dargestellt werden können. Die Körpergrößen beider Skelette wurden auf den gleichen Wert normiert, die anderen Maße entsprechend der Normierung der Körperlängen umgerechnet, somit spielt die unterschiedliche Körpergröße wiederum keine Rolle.

Bedeutung der errechneten Werte:
- 1 = Werte beider Arten gleich
- >1 = Werte für den Gorilla um den Faktor x größer als für den Menschen
- <1 = Werte für den Gorilla um den Faktor x kleiner als für den Menschen

Beispiel: Das Becken des Gorillas ist fast doppelt (1,95) so hoch wie das des Menschen.

Anhand der Berechnungen erkennt man insbesondere die deutlich unterschiedlichen Proportionen von Vorder- und Hinterextremitäten (s. auch Foto rechts). Auffällig ist, dass die Vorderextremitäten des Gorillas in der Relation zur Körpergröße deutlich länger sind als die des Menschen, wohingegen die Hinterextremitäten mit Ausnahme des Fußes beim Gorilla kürzer sind als beim Menschen, insbesondere die Unterschenkel sind deutlich kürzer.

Ebenfalls deutlich größer und kräftiger ausgeprägt sind beim Gorilla die Beckenmaße (vor allem die Beckenhöhe) sowie Brustkorb und Schultergürtel. Die letztgenannten Elemente stehen in einem direkten anatomischen Zusammenhang zum Skelett der Vorderextremitäten.

Gorilla. Erwachsenes Männchen des Flachlandgorillas

Kopfrechnen (S. 76)

Konzeption des Arbeitsblattes

Die Schülerinnen und Schüler vollziehen auf diesem Arbeitsblatt Arbeitsmethoden eines Paläoanthropologen nach. Die Seite knüpft dabei an die Aufgaben zur Skelettvermessung an (S. 75). Sie Lernenden vermessen Schädel, um über die Ergebnisse dieser praktischen Tätigkeiten zu Vergleichsmöglichkeiten zwischen fossilen und rezenten Hominoiden zu gelangen. Hierzu werden die Abbildungen von sechs Schädeln vorgegeben, es ist allerdings auch möglich, diese Vermessungen an anderen vergleichbaren Abbildungen oder an Schädelabgüssen aus der Biologiesammlung durchzuführen. Ein wichtiges Ziel dieser Untersuchungen ist es, die ansonsten eher qualitativ oder halbquantitativ (größer – kleiner, länger – kürzer etc.) durchgeführten Betrachtungen auf eine quantitative Basis zu stellen und die Biologie auch als messende Wissenschaft vorzustellen (Biometrie).

Der Reiz und besondere Anspruch besteht insbesondere darin, qualitative und quantitative Methoden miteinander zu kombinieren und zu erkennen, dass sich die Methoden gegenseitig ergänzen können; so können z. B. Messwerte die qualitativ gemachten Aussagen untermauern. Auf diese Weise wird dem Aspekt der Wissenschaftspropädeutik zugearbeitet. Die Schülerinnen und Schüler sollen dann die Ergebnisse ihrer Untersuchungen in einer Tabelle zusammenfassen und miteinander vergleichen. Eine sinnvolle, wenn auch in der Aufgabenstellung nicht explizit geforderte Ergänzung der Messungen ist eine Umsetzung in eine geeignete Grafik (z. B. Säulendiagramm, s. u.), da die einzelnen Werte so einfacher zu vergleichen sind. Es wird auch als Problem erkannt werden, dass nicht alle Messungen an allen abgebildeten Schädeln möglich sind, weil bei zwei Schädeln die Unterkiefer fehlen. Auch dies ist jedoch ein ganz real auftretendes Problem für die Wissenschaftler, denn nur in Ausnahmefällen werden vollständige Schädel/Skelette etc. gefunden. Aus diesem Grund sind auch in Abb. 2 Alternativstrecken angegeben, die insbesondere dann von Bedeutung sind, wenn – wie bei den Schädeln von *Australopithecus africanus* und *Homo habilis* – kein Unterkiefer vorhanden ist.

In der letzten Aufgabe geht es darum, einen einfachen Stammbaum auf der Basis der vorgegebenen Arten zu erstellen. Hierzu müssen die Schülerinnen und Schüler mit Hilfe des Schülerbandes (z. B. S. 495) die zu den Schädeln gehörenden Altersangaben ermitteln. Spätestens dann werden sie erkennen, dass der Schimpanse nicht einfach »in eine Reihe« mit den anderen fünf Arten gestellt werden kann, da der Schimpansenschädel – obwohl er die ursprünglichsten Merkmale aufweist – gemeinsam mit dem von *Homo sapiens* der jüngste Schädel ist. Obwohl der Schädel des Schimpansen demjenigen des mutmaßlichen Vorfahrens von *Australopithecus africanus* vermutlich recht ähnlich sein dürfte, darf dieser rezente Menschenaffe selbstverständlich nicht an die Basis des Stammbaums gestellt werden.

Geforderte Kompetenzen: Experimentieren und Beobachten (Ausmessen von Schädelabbildungen), Argumentieren (Umsetzen der Messdaten in ein Stammbaumschema), Repräsentationswechsel (grafische Darstellung von Messdaten), Gebrauch der Fachsprache.

Einsatz des Arbeitsblattes im Unterricht

Das Arbeitsblatt kann im Anschluss an den Vergleich zwischen Mensch und Menschenaffen eingesetzt werden (s. Schülerband S. 488–491 sowie Aufgabenblatt S. 75). Die Schülerinnen und Schüler sind dann vertraut mit anatomischen Details bei Menschen und Menschenaffen sowie ggf. mit dem Einsatz biometrischer Messverfahren und kann als Einstieg in das Thema »Stammesgeschichte des Menschen« dienen.

Sinnvoll ist der Einsatz im Zusammenhang mit der Erstellung des menschlichen Stammbaums. Dabei muss jedoch ggf. (noch einmal) deutlich geklärt werden, wie man Stammbäume darstellt, in denen sowohl ausgestorbene als auch heute noch lebende Vertreter auftreten (Schülerband S. 462, 478, 495 sowie Arbeitsheft S. 67 und 72). Die abgebildeten Schädel legen durch ihre Maße, ihre Anordnung und ihre zeitliche Einordnung einen Evolutionstrend hin zu größeren Schädeln (= größeres Hirnvolumen) nahe. Es ist daher sinnvoll, das Arbeitsblatt als Grundlage für die nachfolgenden Aufgaben auf S. 77 einzusetzen, in denen es um biometrische Trends in der Evolution zum modernen Menschen auf der Grundlage von Daten zu Körpergröße, Körpermasse und Gehirnvolumen geht.

Lösungen und Anmerkungen

AUFGABE 1

[Vorbemerkung: Bei Abbildungen von Schädeln zur Humanevolution, wie man sie in Büchern u. a. Medien findet, kann nicht davon ausgegangen werden, dass die Schädel jeweils im korrekten Größenmaßstab zueinander dargestellt werden. Dies ist bei den Abbildungen auf dieser Seite versucht worden.Dennoch sollten bei Messungen an Schädelabbildungen neben den absoluten Größen immer (und vor allem) auch die relativen Schädelmaße zueinander im Mittelpunkt der Betrachtungen stehen. Bei den Abbildungen von *A. africanus* und *H. habilis* wurden Zeichnungen von Originalfunden verwendet, zu denen die Unterkiefer fehlen.]

Deutlich erkennbar ist die unterschiedliche Größe der Schädel (von *Homo neanderthalensis* über *H. sapiens, H. erectus, H. habilis* und *Australopithecus* bis hin zum Schimpansen). Diese Unterschiede betreffen vor allem den Hirnschädel, während sich die Gesichtsschädel aller sechs Arten von den Maßen her kaum unterscheiden. Erkennbar ist außerdem die unterschiedliche Aufwölbung des Hirnschädels, [die verbunden ist mit einer Volumenzunahme des Gehirns.] Mit der Vergrößerung des Hirnschädels gekoppelt ist eine zunehmende Stirnbildung, ausgehend von einer stark fliehenden Stirn bei *A. africanus* (und Schimpanse) hin zu einer steilen Stirn bei *H. sapiens*. Der Gesichtsschädel zeigt eine mehr (Schimpanse, *Australopithecus, H. habilis*) oder weniger ausgeprägte Schnauzenbildung, beim Neandertaler und beim heuitgen Menschen ist ein Kinn entwickelt. Bei allen Arten außer dem modernen Menschen findet man Überaugenwülste in unterschiedlicher Ausprägung. Beim Schimpansen fällt außerdem das vergleichsweise sehr kräftige Gebiss mit den starken Eckzähnen auf.

AUFGABE 2

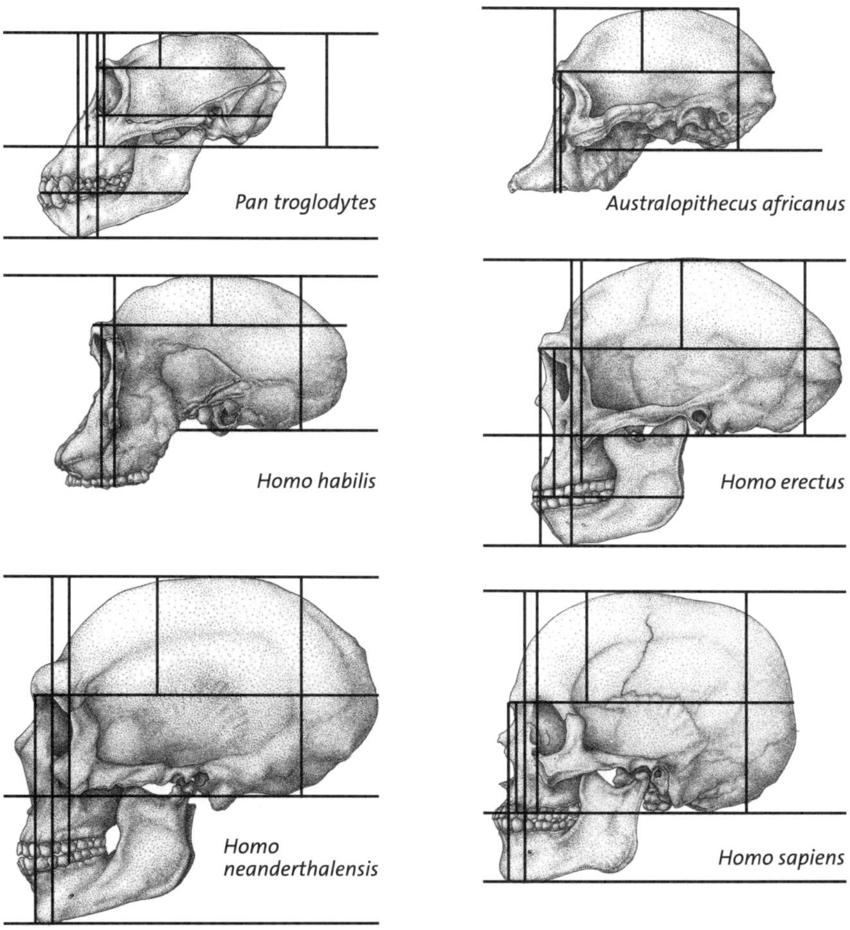

Schädel mit eingezeichneten Messstrecken und Hilfslinien zur Messung (obere und untere Schädelbegrenzung)

		Pan	*Australop.*	*H. habilis*	*H. erectus*	*H. neand.*	*H. sapiens*
1	Schädellänge	2,54	3,08	3,45	4,06	4,75	3,96
2	Schädelhöhe	2,77	–	–	3,85	4,74	4
2´	Schädelhöhe bis Oberkiefer	1,96	2,51	2,74	3,04	3,64	2,97
3	Gesichtsschädelhöhe	2,25	–	–	2,67	3,18	2,49
3´	Gesichtsschädelhöhe bis Oberkiefer	1,49	1,66	2,04	1,87	2,14	1,49
4	Hirnschädelhöhe	0,47	0,85	0,7	1,17	1,5	1,48
5	Kieferlänge	2,04	–	–	2,03	2,42	2
6	Hinterschädelhöhe	1,52	1,93	2,08	2,36	2,98	3,05

Ergebnisse der Vermessung: Messstrecken an den sechs Schädeln (absolute Werte; Angaben in cm)

	Pan	*Australop.*	*H. hab.*	*H. erect.*	*H. nean.*	*H. sap.*
Hirnschädelhöhe : Gesichtsschädelhöhe bis Oberkiefer	0,32	0,51	0,34	0,63	0,70	0,99
Hirnschädelhöhe : Schädellänge	0,19	0,28	0,20	0,29	0,32	0,37
Kieferlänge : Hirnschädelhöhe	4,34	–	–	1,74	1,61	1,35
Hinterschädelhöhe : Schädelhöhe	0,55	–	–	0,61	0,63	0,76
Hinterschädelhöhe : Gesichtsschädelhöhe bis Oberkiefer	1,02	1,16	1,02	1,26	1,39	2,05

Beziehungen zwischen einzelnen Schädelmaßen

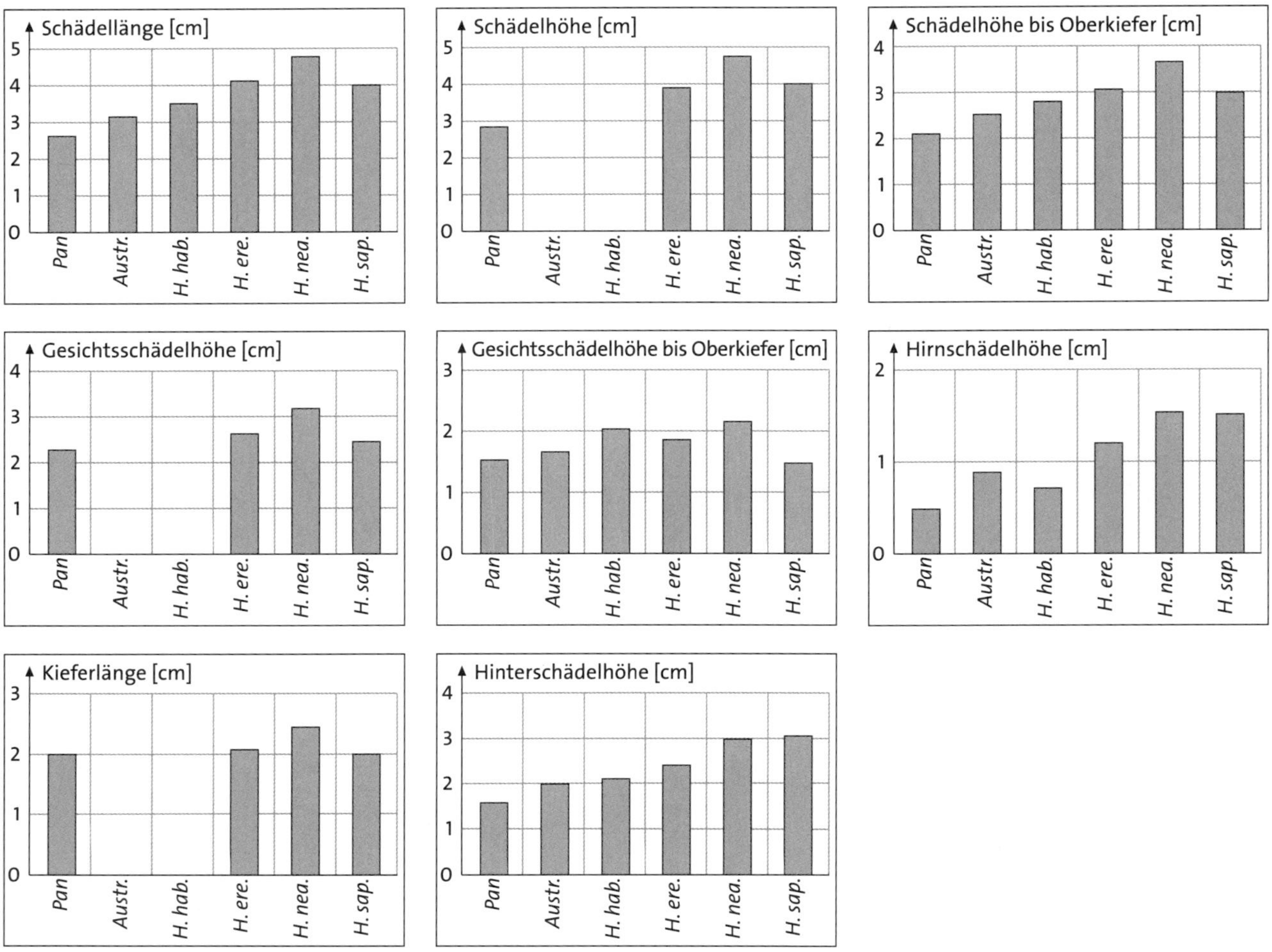

Grafische Darstellung der Schädel-Messwerte

Auswertung der Schädelmaße: Der Vergleich der Werte verdeutlicht den Trend zu einer Größenzunahme der Schädel in der Reihe von *Pan troglodytes* (Schimpanse) bis hin zum modernen Menschen [in dieser Reihenfolge abgebildet]. Die meisten Daten zeigen die Zunahme der gemessenen Parameter bis zu *Homo neanderthalensis* und dann wieder eine Abnahme zu *Homo sapiens.* Eine Ausnahme hiervon stellen die Messungen der Hirnschädelhöhe und der Hinterschädelhöhe dar; hier weisen die beiden letztgenannten Arten sehr ähnliche Werte auf. Dies bedeutet, dass der Schädel des Neandertalers zwar insgesamt etwas größer war als der des anatomisch modernen Menschen, dass aber im Bereich des Hirnschädels (und des Hinterschädels) kaum Unterschiede existieren.

Bei der Kieferlänge lässt sich auf der Grundlage der Daten keine Tendenz ableiten. Die Werte sind ähnlich, lediglich beim Neandertaler ist der Wert geringfügig größer (vor allem bedingt durch den kräftigen Unterkiefer).

Die Werte zeigen dessenungeachtet insgesamt einen deutlichen entwicklungsgeschichtlichen Trend zur Vergrößerung des Schädels, eine charakteristische Entwicklung innerhalb der Evolution zum modernen Menschen.

[Ergänzt werden sollten die Betrachtung und Vermessung der Schädel immer durch die Berücksichtigung der anderen Körpermaße wie Körpergröße, Körpermasse etc. Dabei würde u. a. auch deutlich, dass der Neandertaler im Mittel zwar einen größeren Schädel besaß als der anatomisch moderne Mensch, dass dieser größere Schädel aber unbedingt im Verhältnis zur Körpermasse betrachtet werden muss, die ebenfalls größer war. Dieser Aspekt wird beim folgenden Arbeitsblatt (S. 77) berücksichtigt.]

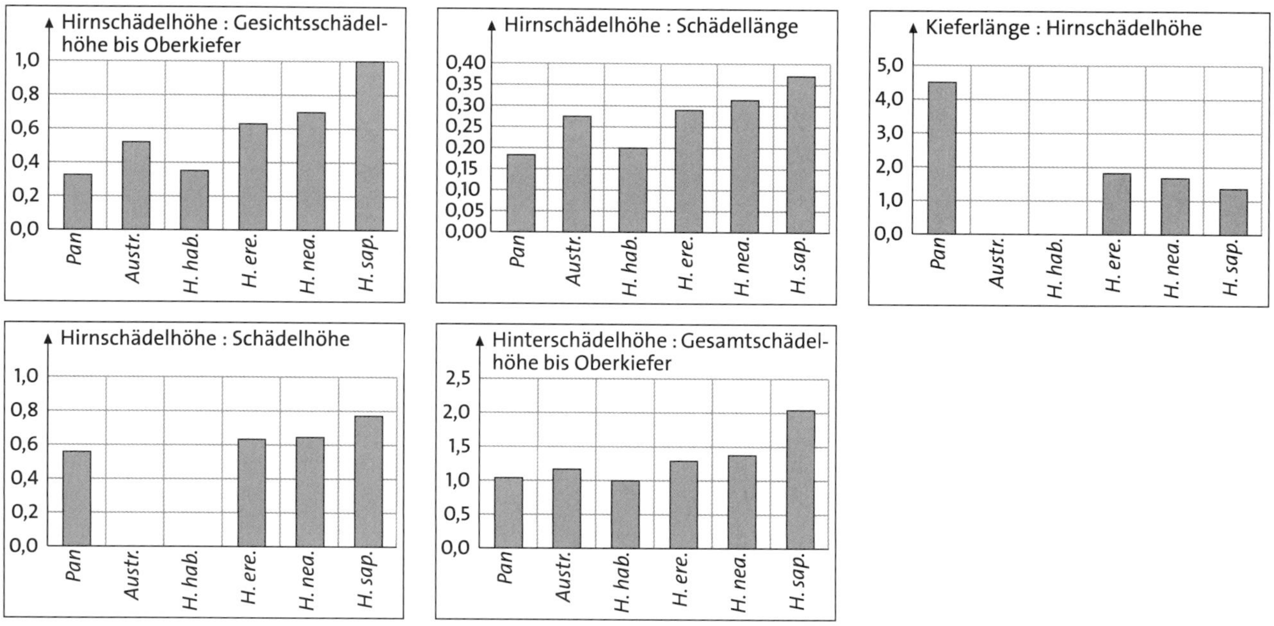

Grafische Darstellung der Verhältnisse zwischen den Schädelmaßen im Vergleich der sechs Arten

Auswertung der Verhältniswerte der Schädelmaße: Die auf der Basis der Schädelmaße berechneten Verhältniswerte machen den bereits beschriebenen Trend noch deutlicher, insbesondere in der grafischen Darstellung. Der Vorteil dieser Daten besteht darin, dass nun die absoluten Größen der Schädel keine Rolle mehr spielen, es geht vielmehr ausschließlich um den zwischenartlichen Vergleich.

Deutlich erkennbar ist die Entwicklung hin zu größeren Schädeln vor allem an der Entwicklung der Hirnschädel (Hinterschädel) im Verhältnis zum gesamten Schädel. Es hat also eine sehr starke Größenzunahme vor allem des Schädelbereiches stattgefunden, in dem sich das Gehirn befindet. Der Hirnschädel wird im Verhältnis zur Höhe des gesamten Schädels sowie auch im Verhältnis zur Schädellänge deutlich größer, es kommt demnach zu einer enormen Vergrößerung und Aufwölbung des Hirnschädels. Dies bedeutet im Umkehrschluss, dass der Gesichtsschädel, der bei den älteren Formen (und beim Schimpansen) den Schädel noch stark dominierte, hin zu den jüngeren Formen anteilig immer kleiner geworden ist.

Dieser Aspekt korreliert auch mit dem Rückgang der Kieferlänge, die im Verhältnis zum Hirnschädel kleiner geworden ist. Ein kräftiger Kauapparat verliert demnach im Lauf der Stammegeschichte offensichtlich an Bedeutung.

AUFGABE 3

[Es ist (spätestens bei der Besprechung der Aufgabe im Unterricht) darauf hinzuweisen, dass der Schimpanse als rezente Primatenart nicht als Vorfahre der verschiedenen Menschenformen interpretiert werden darf, obwohl die gemeinsamen Vorfahren von Menschen und Menschenaffen wahrscheinlich eine ähnliche Schädelanatomie und Größe gehabt haben dürften.

Eine mögliche Stammbaumdarstellung auf der Basis der Altersangaben zu den betrachteten Arten im Schülerband (S. 495) zeigt die Abbildung in der rehcten Spalte.]

Pan troglodytes	etwa 7 Millionen Jahren bis heute
Australopithecus africanus	vor 2,9 bis 2,2 Millionen Jahren
Homo habilis	vor 2,2 bis 1,5 Millionen Jahren
Homo erectus (ohne *H. floresiensis*)	vor 1,5 bis 0,3 Millionen Jahren
Homo neanderthalensis	vor 0,3 bis 0,05 Millionen Jahren
Homo sapiens	vor 0,3 Millionen Jahren bis heute

Stammesgeschichtliches Alter der Schädel (ungefähre Angaben)

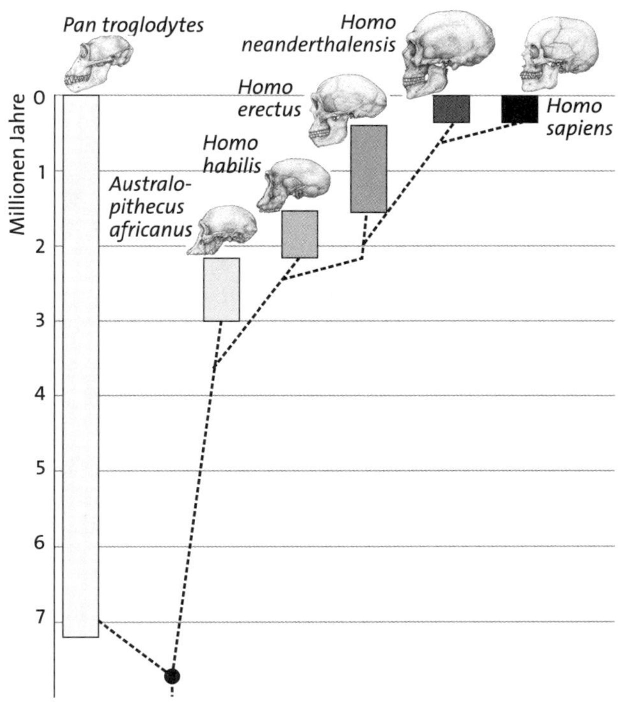

Stammbaum der sechs Arten

Zusätzliche Materialien

Messungen an Schädelmodellen
Sehr gewinnbringend sind Messungen an evtl. in der Biologiesammlung der Schule vorhandenen Schädelmodellen. Häufig sind in den Sammlungen Schädel von Schimpanse, *Australopithecus afarensis, A. africanus, Paranthropus boisei, Homo erectus, H. neanderthalensis* und *H. sapiens* vorhanden.

Die Vermessung solcher Schädelmodelle ist mit relativ einfachen Mitteln möglich. Gut geeignet sind z. B. große Schieblehren (Physiksammlung), Lineale, aber auch Messschnüre und Maßbänder, mit denen man runde Strukturen (Schädelumfang o. ä.) bestimmen kann.

Sind die Schädelmodelle nicht massiv, sondern hohl (abhängig von der jeweiligen Produktionsreihe), kann man mit Hilfe von Linsen, Erbsen oder Reis auch das Schädelinnenvolumen und damit das Hirnvolumen näherungsweise ermitteln.

Internet- und Literaturquellen
Tipp für die Arbeit mit dem Internet: Die frei verfügbare, ausgezeichnete Seite des Smithsonian National Museums of Natural History (http://humanorigins.si.edu/evidence/3d-collection) bietet zahlreiche frei rotierbare 3D-Schädelabbildungen und weitere Abbildungen vieler bedeutender Fossilien aus der Stammesgeschichte des Menschen. Diese eignen sich, beispielsweise in Form von Screenshots, als Vorlagen für Schädelmessungen entsprechend der hier geübten Arbeitstechniken.

Weitere empfehlenswerte Quellen und Medien:
Rahn, M. & Szymanski, D.: Mosaik Menschwerdung. Didaktische Materialien. 22 Fossilien aus 7 Millionen Jahren Evolution. In: Museumspädagogische Reihe der Senckenberg-Gesellschaft für Naturforschung, Heft 2. Senckenberg Gesellschaft für Naturforschung, Frankfurt am Main 2009.
Sawyer, G. J. & Deak, V.: Der lange Weg zum Menschen. Lebensbilder aus 7 Millionen Jahren Evolution. Spektrum Akademischer Verlag, Heidelberg 2008.
Smithsonian National Museum of Natural History: Human Evolution Research. http://humanorigins.si.edu/research.
Willig, H.P.: Evolution Mensch. Internetseite + DVD. http://www.evolution-mensch.de
ZDF-Sendung Terra X: Evolution des Menschen. Interaktive Internet-Seite. http://www.zdf.de/ZDFmediathek/beitrag/interaktiv/216464/Evolution-des-Menschen

Trends in der Entwicklung zum modernen Menschen (S. 77)

Konzeption des Arbeitsblattes

Dieses Arbeitsblatt thematisiert die anatomischen »Trends«, die in der Entwicklung zum heutigen Menschen innerhalb der Hominiden-Stammeslinie erkennbar sind. Es geht dabei auch um die Bearbeitung größerer Datenmengen, wenn auch – wie im Eingangstext ausgesagt – die Zahl der Funde menschlicher Fossilien im Vergleich zu manch anderen Organismengruppen sehr gering ist.

Die Schülerinnen und Schüler müssen vorbereitend 22 in alphabetischer Reihenfolge aufgelistete Menschenarten, zu denen Angaben zum Alter der Funde, zur Körpergröße, zur Körpermasse und zum Gehirnvolumen vorliegen, in chronologischer Reihenfolge sortieren. Anschließend sollen sie die Daten in geeigneter Form grafisch darstellen. Grundsätzlich kommen dazu mehrere verschiedene Darstellungsmethoden in Frage. Am sinnvollsten erscheint ein Punktdiagramm. Ein Säulendiagramm wäre auch denkbar, doch überlappen sich manche Werte deutlich, daher wird die Trennung nicht so deutlich.

Im Hinblick auf die zeitliche Anordnung (x-Achse) ist es sinnvoll, sich bei jeder Art für einen bestimmten Wert zu entscheiden; man könnte die älteste Zeitangabe, den Mittelwert aus ältester und jüngster Zeitangabe oder die jüngste Zeitangabe wählen. In den Lösungsvorschlägen wurde jeweils die jüngste Zeitangabe verwendet, und zwar aus dem Grund, dass dann *Homo sapiens* in der Darstellung in der Jetztzeit angesiedelt ist. Auf eine Zuordnung der Funde zu den verschiedenen Fundorten wurde aus Vereinfachungsgründen verzichtet, obwohl dieser weitere Aspekt für die Rekonstruktion des menschlichen »Stammbusches« von großer Bedeutung ist.

Die Angaben sind wegen der zeitlich und räumlich lückenhaften Fundsituationen zwar nach wie vor sehr unvollständig, doch lassen die vorhandenen Daten recht deutliche Tendenzen erkennen, die die Entwicklung des Menschen in den vergangenen etwa 7 Millionen Jahren demonstrieren. Es sollte den Schülerinnen und Schülern aber deutlich gemacht werden, dass viele Fragen zu Verwandtschafts- und Abstammungsverhältnissen der Hominiden nach wie vor ungeklärt sind und ggf. mit weiteren Funden im Einzelfall revidiert werden müssen.

Geforderte Kompetenzen: Repräsentationswechsel (Umsetzen von Tabellendaten in grafische Darstellungen), Argumentieren (Analyse der Problematik des Hominidenstammbaums), Experimentieren und Beobachten (rechnerische Auswertung von Messdaten), Gebrauch der Fachsprache.

Einsatz des Arbeitsblattes im Unterricht

Das Arbeitsblatt kann am besten eingesetzt werden, wenn die Schülerinnen und Schüler über den Vergleich zwischen Menschenaffen und Menschen (Arbeitsblatt S. 75) sowie ggf. die Vermessung von Skeletten und Schädeln (Arbeitsblätter S. 76 und S. 77) mit den wichtigen anatomisch relevanten Details zur Beschreibung menschlicher Fossilien vertraut sind.

Der Sinne des Arbeitsblattes besteht darin, die allgemeinen Trends im Hinblick auf Körpergröße, Körpermasse und Gehirnvolumen sowie Beziehungen zwischen diesen Werten zu verdeutlichen, wie sie in der Stammesgeschichte der Menschen nachweisbar sind. Da die Bearbeitung aufgrund der Datenmenge sowie des Zeichenaufwands recht zeitaufwendig sein dürfte, ist die Bearbeitung in Form einer arbeitsteiligen Gruppenarbeit am sinnvollsten. Bei Zeitmangel kann auch nur einer der betrachteten Parameter ausgewertet werden, bevorzugt das Gehirnvolumen, oder es kann eine Beschränkung auf eine Auswahl von Arten erfolgen (z. B. eine *Australopithecus-Form, Homo erectus, Homo neanderthalensis, Homo sapiens*). Je nachdem, wie geschickt die Auswahl erfolgt, wird man zu mehr oder weniger repräsentativen Ergebnissen kommen. Durch eine »ungeschickte« oder zufällige Auswahl kann man u. U. keine evolutiven Trends mehr erkennen oder man erhält sogar unerwartete Resultate; auch dieser Aspekt kann aber interessante Erkenntnisse liefern (Simulation einer noch schlechteren Fundsituation).

Die Inhalte des Arbeitsblattes können durch Abbildungen der entsprechenden Fossilien sowie von Rekonstruktionen der vorgestellten Arten veranschaulicht werden.

Lösungen und Anmerkungen

AUFGABE 1

Die großen Probleme im Hinblick auf die Erstellung eines Hominidenstammbaums lassen sich in erster Linie auf die Seltenheit von Fossilfunden der Vorfahren des modernen Menschen *Homo sapiens* zurückführen. Vor allem vor- und frühmenschliche Fossilien sind extrem selten, insbesondere gut und vollständig erhaltene Fundstücke. Außerdem wurden viele der Funde weit voneinander entfernt gemacht, sodass neben der Seltenheit auch noch die räumliche Entfernung zwischen den Funden eine Interpretation im Hinblick auf Verwandtschafts- und Abstammungsverhältnisse erschwert, wenn nicht gar manchmal unmöglich macht. Ein weiteres Problem ist es, dass es auch große zeitliche Lücken zwischen verschiedenen Funden gibt.

[Bedingt durch diese zahlreichen Schwierigkeiten, sind Abstammungsverhältnisse innerhalb des Menschenstammbaums schwierig zu ermitteln. Daher finden sich in Hominiden-Stammbäumen üblicher- und ehrlicherweise an vielen

Stellen im Hinblick auf die Beziehungen zwischen verschiedenen Formen Fragezeichen, die andeuten sollen, dass die Abstammung letztlich (noch) nicht geklärt ist.

[Nicht immer kamen und kommen die Wissenschaftler bei der Analyse derselben Fossilien zum gleichen Ergebnis; die Diskussion über die Einordnung von menschlichen Fossilien mündet regelmäßig in intensiven wissenschaftlichen Kontroversen. Unklarheiten bei der Einordnung von Menschentypen werden an manchen Stellen auch in der Abb. 495.1 im Schülerband deutlich. Häufig gibt es zudem auch noch Schwierigkeiten bei der genauen Altersbestimmung der Fossilien, sodass spätere Bestimmungen (mit weiter entwickelten Bestimmungsmethoden) zu einer anderen Altereinschätzung kommen als frühere Bestimmungen.

Im Vergleich zu älteren Stammbäumen ist zu erkennen, dass der menschliche »Stammbaum« in neueren Darstellungen immer stärker einem »Stammbusch« ähnelt, in dem viele Formen nicht mehr aufbauend aufeinander angeordnet werden, sondern neben- oder versetzt zueinander. Dies ist hauptsächlich auf neuere Funde zurückzuführen, die deutlich machen, dass mehrfach in der Vergangenheit verschiedene Menschenformen gleichzeitig nebeneinander vorkamen, oft sogar im selben Gebiet, so insbesondere in der Frühzeit der Menschheitsentwicklung auf dem afrikanischen Kontinent. Vermehrte Grabungsaktivitäten seit einigen Jahrzehnten geben zudem der Hoffnung Raum, dass mittel- und langfristig weitere Details zur Hominidenevolution herausgearbeitet werden könnten.]

AUFGABE 2

Vorbereitung: Ordnen der in der Tabelle aufgeführten Arten in chronologischer Reihenfolge.

	Name (chronologische Reihenfolge)	Zeit (Mio. J.)	Zeit (jüngster Fund)	Körpergröße (cm)	Körpermasse (kg)	Gehirnvolumen (cm^3)
1	*Sahelanthropus tchadensis*	7,2–6,5	6,5	130	35	365
2	*Orrorin tugenensis*	6,1–5,9	5,9	140	40	?
3	*Ardipithecus ramidus*	4,5–4,3	4,3	120	50	325
4	*Australopithecus anamensis*	4,1–3,9	3,9	120	52,5	400
5	*Kenyanthropus platyops*	3,5–3,2	3,2	?	?	400
6	*Australopithecus afarensis*	3,8–2,9	2,9	127,5	35	450
7	*Australopithecus garhi*	2,6–2,4	2,4	?	?	450
8	*Australopithecus africanus*	3,0–2,3	2,3	135	27,5	450
9	*Paranthropus aethiopicus*	2,7–1,9	1,9	130	35	410
10	*Homo rudolfensis*	2,5–1,9	1,9	150	51	700
11	*Homo ergaster georgicus*	1,8	1,8	140	40	650
12	*Australopithecus sediba*	1,95–1,78	1,78	130	30	420
13	*Homo ergaster*	1,8–1,5	1,5	165	55	730
14	*Homo habilis*	2,5–1,4	1,4	132,5	37,5	640
15	*Paranthropus boisei*	2,3–1,3	1,3	135	55	508
16	*Paranthropus robustus*	1,9–1,0	1,0	120	36	505
17	*Homo antecessor*	0,78	0,78	140	35,4	?
18	*Homo heidelbergensis*	1,0–0,2	0,2	170	65	1274
19	*Homo erectus*	1,8–0,03	0,03	162,5	57,5	950
20	*Homo neanderthalensis*	0,2–0,03	0,03	155	70	1420
21	*Homo floresiensis*	0,018	0,018	106	23	380
22	*Homo sapiens*	0,2–heute	0 (heute)	160	62,5	1400

Anordnung der Hominiden in chronologischer Reihenfolge

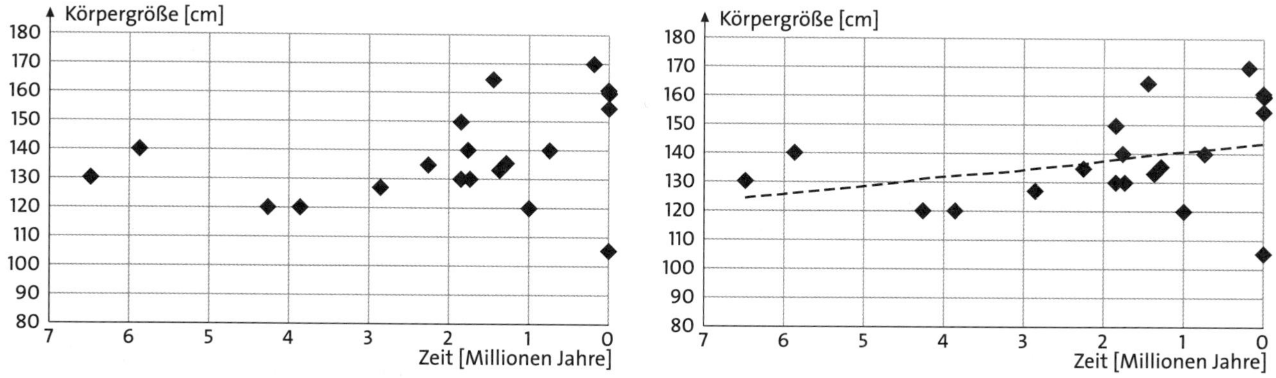

Entwicklung der Körpergröße

Die Daten lassen insgesamt den Trend zu einer Zunahme der Körpergröße erkennen. Allerdings fällt die starke Streuung der Werte auf, d. h. der Trend ist nicht sehr stark ausgeprägt. Die beiden ältesten Funde *Sahelanthropus tchadensis* und *Orrorin tugenensis* waren verhältnismäßig groß, später existierten auch noch etliche kleinere Formen, dennoch tauchen Formen mit Körpergrößen von 150 cm und mehr erst recht spät auf.

Berücksichtigt werden muss natürlich hier auch, dass die hier abgebildeten Menschenformen nicht zwangsläufig in einem direkten Abstammungsverhältnis zueinander stehen (siehe auch Abb. 495.1 im Schülerband) und teilweise zeitgleich vorkamen, es kann also lediglich von einem allgemeinen Trend gesprochen werden, der auf Daten zu den aufgeführten Formen – soweit überhaupt vorhanden – beruht.

Auffällig ist die geringe Größe von *Homo floresiensis,* der sich dadurch deutlich von allen anderen Formen unterscheidet, die zu vergleichbaren Zeiten lebten bzw. leben. Die systematische Stellung dieser (wahrscheinlich sekundär verzwergten) Inselform ist noch unklar.

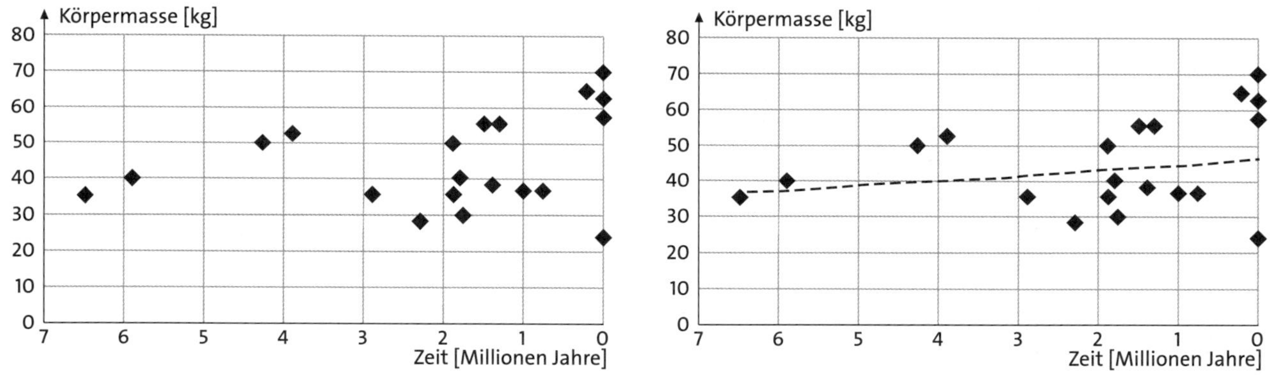

Entwicklung der Körpermasse

Eine ähnliche Tendenz wie bei der Körpergröße zeigt sich auch in der Körpermasse. Es ist ein vergleichsweise deutlicher Trend zu einer zunehmenden Körpermasse im Verlaufe der betrachteten sieben Millionen Jahre zu erkennen, d. h. die Menschenformen wurden durchschnittlich immer schwerer. *Sahelanthropus* und *Orrorin* fallen hier nicht so stark »aus dem Rahmen« wie bei der Körpergröße, man kann sie demzufolge als relativ groß oder aber auch als relativ schlank bezeichnen. *Homo floresiensis* ist wiederum als deutlich abweichend zu erkennen.

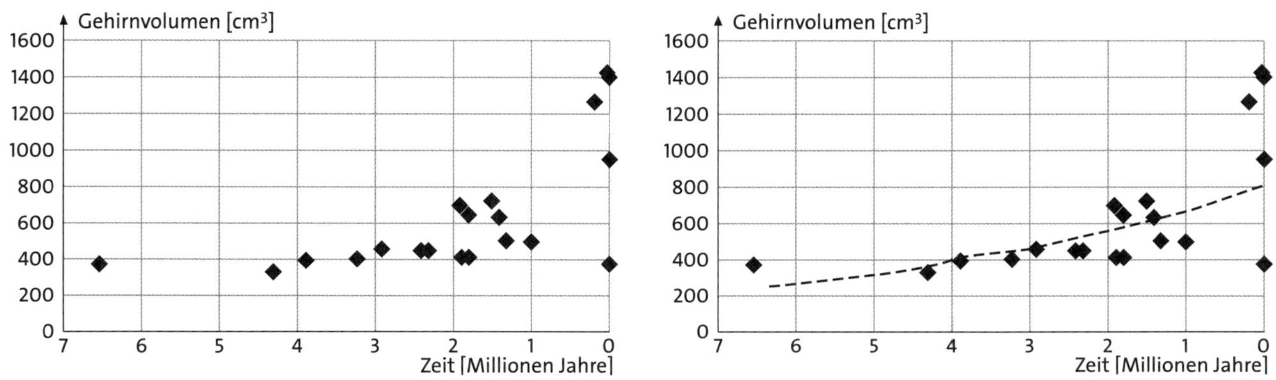

Entwicklung des Gehirnvolumens

Bei der Entwicklung des Hirnvolumens ist ein sehr deutlicher Trend erkennbar. Die Werte streuen wesentlich weniger als bei Körpergröße und Körpermasse. Das Hirnvolumen von *Sahelanthropus tchadensis* war vergleichsweise gering, obwohl die Form in Anbetracht ihres frühen Auftretens groß und schwer war. Die später auftretenden Formen zeigen einen deutlichen Trend hin zu einer Zunahme des Hirnvolumens und damit wohl auch zu einer Zunahme der kognitiven Leistungen [vgl. das folgende Arbeitsblatt auf S. 78]. Das Hirnvolumen des Neandertalers war größer als das des modernen Menschen, doch muss dies im Zusammenhang mit Körpergröße und (vor allem) Körpermasse betrachtet werden (s. folgende Auswertungen in Aufgabe 3). Auch hier liegt *Homo floresiensis* mit seinem sehr geringen Gehirnvolumen wieder nicht im Evolutionstrend, was angesichts der Körpergröße wenig verwunderlich ist.

AUFGABE 3

Name (chronologische Reihenfolge)	Zeit (Mio. J.)	Zeit (jüngster Fund)	Verhältnis aus Körpermasse und Körpergröße	Quotient aus Gehirnvolumen und Körpergröße	Quotient aus Gehirnvolumen und Körpermasse
Sahelanthropus tchadensis	7,2–6,5	6,5	0,269	2,808	10,429
Orrorin tugenensis	6,1–5,9	5,9	0,286	-	-
Ardipithecus ramidus	4,5–4,3	4,3	0,417	2,708	6,500
Australopithecus anamensis	4,1–3,9	3,9	0,438	3,333	7,619
Kenyanthropus platyops	3,5–3,2	3,2	-	-	-
Australopithecus afarensis	3,8–2,9	2,9	0,275	3,529	12,857
Australopithecus garhi	2,6–2,4	2,4	-	-	-
Australopithecus africanus	3,0–2,3	2,3	0,204	3,333	16,364
Paranthropus aethiopicus	2,7–1,9	1,9	0,269	3,154	11,714
Homo rudolfensis	2,5–1,9	1,9	0,340	4,667	13,725
Homo ergaster georgicus	1,8	1,8	0,286	4,643	16,250
Australopithecus sediba	1,95–1,78	1,78	0,231	3,231	14,000
Homo ergaster	1,8–1,5	1,5	0,333	4,424	13,273
Homo habilis	2,5–1,4	1,4	0,283	4,830	17,067
Paranthropus boisei	2,3–1,3	1,3	0,407	3,763	9,236
Paranthropus robustus	1,9–1,0	1	0,300	4,208	14,028
Homo antecessor	0,78	0,78	0,253	–	–
Homo heidelbergensis	1,0–0,2	0,2	0,382	7,494	19,600
Homo erectus	1,8–0,03	0,03	0,354	5,846	16,522
Homo neanderthalensis	0,2–0,03	0,03	0,452	9,161	20,286
Homo floresiensis	0,018	0,018	0,217	3,585	16,522
Homo sapiens	0,2–heute	0	0,391	8,750	22,400

Vergleich der verschiedenen Körperproportionen

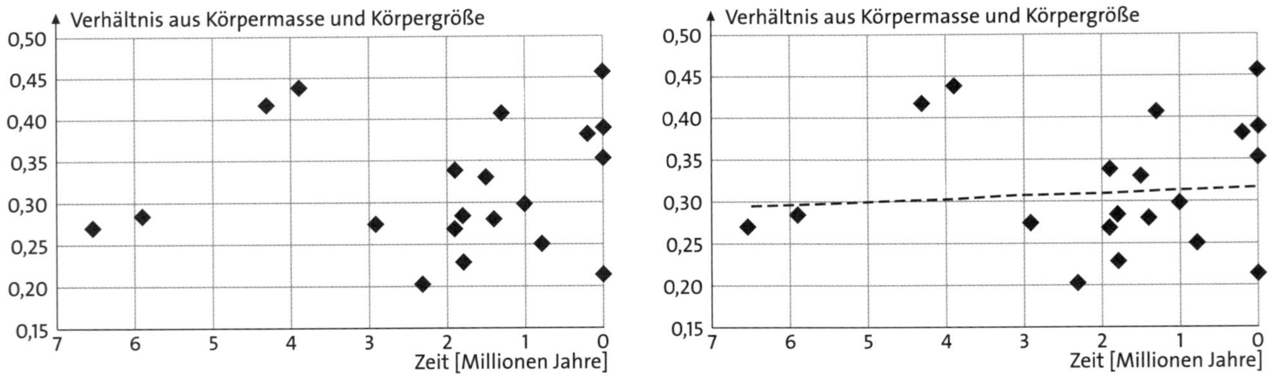

Entwicklung des Verhältnisses aus Körpermasse und Körpergröße

Das Verhältnis aus Körpermasse und Körpergröße zeigt einen leichten Trend hin zu höheren Werten. Die Körpermasse nahm demzufolge im Verlauf der Humanevolution geringfügig stärker zu als die Körpergröße. Dies könnte möglicherweise auch auf die Besiedlung kälterer Regionen der Erde hindeuten, in denen also aus wärmeregulatorischen Gründen eher in die Körpermasse als in die Körpergröße »investiert« wurde (evtl. Hinweis auf die BERGMANN'sche Regel). Auffallend sind hier die recht hohen Werte von *Ardipithecus ramidus* und *Australopithecus anamensis*, beide für ihre Körpergröße recht schwer; dies ist auch in den Abbildungen zu Aufgabe 2 gut erkennbar.

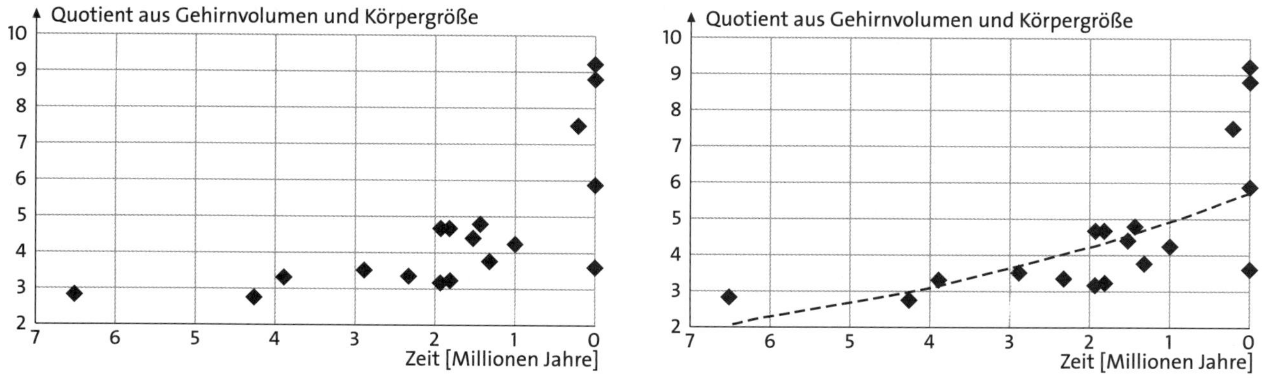

Entwicklung der Quotienten aus Gehirnvolumen und Körpergröße

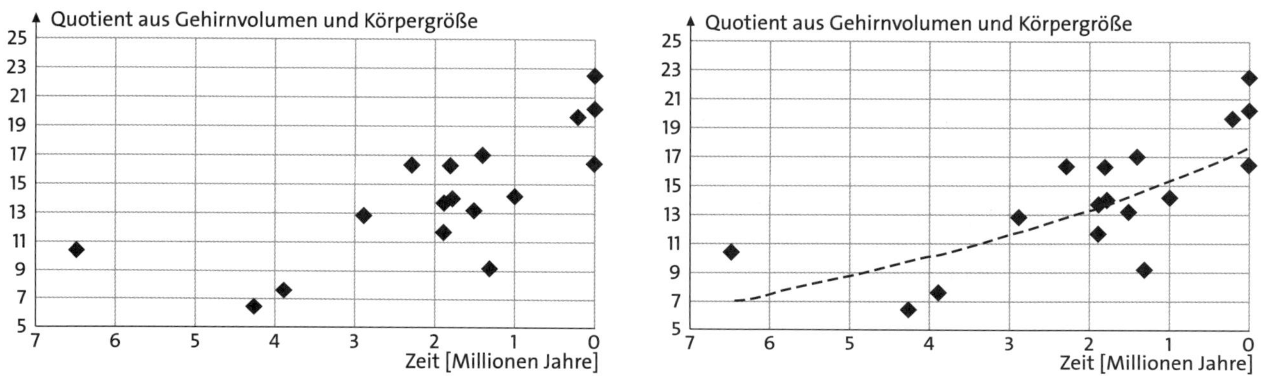

Entwicklung der Quotienten aus Gehirnvolumen und Körpermasse

Bei der Entwicklung des Hirnvolumens im Verhältnis zu Körpergröße und Körpermasse sind ebenfalls deutliche Trends zu erkennen. Das Hirnvolumen nahm im Verlauf der Humanevolution am deutlichsten zu, spätere Formen weisen gegenüber früheren Formen überproportional hohe Hirnvolumina auf. Die Streuungen sind zwar nicht gering, lassen aber die Entwicklungen dennoch sehr deutlich erkennen.

Die Werte für *Homo floresiensis* fallen interessanterweise für den Quotienten aus Gehirnvolumen und Körpergröße aus dem Rahmen, kaum jedoch für den Quotienten aus Gehirnvolumen und Körpermasse. Dies zeigt erneut, dass *Homo floresiensis* im Bezug auf seine Körpermasse ein im allgemeinen Trend liegendes Hirnvolumen hatte, welches durchaus mit den anderen Formen vergleichbar ist. Was diese Form auszeichnet, ist die in Relation zum Gehirnvolumen vergleichsweise sehr geringe Körpergröße.

Homo neanderthalensis besaß ein im Verhältnis zur Körpergröße (und absolut) größeres Hirnvolumen als *Homo sapiens*, betrachtet man jedoch das Hirnvolumen in Relation zur Körpermasse, so weist *Homo sapiens* das relativ größte Gehirnvolumen auf. Umgekehrt lässt dies den Schluss zu, dass der Neandertaler im Verhältnis zu seinem Hirnvolumen recht klein war, aber eine größere Masse besaß als *Homo sapiens*. Auch dies ist möglicherweise zurückzuführen auf die regionale Verbreitung des Neandertalers: Möglicherweise war es aufgrund des kälteren Klimas eher von Vorteil, eine größere Masse zu besitzen als eine größere Körpergröße (s. o. BERGMANN'sche Regel).

Steinzeit-Handwerker (S. 78)

Konzeption des Arbeitsblattes

Dieses Arbeitsmaterial soll dazu dienen, die Evolution der menschlichen Kultur im Verlauf der Steinzeit auf der Grundlage der Funde von Werkzeugen, Waffen, Kunst- und Kultgegenständen nachzuvollziehen. Einfache Zeichnungen verdeutlichen hierbei die zunehmend filigraner werdenden Bearbeitungstechniken. Die Schülerinnen und Schüler sollen die acht Zeichnungen mit Hilfe von tabellarisch zusammengestellten Beschreibungen auf der Aufgabenseite sowie den Schülerbandseiten 500 – 501 zeitlich einordnen. Außerdem sollten sie dazu in der Lage sein, die mutmaßlichen Hersteller den jeweiligen Werkzeugen zuzuordnen. Hierzu benötigen sie die erste Einbandseite des Schülerbandes und/oder die Zeitangaben des vorhergehenden Arbeitsblattes (S. 77). Die Zuordnung ist nicht ganz einfach, doch sollte sie unter Zuhilfenahme der Abbildungen auf den S. 500 und 501 des Schülerbandes gelingen.

Ein wichtiges Element der Aufgaben besteht darin, dass die Angaben der Tabelle nach zeitlich korrekter Zuordnung der Werkzeuge in eine selbst erstellte Zeitleiste umgesetzt werden. Hierdurch werden die zeitlichen Dimensionen besser deutlich als aus der Tabelle. Die Erstellung von Werkzeugen begann in der frühen Steinzeit. Während der nächsten zwei Millionen Jahre hat sich im Grunde genommen im Hinblick auf die Geräteentwicklung relativ wenig verändert, die Bearbeitung wurde exakter, die Geräte hierdurch »feiner«. Danach beschleunigte sich die Entwicklung deutlich. Die Schülerinnen und Schüler werden diese explosionsartige Entwicklung daran erkennen, dass sie die Werkzeuge am Ende der Zeitleiste kaum unterbringen werden, sodass an dieser Stelle ein Wechsel des Maßstabs sinnvoll sein kann.

Über die Zuordnung der Werkzeuge zu bestimmten Stufen der biologischen Evolution, hier vor allem zur Entwicklung des Hirnvolumens, wird deutlich, dass die Höherentwicklung des Gehirns und die Herstellung von Kulturgegenständen wohl eng miteinander verknüpft sind.

Geforderte Kompetenzen: Repräsentationswechsel (Umsetzen von Tabellendaten und Textinformationen in eine grafische Darstellung), Gebrauch der Fachsprache, Argumentieren (Analysieren des Zusammenhangs von biologischer und kultureller Evolution).

Einsatz des Arbeitsblattes im Unterricht

Das Material sollte erst dann eingesetzt werden, wenn die Schülerinnen und Schüler recht konkrete Vorstellungen über die menschliche Evolution erworben haben und auch mit den zeitlichen Dimensionen einigermaßen vertraut sind. Sinnvoll ist die Bearbeitung im Anschluss an das Arbeitsblatt auf S. 77 als Einstieg in das Thema »kulturelle Evolution«.

Lösungen und Anmerkungen

AUFGABE 1–2

	Zeit vor heute (in Jahren)	Funde von »Kulturgegenständen«	»Kulturgegenstände«	Menschenform
frühe Altsteinzeit	2,5 – 1,3 Mio. J.	Knochenwerkzeuge; Geröllgeräte, einfachster Typ von Steinwerkzeugen, ein- oder zweiseitig bearbeitete Kieselsteine (»Chopper«)	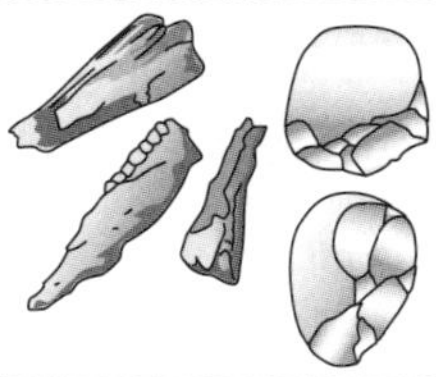	*Australopithecus (?)* *Homo rudolfensis* *Homo ergaster* *Homo erectus* *Homo habilis*
	1,3 Mio. – 130 000 J.	ovale, manchmal zugespitzte oder dreieckige Faustkeile, außerdem Abschlaggeräte wie Spitzen, Schaber, Kratzer und Klingen; Beginn der Nutzung des Feuers	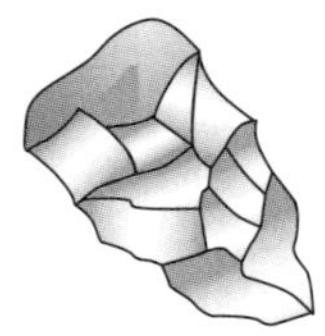	*Homo erectus* *Homo heidelbergensis* *Homo neanderthalensis*
mittlere Altsteinzeit	130 000 – 40 000 J.	Abschlaggeräte, vor allem asymmetrische Faustkeile und charakteristisch geformte, kleine dreieckige Handspitzen; scharfkantige Abschläge; Pfeilspitzen; scharfe Klingen	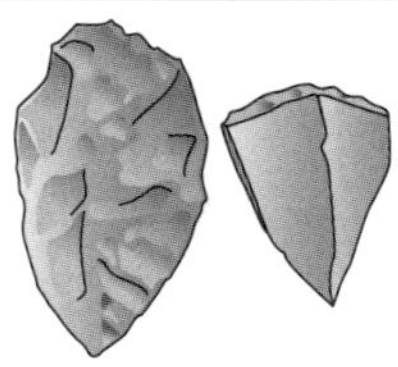	*Homo neanderthalensis*

	Zeit vor heute (in Jahren)	Funde von »Kulturgegenständen«	»Kulturgegenstände«	Menschenform
jüngere Altsteinzeit	40 000 – 34 000 J.	kleinere, grazilere Klingen aus Feuerstein mit charakteristisch gekrümmter Rückseite	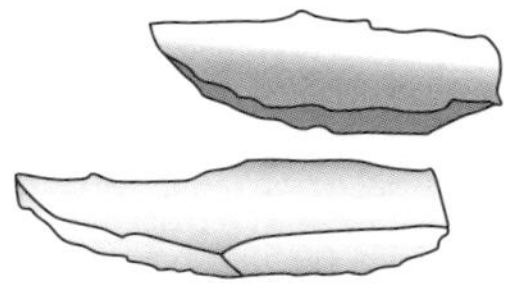	*Homo neanderthalensis* *Homo sapiens*
	34 000 – 28 000 J.	lange, schmale Klingen, Geräte und Kunstgegenstände aus Knochen, Horn und Elfenbein	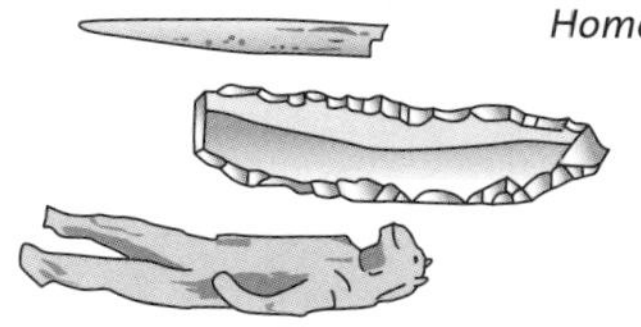	*Homo sapiens*
	28 000 – 22 000 J.	Werkzeuge mit scharfer Schneidkante und stumpferer Rückenseite; erste künstlerisch geformte Statuetten	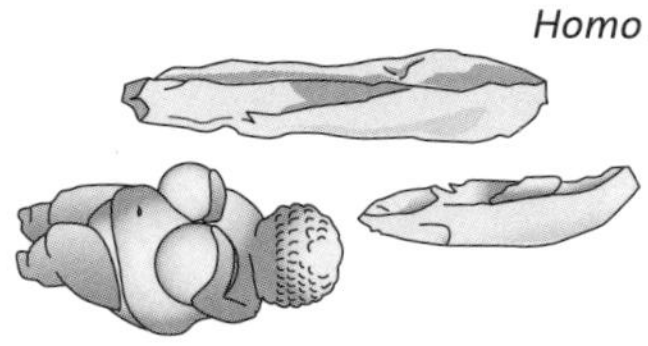	*Homo sapiens*
	22 000 – 18 000 J.	lange, schmale, aber sehr dünne blattförmige Spitzen mit sorgfältiger Bearbeitung der Flächen; Nadeln aus Knochen	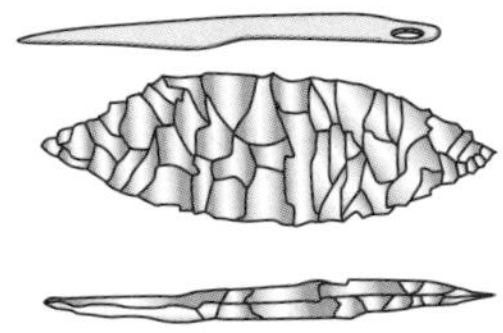	*Homo sapiens*
	18 000 – 10 000 J.	fein bearbeitete Pfeilspitzen, Kratzer und Bohrer aus Stein; Geräte aus Knochen oder Horn, mit kleinen Steinklingen besetzt, Ritzzeichnungen; Felsmalereien		*Homo sapiens*

AUFGABE 3

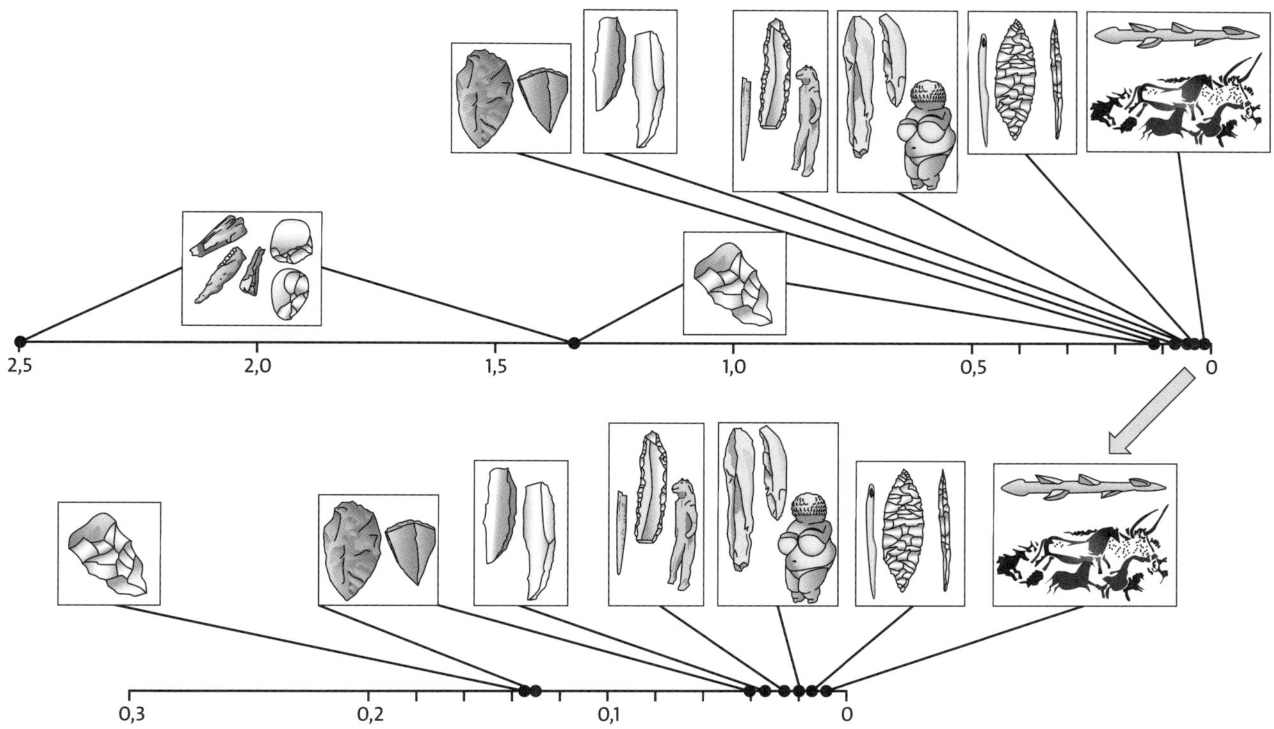

AUFGABE 4

Der Vergleich der Entwicklung der Werkzeugkultur lässt sich in einen Zusammenhang mit der Entwicklung der geistigen Fähigkeiten stellen. Um Werkzeuge herzustellen und zu perfektionieren, ist die Entwicklung bestimmter geistiger und manueller Fertigkeiten und Fähigkeiten vonnöten.

Vergleicht man das zeitliche Auftreten von Werkzeugen mit den Daten zur Entwicklung des Hirnvolumens, so fällt auf, dass in einer Phase, in der das Gehirnvolumen drastisch zuzunehmen begann (etwa ab 2 bis 2,5 Mio. Jahre vor heute), auch die Entwicklung der Werkzeugkultur ihren Anfang nahm. In der Zeit vor etwa 7 Mio. bis 2,5 Mio. Jahren nahm die Gehirngröße nur relativ wenig zu (sie blieb bei Werten um 400 cm^3), Werkzeuge aus dieser Zeit wurden bislang nicht gefunden. Erst als die Gehirngröße deutlich zunahm, wurden in zunehmendem Umfang und in zunehmender Verfeinerung Werkzeuge entwickelt.

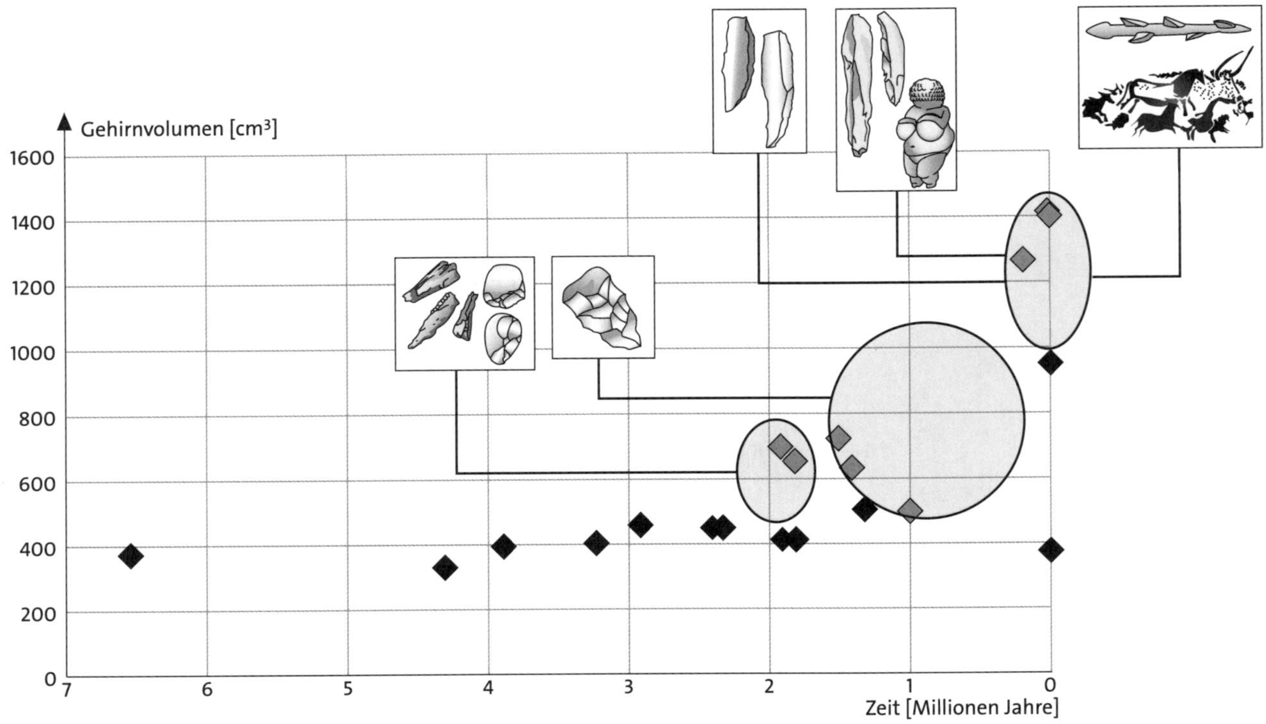

Kombinierte Darstellung der Entwicklung des Gehirnvolumens (s. Arbeitsblatt S. 77) und der entsprechenden Werkzeugfunde (grobe Zuordnung)

»*Intelligent Design*« oder fliegendes Spaghettimonster? (S. 79)

Konzeption des Arbeitsblattes

Trotz der überwältigenden Anzahl von Indizien aus vielen Teildisziplinen der Biologie ist die Evolutionslehre nach wie vor nicht unumstritten. Insbesonders fundamentatistisch-konservative kirchliche Kreise ziehen wesentliche Aussagen der synthetischen Evolutionstheorie in Frage, widersprechen sie doch offensichtlich dem Wortlaut des biblischen Schöpfungsberichts (bzw. eigentlich der beiden biblischen Schöpfungsberichte; Genesis 1 und 2) – so man ihn wörtlich auffasst. Dass die Evolutionskritik kein Phänomen des 19. und angehenden 20. Jahrhunderts ist, erfahren die Schülerinnen und Schüler anhand eines Zeitungsbericht zur »*Intelligent-Design*«-Bewegung, die vor wenigen Jahren dazu führte, dass die Vorstellung von einer göttlichen Schöpfung als Basis des Lebens und der Organismenvielfalt auf der Erde gleichberechtigt neben der wissenschaftlichen Evolutionslehre Eingang in die Bildungspläne des amerikanischen Bundesstaates Kansas fand. Anhand einer aus Anlass dieses Ereignisses ins Leben gerufenen parodistischen Gegenbewegung sollen die Schülerinnen und Schüler Argumente gegen die Evolutionskritik sammeln und so grundlegende wissenschaftstheoretische Überlegungen anstellen.

Geforderte Kompetenzen: Bewertung (wertendes Analysieren der »*Intelligent-Design*«-Argumentation als Gegenentwurf zur wissenschaftsbasierten Evolutionstheorie), Argumentieren.

Einsatz des Arbeitsblattes im Unterricht

Das Arbeitsblatt kann an zwei Stellen im Unterricht eingesetzt werden: Entweder kann es zu Beginn der Unterrichtseinheit »Evolution« nach der Gegenüberstellung von Artenkonstanz- und Artenwandelkonzepten bearbeitet werden, oder die Seite wird zum Abschluss der Thematik eingesetzt, wenn den Schülerinnen und Schülern zahlreiche Argumente für die Evolutionstheorie bekannt sind. Flankierend können die Seiten 504 – 505 im Schülerband als Argumentationshilfen herangezogen werden. Über das »*Intelligent-Design*«-Konzept hinaus sind hier weitere evolutionskritische Gedankengebäude aufgeführt sowie eine Zusammenstellung wichtiger Argumente, mit denen man dieser Kritik entgegentreten kann. Besonders wichtig ist hierbei die wissenschaftstheoretische Ebene, derzufolge sich Glaubensinhalte, wie sie von den religiösen Gegnern der Evolutionslehre als Begründungen vorgebracht werden, sich einer (natur-)wissenschaftlichen Überprüfung entziehen. Bei der Besprechung der Lösungen sollte zusätzlich darauf hingewiesen werden, dass evolutionskritisches Gedankengut nicht nur in den USA und den Niederlanden, den traditionellen »Hochburgen« des Krationismus, sondern auch in Deutschland sowie in Lateinamerika und Afrika inzwischen weite Verbreitung gefunden hat.

Lösungen und Anmerkungen

AUFGABE 1

Grundlage der kreationistischen Lehre ist der Schöpfungsbericht der Bibel (Genesis 1 und 2), nach dem Gott die Erde und alle Lebewesen in einem einmaligen, sechs Tage dauernden Schöpfungsakt hervorbrachte. [Darüber hinaus lässt sich anhand der genealogischen Angaben der Bibel das Alter der Erde zurückberechnen, sofern man die Aussagen des Alten Testaments wörtlich auffasst. Nach Berechnungen des irischen Theologen James Ussher aus dem 17. Jahrhundert müsste demnach die Erde im Jahre 4004 v. Chr. erschaffen worden sein!]

Die »*Intelligent-Design*«-Bewegung ist also primär eine religiös-christlich motivierte Ideologie auf der Basis der wörtlichen Bibelauslegung.

AUFGABE 2

Aus der Widerlegung einer naturwissenschaftlichen Theorie (in diesem Falle der Evolutionstheorie, so sie denn falsifiziert wäre) alleine folgt keineswegs, dass damit automatisch das »*Intelligent-Design*«-Konzept richtig wäre. Im Falle der Evolutionskritik handelt es sich aber nicht um eine Falsifizierung der Theorie, sondern es werden Fakten zur Entstehung komplexer Merkmale und Organismen angeführt, die wissenschaftlich (noch) nicht verstanden sind.
Die kreationistische Argumentation begegnet diesen Wissenslücken dadurch, dass zu ihrer Erklärung eine »höhere Macht« oder ein »Wunder« postuliert wird. Diese Vorgehensweise steht im Widerspruch zur modernen Wissenschaftstheorie. Demnach müssen wissenschaftliche Aussagen überprüfbar, somit verifizierbar oder falsifizierbar sein. Die Aussage »Gott hat die Welt erschaffen« ist aber mit wissenschaftlich-empirischen Methoden weder zu belegen noch zu widerlegen.

Auch vom theologischen Standpunkt ist die Argumentationskette fragwürdig. Das fehlende Verständnis von Naturvorgängen wird mit der »natürlichen Ursache« eines Schöpfergottes erklärt und dieser dadurch degradiert (herabgewürdigt), dass er zum Forschungsobjekt naturwissenschaftlicher Untersuchungsmethoden wird. Die wörtliche Auslegung des Schöpfungsberichts wird darüber hinaus *ad absurdum* geführt, dass sich die beiden in Genesis 1 und 2 zusammengestellten Fassungen in wichtigen inhaltlichen Punkten wiedersprechen.

Nicht zuletzt sprechen sehr viele fachwissenschaftliche Fakten gegen die »*Intelligent-Design*«-Lehre. Insbesondere gibt es in der Natur eine Reihe von unzweckmäßigen Konstruktionen, die aus der Sicht einer »intelligenten Schöpfung« nicht, sehr wohl aber auf der Basis von Evolutionsvorgängen plausibel erklärt werden kann. Auch lassen sich Evolutionsprozesse bei rezenten Tieren und Pflanzen selbst in kurzen Zeiträumen verfolgen und beobachten.

Henderson persifliert das »*Intelligent-Design*«-Konzept, indem er dem (wissenschaftlich nicht nachweisbaren) Schöpfergott ein (mit empirischen Methoden ebenfalls nicht fassbares) Schöpferwesen in Gestalt des »Fliegenden Spaghettimonsters« gegenüberstellt. Er fordert mit derselben Berechtigung wie die Kreationisten eine Aufnahme seiner (unbeweisbaren) Glaubensvorstellungen in den Themenkanon des amerikanischen Biologieunterrichts.

Zusätzliche Materialien

Literatur und Internetquellen

Bayrhuber, H.: Fachdidaktische Leitideen zum Umgang mit dem Kreationismus in Schule und Öffentlichkeit (2006). Im Internet verfügbar unter http://mfnmac053.naturkunde museum-berlin.de/mehr/palaeo/edu/kreationismus/info/bayrhuber.pdf

Bayrhuber, H., Faber, A. & Leinfelder, R. (Hrsg.): DARWIN und kein Ende? Kontroversen zu Evolution und Schöpfung. Kallmeyer Verlag, Seelze 2011: 240 S.
Ausgezeichnete Übersicht zum Thema, mit einer Sammlung von Beiträgen von Autoren aus naturwissenschaftlicher, theologischer und fachdidaktischer Sicht sowie einer Zusammenstellung von Quellentexten.

http://www.scinexx.de/dossier-368-1.html
Übersicht über kreationistische Strömungen in Europa (Scinexx Wissensmagazin, Springer Online).

http://www.venganza.info/glaube.htm
Kurzfassung der »Glaubensinhalte« der FSM (Church of the Flying Spaghetti Monster) mit deutscher Übersetzung des Briefs von Henderson an die Schulbehörde von Kansas.

http://de.wikipedia.org/wiki/Kreationismus
Übersicht über Geschichte und Strömungen der Kreationismus-Bewegung.

Reise in unsere Vergangenheit (S. 80)

Konzeption des Arbeitsblattes

Auf diesem Arbeitsblatt werden in sechs Multiple-Choice-Aufgaben grundsätzliche Kenntnisse der Schülerinnen und Schüler zum Thema überprüft und vertieft. Zwei Aufgaben befassen sich mit morphologisch-anatomischen und genetischen Aspekten, zwei weitere mit der Einordnung biologischer Zusammenhänge bei der Australopithecinen- und der *Homo*-Gruppe.

Gewinnbringend dürfte neben der richtigen Beantwortung der zur Verfügung gestellten Ankreuzaufgaben vor allem auch die Angabe der Gründe sein, aus denen man die jeweils anderen Antwortmöglichkeiten nicht angekreuzt hat. Hier sind in einigen Fällen die Begründungen schwieriger und erst mit einer gründlicheren Bearbeitung möglich. Durch die Forderung nach einer ausführlicheren Begründung wird hier die korrekte Anwendung von Fachsprache eingeübt. Bedingt durch die Aufgabenkonstruktion (»Welche Antworten treffen zu/treffen nicht« etc.) werden die Schülerinnen und Schüler zudem gezwungen, die Aufgabenstellungen vollständig und richtig zu erfassen, um Fehler zu vermeiden.

Geforderte Kompetenzen: Gebrauch der Fachsprache, Argumentieren.

Einsatz des Arbeitsblattes im Unterricht

Sinnvoll ist der Einsatz dieses Arbeitsblattes am Ende der Beschäftigung mit dem Thema Humanevolution. Die Aufgaben dienen in erster Linie der Übung bzw. Überprüfung zuvor bearbeiteter Inhalte und Fragestellungen aus dem gesamten Themenbereich.

Lösungen und Anmerkungen

Die korrekten Antworten zu den sechs Multiple-Choice-Aufgaben auf diese Seite sind auf S. 174 angekreuzt. Im Folgenden sind Anmerkungen zu den nicht korrekten und zu einigen richtigen Aussagen zusammengestellt.

1. b) Viele Altweltaffen besitzen zwar einen Schwanz; dieser wird aber bei keiner Art in der Funktion eines Greifschwanzes benutzt.]
Die Altwektlichen Primaten (Catarrhini; oft auch als »Altweltaffen« oder Schmalnasenaffen bezeichnet) werden in zwei systematische Gruppen unterteilt, die Geschwänzten Altweltaffen (Cercopithecoidea) und die Menschenartigen (Hominoidea). Die einzige rezente Familie der Geschwänzten Altweltaffen ist die der Meerkatzenartigen, auch Hundsaffen genannt. Mit über 130 Arten bilden sie eine wesentlich größere Gruppe als die Gruppe der Menschenartigen mit lediglich 21 Arten (Gibbons + Menschenaffen inkl. Mensch). Der deutsche Name der Cercopithecoidea ist irreführend, da es auch in dieser Verwandtschaftsgruppe einige schwanzlose Arten gibt (z. B. manche Makaken).
d) Der Mensch gehört in die Verwandtschaftsgruppe der Altweltlichen Primaten (s. o.). Gemeinsam mit Gibbons, Schimpansen, Gorilla und Orang-Utan bildet er die Gruppe der Menschenartigen (Hominoidea). Die Neuwelt- oder Breitasenaffen bilden die zweite große Gruppe der Primaten. Die Gruppe fasst alle Primaten des amerikanischen Kontinents (mit Ausnahme des Menschen) zusammen. Es gibt etwa 120 Arten, von denen einige Gruppen einen Greifschwanz entwickelt haben (vgl. Hinweis zu Lösung b).

2. Lösung d ist richtig. Die korrekte Reihenfolge liefert Abb. 487.1 im Schülerband.

3. Lösung d ist korrekt. Eine Lösungshilfe bilden die Abbildungen auf S. 76 im Arbeitsheft.

4. Die Lösungen a und s sind falsch, demnach sind b und c anzukreuzen.
a) Die Backenzahnreihen des Menschen bilden einen Halbkreis, die der Affen sind parallel angeordnet.
b) Diese moderne Auffassung ist nicht unumstritten. Es gibt viele Wissenschaftler, die vorschlagen, aufgrund der großen genetischen Ähnlichkeit zumindest die beiden Schimpansenarten (Schimpanse *Pan troglodytes* und Bonobo *Pan paniscus*) und den Menschen (*Homo sapiens*) in eine gemeinsame Gattung (*Pan* oder *Homo*) zu stellen. Begründet wird dies damit, dass man bei der Beurteilung anderer Verwandtschaftsgruppen genetisch derart ähnliche Arten normalerweise derselben Gattung zuordnet. Die Unterteilung in die beiden Gattungen *Homo* und *Pan* folgt daher wohl im Wesentlichen wissenschaftshistorischen Gründen und weniger genetischen.
c) Der Präfrontalcortex ist ein Teil des Frontallappens des Großhirns. Hier findet ein Großteil der geistigenVerarbeitung von Lerninhalten und deren Speicherung statt. Ist dieser Bereich besonders groß, so kann von hohen geistigen Leistungen ausgegangen werden. Das Stammhirn ist der entwicklungsgeschichtlich älteste Gehirnteil. Es ist für grundlegende Lebensfunktionen wie Herzfrequenz, Blutdruck und Atmung zuständig, mit Aspekten wie Lernen steht es in keinem bemerkenswerten Zusammenhang.

Daher kann auch das Verhältnis der Größen (Massen) von Präfrontalcortex und Stammhirn durchaus als indirektes Maß für die Organisationshöhe eines Gehirns betrachtet werden (siehe auch Schülerband S. 490: Massenverhältnis Cortex zu Stammhirn bei Halbaffen ca. 25, beim Menschen ca. 170).
d) Der Bau des Beckens von Mann und Frau unterscheidet sich, insbesondere in der Breite der Beckenöffnung (vgl. Abb. 488.3 im Schülerband).

5. b) Bäume hatten für die Australopithecinen wahrscheinlich noch eine große Bedeutung. Hierfür sprechen die langen Arme und die Ausbildung des Fußskeletts, das noch deutliche Greiffunktion aufweist (Schülerband S. 492). Möglicherweise verbrachten sie sogar noch einen Großteil ihrer Zeit (vor allem wohl nachts) auf den Bäumen, die ihnen Schutz (u. a. vor Raubtieren), möglicherweise auch Nahrung boten. Sie haben wohl die Bäume zeitweise verlassen und sich auf dem Erdboden aufgehalten, sich dort mehr oder weniger aufrecht bewegt, möglicherweise um von einer Baumgruppe zur nächsten zu gelangen.
d) Die Australopithecinen der Gattung *Australopithecus* lebten vor etwa 4,3 Mio. Jahren bis vor etwa 2 Mio. Jahren. Die ebenfalls dieser Unterfamilie zugehörige Gattung *Paranthropus* mit den »robusten« Arten *P. robustus, P. aethiopicus* und *P. boisei* (manche Autoren rechnen auch diese Arten zur Gattung *Australopithecus*) lebten noch bis vor etwa 1 Mio. Jahren.

6. Die Aussagen a und c sind falsch und daher nicht anzukreuzen; die (falschen) Aussagen b und d müssen markiert werden.
b) Australopithecinen der Gattung *Paranthropus* erreichten lediglich Gehirnvolumina von knapp über 500 ml (vgl. Arbeitsheft S. 77).
d) *Homo sapiens* ging höchstwahrscheinlich nicht aus dem Neandertaler hervor, sondern aus Vorfahren aus der *Homo-erectus*-Gruppe. Diese Entwicklung vollzog sich auf dem afrikanischen Kontinent; von dort aus wanderte der moderne Mensch nach derzeitigem Kenntnisstand über die Zwischenstation Vorderasien vor etwa 40 000 Jahren nach Europa ein.

Zusätzliche Materialien

Stammbaum der Primaten

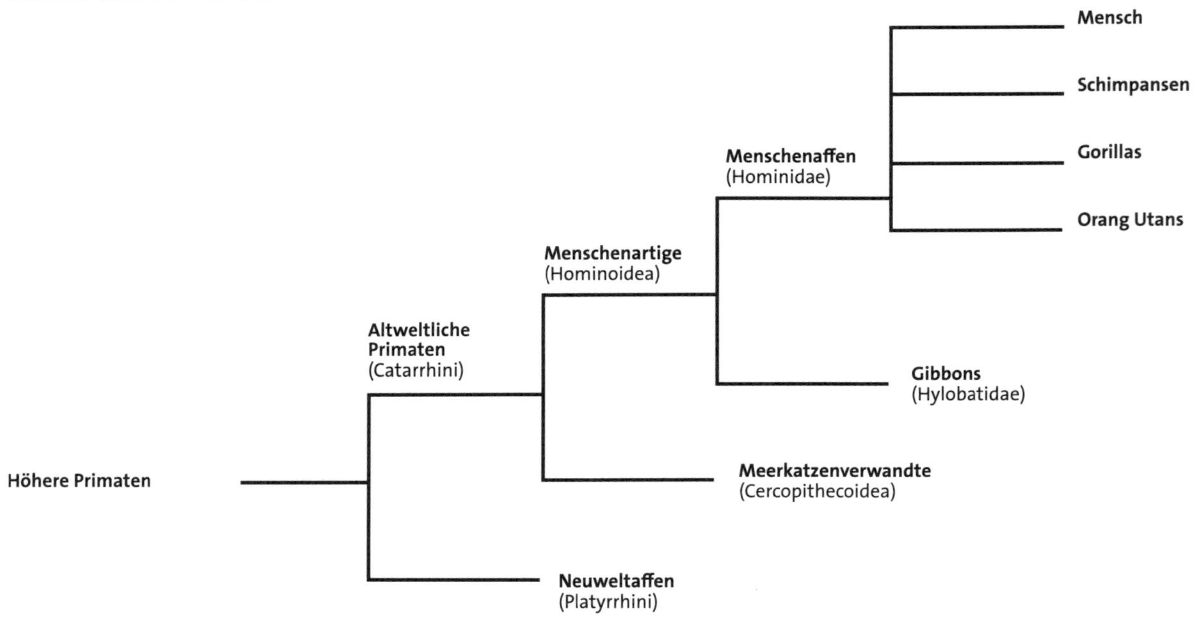

Systematik der rezenten Arten der Hominidae
Vier Gattungen mit insgesamt (nach üblicher Auffassung) fünf rezenten Arten:
Orang-Utans (Gattung *Pongo*) mit der einzigen Art
Orang-Utan *(Pongo pygmaeus);* zuweilen werden die beiden auf Borneo bzw. Sumatra beheimateten Unterarten als eigene Arten aufgefasst.
Gorilla (Gattung *Gorilla*) mit der einzigen Art
Gorilla *(Gorilla gorilla);* z. T. werden die beiden Unterarten Flachlandgorilla *(G. g. gorilla)* und Berggorilla *(G. g. beringei)* als eigene Arten angesehen.
Schimpansen (Gattung *Pan*) mit zwei Arten:
Schimpanse *(Pan troglodytes)*
Bonobo oder »Zwergschimpanse« *(Pan paniscus)*
Mensch (Gattung *Homo*) mit einer rezenten Art
Mensch *(Homo sapiens)*

Reise in unsere Vergangenheit

Bei den folgenden Multiple-Choice-Fragen können Sie Ihre fachlichen Kenntnisse zum Thema »Evolution des Menschen« (Schülerband S. 486 – 507) überprüfen.

Kreuzen Sie die korrekten Aussagen an. Bei einigen Aufgaben können auch mehrere Aussagen zutreffen. Begründen Sie zudem bei den Aufgaben 1, 4, 5 und 6, aus welchen Gründen Sie die übrigen Antworten nicht angekreuzt haben.

1. Welche der folgenden Aussagen ist/sind zutreffend?

☒ Die Altweltaffen besitzen nach vorne gerichtete Nasenlöcher und eine schmale Nasenscheidewand.

☐ Die meisten Altweltaffen besitzen einen Greifschwanz.

☒ Alle Altweltaffen haben 32 Zähne.

☐ Der Mensch gehört zur systematischen Gruppe der Neuweltaffen.

2. Welche Reihenfolge gibt nach heutigem Erkenntnisstand die verwandtschaftliche Nähe der genannten Arten zum Menschen am besten wieder?

☐ Orang-Utan • Gorilla • Gibbon • Schimpanse • Mensch

☐ Schimpanse • Gorilla • Orang-Utan • Gibbon • Mensch

☐ Gorilla • Gibbon • Orang-Utan • Schimpanse • Mensch

☒ Gibbon • Orang-Utan • Gorilla • Schimpanse • Mensch

3. Benennen Sie die folgenden Schädelabbildungen in der richtigen Reihenfolge (*H.= Homo, A. = Australopithecus, P. = Paranthropus*).

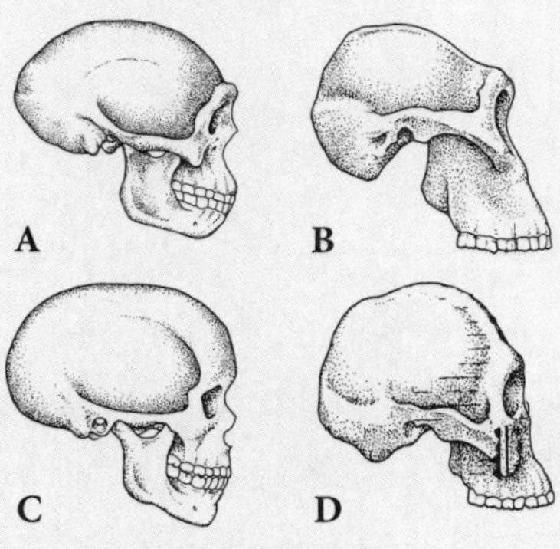

☐ *H. sapiens • A. africanus • H. erectus • P. robustus*

☐ *P. robustus • H. erectus • A. africanus • H. sapiens*

☐ *H. erectus • A. africanus • H. sapiens • P. robustus*

☒ *H. erectus • P. robustus • H. sapiens • A. africanus*

4. Welche der folgenden Aussagen ist/sind falsch?

☒ Die Backenzahnreihen des Menschen sind in einem parallelen Zahnbogen angeordnet, die der Menschenaffen hingegen in einem parabolischen.

☐ Aufgrund der Ähnlichkeit der Genome müsste man den Menschen und den Schimpansen eigentlich derselben Gattung zuordnen.

☐ Man kann die Organisationshöhe eines Gehirns vor allem am Massenverhältnis zwischen Präfrontalcortex (Frontallappen) und Stammhirn ermitteln.

☒ Beim Menschen besteht zwischen dem Becken von Mann und Frau kein geschlechtsspezifischer Unterschied.

5. Die Australopithecinen …

☒ … gehörten zu den Vormenschen; sie wiesen vermutlich einen deutlichen Geschlechtsdimorphismus auf.

☐ … waren im Hinblick auf den aufrechten Gang schon so weit entwickelt, dass Bäume für sie keine große Bedeutung mehr hatten.

☒ … lassen sich in grazilere und robustere Formen einteilen, die allesamt in Afrika lebten.

☐ … starben vor etwa drei Millionen Jahren aus.

6. Welche der folgenden Aussagen ist/sind falsch?

☐ *Homo erectus* war die erste Menschenform, die den afrikanischen Kontinent verließ.

☒ Die robusten Formen von *Australopithecus* besaßen bereits Gehirnvolumina von nahezu 900 ml.

☐ *Homo heidelbergensis* stammt wahrscheinlich von *Homo-erectus*-Vorfahren ab, die eine halbe Million Jahre zuvor den afrikanischen Kontinent verlassen hatten.

☒ In Europa ging der moderne Mensch *Homo sapiens* aus einer Gruppe des Neandertalers *Homo neanderthalensis* hervor.